전자·컴퓨터 기술의 급속한 발전에 따라 기계제도 분야에서도 컴퓨터에 의한 설계 및 생산 시스템(CAD/CAM)이 광범위하게 이용되고 있습니다. 그러나 이러한 시스템을 효율적으로 적용하고 응용할 수 있는 인력은 부족한 실정입니다. 이에 따라 산업현장에서 필요로 하는 전문 기능인력을 양성하고자 제정한 자격이 바로 전산응용기계제도기능사입니다.

전산응용기계제도기능사는 CAD시스템을 이용하여 도면을 작성하거나 수정, 출도를 하며 부품도를 도면의 형식에 맞게 배열하고 단면 형상의 표시 및 치수 노트를 작성. 또한 컴퓨터 그래픽을 이용하여 부품의 전개도, 조립도, 재단도, 유압회로, 전기회로, 배관회로 등을 제도하는 업무를 수행합니다.

필자는 교단과 현장에서의 경험을 토대로 전산응용기계제도기능사 자격을 취득하고자 하는 독자들을 위하여 다음과 같은 내용으로 책을 집필하였습니다.

1. 한국산업인력공단의 최근 개정된 출제기준과 기출문제 유형 분석을 통하여 핵심적인 이론 내용을 앞부분에 수록하였습니다.
2. 본문 이해가 쉽도록 풍부한 삽화 및 일러스트를 사용하였습니다.
3. CBT 변경 이전 한국산업인력공단이 주관하여 시행한 5년간의 기출문제 및 CBT 시험 출제 문제를 반영한 5회분의 적중모의고사를 상세한 해설과 함께 수록하였습니다.

내용의 오류가 없도록 세심히 정성을 다했지만 혹 미비한 부분이 있어 불편함이 있다면 독자 여러분들의 조언과 충고를 통해 차후 보다 나은 내용으로 수험생 여러분들에게 찾아뵐 것을 약속드리며 여러분들에게 합격의 영광이 있기를 진심으로 기원합니다.

# 검정안내 및 출제기준

## ■ 개요
전자·컴퓨터 기술의 급속한 발전에 따라 기계제도 분야에서도 컴퓨터에 의한 설계 및 생산시스템(CAD/CAM)이 광범위하게 이용되고 있다. 그러나 이러한 시스템을 효율적으로 적용하고 응용할 수 있는 인력은 부족한 편이다. 이에 따라 산업현장에서 필요로 하는 전산응용기계제도분야의 기능인력을 양성하고자 자격을 제정

## ■ 수행직무
CAD시스템을 이용하여 도면을 작성하거나 수정, 출도를 하며 부품도를 도면의 형식에 맞게 배열하고 단면 형상의 표시 및 치수 노트를 작성. 또한 컴퓨터 그래픽을 이용하여 부품의 전개도, 조립도, 재단도, 유압회로, 전기회로, 배관회로 등을 제도하는 업무 수행

## ■ 출제경향
CAD시스템을 이용하여 산업체에서 제품개발, 설계, 생산기술 부문의 기술자들이 기술정보를 표현하고 저장하기 위한 도면, 그래픽 모델 및 파일 등을 산업표준 규격에 준하여 제도하는 업무 등의 직무 수행

## ■ 취득방법
- 시험과목
  - 필기 : 기계설계제도
  - 실기 : 기계설계제도 실무
- 검정방법
  - 필기 : 객관식 60문항(60분)
  - 실기 : 작업형(5시간 정도)
- 합격기준
  - 필기·실기 : 100점을 만점으로 하여 60점 이상

## ■ 진로 및 전망
기계, 조선, 항공, 전기, 전자, 건설, 환경, 플랜트엔지니어링분야 등으로 진출한다. 최근 기계제도 분야에서는 CAD시스템 사용보편화와 CAD기술의 지속적인 발전으로 전산응용기계제도 방식이 주류를 이루고 있다. 이에 따라 향후 시스템 운용을 담당할 기능인력이 꾸준히 증가할 전망이다. 최근 5년간 자격응시인원도 매년 증가하고 있다.

Craftsman Computer Aided Mechanical Drawing

# 전산응용기계제도기능사

## 기출문제(기출 + 적중모의고사)

# ■ 출제기준

| 필기 과목명 | 문제 수 | 주요항목 | 세부항목 | 세세항목 |
|---|---|---|---|---|
| 기계 설계 제도 | 60 | 1. 2D도면작업 | 1. 작업환경 설정 | 1. 도면영역의 크기<br>2. 선의 종류<br>3. 선의 용도<br>4. KS 기계제도 통칙<br>5. 도면의 종류<br>6. 도면의 양식<br>7. 2D CAD 시스템 일반<br>8. 2D CAD 입출력장치 |
| | | | 2. 도면작성 | 1. 2D 좌표계 활용<br>2. 도형 작도 및 수정<br>3. 도면 편집<br>4. 투상법<br>5. 투상도<br>6. 단면도<br>7. 기타 도시법 |
| | | | 3. 기계 재료 선정 | 1. 재료의 성질<br>2. 철강 재료<br>3. 비철금속 재료<br>4. 비금속 재료 |
| | | 2. 2D도면관리 | 1. 치수 및 공차 관리 | 1. 치수기입　2. 치수보조기호<br>3. 치수공차　4. 기하공차<br>5. 끼워맞춤공차　6. 공차관리<br>7. 표면거칠기　8. 표면처리<br>9. 열처리　10. 면의 지시기호 |
| | | | 2. 도면출력 및 데이터 관리 | 1. 데이터 형식 변환(DXF, IGES) |
| | | 3. 3D형상모델링 작업 | 1. 3D형상모델링 작업 준비 | 1. 3D 좌표계 활용<br>2. 3D CAD 시스템 일반<br>3. 3D CAD 입출력장치 |
| | | | 2. 3D형상모델링 작업 | 1. 3D 형상모델링 작업 |
| | | 4. 3D형상모델링 검토 | 1. 3D형상모델링 검토 | 1. 조립구속조건 종류 |
| | | | 2. 3D형상모델링 출력 및 데이터 관리 | 1. 3D CAD 데이터 형식 변환(STEP, STL, PARASOLID, IGES) |

| 필기 과목명 | 문제 수 | 주요항목 | 세부항목 | 세세항목 |
|---|---|---|---|---|
| 기계 설계 제도 | 60 | 5. 기계제작 | 1. 기계제작의 이해 | 1. 주조<br>2. 소성가공<br>3. 절삭가공<br>4. 정밀입자 및 특수가공<br>5. 용접가공<br>6. 프레스가공 |
| | | 6. 기본측정기 사용 | 1. 작업계획 파악 | 1. 측정 방법<br>2. 단위 종류 |
| | | | 2. 측정기 선정 | 1. 측정기 종류<br>2. 측정기 용도<br>3. 측정기 선정 |
| | | | 3. 기본측정기 사용 | 1. 측정기 사용 방법 |
| | | 7. 조립도면해독 | 1. 부품도 파악 | 1. 기계 부품 도면 해독<br>2. KS 규격 기계 재료 기호 |
| | | | 2. 조립도 파악 | 1. 기계 조립 도면 해독 |
| | | 8. 체결요소설계 | 1. 요구기능 파악 및 선정 | 1. 나사  2. 키<br>3. 핀  4. 리벳<br>5. 볼트·너트  6. 와셔<br>7. 용접  8. 코터 |
| | | | 2. 체결요소 선정 | 1. 체결요소별 기계적 특성 |
| | | | 3. 체결요소 설계 | 1. 체결요소 설계<br>2. 체결요소 재료<br>3. 체결요소 부품 표면처리 방법 |
| | | 9. 동력전달요소설계 | 1. 요구기능 파악 및 선정 | 1. 축  2. 축이음<br>3. 베어링  4. 마찰차<br>5. 기어  6. 캠<br>7. 벨트  8. 로프<br>9. 체인  10. 브레이크<br>11. 스프링 등 |
| | | | 2. 동력전달요소 설계 | 1. 동력전달요소 설계<br>2. 동력전달요소 재료<br>3. 동력전달요소 부품 표면처리 방법 |

# NCS(국가직무능력표준) 안내

## NCS(국가직무능력표준)와 NCS 학습모듈

- 국가직무능력표준(NCS, National Competency Standards)이란 산업현장에서 직무를 수행하기 위해 요구되는 지식·기술·소양 등의 내용을 국가가 산업부문별·수준별로 체계화한 것으로 국가적 차원에서 표준화한 것을 의미합니다.
- NCS 학습모듈은 NCS 능력단위를 교육 및 직업훈련 시 활용할 수 있도록 구성한 교수·학습자료입니다. 즉, NCS 학습모듈은 학습자의 직무능력 제고를 위해 요구되는 학습 요소(학습 내용)를 NCS에서 규정한 업무 프로세스나 세부 지식, 기술을 토대로 재구성한 것입니다.

## NCS 개념도

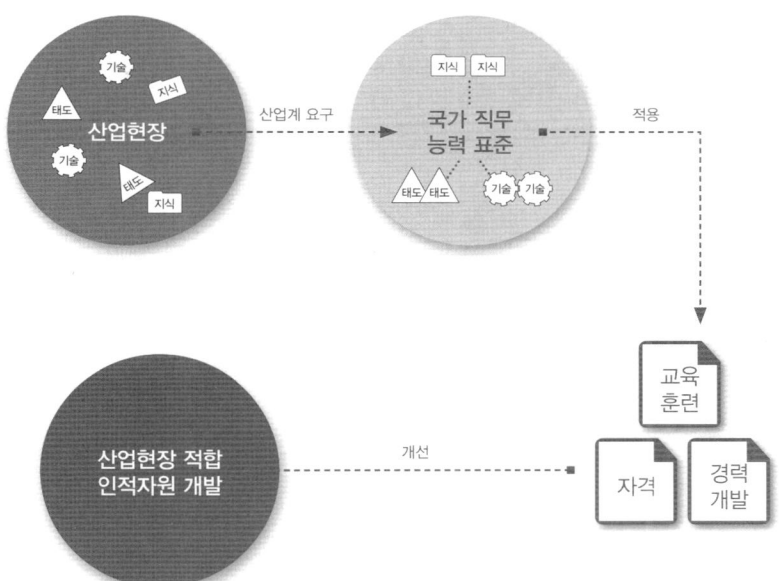

## NCS의 활용영역

| 구분 | | 활용 콘텐츠 |
|---|---|---|
| 산업현장 | 근로자 | 평생경력개발경로, 자가진단도구 |
| | 기업 | 현장수요 기반의 인력채용 및 인사관리기준, 직무기술서 |
| 교육훈련기관 | | 직업교육 훈련과정 개발, 교수계획 및 매체·교재개발, 훈련기준 개발 |
| 자격시험기관 | | 자격종목설계, 출제기준, 시험문항, 시험방법 |

## NCS 학습모듈의 특징

- NCS 학습모듈은 산업계에서 요구하는 직무능력을 교육훈련 현장에 활용할 수 있도록 성취목표와 학습의 방향을 명확히 제시하는 가이드라인의 역할을 합니다.
- NCS 학습모듈은 특성화고, 마이스터고, 전문대학, 4년제 대학교의 교육기관 및 훈련기관, 직장교육기관 등에서 표준교재로 활용할 수 있으며 교육과정 개편 시에도 유용하게 참고할 수 있습니다.

## NCS와 NCS 학습모듈의 연결 체제

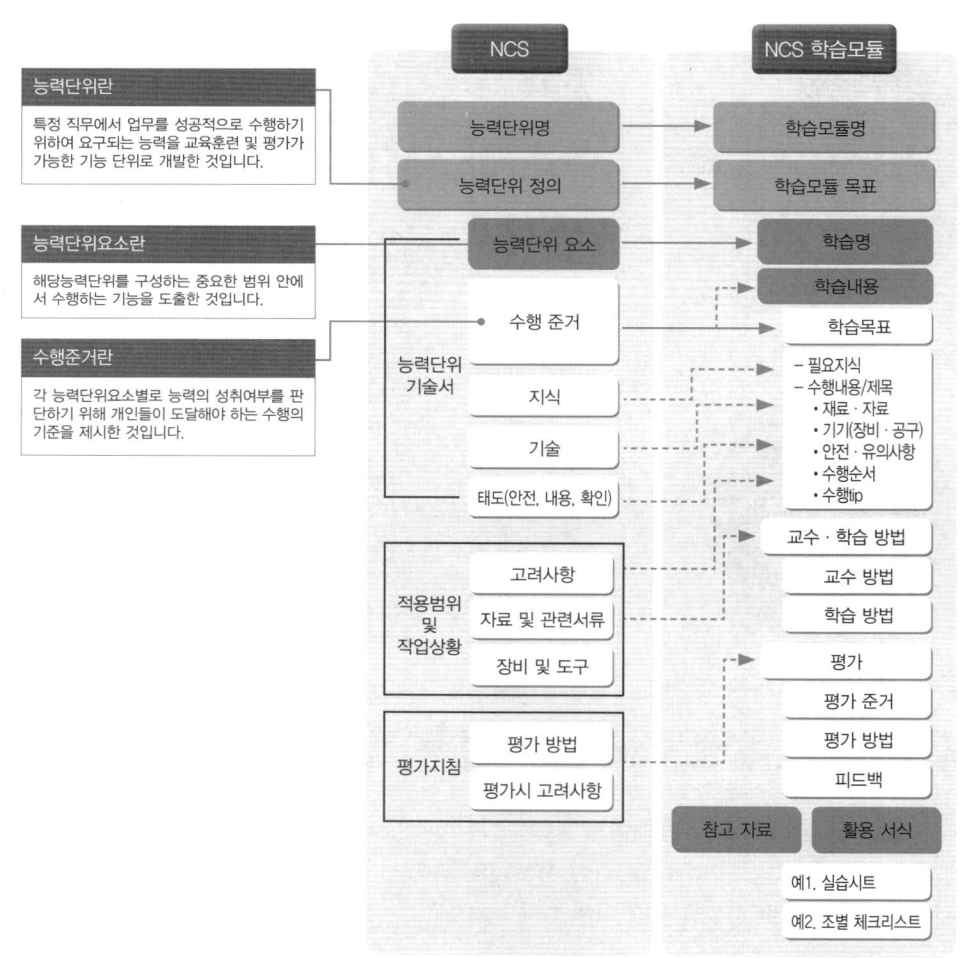

# 과정평가형 자격취득 안내

## 과정평가형 자격

과정평가형 자격은 국가기술자격법에 근거하여 국가직무능력표준(NCS)에 따라 설계된 교육·훈련과정을 체계적으로 이수한 교육·훈련생에게 내·외부 평가를 통해 국가기술자격증을 부여하는 새로운 개념의 국가기술자격 취득 제도로서 2015년부터 시행되고 있다.

## 과정평가형 자격 운영 절차

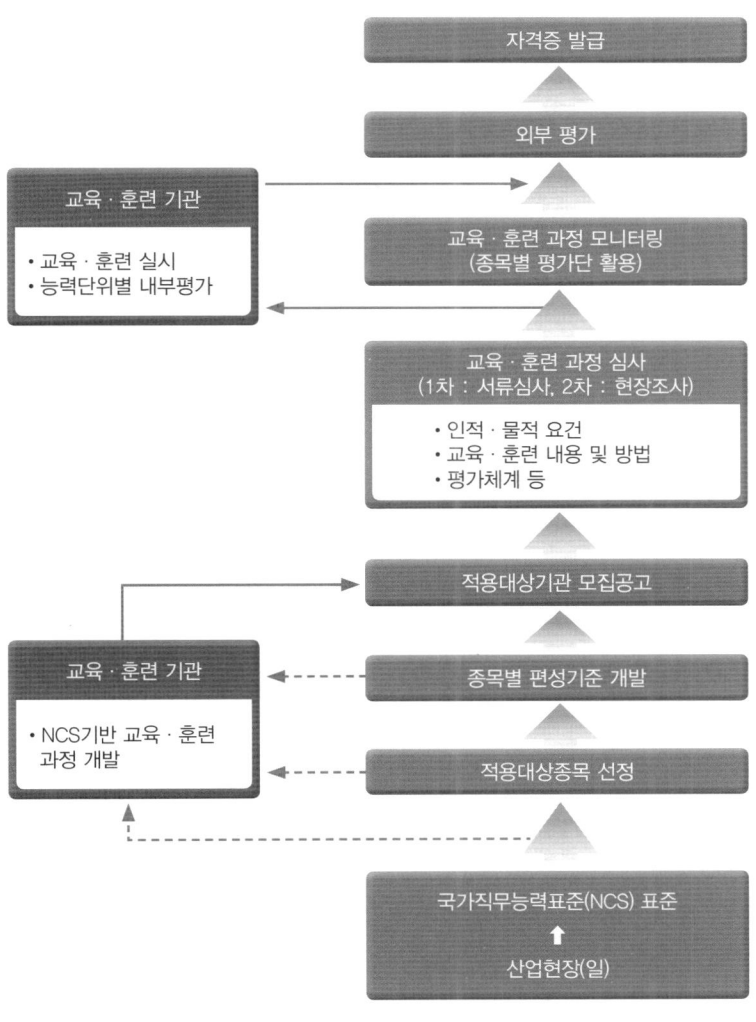

## 시행 대상

국가기술자격법의 과정평가형 자격 신청자격에 충족한 기관 중 공모를 통하여 지정된 교육·훈련기관의 단위과정별 교육·훈련을 이수하고 내부평가에 합격한 자

## 교육·훈련생 평가

① 내부평가(지정 교육·훈련기관)
  ㉮ 평가대상 : 능력단위별 교육·훈련과정의 75% 이상 출석한 교육·훈련생
  ㉯ 평가방법
    ㉠ 지정받은 교육·훈련과정의 능력단위별로 평가
    ㉡ 능력단위별 내부평가 계획에 따라 자체 시설·장비를 활용하여 실시
  ㉰ 평가시기
    ㉠ 해당 능력단위에 대한 교육·훈련이 종료된 시점에서 실시하고 공정성과 투명성이 확보되어야 함
    ㉡ 내부평가 결과 평가점수가 일정수준(40%) 미만인 경우에는 교육·훈련기관 자체적으로 재교육 후 능력단위별 1회에 한해 재평가 실시
② 외부평가(한국산업인력공단)
  ㉮ 평가대상 : 단위과정별 모든 능력단위의 내부평가 합격자
  ㉯ 평가방법 : 1차·2차 시험으로 구분 실시
    ㉠ 1차 시험 : 지필평가(주관식 및 객관식 시험)
    ㉡ 2차 시험 : 실무평가(작업형 및 면접 등)

## 합격자 결정 및 자격증 교부

① 합격자 결정 기준
  내부평가 및 외부평가 결과를 각각 100점을 만점으로 하여 평균 80점 이상 득점한 자
② 자격증 교부
  기업 등 산업현장에서 필요로 하는 능력보유 여부를 판단할 수 있도록 교육·훈련 기관명·기간·시간 및 NCS 능력단위 등을 기재하여 발급

NCS 및 과정평가형 자격에 대한 내용은 NCS국가직무능력표준 홈페이지(www.ncs.go.kr)에서 보다 자세하게 살펴볼 수 있습니다.

# CBT 필기시험제도 안내

## CBT 필기시험 개요

CBT(컴퓨터 기반 시험) 필기시험제도는 한국산업인력공단 상설시험장과 외부기관의 시설 및 장비를 임차하여 시행하기 때문에 시험장 사정에 따라 시험일자가 달라질 수 있으며, 수험생들이 선호하는 시험장은 조기 마감될 수 있으므로 주의하여야 합니다.

## 원서접수 기간 및 접수처

- 한국산업인력공단이 주관 및 시행하는 기능사 정기 CBT 필기시험 및 상시 CBT 필기시험과 관련한 정보는 큐넷 홈페이지(http://www.q-net.or.kr)를 방문하여 확인합니다.
- 기능사 필기시험의 원서접수는 인터넷으로만 가능하며 정기 및 상시시험 모두 큐넷 홈페이지(http://www.q-net.or.kr)에서 접수할 수 있습니다.
- 기능사 상시시험 종목 : 한식조리기능사, 양식조리기능사, 일식조리기능사, 중식조리기능사, 제과기능사, 제빵기능사, 미용사(일반), 미용사(피부), 미용사(네일), 미용사(메이크업), 굴착기운전기능사, 지게차운전기능사, 건축도장기능사, 방수기능사 [14종목]
  ※ 건축도장기능사, 방수기능사 2종목은 정기검정과 병행 시행

## CBT 부별 시험시간 안내

| 구분 | 입실시간 | 시험시간 | 비고 |
| --- | --- | --- | --- |
| 1부 | 09:30 | 09:50~10:50 | |
| 2부 | 10:00 | 10:20~11:20 | |
| 3부 | 11:00 | 11:20~12:20 | |
| 4부 | 11:30 | 11:50~12:50 | |
| 5부 | 13:00 | 13:20~14:20 | 시험실 입실 시간은 시험 시작 20분 전 |
| 6부 | 13:30 | 13:50~14:50 | |
| 7부 | 14:30 | 14:50~15:50 | |
| 8부 | 15:00 | 15:20~16:20 | |
| 9부 | 16:00 | 16:20~17:20 | |
| 10부 | 16:30 | 16:50~17:50 | |

※ 지역별 접수인원에 따라 일일 시행횟수는 변동될 수 있으며, 원거리 시험장으로 이동할 수 있습니다.

## 합격자 발표

종이 시험과 달리 CBT 필기시험은 시험이 종료된 후 시험점수와 함께 합격 여부를 확인할 수 있으며, 이 결과는 시험일정 상의 합격자 발표일에 최종 확인할 수 있습니다.

## ■ CBT 필기시험 체험하기

01 CBT 필기시험 응시를 위해 지정된 좌석에 앉으면 해당 컴퓨터 단말기가 시험감독관 서버에 연결되었음을 알리는 연결 성공 메시지가 나타납니다.

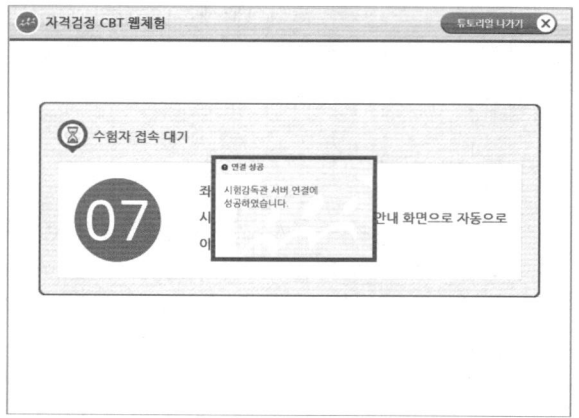

02 수험자 접속 대기 화면에서 좌석번호를 확인합니다. 좌석번호 확인이 끝나면 시험감독관의 지시에 따라 시험 안내 화면으로 자동으로 이동합니다.

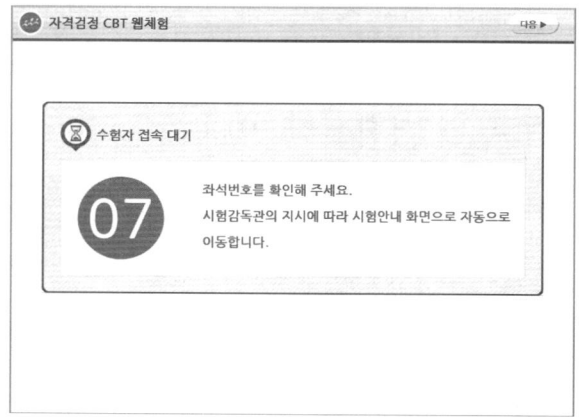

03 수험자 정보를 확인합니다. 감독관의 신분 확인 절차가 진행됩니다. 신분 확인이 모두 끝나면 시험을 시작할 수 있습니다.

04 CBT 필기시험에 대한 안내사항이 나타납니다. 화면은 예제이며, 실제 기능사 필기시험은 총 60문제로 구성되며, 60분간 진행됩니다.

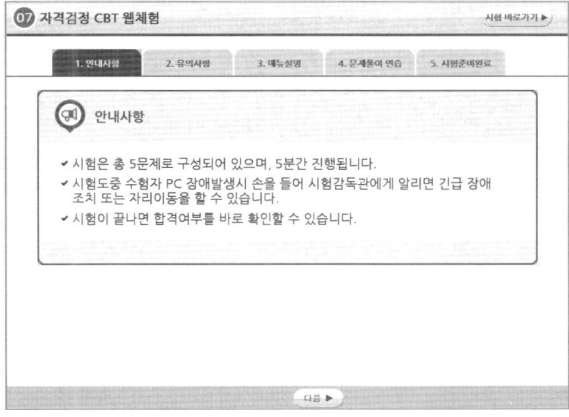

05 다음 항목에서 시험과 관련된 유의사항을 확인합니다. 특히, 시험과 관련한 부정행위 적발 시 퇴실과 함께 해당 시험은 무효처리되어 불합격 될 뿐만 아니라, 이후 3년간 국가기술자격검정에 응시할 수 있는 자격이 정지되므로 부정행위로 인정되는 내용을 꼼꼼히 확인하도록 합니다.

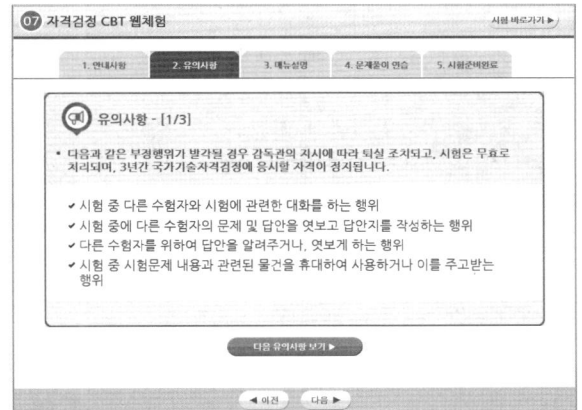

06 메뉴설명 항목에서는 문제풀이와 관련된 메뉴에 대한 설명을 확인할 수 있습니다. CBT 화면에서는 글자 크기를 크게 하거나 작게 할 수 있을 뿐 아니라, 화면 배치를 1단 또는 2단 화면 보기 혹은 한 문제씩 보기로 선택할 수 있습니다.

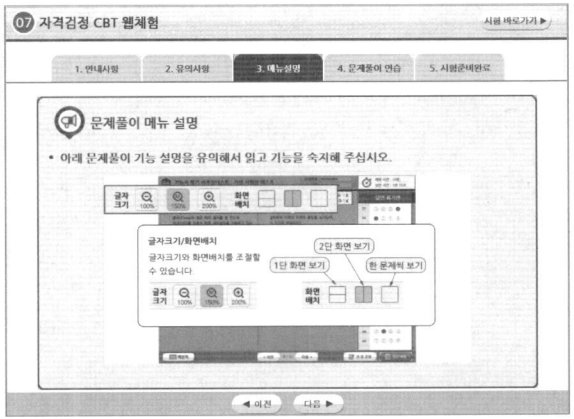

07 문제풀이 연습 항목에서는 실제 문제를 풀어보는 과정을 연습할 수 있습니다. 실제 시험에서 실수하지 않도록 하기 위해 [자격검정 CBT 문제풀이 연습] 버튼을 클릭합니다.

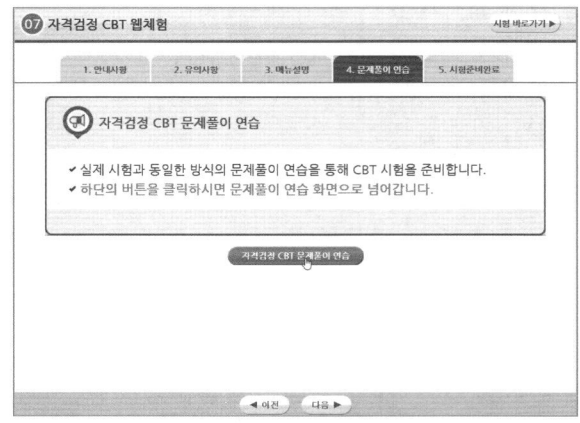

08 보기의 연습 문제는 국가기술자격시험의 정부 위탁기관인 한국산업인력공단의 본부 청사 소재지를 묻는 것입니다. 현재 한국산업인력공단 본부는 울산광역시에 소재하고 있습니다. 문제 아래의 보기에서 번호 항목을 클릭하거나 답안 표기란의 번호 항목에서 해당 답안을 클릭하여 답안을 체크합니다.

09 문제 아래의 보기를 클릭하거나 오른쪽 답안 표기란의 답안 항목을 클릭하면 화면과 같이 선택한 답안이 OMR 카드에 색칠한 것과 같이 색이 채워집니다.

> 답안을 수정할 때는 마찬가지 방법으로 수정하고자 하는 문제의 보기 항목이나 답안 표기란의 보기 항목에서 수정하고자 하는 답안을 클릭합니다.

10 문제를 풀고 나면 다음 문제를 풀기 위해 화면 하단의 [다음] 버튼을 클릭하여 문제를 계속 풀어나가면 됩니다. 참고로 하단 버튼 중 [계산기]를 클릭하면 간단한 공학용 계산기를 사용하여 계산 문제를 푸는 데 도움을 받을 수 있습니다.

> 계산이 끝나고 계산기를 화면에서 사라지게 하려면 계산기 창의 오른쪽 상단에 있는 닫기 ❌ 버튼을 클릭합니다.

11 문제 풀이 연습이 끝나면 하단의 [답안 제출] 버튼을 클릭하여 답안을 제출합니다.

> 어려운 문제의 경우 하단의 [다음] 버튼을 클릭하여 다음 문제를 풀 수도 있습니다. 단, 이러한 경우 답안을 제출하기 전에 하단의 [안 푼 문제] 버튼을 클릭하여 혹시 풀지 않은 문제가 있는 지 최종적으로 확인하도록 합니다.

12 답안 제출을 클릭하면 나타나는 화면입니다. 수험생들이 실수로 답안을 모두 체크하지 않고 제출할 수 있는 실수를 방지하기 위해 2회에 걸쳐 주의 화면이 나타납니다. 답안을 제출하려면 [예] 버튼을 누릅니다.

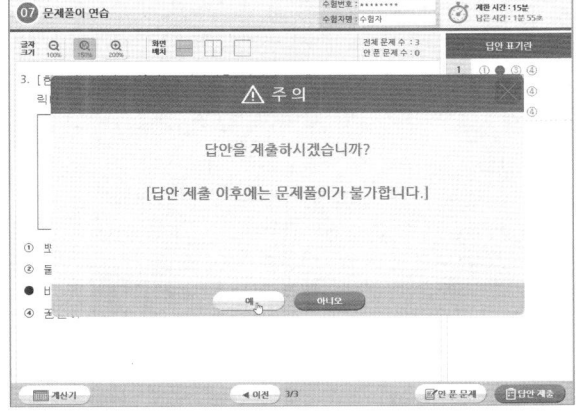

13. 문제풀이 연습을 모두 마치면 나타나는 화면에서 [시험 준비 완료] 버튼을 클릭합니다. 이후 시험 시간이 되면 시험감독관의 지시에 따라 시험이 자동으로 시작됩니다.

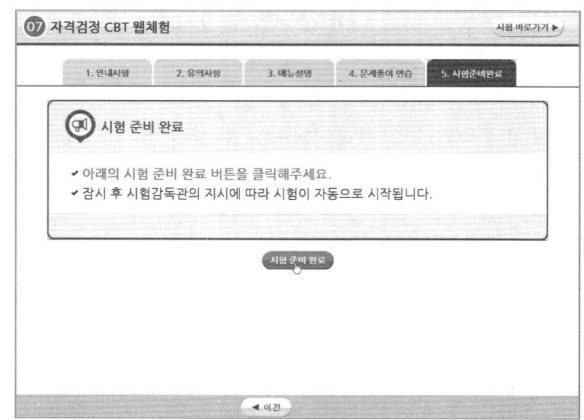

14. 본 시험이 시작되면 첫 번째 문제가 화면에 나타납니다. 앞서 문제풀이 연습 때와 마찬가지 방법으로 문제의 보기에서 정답을 클릭하거나 답안 표기란에 해당 문제의 정답 항목을 클릭하여 답을 선택합니다.

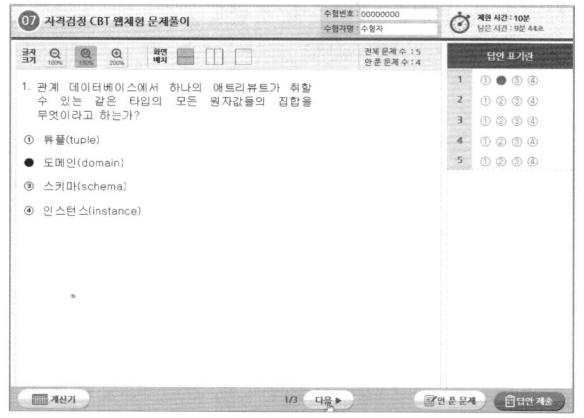

15. 화면 하단의 [다음] 버튼을 클릭하면 다음 문제를 풀 수 있습니다. 앞서와 마찬가지 방법으로 답안에 체크하고 모든 문제를 풀었다면 [답안 제출] 버튼을 클릭합니다.

> 화면의 상단 오른쪽에 제한 시간과 남은 시간이 표시됩니다. 본 예제는 체험을 위한 것으로 실제 시험시간은 60분이며, 이에 따라 남은 시간도 표시됩니다.

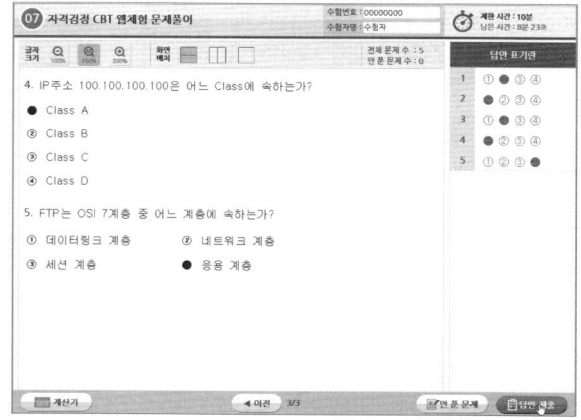

16 수험생의 실수를 방지하기 위해 2회에 걸쳐 주의 문구가 출력됩니다. 모든 문제를 이상없이 풀고 답안에 체크했다면 [예] 버튼을 클릭하여 답안을 제출하고 시험을 마무리합니다.

> 문제 화면으로 다시 돌아가고자 한다면 [아니오] 버튼을 클릭하여 이미 푼 문제들을 다시 확인하고 필요한 경우 답안을 수정할 수 있습니다.

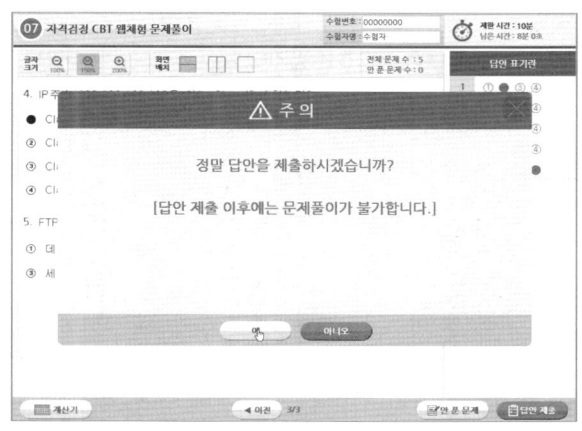

17 답안 제출 화면이 나타납니다. 잠시 기다립니다.

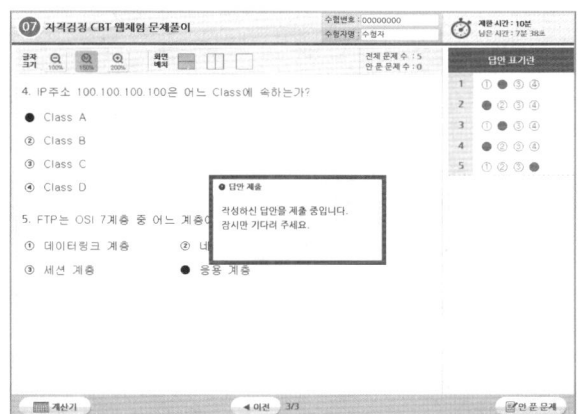

18 CBT 필기시험을 모두 끝내고 답안을 제출하면 곧바로 합격, 불합격 여부를 화면과 같이 확인할 수 있습니다. 독자분들은 꼭 화면과 같은 합격 축하 문구를 볼 수 있기를 기원합니다.

19 앞서의 합격 여부 화면에서 [확인 완료] 버튼을 클릭하면 CBT 필기시험이 종료됩니다. 고생하셨습니다.

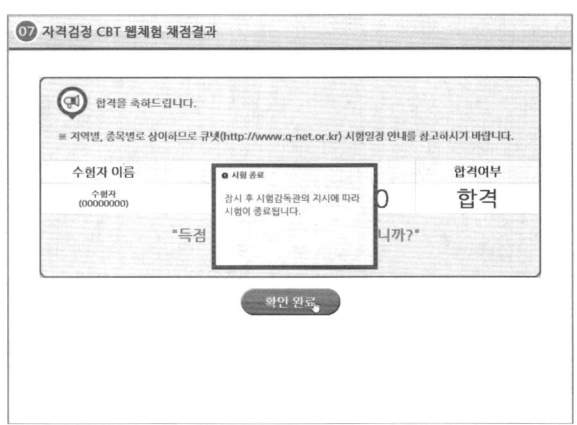

본 도서에 수록된 CBT 필기시험 체험하기 내용은 한국산업인력공단의 CBT 체험하기 과정을 인용하여 구성 및 정리한 것입니다. 직접 한국산업인력공단에서 제공하는 CBT 필기시험을 체험하고자 하는 독자께서는 한국산업인력공단이 운영하는 큐넷 홈페이지(www.q-net.or.kr)를 방문하시기 바랍니다.

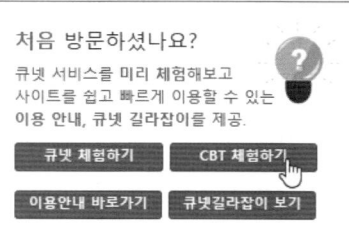

# 차례

## 01장 핵심이론 요약

### 제 1절 제도의 기본 024
- 01 제도 통칙(KS A 0005) 024
- 02 도면의 종류와 크기 025
- 03 선 028
- 04 문자 030

### 제 2절 기초 제도 031
- 01 투상법의 종류 031
- 02 도형의 도시 방법 033
- 03 단면도 035
- 04 치수기입 일반 042
- 05 치수 기입 방법 046
- 06 표면 거칠기 051
- 07 치수 공차 057
- 08 IT 기본 공차 (ISO Tolerance) 058
- 09 끼워맞춤(Fitting) 058
- 10 치수 공차 기입법 060
- 11 끼워맞춤 기입법 061
- 12 기하 공차 061
- 13 재료 표시 063
- 14 측정기 사용 067

### 제 3절 기계 요소의 제도 069
- 01 결합용 기계 요소 069
- 02 리벳과 용접 이음 077
- 03 축용 기계 요소 083
- 04 전동용 기계 요소 086
- 05 관용 기계 요소 090
- 06 그 밖의 기계 요소 093

## 제 4절 CAD/CAM　　　　　　　　　　　　　　　096
01 CAD/CAM시스템의 입·출력장치　　　　　　096
02 CAD/CAM시스템의 도형처리와 형상모델링　100

## 제 5절 기계재료　　　　　　　　　　　　　　　102
01 기계재료 총론　　　　　　　　　　　　　　102
02 철강재료 이론　　　　　　　　　　　　　　105
03 비철금속재료의 종류　　　　　　　　　　　111
04 비금속재료 및 신소재의 특성과 용도　　　　113

## 제 6절 기계요소　　　　　　　　　　　　　　　116
01 응력과 변형율　　　　　　　　　　　　　　116
02 재료의 강도　　　　　　　　　　　　　　　119
03 나사　　　　　　　　　　　　　　　　　　121
04 키와 핀　　　　　　　　　　　　　　　　　126
05 리벳　　　　　　　　　　　　　　　　　　129
06 축계 요소　　　　　　　　　　　　　　　　131
07 마찰차　　　　　　　　　　　　　　　　　135
08 기어　　　　　　　　　　　　　　　　　　136
09 벨트·로프·체인 전동장치　　　　　　　　139
10 그 밖의 기계 요소　　　　　　　　　　　　143

## 02장 공단 기출문제

| | |
|---|---|
| 2012년 기출문제 1회 | 148 |
| 2012년 기출문제 2회 | 159 |
| 2012년 기출문제 3회 | 169 |
| 2012년 기출문제 4회 | 180 |
| 2013년 기출문제 1회 | 190 |
| 2013년 기출문제 2회 | 200 |
| 2013년 기출문제 3회 | 211 |
| 2013년 기출문제 4회 | 221 |
| 2014년 기출문제 1회 | 231 |
| 2014년 기출문제 2회 | 241 |
| 2014년 기출문제 3회 | 251 |
| 2014년 기출문제 4회 | 262 |
| 2015년 기출문제 1회 | 272 |
| 2015년 기출문제 2회 | 283 |
| 2015년 기출문제 3회 | 293 |
| 2015년 기출문제 4회 | 303 |
| 2016년 기출문제 1회 | 312 |
| 2016년 기출문제 2회 | 323 |
| 2016년 기출문제 3회 | 333 |

## 03장 CBT 대비 적중모의고사

| | |
|---|---|
| 적중모의고사 제1회 | 344 |
| 적중모의고사 제2회 | 355 |
| 적중모의고사 제3회 | 366 |
| 적중모의고사 제4회 | 377 |
| 적중모의고사 제5회 | 386 |

# 제1장
# 핵심이론 요약

제 1절 제도의 기본
제 2절 기초 제도
제 3절 기계 요소의 제도
제 4절 CAD/CAM
제 5절 기계재료
제 6절 기계요소
제 7절 기계가공법 및 안전관리

# 01 제도의 기본

Craftsman Computer Aided Mechanical Drawing

## 1 제도 통칙(KS A 0005)

### 가. 제도의 의의

(1) 제도(drawing)
규정으로 일정하게 정해진 선, 문자, 기호 등을 사용한 제도법에 따라 도면을 작성하는 것

(2) 도면
① 설계자와 제작자 또는 발주자와 수주자 사이에서 필요한 정보를 전달하는 수단
② 일정한 규칙에 따라 점, 선, 문자, 부호 등을 사용함
③ 물체의 모양, 구조, 기능, 재료, 공정 등을 확실하고 쉽게 나타낸 것
④ 정보의 보존, 검색, 이용이 확실히 이루어지도록 함

### 나. 제도의 표준 규격 및 도면의 요건

(1) 제도의 표준 규격
① 제도 통칙 : KS A 0005(1966년 제정, 2014년 12월 23일 개정)
② 기계제도 통칙 : KS B 0001(1967년 제정, 2008년 12월 23일 개정)

[KS 규격의 부문별 분류]

| 기호 | A | B | C | D | E | F | G | H | K | L | M | P | V | R | W |
|---|---|---|---|---|---|---|---|---|---|---|---|---|---|---|---|
| 부문 | 기본 | 기계 | 전기 | 금속 | 광산 | 건설 | 일용품 | 식료품 | 섬유 | 요업 | 화학 | 의료 | 조선 | 수송기계 | 항공 |

### (2) 도면이 구비하여야 할 기본 요건
① 대상물의 도형, 필요로 하는 크기, 모양, 자세, 위치의 정보를 포함할 것
② 면의 표면, 재료, 가공방법 등의 정보를 포함할 것
③ 명확하고 이해하기 쉬운 방법으로 표현할 것
④ 애매한 해석이 생기지 않도록 표현상 명확한 뜻을 가질 것
⑤ 기술의 각 분야 교류의 적합성, 보편성을 가질 것
⑥ 무역 및 기술의 국제교류 입장에서 국제성을 가질 것
⑦ 복사, 도면의 보존, 검색 및 이용이 확실히 되도록 내용과 양식을 구비할 것

## 2 도면의 종류와 크기

### 가. 도면의 종류

#### (1) 도면의 용도에 따른 분류
① 계획도(scheme drawing)　　② 제작도(manufacture drawing)
③ 주문도(drawing for order)　　④ 견적도(estimation drawing)
⑤ 승인도(approved drawing)　　⑥ 설명도(explanation drawing)

#### (2) 도면의 내용에 따른 분류
① 조립도(assembly drawing)
② 부분 조립도(partial assembly drawing)
③ 부품도(part drawing)
④ 상세도(detail drawing)
⑤ 공정도(process drawing)
⑥ 접속도(electrical schematic diagram)
⑦ 배선도(wiring diagram)
⑧ 배관도(piping diagram)
⑨ 기타 : 기초도, 계통도, 설치도, 전개도, 구조선도, 외형도, 배치도, 장치도, 스케치도, 곡면선도 등

#### (3) 도면의 성격에 따른 분류
① 원도(original drawing)　　② 트레이스도(traced drawing)
③ 복사도(copy drawing)

## 나. 도면의 크기와 양식

### (1) 도면의 크기(종이의 재단치수)

① 도면은 A열로 A0~A4(다만 연장하는 경우 연장사이즈 사용)
② 도면은 긴 쪽을 좌우 방향으로 놓고서 사용한다.(다만 A4는 짧은 쪽을 좌우 방향으로 놓고서 사용하여도 좋다.)
③ 도면의 폭과 길이의 비는 $1 : \sqrt{2}$, A0의 넓이는 $1m^2$, B0의 넓이는 약 $1.5m^2$
④ 도면은 접을 때의 크기는 원칙적으로 A4의 크기로 접는다.
⑤ 원도를 말아서 보관할 때는 그 안지름이 ∅40mm 이상 되게 한다.

[도면의 크기 및 윤곽의 치수 (단위:mm)]

| 호칭 방법 | 치수 a x b | c (최소) | d(최소) | |
|---|---|---|---|---|
| | | | 철하지 않을 때 | 철할 때 |
| A0 | 841 X 1189 | 20 | 20 | 25 |
| A1 | 594 X 841 | 20 | 20 | 25 |
| A2 | 420 X 594 | 20 | 20 | 25 |
| A3 | 297 X 420 | 10 | 10 | 25 |
| A4 | 210 X 297 | 10 | 10 | 25 |

비고 1. 원도는 접지 않는 것이 보통이며 말아서 보관시에도 내경 40mm 이상으로 하는 것이 좋다.
2. 도면을 접을 때에는 그 접음의 크기는 A4로 기준한다.
3. 도면을 접을 때에는 표제란이 겉으로 나오게 하고 d부가 표제란 좌측에 오도록 한다.

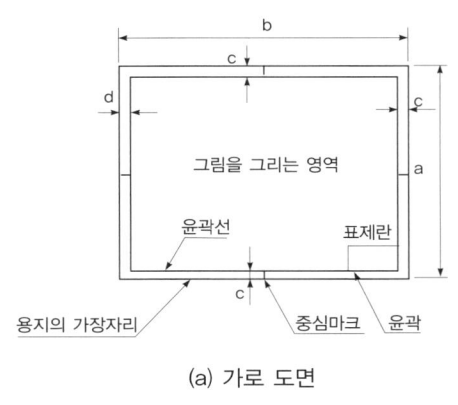

(a) 가로 도면    (b) 세로 도면

[도면의 크기]

### (2) 도면의 양식
① 반드시 마련하여야 할 사항 : 윤곽선, 중심마크, 표제란
② 마련하는 것이 바람직한 사항 : 비교눈금, 도면구역 구분선·구분기호, 재단마크
  ㉮ 윤곽선 : 굵기 0.5mm 이상의 실선
  ㉯ 표제란
    ㉠ 도번, 도명, 척도, 투상법, 기업(단체, 학교)명, 도면작성 연월일, 제도자 이름 등
    ㉡ 도면 오른쪽 아랫부분에 위치
  ㉰ 중심마크(중심태그)
    ㉠ 4변의 각 각 중앙에 표시, 그 허용차 0.5mm
    ㉡ 굵기 0.5mm 실선
  ㉱ 부품란
    ㉠ 부품번호(품번), 부품명(품명), 재질, 수량, 공정, 중량, 비고란 등
    ㉡ 일반적으로 표제란 위에 위치, 부품수가 많은 조립도의 경우 별지 부품도 사용
  ㉲ 비교눈금
    ㉠ 길이 100mm를 눈금간격 10mm로 10등분하여 도면 아래 중심마크를 중심으로 표시
    ㉡ 눈금선의 굵기는 윤곽선과 같고, 길이는 5mm이내로 한다.
  ㉳ 도면구역 구분선·구분기호
    ㉠ 도면 중 특정부분의 위치를 지시할 때의 편의를 위하여 사용 : "예" : B-2
    ㉡ 좌상 모서리에 변 : 1, 2, 3, · · · 의 아라비아 숫자
    ㉢ 세로의 변 : A, B, C, · · · 의 알파벳 대문자 사용
    ㉣ 상하좌우의 상대하는 변에 같은 기호 기입
  ㉴ 재단마크
    ㉠ 복사한 도면을 절단한 경우, 용지의 영역을 쉽게 알수 있도록 표시
    ㉡ 자동 절단의 경우 센서의 검지용마크가 된다.

## 다. 척도

### (1) 척도의 사용
① A : B로 표시(A : 도면에 그려지는 크기, B : 실물의 크기)
② 표제란에 기입
③ 같은 도면에 다른 척도를 사용할 때는 그 그림 부근에 기입

[축척, 현척 및 배척의 값]

| 척도의 종류 | 값 |
|---|---|
| 축척 | 1:2  1:5  1:10  1:20  1:50  1:100  1:200 |
| 현척 | 1:1 |
| 배척 | 2:1  5:1  10:1  20:1  50:1 |

(2) 척도의 종류

① 실척(Full scale) : 실물과 동일한 크기로 그린 척도

② 축척(Contraction scale) : 실물보다 축소하여 그린 척도

③ 배척(Enlargrd scale) : 실물보다 크게 그린 척도

㉮ NS(Not scale) : 비례척이 아님

㉯ _(Under Line) : 비례척이 아님. "예" 20:치수밑의 "_"은 비례척이 아님

## 3 선

가. 선의 종류와 용도

(1) 모양에 따라 분류한 선

① 실선( ———— ) : 연속된 선

② 파선( — — — — ) : 짧은 선을 약간의 간격으로 나열한 선

③ 1점 쇄선( —— - —— ) : 긴 선과 짧은선 1개를 서로 규칙적으로 나열한 선

④ 2점 쇄선( —— - - —— ) : 긴 선과 짧은선 2개를 서로 규칙적으로 나열한 선

(2) 굵기에 따라 분류한 선

① 가는선 : 굵기가 0.18 ~ 0.25mm인 선

② 굵은선 : 굵기가 0.35 ~ 0.5mm인 선(가는선 굵기의 2배)

③ 아주 굵은선 : 굵기가 0.7 ~ 1mm인 선(굵은선 굵기의 2배)

㉮ 선의 굵기 종류 : 0.18, 0.25, 0.35, 0.5, 0.7, 1mm의 6종이 있다.

㉯ 가는 선 : 굵은 선 : 아주 굵은 선 = 1 : 2 : 4

## (3) 용도에 의하여 분류한 선의 종류

[용도에 의한 선의 종류]

| 용도에 의한 명칭 | 선의 종류 | | 용도 |
|---|---|---|---|
| 외형선 | 굵은 실선 | ——————— | 대상물의 보이는 부분의 모양을 나타내는데 사용한다. |
| 치수선 | 가는 실선 | ——————— | 치수 기입을 위하여 쓰인다. |
| 치수보조선 | | | 치수 기입을 위하여 도형으로부터 끌어내는데 쓰인다. |
| 지시선 | | | 기술, 기호 등을 표시하기 위하여 끌어내는데 쓰인다. |
| 회전단면선 | | | 도형의 중심선을 간략하게 표시하는데 쓰인다. |
| 중심선 | | | 도형내의 그 부분의 절단면을 90도 회전하여 표시하는데 쓰인다. |
| 수준면선(1) | | | 수면, 유면 등의 위치를 표시하는데 쓰인다. |
| 숨은선 | 가는 파선 또는 굵은파선 | ----- | 대상물의 보이지 않는 부분의 모양을 표시하는데 쓰인다. |
| 중심선 | 가는 1점 쇄선 | —·—·— | (1) 도형의 중심을 표시하는데 쓰인다.<br>(2) 중심이 이동한 중심궤적을 표시하는데 쓰인다. |
| 기준선 | | | 특히 위치 결정의 근거임을 명시하는데 쓰인다. |
| 피치선 | | | 반복 도형의 피치를 잡는 기준이 되는 선으로 사용한다. |
| 특수지정선 | 굵은 1점 쇄선 | ━·━·━ | 특수한 가공을 하는 부분 등 특별한 요구사항을 적용할 범위를 표시하는데 쓰인다. |
| 가상선(2) | 가는 2점 쇄선 | —··—··— | (1) 인접 부분을 참고로 표시하는데 사용한다.<br>(2) 공구, 지그 등의 위치를 참고로 나타내는데 사용한다.<br>(3) 가공 부분을 이동 중의 특정한 위치 또는 이동 한계의 위치로 표시하는 데 사용한다.<br>(4) 가공 전 또는 가공 후의 모양을 표시하는데 사용한다.<br>(5) 되풀이하는 것을 나타내는데 사용한다.<br>(6) 도시된 단면의 앞쪽에 있는 부분을 표시하는데 사용한다. |
| 무게중심선 | | | 단면의 무게 중심을 연결한 선을 표시하는데 사용한다. |
| 파단선 | 불규칙한 파형의 가는 실선 또는 지그 재그선 | ∼∼∿∼∼ | 대상물의 일부를 파단하는 경계 또는 일부를 떼어낸 경계를 표시하는데 사용한다. |
| 절단선 | 가는 1점 쇄선으로 끝부분 및 방향이 변하는 부분을 굵게 한 것(3) | ⌐_⌐ | 단면도를 그리는 경우, 그 절단 위치를 대응하는 그림에 표시하는데 사용한다. |
| 해칭 | 가는실선으로 규칙적으로 줄을 늘어 놓은 것 | ///// | 도형의 한정된 특정 부분을 다른 부분과 구별하는데 사용한다. 보기를 들면 단면도의 절단된 부분을 나타낸다. |

| 용도에 의한 명칭 | 선의 종류 | | 용도 |
|---|---|---|---|
| 특수용도선 | 가는실선 | ——— | (1) 외형선 및 숨은선의 연장을 표시하는데 사용한다.<br>(2) 평면이란 것을 나타내는데 사용한다.<br>(3) 위치를 명시하는데 사용한다. |
| | 아주 굵은 실선 | ━━━ | 얇은 부분의 단면선 도시를 명시하는데 사용한다. |

주(1) ISO 128 (Technical drawings–General principles of presentation)에는 규정되어 있지 않다.
주(2) 가상선은 투상법상에서는 도형에 나타나지 않으나, 편의상 필요한 모양을 나타내는데 사용한다. 또 기능상, 공작상의 이해를 돕기위해 도형을 보조적으로 나타내기 위해 사용한다.
주(3) 다른 용도와 혼용할 염려가 없을 때는 끝부분 및 방향이 바뀌는 부분을 굵게 할 필요는 없다.
비고) 가는 선, 굵은 선, 아주 굵은 선의 굵기 비율은 1:2:4로 한다.

(3) 선의 우선 순위
    ① 외형선        ② 숨은선
    ③ 절단선        ④ 중심선
    ⑤ 무게 중심선   ⑥ 치수 보조선

## 4 문자

(1) 글자 쓰기의 원칙
    ① 명백히 쓰고, 글자체는 고딕체로하여 수직 또는 15°경사로 쓴다.
    ② 한자는 3.15, 4.5, 6.3, 9, 12.5, 18mm 등 6가지, 한글·숫자·영자는 2.24, 3.15, 4.5, 6.3, 9, 12.5, 18mm 등 7가지 정도가 있다.
    ③ 숫자, 영자의 서체는 J형 사체, B형 사체 또는 B형 입체 중 어느 한 가지를 사용하며 혼용하지 않는다.
    ④ 문장은 왼편에서 가로쓰기를 원칙으로 한다.

(2) 쓰이는 곳에 따른 문자의 높이(mm)
    ① 공차 치수 문자 : 2.24 ~ 4.5
    ② 일반치수 문자 : 3.15 ~ 6.3
    ③ 부품번호 문자 : 6.3 ~ 12.5
    ④ 도면번호 문자 : 9 ~ 12.5
    ⑤ 도면이름 문자 : 9 ~ 18

# 02 기초 제도

## 1 투상법의 종류

### 가. 사투상법

(1) 캐비닛도
  ① 투상선이 투상면에 대하여 63°26'인 경사를 갖는 사투상도이다.
  ② 3축 중 Y, Z축은 실제 길이를 나타내므로 정면도는 실제 크기이다.
  ③ X축은 보통 실제크기의 1/2을 나타낸다.

(2) 카발리에도
  ① 투상선이 투상면에 대하여 45°인 경사를 갖는 사투상도이다.
  ② 3축 모두 실제의 길이를 나타낸다.
  ③ X축을 수평하게 45°기울여 그리는 것이 일반적이다.

### 나. 축측투상법

(1) 등각 투상도
  ① 3좌표축의 투상이 서로 120° 등간격이 되는 축측 투상
  ② X축과 Y 축이 수평선과 이루는 각이 30°
  ③ 정면, 평면, 측면을 동시에 입체적으로 볼 수 있음

(2) 2등각 투상도
  3좌표축 투상의 교각 중, 2개의 교각이 같은 축측 투상

### (3) 부등각 투상도
3좌표축 투상의 교각이 각기 다른 축측 투상

## 다. 정투상도법

### (1) 제3각법
① 물체를 투상공간의 제3각 안에 놓고 투상하는 방법
② 투상면 뒤쪽에 물체를 놓음
③ 눈 → 화면 → 물체의 순
④ 물체 외부를 펼쳐서 표현하므로 비교 대조 용이 : 기계
⑤ 투상도 위치
　㉠ 평면도 : 정면도 위에
　㉡ 우측면도 : 정면도 우측에
　㉢ 좌측면도 : 정면도 좌측에
　㉣ 저면도 : 정면도 아래
　㉤ 배면도 : 우측면도 우측에

### (2) 제1각법
① 물체를 투상공간의 제 1각 안에 놓고 투상
② 투상면의 앞쪽에 물체를 놓음
③ 눈 → 물체 → 화면의 순
④ 투상 시점이 안쪽에 있는 경우 표현이 편리 : 건축, 조선
⑤ 투상도 위치
　㉮ 평면도 : 정면도 아래　　㉯ 우측면도 : 정면도 좌측에
　㉰ 좌측면도 : 정면도 우측에　㉱ 저면도 : 정면도 위에
　㉲ 배면도 : 좌측면도 우측에

### (3) 제3각법과 제 1각법의 비교

[제3각법과 제1각법의 비교]

| 위치<br>각법 | 기준 | 평면도위치 | 우측면도 위치 | 좌측면도 위치 | 배면도(참고) | 비고 |
|---|---|---|---|---|---|---|
| 3각법 | 정면도 | 위 | 우측 | 좌측 | 우측면도 우측에 | 비교 대조하기 쉬움<br>기계도면 |
| 1각법 | 정면도 | 아래 | 좌측 | 우측 | 좌측면도 우측에 | 투상 시점이 안쪽일 경우 유리, 건축 및 조선 도면 |

비고 : 배면도의 위치는 한 보기를 나타낸다.

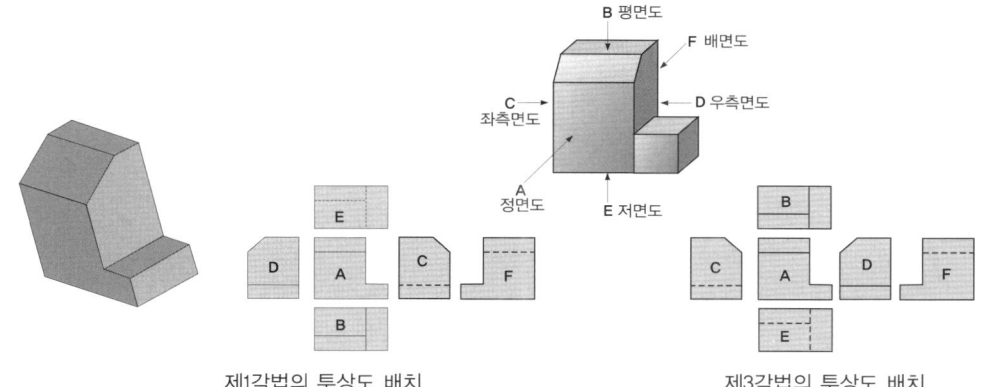

제1각법의 투상도 배치    제3각법의 투상도 배치

[제 3각법과 제 1각법의 비교]

(4) 투상법의 기호
① 일반적으로 표제란에 "제3각법" 또는 "제1각법" 이라 기입한다.
② 문자대신 기호를 사용하기도 한다.

## 2 도형의 도시 방법

### 가. 주 투상도와 필요 추상도

(1) 주 투상도(정면도) 선택 방법
① 물체의 모양과 기능 등의 특징이 가장 잘 나타난 면
② 은선이 가급적 적은 면
③ 가공 공정 순서와 같게 나타냄
④ 안전감을 갖도록 배치
⑤ 기어, 베어링 등은 축과 직각 방향에서 본 것

(2) 필요 투상도
① 1면도 : 정면도 1개로 투상 : 원통, 각 기둥, 평판 등(a)
② 2면도 : 정면도와 평면도, 정면도와 측면도 2개로 투상 : 각 기둥, 원통형 등(b)
③ 2면도 : 정면도, 저면도 배열(c)

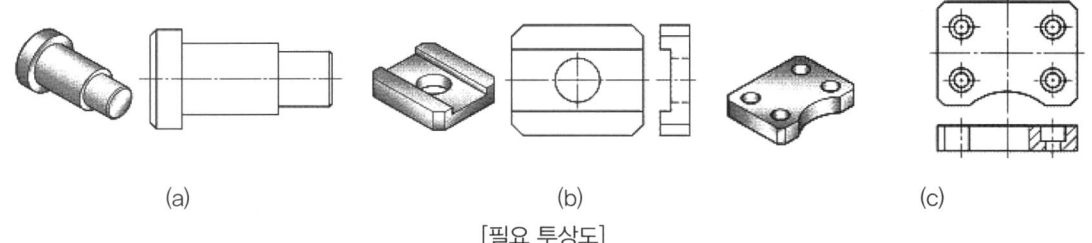

(a)　　　　　　　　　　(b)　　　　　　　　　　(c)

[필요 투상도]

## 나. 특수 투상도

(1) 보조 투상도(relevant view)
　　대상물의 경사면에 맞서는 위치에 그린 투상도(a)

(2) 부분 투상도(partial view)
　　물체의 홈, 구멍 등 투상도의 일부를 나타낸 투상도(b)

(3) 회전 투상도(revolved view)
　　투상면에 대하여 대상물의 일부분이 경사 방향으로 있는 경우, 그것을 투상면에 평행한 위치까지 회전했다고 가정하여 그린 투상도(c)

(4) 국부 투상도(local view)
　　구멍 · 홈 등, 대상물의 1국부를 나타낸 투상도(d)

(5) 부분 확대도(elemnts on larger scale)
　　그림의 특정 부분만을 확대해서 그린 그림(e)

(6) 전개도(development drawing)
　　입체표면을 평면에 펼쳐서 그린 그림으로 주로 판금 제품의 소재 모양이 됨

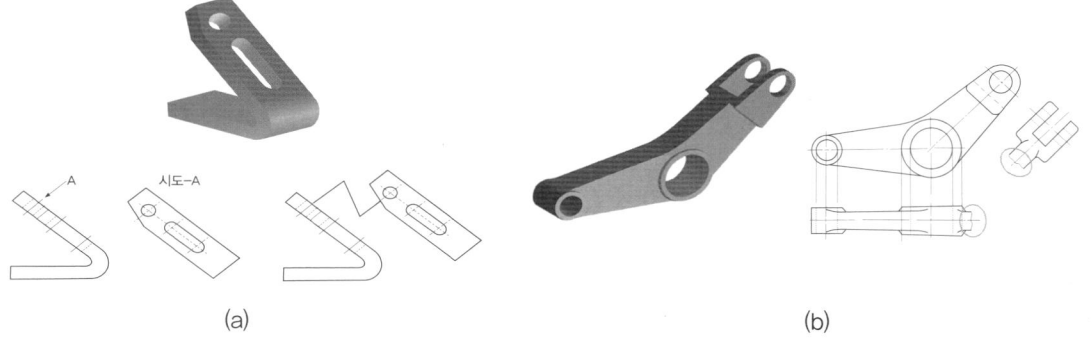

(a)　　　　　　　　　　　　　　　　(b)

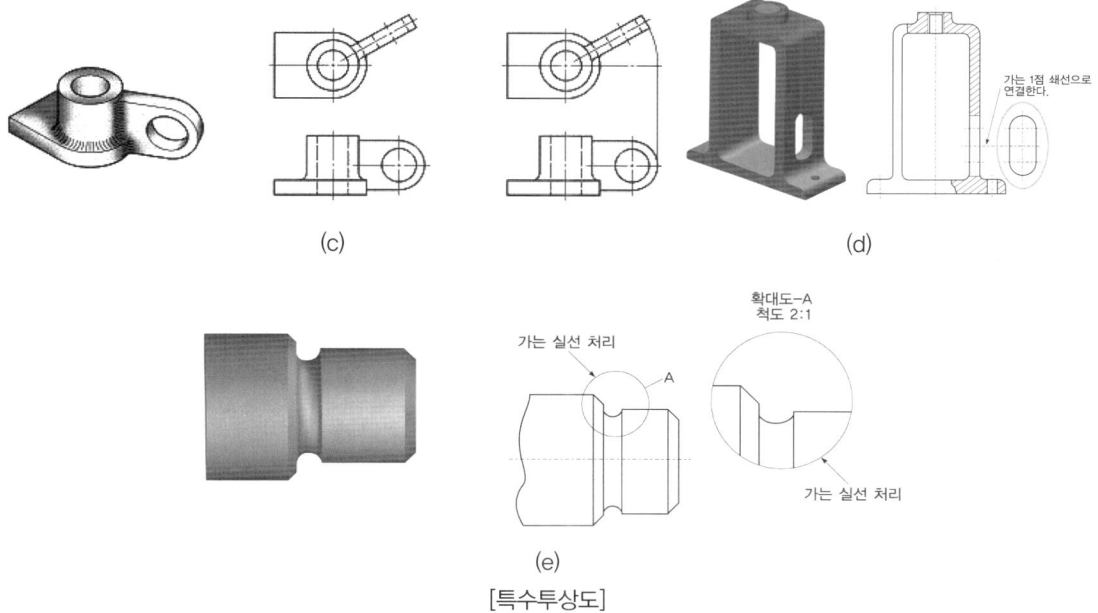

(c)

(d)

(e)

[특수투상도]

## 3 단면도

### 가. 단면도와 단면법칙

(1) 단면도

물체의 내부를 명확히 도시할 필요가 있는 경우 그 부분을 절단하여 내부가 보이도록 도시한 것

(2) 단면법칙

① 단면은 일반적으로 기본 중심선으로 절단한 면을 표시
② 기본 중심이 아닌 곳에서 절단할 필요가 있는 경우, 절단할 위치에 절단선(파단선)을 넣고 단면
③ 단면은 해칭이나 스머징
④ 단면 방향을 표시하는 화살표는 보는 방향으로 도시
⑤ 은선은 이해하기에 필요하지 않으면 생략
⑥ 뒤에 있는 외형이 절단면에 나타나지 않고 보일 때에는 나타낸다.

(3) 절단하지 않는 부품

① 길이 방향으로 절단하지 않는다.

② 축, 핀, 볼트, 너트, 와셔(washer), 캡, 스크루(screw), 멈춤나사, 리벳(rivet), 키, 테이퍼(taper), 핀, 리브(rib), 바퀴의 암, 기어의 이

### (4) 해칭(Hatching)
① 주 중심선에 대하여 45° 등간격의 가는 실선으로 표시한다.
② 해칭선 간격은 2~3mm, 같은 도면 내에는 해칭선의 간격을 같게 유지한다.
③ 부품이 인접해 있는 경우, 이의 구분을 위하여 해칭의 방향을 바꾸거나 간격을 달리한다.
④ 해칭선은 글자, 기호 등을 기입할 필요가 있을때는 중단하고 외형선 밖으로는 나올 수 없다.
⑤ 동일한 부품의 해칭은 서로 떨어져 있더라도 각도와 간격을 동일하게 한다.
⑥ 간단한 도면에서 단면을 쉽게 알 수 있는 것은 해칭을 생략할 수 있다.
⑦ 해칭한 부분에는 가능한 은선의 기입을 피한다.

## 나. 단면도의 종류

### (1) 온 단면도(full section)
① 기본 중심선을 중심으로 물체를 1/2로 절단하여 도면 전체를 단면으로 표시한다.
② 원칙적으로 대상물의 기본적인 모양을 가장 좋게 표시할 수 있도록 절단면을 정한다. 이 경우 절단선은 기입하지 않는다.(절단부가 확실한 경우)
③ 필요한 경우에는 특정 부분의 모양을 잘 표시할 수 있도록 절단면을 정하여 그리는 것이 좋다. 이 경우에는 절단선에 의하여 절단 위치를 나타낸다.

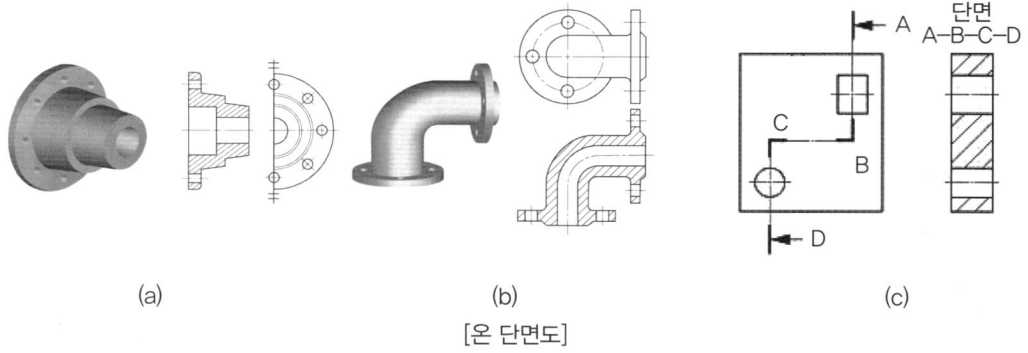

(a)　　　　　　　　(b)　　　　　　　　(c)
[온 단면도]

### (2) 한쪽 단면도(half section)
① 대칭 물체를 1/4로 절단하여 단면으로 나타낸 것이다.
② 한쪽은 단면도, 다른 한쪽은 외형도를 표시한다.
③ 대칭형의 대상물을 외형도시 절반과 온단면도의 절반을 조합하여 표시할 수 있다.

(3) 부분단면도
① 필요한 부분만을 절단하여 단면으로 나타내는 것이다.
② 절단부 경계는 파단선으로 나타낸다.

(4) 회전도시 단면도(revolved sectin)
① 핸들이나 기어, 벨트 풀리 등의 암, 리브, 훅, 축 구조물의 부재 등의 절단면은 90° 회전하여 나타낸다.
② 절단할 곳의 전후를 끊어서 그 사이에 그린다.
③ 절단선의 연장선 위에 그린다.
④ 도형내의 절단한 곳에 겹쳐서 가는 실선을 사용하여 그린다.

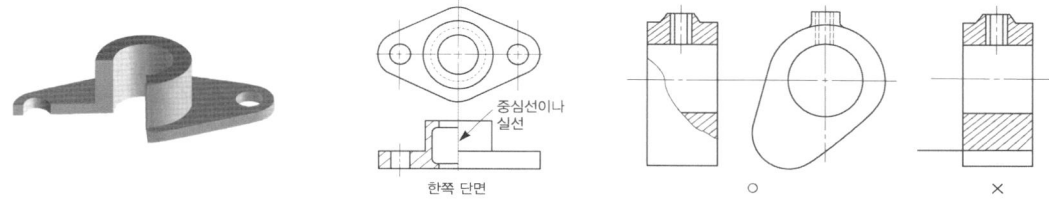

[한쪽 단면도]　　　　　　　　　　[부분 단면도]

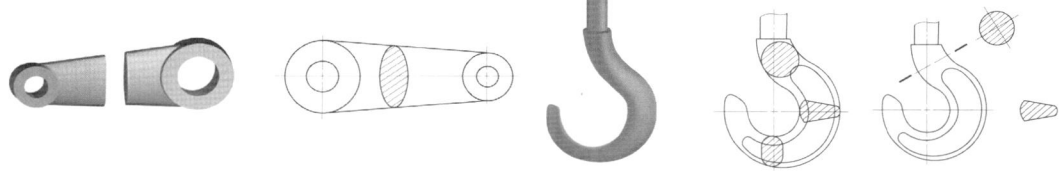

[회전 도시 단면도]

(5) 조합에 의한 단면(연속단면)
① 2개 이상의 절단면에 의한 단면도를 조합하여 행하는 단면 도시방법이다.
② 필요에 따라서 단면을 보는 방향을 나타내는 화살표와 글자 기호를 붙인다.
③ 단면도는 필요에 따라 예각 및 직각 단면도, 계단 단면도, 곡면 단면도를 조합하여 표시한다.
　㉮ 예각 및 직각 단면도 : 대칭형 또는 이에 가까운 형의 대상물의 경우에는 대칭의 중심선을 경계로하여 그 한쪽을 투상면에 평행하게 절단하고, 다른쪽을 투상면과 어느 각도를 이루는 방향으로 절단할 수 있다. 다른 쪽을 투상면과 어느 각도를 이루는 방향으로 절단하는 단면도는 그 각도만큼 투상면 쪽으로 회전시켜서 도시한다.(a, b, c)
　㉯ 계단 단면도 : 절단해야 할 부분이 일직선상에 있지 않을때, 평행한 2개 이상의 평면에서 절단한 단면도의 필요 부분만을 합성시켜 나타낼 수 있다. 이 경우, 절단선에 따라 절단

의 위치를 나타내고 조합에 의한 단면도라는 것을 나타내기 위하여 2개의 절단선을 임의의 위치에서 이어지게 하고 그 양 끝에 화살표를 붙여, 보는 방향을 나타내어야 한다.(c)

㉰ 곡면단면도 : 구부러진 관 등의 단면을 표시하는 경우에는 그 구부러진 중심선에 따라 절단하고, 그대로 투상할 수 있다.(b)

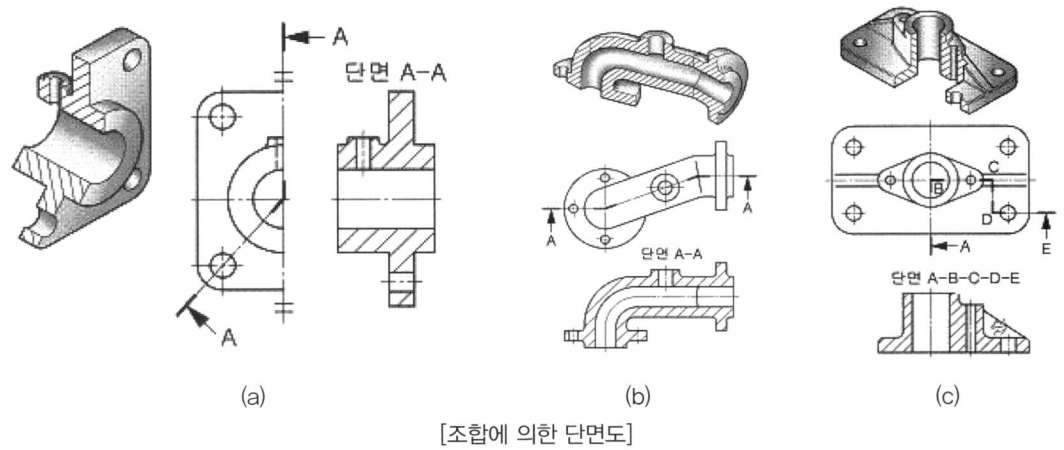

[조합에 의한 단면도]

(6) 다수의 단면도에 의한 도시
  ① 복잡한 모양의 물체를 단면할 때(a, b)
  ② 일련의 단면도는 치수기입과 도면 이해에 도움이 되도록 절단선의 연장선상 또는 중심선상에 배치한다.(b)
  ③ 물체의 모양이 서서히 변화하는 경우(프로펠러 날개)

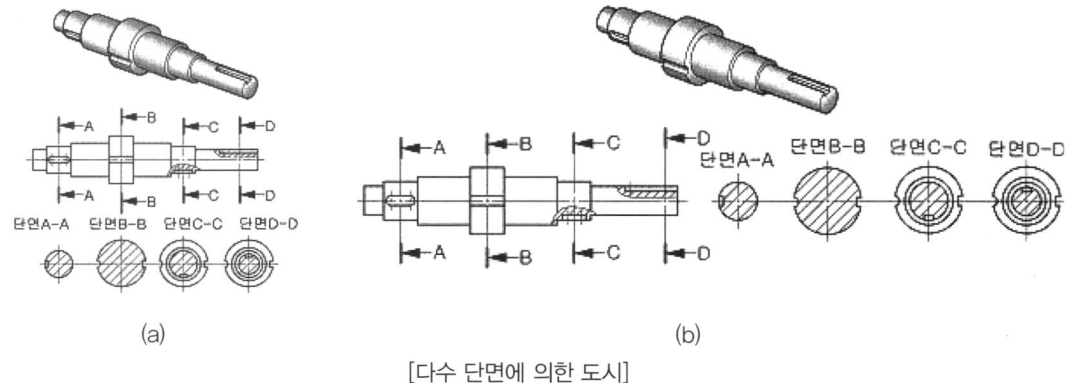

[다수 단면에 의한 도시]

(7) 얇은 두께부분의 단면도
  ① 개스킷, 박판, 형강 등의 절단면이 얇은 경우

② 실제 치수와 관계없이 아주 굵은 실선으로 그린다.
③ 인접한 경우는 선 사이의 간격을 둔다.

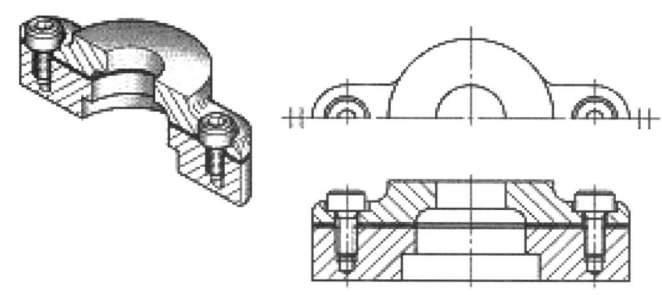

[얇은 두께부분의 단면도]

## 다. 도형의 생략

### (1) 대칭 도형의 생략 – 도형이 대칭인 경우
① 대칭 중심선의 한쪽 도형만을 그리고, 그 대칭 중심선의 양끝 부분에 짧은 2개의 나란한 가는 선(대칭 도시기호라한다.)을 그린다.(a)
② 대칭 중심선의 한쪽의 도형을 대칭 중심선을 조금 넘은 부분까지 그린다. 이때에는 대칭도시 기호를 생략할 수 있다.(b)

[대칭 도형의 생략]

### (2) 반복 도형의 생략
① 같은 종류, 같은 모양의 것이 다수 줄지어 있는 경우에는 다음에 따라 도형을 생략할 수 있다. 다만, 그림 기호를 사용하여 생략할 경우에는 그 뜻을 알기 쉬운 위치에 기술하거나, 지시선을 사용하여 기술한다.
② 실형 대신 그림 기호를 피치선과 중심선과의 교점에 기입한다.
③ 잘못 볼 우려가 있을 경우에는 양끝부(한 끝은 1피치분), 또는 요점만을 실형 또는 도면 기호

로 나타내고 다른 쪽은 피치선과 중심선과의 교점으로 나타낸다. 다만, 치수 기입에 의하여 교점의 위치가 명확할 때는 피치 선에 교차되는 중심선을 생략 하여도 좋다. 또, 이 경우에는 반복 부분의 수를 치수 기입 또는 주기에 의하여 지시하여야 한다.

### (3) 중간부의 생략

① 동일 단면형의 부분(보기1), 같은 모양이 규칙적으로 줄지어 있는 부분(보기2) 또는 긴 테이퍼 등의 부분(보기3)은 지면을 생략하기 위하여 중간 부분을 잘라 내서 그 간요한 부분만을 가까이하여 도시할 수가 있다. 이 경우, 잘라 낸 끝 부분은 파단선으로 나타낸다.

> (보기) 1) 축, 막대, 관, 형강
> 　　　2) 래크, 공작 기계의 어미 나사, 교량의 난관, 사다리
> 　　　3) 테이퍼 축

② 요점만을 도시하는 경우 혼동될 염려가 없을 때는 파단선을 생략하여도 좋다.
③ 긴 테이퍼 부분, 또는 끼우기 부분을 잘라 낸 도시에서는 경사가 완만한 것은 실제의 각도로 도시하지 않아도 좋다.

## 라. 특별한 도시 방법

### (1) 전개도

① 판을 구부려서 만드는 대상물이나 면으로 구성되는 대상물의 전개한 모양을 나타낼 경우 이용한다.
② 이 경우 전개도의 위쪽 또는 아래쪽 어느 곳에나 통일해서 "전개도"라고 기입한다.

### (2) 간명한 도시

① 숨은선은 그것이 없어도 이해할 수 있는 경우에는 이것을 생략하여도 좋다.
② 보충한 투상도에 보이는 부분을 전부 그렸을 때, 도면이 도리어 알기 어렵게 될 경우에는 부분 투상도로 하여 표시하는 것이 좋다.
③ 절단면의 앞쪽에 보이는 선은 그것이 없어도 이해할 수 있는 경우에는 생략하여도 좋다.
④ 일부분에 특정한 모양을 가진 것은 되도록 그 부분이 그림의 위쪽에 나타나도록 그리는 것이 좋다.

### (3) 2개면의 교차 부분을 표시

① 교차 부분에 둥글기가 있는 경우, 대응하는 그림에 이 둥글기의 부분을 표시할 필요가 있을 때는 교차 부분에 둥글기가 없는 경우의 교차 선의 위치에 굵은 실선으로 표시한다.
② 리브(rib) 등을 표시하는 선의 끝 부분은 직선 그대로 멈추게 한다. 또한, 관련 있는 둥글기의 반지름이 현저하게 다를 경우에는 끝부분을 안쪽 또는 바깥쪽으로 구부려서 멈추게 해도 좋다.

③ 곡면 상호 또는 곡면과 평면이 교차하는 부분의 선(상관선)은 직선으로 표시하던가 올바른 투상에 가깝게 한 원호로 표시한다.

### (4) 가공 전 또는 후의 모양의 도시
① 가공 전의 모양을 표시하는 경우에는 가는 2점 쇄선으로 도시한다.
② 가공 후의 모양, 보기를 들어 조립 후의 모양을 표시하는 경우에는 가는 2점 쇄선으로 도시한다.

### (5) 기타
① 가공에 사용하는 공구 · 지그 등의 모양은 가는 2점 쇄선으로 도시한다.
② 절단면의 앞쪽에 있는 부분은 가는 2점 쇄선으로 도시한다.
③ 인접 부분의 도시
  ㉮ 대상물의 도형은 인접 부분에 숨겨지더라도 숨은 선으로 하면 안된다.
  ㉯ 단면도에 있어서의 인접 부분에는 해칭을 하지 않는다.

## 마. 기타 제도

### (1) 특수한 가공 부분의 표시
① 대상물의 면의 일부분에 특수한 가공을 하는 경우에는 그 범위를 외형선에 평행하게 약간 떼어서 그은 굵은 1점 쇄선으로 나타낼 수 있다.
② 도형 중 특정 범위를 지시할 필요가 있을 경우에는 그 범위를 굵은1점쇄선으로 둘러싼다.
③ 이들의 경우 특수한 가공에 관한 필요 사항을 지시한다.

### (2) 조립도 중의 용접 구성품의 표시 방법
① 용접 구성품의 용접의 비드의 크기만을 표시하는 경우에는 (a)의 보기에 따른다.
② 용접 구성 부재의 겹침의 관계 및 용접의 종류와 크기를 표시하는 경우에는 (b)의 보기에 따른다.
③ 용접 구성 부재의 겹침의 관계를 표시하는 경우에는 (c)의 보기에 따른다.
④ 용접 구성 부재의 겹침과 관계 및 용접의 비드의 크기를 표시하지 않아도 좋을 때에는 (d)에 따른다.

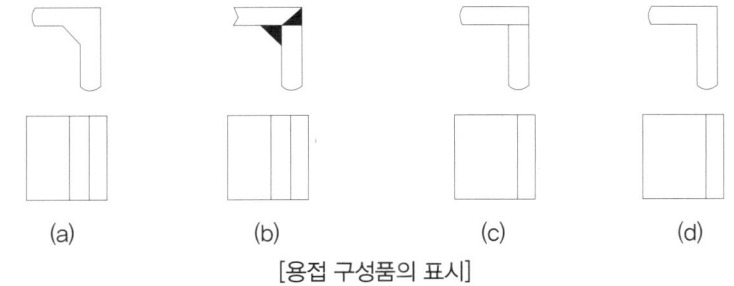

[용접 구성품의 표시]

### (3) 무늬 등의 표시

널링 가공 부분, 철망, 줄무늬 있는 강판 등의 특징을 외형의 일부분에 그려서 표시하는 경우에는 다음 보기에 따른다.

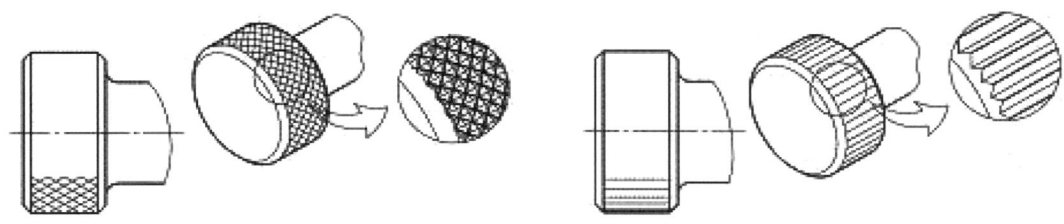

[무늬 등의 표시]

### (4) 비금속 재료 표시
① 원칙적으로 지정된 표시 방법에 의하든지, 해당 규격의 표시 방법에 따른다. 이 경우에도 부품도에는 별도로 재질을 글자로 기입한다.
② 겉모양을 나타낼 경우도 단면을 할 경우에도 이에 따르는 것이 좋다.

### (5) 관용 도시법
① 일부가 특정한 형태로 되어 있는 것의 표시 : 일부가 특정한 것으로 되어 있는 것은 되도록 그 부분이 그림의 위쪽에 나타나도록 그리는 것이 좋다. 예를 들면 키홈을 가지는 보스 구멍, 벽에 구멍 또는 홈을 가지는 관, 실린더 한 곳이 잘리진 링 등을 도시할 때 등
② 평면의 도시 : 면이 평면인 것을 나타낼 필요가 있는 경우에는 가는 실선으로 대각선을 기입한다.
③ 원주의 교차부 표시 : 원주가 다른 원주 또는 각주와 교차하는 부분의 선은 정확한 투상법에 의하지 않고 직선 또는 원으로 표시하는 것이 좋다.

## 4 치수기입 일반

### 가. 치수기입의 원칙 및 표시방법

#### (1) 치수기입의 원칙
① 대상물의 기능, 제작, 조립 등 필요하다고 생각되는 치수를 명료하게 도면에 지시한다.
② 치수는 대상물의 크기, 자세 및 위치를 가장 명확하게 표시하는데 필요하다고 충분한 것을 기

입한다.
③ 치수에는 기능상(호환성을 포함) 필요로한 경우 KS A 0108 에 따라 치수의 허용 한계를 지시한다. 다만, 이론적으로 정확한 치수를 제외한다.
④ 치수는 되도록 주 투상도에 집중한다.
⑤ 치수는 중복 기입을 피한다.
⑥ 치수는 되도록 계산해서 구할 필요가 없도록 기입한다.
⑦ 치수는 필요에 따라 기준으로 하는 점, 선, 또는 면을 기준으로 하여 기입한다.
⑧ 관련되는 치수는 되도록 한곳에 모아서 기입한다.
⑨ 치수는 되도록 공정마다 배열을 분리하여 기입한다.
⑩ 치수 중 참고 치수에 대하여는 치수 수치에 괄호를 붙인다.

(2) 치수 수치의 표시 방법
① 길이 치수 수치 : 원칙적으로 mm의 단위로 기입하고 단위 기호는 붙이지 않는다.
② 각도 치수 : 도의 단위로 기입하고, 필요한 경우에는 분 및 초를 병기할 수 있다. 각도를 표시하는 데에는 숫자의 오른쪽 위에 각각 °, ', " 를 기입한다.
   (보기) 90°    22.5°    6°2'15"    8°0'12"
   또 각도의 치수 수치를 라디안의 단위로 기입하는 경우에는 그 단위 기호 rad를 기입한다.
   (보기) 0.52rad    1/3πrad
③ 치수 수치의 소수점 : 아래쪽의 점으로 하고 숫자 사이를 적당히 떼어서 그 중간에 약간 크게 쓴다. 또, 치수 수치의 자리수가 많은 경우, 3자리마다 숫자의 사이를 적당히 띄우고 콤마를 찍지 않는다.
   (보기) 123.25    12.00    22.320

## 나. 치수기입 요소

(1) 치수선
① 가는 실선으로 긋고, 중앙을 끊지 않는다.
② 외형선, 은선, 중심선, 치수보조선은 치수선으로 사용하지 않는다.
③ 치수선은 외형선으로 부터 10 ~ 15mm 띄워서 긋는다.
④ 원칙적으로 지시하는 길이 또는 각도를 측정하는 방향에 평행하게 긋는다.
⑤ 원칙적으로 치수 보조선을 사용하여 기입한다.
⑥ 치수 보조선을 빼내 그림을 혼동하기 쉬울 때는 외형선에 바로 그을 수 있다.
⑦ 각도를 기입하는 치수선은 각도를 구성하는 2변 또는 그 연장선(치수 보조선)의 교점을 중심으로하여 양변 또는 그 연장선 사이에 그린 원호로 표시한다.

(2) 치수 보조선
   ① 가는 실선으로 긋고, 치수선에 직각 되게 한다.
   ② 지시하는 치수의 끝에 닿는 도형상의 점 또는 선 중심을 통과하고 치수선을 약간(2~3mm) 지날 때까지 연장한다.
   ③ 치수 보조선과 도형 사이를 약간 떼어 놓아도 좋다.
   ④ 치수를 지시하는 점 또는 선을 명확히 하기 위하여 특히 필요한 경우에는 치수선에 대하여 적당한 각도를 가진 서로 평행한 치수 보조선을 그을 수 있다. 이 각도는 되도록 60°가 좋다.

(3) 화살표
   ① 치수선 끝에 붙여 그 한계를 표시한다.(a)
   ② 길이와 나비의 비율이 3 : 1 되게 한다.(d)
   ③ 화살표의 각도는 적당한 각도(90°를 포함)로 하나 30° 이하로 하는 것이 좋다.
   ④ 한계를 표시하는 방법은 그림과 같다.(a, b, c)

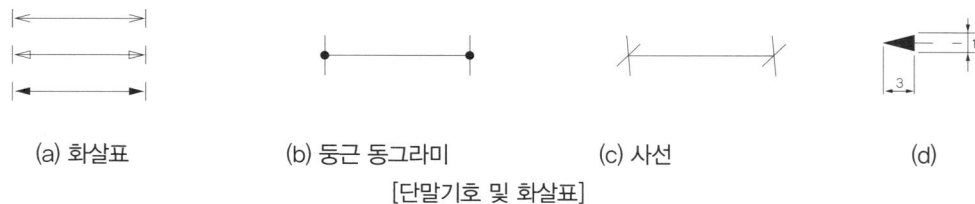

(a) 화살표    (b) 둥근 동그라미    (c) 사선    (d)

[단말기호 및 화살표]

(4) 지시선
   ① 가는 실선으로 수평에 대하여 60° 경사지게 긋는다.
   ② 가공방법, 가공 구멍의 치수, 부품 번호 등을 기입할 때 쓰인다.

(5) 치수 수치
   ① 치수선 중앙에 정자로 정확히 써야 한다.
   ② 수직방향의 치수선에는 왼쪽을 향하여 중앙에 쓴다.
   ③ 크기는 도면과 조화를 이루도록 한다.

## 다. 치수 기입에 사용되는 기호

[치수 기입에 사용되는 기호]

| 기호 이름 | 기호 모양 | 기호의 사용방법 |
| --- | --- | --- |
| 지름 | ø | 원형의 지름치수 앞에 붙인다. |
| 반지름 | R | 원형의 반지름치수 앞에 붙인다. |
| 구의 지름 | Sø | 구의 지름치수 앞에 붙인다. |
| 구의 반지름 | SR | 구의 반지름치수 앞에 붙인다. |

| 기호 이름 | 기호 모양 | 기호의 사용방법 |
|---|---|---|
| 정사각형의 변 | □ | 정사각형의 모양이나 위치치수 앞에 붙인다. |
| 판의 두께 | t | 판재의 두께치수 앞에 붙인다. |
| 원호의 길이 | ⌒ | 원호의 길이치수 위에 붙인다. |
| 45° 모떼기(모따기) | C | 45°의 모떼기(모따기) 치수 앞에 붙인다. |
| 이론적으로 정확한 치수 | 50 | 위치 공차 기호를 기입할 때 이론적으로 정확한 치수를 사각형으로 둘러 싼다. |
| 참고 치수 | (50) | 참고로 기입하는 치수를 괄호로 하고, 제작치수로 사용하지 않는 치수에 사용한다. |
| 치수의 취소 | ~~50~~ | 치수를 가로질러 직선을 붙이며, 치수를 수정할 때 사용한다. |
| 비례 척도가 아닌 치수 | 50 (밑줄) | 치수 밑에 직선을 붙이며, 투상도의 크기와 치수 값이 일치하지 않을 때 사용한다. |
| 치수의 기준 | ●— | 누진좌표치수 기입을 할 때 치수의 기준이 되는 지점을 표시한다. |

### 라. 치수 수치를 기입하는 위치 및 방향

특별히 정한 누진 치수 기입법의 경우를 제외하고는 다음 방법에 따른다. 이 두 개의 방법은 같은 도면내에서는 혼용하면 안된다.

#### (1) 정향법
① 치수 수치는 수평 방향의 치수선에 대하여는 도면의 하변으로부터, 수직방향의 치수선에 대하여는 도면의 우변으로부터 읽도록 쓴다.
② 경사 방향의 치수선에 대해서도 이에 준하여 쓴다.
③ 치수 수치는 치수선을 중단하지 않고 이에 연하여 그 위쪽으로 약간 띄어서 기입한다. 이 경우, 치수선의 거의 중앙에 쓰는 것이 좋다.
④ 수직선에 대하여 좌상(左上)에서 우하(右下)로 향하여 약 30° 이하의 각도를 이루는 방향에는 치수선의 기입을 피한다. 다만, 도형의 관계로 기입하지 않으면 안될 경우에는 그 장소에 혼동하지 않도록 기입한다.

#### (2) 정렬법
① 치수 수치는 도면의 하변에서 읽을 수 있도록 쓴다.
② 수평방향 이외의 방향의 치수 수치를 끼우기 위하여 중단하고, 그 위치는 치수선의 거의 중앙으로 하는 것이 좋다.

# 5 치수 기입 방법

## 가. 치수 기입 및 배치

(1) 좁은 곳에서의 치수의 기입

① 부분 확대도를 그려서 기입하든지 또는 다음 중 어느 것을 사용하여도 좋다.
② 지시선을 치수선에서 경사 방향으로 끌어내고 원칙으로 그 끝을 수평으로 구부리고 그 위쪽에 치수를 기입한다. 이 경우, 지시선을 끌어내는 쪽 끝에는 아무것도 붙이지 않는다.
③ 가공방법, 주기, 부품의 번호 등을 기입하기 위하여 사용하는 지시선은 원칙으로 경사 방향으로 끌어낸다. 이 경우, 지시선을 모양을 표시하는 선으로부터 끌어내는 경우에는 화살표를 붙이고, 모양을 표시하는 선의 안쪽에서 끌어내는 경우에는 검은 둥근점을 끌어낸 곳에 붙인다
④ 주기 등을 기입하는 경우에는 원칙적으로 그 끝을 수평으로 구부려, 그 위쪽에 쓴다.
⑤ 치수 보조선의 간격이 좁아서 화살표를 기입할 여지가 없을 경우에는 화살표 대신 검은 둥근점 또는 경사선을 사용하여도 좋다.

(2) 치수의 배치

① 직렬 치수 기입법 : 직렬로 나란히 연결된 개개의 치수에 주어진 치수 공차가 축차로 누적되어도 좋은 경우에 사용한다.
② 병렬 치수 기입법 : 병렬로 기입하는 개개의 치수 공차는 다른 치수의 공차에는 영향을 주지 않는다. 이 경우, 공통쪽 치수 보조선의 위치는 기능, 가공 등의 조건을 고려하여 적절히 선택한다.

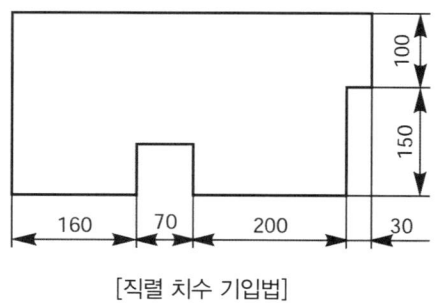

[직렬 치수 기입법]

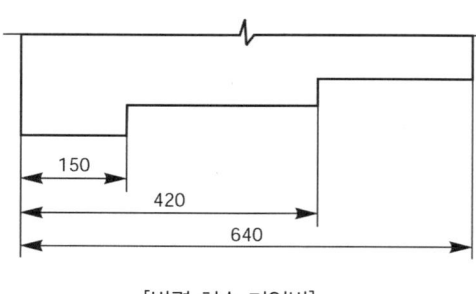

[병렬 치수 기입법]

③ 누진 치수 기입법 : 치수 공차에 관하여 병렬 치수 기입법과 완전히 동등한 의미를 가지면서, 한 개의 연속된 치수선으로 간편하게 표시한다. 이 경우 치수의 기점의 위치는 기점 기호(○)로 나타내고 치수선의 다른끝은 화살표로 나타낸다. 치수 수치는 치수 보조선에 나란히 기입하든지, 화살표 가까운 곳에 치수선의 윗쪽에 이에 연하여 쓴다. 또한, 2개의 형체 사이의 치수선에도 준용할 수 있다.

④ 좌표 치수 기입법 : 구멍의 위치나 크기 등의 치수는 좌표를 사용하여 표로 하여도 좋다. 이 경우 표에 나타낸 X, Y는 β의 수치는 기점에서의 치수이다.

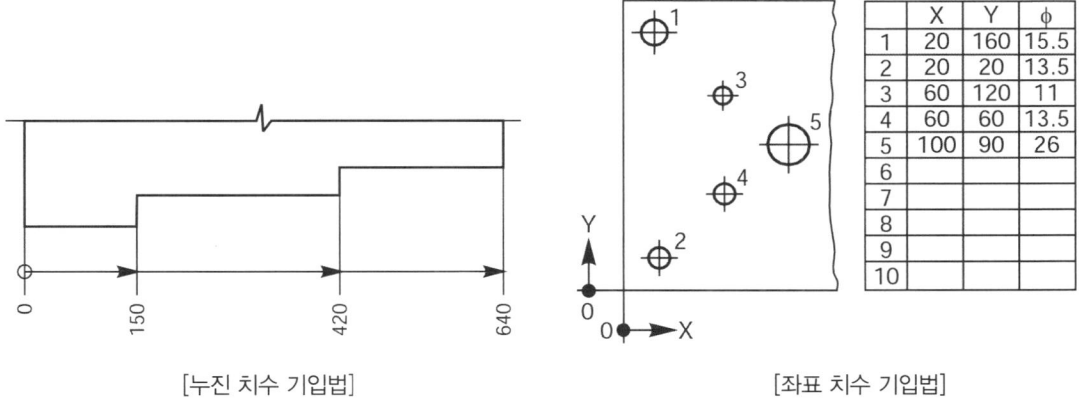

[누진 치수 기입법]　　　　　　　　　　[좌표 치수 기입법]

## 나. 치수의 표시 방법

### (1) 지름의 표시 방법

① 대상으로 하는 부분의 단면이 원형일 때, 그 모양을 도면에 표시하지 않고 원형인 것을 나타내는 경우에는 지름의 기호 Ø를 치수 수치의 앞에 치수 숫자와 같은 크기로 기입하여 표시한다.

② 원형의 그림에 지름의 치수를 기입할 때는, 치수 수치의 앞에 지름의 기호 Ø는 기입하지 않는다. 다만, 원형의 일부를 그리지 않은 도형에서 치수선의 끝부분 기호가 한쪽인 경우는 반지름의 치수와 혼동되지 않도록 지름의 치수 수치 앞에 Ø를 기입한다.

③ 지름이 다른 원 등이 연속되어 있고, 그 치수 수치를 기입할 여지가 없을 때는 아래의 그림과 같이 한쪽에 써야할 치수선의 연장선과 화살표를 그리고, 지름의 기호 Ø와 치수 수치를 기입한다.

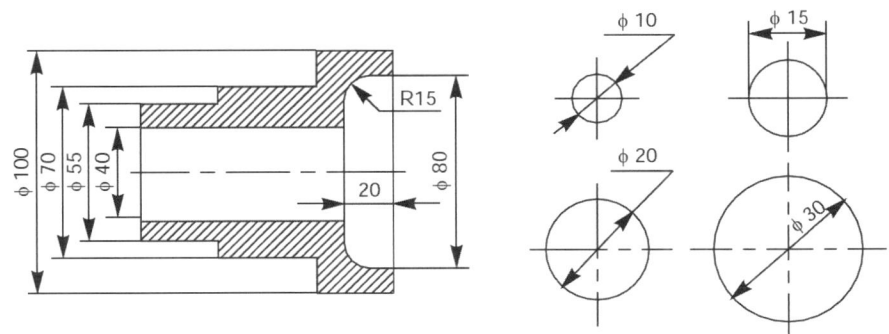

[지름의 표시 방법]

### (2) 반지름의 표시 방법

① 반지름의 치수는 반지름의 기호 R을 치수 수치 앞에 치수 숫자와 같은 크기로 기입하여 표시한다. 다만, 반지름을 나타내는 치수선을 원호의 중심까지 긋는 경우에는 이 기호를 생략하여도 좋다.
② 원호의 반지름을 표하는 치수선에는 원호쪽에만 화살표를 붙이고 중심쪽에는 붙이지 않는다.
③ 반지름 치수를 지시하기 위하여 원호의 중심위치를 표시할 필요가 있을 경우에는 +자 또는 검은 둥근점으로 그 위치를 나타낸다.
④ 원호의 반지름이 커서 그 중심 위치를 나타낼 필요가 있을 경우, 지면 등의 제약이 있을때는 그 반지름의 치수선을 구부리더라도 좋다. 이 경우, 치수선의 화살표가 붙은 부분은 정확한 중심 위치로 향하여야 한다.
⑤ 동일 중심을 가진 반지름은 길이 치수와 같이 누진 치수 기입법을 사용해서 표시할 수 있다.
⑥ 실형을 나타내지 않는 투상도형에 실제의 반지름 또는 전개한 상태의 반지름을 지시하는 경우에는 치수 수치의 앞에 "실R" 또는 "전개R"의 글자 기호를 기입한다.

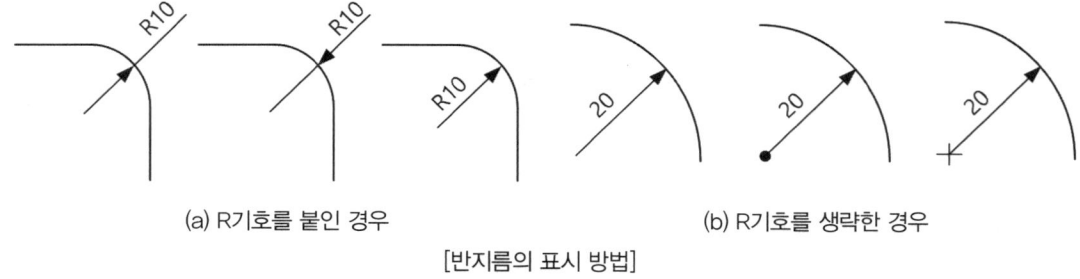

[반지름의 표시 방법]

### (3) 구의 지름 또는 반지름 표시 방법

치수 수치의 앞에 치수 숫자와 같은 크기로 구의 기호 SØ 또는 SR을 기입하여 표시한다.

### (4) 정사각형의 변의 표시 방법

대상으로 하는 부분의 단면이 정사각형 일 때, 그 모양을 그림에 표시하지 않고 정사각형인 것을 표시하는 경우에는 그 변의 길이를 표시하는 치수 수치 앞에 치수 숫자와 같은 크기로 정사각형의 일변이라는 것을 나타내는 기호 □을 기입한다.

### (5) 두께의 표시 방법

판의 주 투상도에 그 두께의 치수를 표시하는 경우에는, 그 도면의 부근 또는 그림 중 보기 쉬운 위치에, 두께를 표시하는 치수 수치의 앞에 치수 숫자와 같은 크기로 두께를 나타내는 기호 t를 기입한다.

(6) 현, 원호의 길이 표시 방법
① 현의 길이 표시 방법 : 현의 길이는 원칙적으로 현에 직각으로 치수 보조선을 긋고, 현에 평행한 치수선을 사용하여 표시한다.
② 원호의 길이의 표시 방법
㉮ 현의 경우와 같은 치수 보조선을 긋고 그 원호와 중심의 원호를 치수선으로 하고, 치수 수치와 원호의 길이의 기호를 붙인다.
㉯ 원호를 구성하는 각도가 클 때나, 연속적으로 원호의 치수를 기입할 때는 원호의 중심으로부터 방사형으로 그린 치수 보조선에 치수선을 맞추어도 좋다.
㉰ 원호의 치수 수치에 대하여 지시선을 긋고 끌어낸 원호쪽에 화살표를 그린다.
㉱ 원호의 길이의 치수 수치 뒤에 원호의 반지름을 괄호에 넣어서 나타낸다. 이 경우에는 원호의 길이의 기호를 붙이지 않는다.

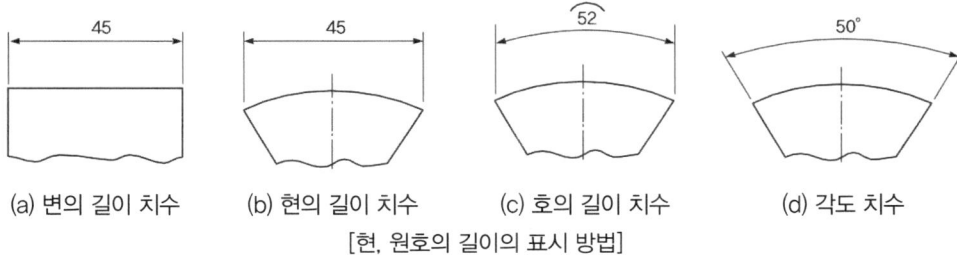

(a) 변의 길이 치수   (b) 현의 길이 치수   (c) 호의 길이 치수   (d) 각도 치수

[현, 원호의 길이의 표시 방법]

(7) 곡선의 표시 방법
① 원호로 구성되는 곡선의 치수는 일반적으로는 이들 원호의 반지름과 그 중심 또는 원호와의 접선 위치까지를 기입한다.
② 원호로 구성되지 않은 곡선의 치수는 곡선상 임의의 점의 좌표 치수로 표시한다. 이 방법은 원호로 구성되는 곡선의 경우에도 필요하면 사용하여도 좋다.

(8) 모떼기의 표시 방법
① 일반적인 모떼기는 보통 치수 기입 방법에 따라 표시한다.
② 45°모떼기의 경우에는 모떼기의 치수 수치 × 45° 또는 기호 C를 치수 수치 앞에 치수 숫자와 같은 크기로 기입하여 표시한다.

(9) 구멍의 표시 방법
① 드릴 구멍, 펀칭 구멍, 코어 구멍 등 구멍의 가공방법에 의한 구별을 나타낼 필요가 있을 경우에는 원칙적으로 공구의 호칭 치수 또는 기준치수를 나타내고, 그 뒤에 가공방법의 구별을 표시한다.

② 1군의 동일 치수 볼트 구멍, 작은 나사 구멍, 핀 구멍, 리벳 구멍 등의 치수 표시는 구멍으로부터 지시선을 끌어내어 그 총수를 나타내는 숫자 다음에 짧은 선을 끼워서 구멍의 치수를 기입한다. 이 경우, 구멍의 총수는 같은 개소의 1군의 구멍 총수(보기를 들면 양쪽 플랜지를 가진 판이음이면 한쪽 플랜지에 대해서의 총수)를 기입한다.
③ 구멍의 깊이를 지시할 때는 구멍의 지름을 나타내는 치수 다음에 "깊이"라 쓰고 그 수치를 기입한다. 다만, 관통 구멍인 때는 구멍 깊이를 기입하지 않는다. 또한 구멍의 깊이란 드릴의 앞끝의 원추부, 리머의 앞끝의 모떼기부 등을 포함하지 않는 원통부의 깊이를 말한다.
④ 자리파기의 표시방법은 자리파기의 지름을 나타내는 치수 다음에 "자리파기"라고 쓴다. 자리파기를 표시하는 도형은 그리지 않는다.
⑤ 볼트 머리를 잠기게 하는 경우에 사용하는 깊은 자리파기의 표시방법은 깊은 자리파기의 지름을 나타내는 치수 다음에 "깊은 자리파기"라고 쓰고 그 수치를 기입한다. 다만, 깊은 자리파기의 아래 위치를 반대쪽면으로 부터 치수를 지시할 필요가 있을 때는 치수선을 사용하여 표시한다.
⑥ 경사진 구멍의 깊이는 구멍 중심선상의 깊이로 표시하든가, 그것에 따를 수 없는 경우에는 치수선을 사용하여 표시한다.

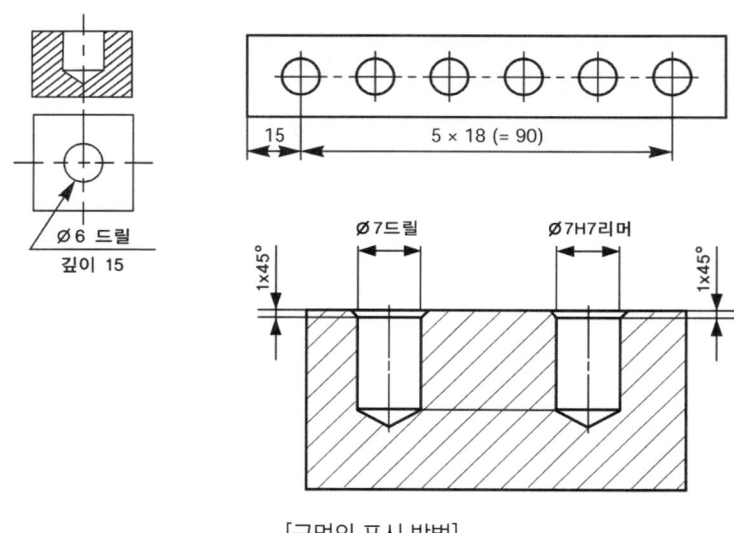

[구멍의 표시 방법]

(10) 키홈의 표시 방법
  ① 축의 키홈의 표시 방법
    ㉮ 축의 키홈의 치수는 키홈의 나비, 깊이, 길이, 위치 및 끝부를 표시하는 치수에 따른다.
    ㉯ 키홈의 깊이는 키홈과 반대쪽의 축지름면으로 부터 키홈의 바닥까지의 치수를 표시한다. 다만, 특히 필요한 경우에는 키홈의 중심면 위에서의 축지름으로부터 키홈의 바닥까지의

치수(절삭 깊이)로 표시하여도 좋다.
② 구멍의 키홈 표시 방법
㉮ 구멍의 키홈의 치수는 키홈의 나비 및 깊이를 표시하는 치수에 따른다.
㉯ 키홈 깊이는 키홈과 반대쪽의 구멍 지름면으로부터 키홈의 바닥까지의 치수로 표시한다. 다만, 특히 필요한 경우에는 키홈의 중심면상에서의 구멍지름면으로부터 키홈의 바닥까지의 치수로 표시하여도 좋다.
㉰ 경사 키용의 보스의 키홈의 깊이는 키홈의 깊은 쪽에서 표시한다.

(11) 테이퍼. 기울기의 표시방법
① 테이퍼는 원칙적으로 중심선에 연하여 기입하고, 기울기는 원칙적으로 변에 연하여 기입한다. 다만, 테이퍼 또는 기울기의 정도와 방향을 특별히 명확하게 나타낼 필요가 있을 경우에는 별도로 도시한다.
② 특별한 경우에는 경사면에서 지시선을 끌어내어 기입할 수 있다.

### 다. 기타 치수 표시 방법

① 얇은 두께 부분의 표시 방법 : 얇은 두께 부분의 단면을 아주 굵은 실선으로 그린 도형에 치수를 기입하는 경우에는 단면을 표시한 극히 굵은 선에 연하여 짧고 가는 실선을 긋고, 여기에 치수선의 끝부분 기호를 댄다. 이 경우 가는 실선을 그려준 쪽까지의 치수를 의미한다.
② 강 구조물 등의 치수 표시 : 강 구조물 등의 구조 선도에서 절점(구조선도에 있어서 부재의 무게 중심선의 교점)사이의 치수를 표시하는 경우에는 그 치수를 부재를 나타내는 선에 연하여 직접 기입한다.

## 6 표면 거칠기

### 가. 표면 거칠기의 종류(KS B0 0161)

(1) 산술 평균 거칠기(Ra)
① 정의 : 거칠기 곡선에서 그 중심의 방향으로 측정길이 l 을 취하고, 이 채취 부분의 중심선을 X축, 세로 방향을 Y축으로 하여 거칠기 곡선을 y = f(x)로 표시 하였을 때, 다음식으로 구해지는 값을 $\mu m$ 단위로 나타낸 것을 말한다.
② 구하는 방법 : 중심선 아래 면적의 합 $S_1$과 위쪽 면적의 합 $S_2$를 더한 값을 S라 할 때 이 값을 측정길이 l로 나누어 Ra를 구한다.
Ra=$(S_1 + S_2)/l$=S/l

③ 컷오프 (Cutoff)값 : 0.08mm, 0.25mm, 0.8mm, 2.5mm, 8mm, 25mm
④ 측정 길이 : 컷오프 (Cutoff)값의 3배 또는 그것보다 큰 값으로 취한다.
⑤ 호칭 방법 : 중심선 평균 거칠기_μm, 컷오프값_mm, 측정길이_mm 또는 _μm Ra, λc_mm, l_m
⑥ 최대값 표시 : 표준수열에서 선정한 수치 다음에 a를 붙여서 표시한다.
⑦ 표준수열 : 0.013, 0.025, 0.05, 0.1, 0.2, 0.4, 0.8, 1.6, 3.2, 6.3, 12.5, 25, 50, 100.

### (2) 최대 높이 거칠기(Ry)

① 정의 : 단면 곡선에서 기준 길이만큼 채취한 부분의 가장 높은 봉우리와 가장 깊은 골밑을 통과하는 평균선에서 평행한 두 직선의 간격을 단면곡선의 세로 배율 방향으로 측정하여 이 값을 μm 단위로 표시한 것을 말한다.
② 기준길이 : 기준 길이는 6종류가 있다.(0.08mm, 0.25mm, 0.8mm, 2.5mm, 8mm, 25mm)
③ 호칭 방법 : 최대높이 _μm, 기준길이_mm 또는 Rmax, L_mm로 표시
④ 최대값 표시 : 표준수열에서 선정한 수치 다음에 S를 붙여서 표시한다.
⑤ 표준수열 : 0.05, 0.1, 0.2, 0.4, 0.8, 1.6, 3.2, 6.3, 12.5, 25, 50, 100, 200, 400

### (3) 10점 평균 거칠기(Rz)

① 정의 : 단면 곡선에서 기준 길이만큼 채취한 부분에 있어서 평균선에 평행, 또는 단면곡선을 가로지르지 않는 직선에서 세로 배율의 방향으로 측정한 가장 높은 곳으로부터 5번째까지 봉우리의 표고 평균 값과 가장 낮은 곳으로부터 5번째까지 골 밑의 표고 평균값과의 차이를 μm 단위로 나타낸 것을 말한다.
② 기준길이 : 0.08mm, 0.25mm, 0.8mm, 2.5mm, 8mm, 25mm(6종류)
③ 호칭방법 : 10점 평균 거칠기_μm 기준길이 _mm 또는 _μmRz L_mm로 표시
④ 최대값 표시 : 표준수열에서 선장한 수치 다음에 Z를 붙여서 표시한다.
⑤ 표준수열 : 0.05, 0.1, 0.2, 0.4, 0.8, 1.6, 3.2, 6.3, 12.5, 25, 50, 100, 200, 400

## 나. 표면 거칠기의 표시 방법

### (1) 대상면을 지시하는 기호

① 절삭 등 제거 가공의 필요 여부를 문제삼지 않을 경우에는 면에 지시 기호를 붙여서 사용한다.(a)
② 제거 가공을 필요로 한다는 것을 지시할 때에는 면의 지시 기호의 짧은쪽의 다리 끝에 가로선을 부가한다.(b)
③ 제거 가공을 해서는 안 된다는 것을 지시할 때는 면의 지시기호에 내접하는 원을 부가한다.(c)

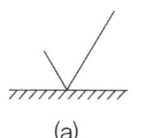 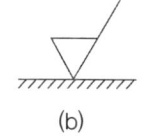 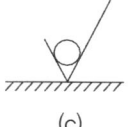

(a)　　　　　　　　(b)　　　　　　　　(c)

[대상면의 지시시호]

(2) 면의 지시기호의 구성

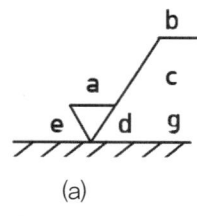

(a)　　　　　　　　(b)

a : 중심선 평균 거칠기의 값
c : 컷오프 값
e : 다듬질 여유 기법
g : 표면 파상도

b : 가공 방법의 문자 또는 기호
d : 줄무늬 방향의 기호
f : 중심선 평균 거칠기 이외의 표면 거칠기의 값

[면의 지시기호의 구성]

(3) 가공 방법의 약호

[가공 방법의 약호]

| 가공 방법 | 약호 I | 약호 II | 가공 방법 | 약호 I | 약호 II |
|---|---|---|---|---|---|
| 선반 가공 | L | 선반 | 혼 가공 | GH | 호닝 |
| 드릴 가공 | D | 드릴 | 액체호닝 다듬질 | SPL | 액체호닝 |
| 보링 머신 가공 | B | 보링 | 배럴연마 가공 | SPBR | 배럴 |
| 밀링 가공 | M | 밀링 | 버프 다듬질 | FB | 버프 |
| 플레이너 가공 | P | 평삭 | 블라스트 다듬질 | SB | 블라스트 |
| 셰이퍼 가공 | SH | 형삭 | 랩 다듬질 | FL | 래핑 |
| 브로치 가공 | BR | 브로칭 | 줄 다듬질 | FF | 줄 |
| 리머 가공 | FR | 리머 | 스크레이퍼 다듬질 | FS | 스크레이퍼 |
| 연삭 가공 | G | 연삭 | 페이퍼 다듬질 | FCA | 페이퍼 |
| 벨트 샌드 가공 | GB | 포연 | 주조 | C | 주조 |

### (4) 가공 모양의 기호

**[가공 모양의 기호]**

| 기호 | 기호의 뜻 | 설명 그림과 도면 기입 보기 |
|---|---|---|
| = | 가공에 의한 커터의 줄무늬 방향이 기호를 기입한 그림의 투상 면에 평행<br>(보기) 세이핑 면 | 커터의 줄무늬 방향 |
| ⊥ | 가공에 의한 커터의 줄무늬 방향이 기호를 기입한 그림의 투상 면에 직각<br>(보기) 세이핑 면(옆으로부터 보는 상태), 선삭, 원통 연삭 면 | 커터의 줄무늬 방향 |
| X | 가공에 의한 줄무늬 방향이 기호를 기입한 그림의 투상 면에 경사지고 두 방향으로 교차<br>(보기) 호닝 다듬질 면 | 커터의 줄무늬 방향 |
| M | 가공에 의한 커터의 줄무늬 방향이 여러 방향으로 교차 또는 두 방향<br>(보기) 래핑 다듬질 면, 수퍼 피니싱 면, 가로 이송을 한 정면 밀링 또는 앤드 밀 절삭 면 | |
| C | 가공에 이한 커터의 줄무늬가 기호를 기입한 면의 중심에 대하여 대략 동심 원 모양<br>(보기) 끝 면 절삭 면 | |
| R | 가공에 의한 커터의 줄무늬가 기호를 기입한 면의 중심에 대하여 대략 레디얼 모양 | |

## 다. 표면 거칠기의 지시 방법

### (1) 산술 표면 거칠기로써 표지하는 경우
① 표면 거칠기의 지시값
㉮ 중심선평균거칠기의 표준 수열 중에서 선택하여 지시

㉯ 기호 "a" 는 기입하지 않음
　　㉰ 표준 수열에 따를 수 없는 경우 허용할 수 있는 최대치를 Rmax≤10 또는 Rz≤10과 같이 지시
② 표면 거칠기의 지시값의 기입 위치
　　㉮ 허용할 수 있는 최대값만을 지시하는 경우 : 면의 지시기호 위쪽 또는 아래쪽에 기입
　　㉯ 어느 구간으로 지시하는 경우 : 면의 지시기호 위쪽 및 아래쪽에 상한을 위에 하한을 아래에 기입한다.
　　㉰ 컷오프값의 지시 방법 : 컷 오프 값을 지기할 필요가 있을 경우 면의 지시 기호의 긴쪽 다리에 붙인 가로선 아래에, 표면 거칠기의 지시값에 대응시켜서 가입한다.

(2) 최대 높이 (Rmax) 또는 10점 평균 거칠기(Rz)로서 지시하는 경우
① 표면 거칠기의 지시값 : 최대 높이(Rmax) 또는 10점 평균 거칠기(Rz)의 표준 수열 중에서 선택하여 지시. 표준 수열에 따를 수 없는 경우 허용할 수 있는 최대치를 Rmax≤10 또는 Rz≤10과 같이 지시
② 표면 거칠기의 지시값의 기입 위치 : 면의 지시 기호의 긴 쪽 다리에 가로선을 붙여, 그 아래쪽에 약호와 함께 기입한다.
③ 기준길이 지시방법 : 표면 거칠기의 지시값의 아래쪽에 기입한다.

### 라. 특수한 요구 사항의 지시 방법

(1) 가공방법
　면의 지시기호의 긴 쪽 다리에 가로선을 붙여, 그 위쪽에 문자 또는 가공기호를 붙인다.

(2) 줄무늬 방향
　줄무늬 방향을 지시하는 경우는 면의 지시기호의 오른쪽에 부기하여 지시한다.

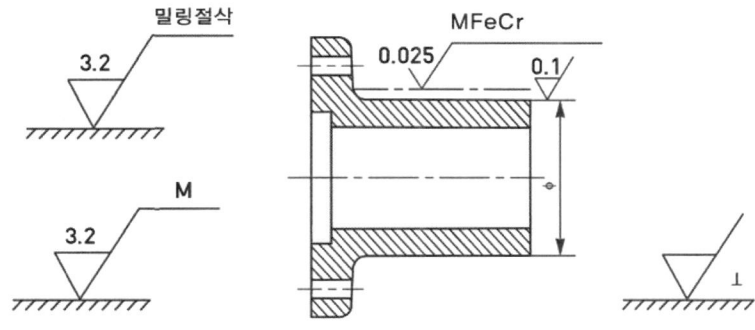

[특수한 요구 사항 (가공 방법) 지시]

## 마. 도면 기입 방법

### (1) 도면 기입 방법의 기본

① 기호는 그림의 아래쪽 또는 오른쪽부터 읽을 수 있도록 기입한다.
② 중심선 평균거칠기의 값 a만을 지시하는 경우 그림과 같이 하여도 좋다.
③ 면의 지시 기호는 대상면을 나타내는 선, 그 연장선 또는 그로부터 치수 보조선에 접하여, 실체의 바깥쪽에 기입한다.
④ 그림의 형편상 위 ③항에 따를 수 없을 경우 대상면에서 끌어낸 지시선에 기입하여도 좋다.
⑤ 둥글기부 또는 모떼기부 면의 지시기호를 기입하는 경우에는, 둥글기의 반지름 또는 모떼기 나타내는 치수선을 연장한 지시선에 기입한다.

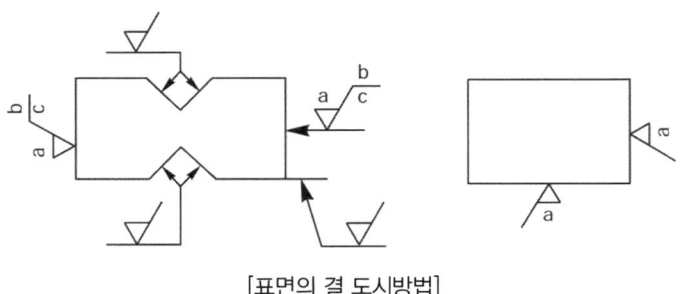

[표면의 결 도시방법]

⑥ 둥근구멍의 지름치수 또는 호칭을 지시선을 사용하여 표시하는 경우에는 이 지름치수 다음에 기입한다.
⑦ 표면의 결 기호는 되도록 대상면을 표시하는 치수를 지시하는 투상도 위에 기입하고, 동일한 면에 대하여 두 곳 이상에는 기입하지 않는다.

### (2) 도면기입의 간략법

① 부품의 전체면을 동일한 결로 지정하는 경우에는 결의 주 투상도 곁에, 부품번호 곁에 또는 표제란 곁에 기입한다.
② 한개의 부품에 있어서, 대부분이 동일한 표면의 결이고, 일부분만이 다르게 되어 있는 경우에는 공통이 아닌 기호를 그림의 이에 해당하는 면 위에 기입함과 동시에, 공통인 표면의 결 기호 다음에 묶음표를 붙여서 면의 지시기호만을 기입하든가, 또는 공통이 아닌 기호를 나란히 기입한다.
③ 여러 곳에 반복해서 기입하는 경우 또는 기입하는 여지가 한정되어 있는 경우, 대상면에 면의 지시기호와 알파벳의 소문자의 부호로 기입하고 그 뜻을 주 투상도 곁에 부품 번호 곁에 또는 표제란에 기입한다.
④ 둥글기 또는 모떼기부의 면의 지시 기호를 기입하는 경우 이들 부분에 접속하는 두 개의 면 중에서 어느 것이든 한쪽의 거친 면과 같으면 된다는 경우에는 이 기호를 생략해도 좋다.

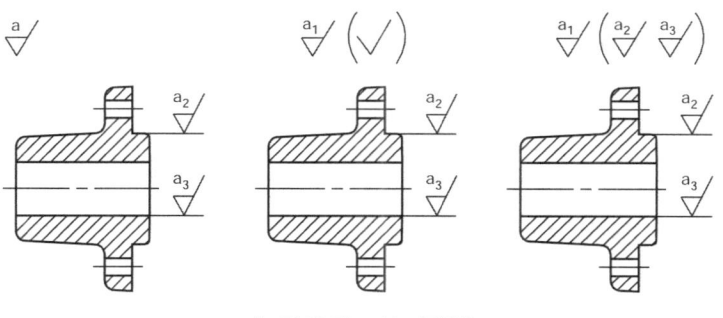

[표면의 결 도시 간략법]

## 7 치수 공차

### 가. 공차의 정의
물품의 사용 목적에 따라 실용상 허용할 수 있는 오차의 범위를 미리 정해주는데 이와같이 정해준 허용 범위의 차를 공차(Tolerance)라 한다.

### 나. 치수 공차의 용어
① 허용 한계의 치수 : 형체의 실 치수가 그 사이에 들어가도록 정한, 허용할 수 있는 대소 2개의 극한의 치수 즉, 최대 허용치수 및 최소 허용치수
② 실치수 : 형체의 실측 치수
③ 최대 허용 치수 : 형체에 허용되는 최대 치수
④ 최소 허용 치수 : 형체에 허용되는 최소 치수
⑤ 기준 치수 : 위 치수 허용차 및 아래 치수 허용차를 적용하는데 따라 허용한계 치수가 주어지는 기준이 되는 치수
⑥ 치수차 : 치수(실 치수, 허용 한계치수 등)와 대응하는 기준 치수와의 대수차. 즉, 치수-기준치수
⑦ 위 치수 허용차 : 최대 허용 치수와 대응하는 기준 치수의 대수차. 즉, 최대 허용치수-기준치수
⑧ 아래 치수 허용차 : 최소 허용 치수와 대응하는 기준 치수의 대수차. 즉, 최소 허용치수-기준치수
⑨ 치수 공차 : 최대 허용 치수와 최소 허용 치수와의 차, 즉 위 치수 허용차 - 아래 치수 허용차
⑩ 기준선 : 허용 한계치수 또는 끼워 맞춤을 도시할 때는 기준 치수를 나타내고, 치수 허용차의 기준이 되는 직선
⑪ 기초가 되는 치수 허용차 : 기준선에 대한 공차역의 위치를 결정하는 치수 허용차. 위 치수 허용차와 아래 치수 허용차 중 기준선에 가까운 쪽의 치수 허용차

## 8 IT 기본 공차 (ISO Tolerance)

### 가. IT 기본 공차 규정
① IT 기본 공차는 ISO에 규정된 공차로, 기본 공차의 등급을 IT 01급, IT 0급, IT 1급 · · · · · IT 18급의 20등급으로 구분하여 규정하고 있다.
② IT 기본 공차의 적용은 제작의 난이도를 고려하여 축의 등급은 구멍의 등급보다 한등급 높게 적용한다. 축 : IT n-1급, 구멍 : IT n급(예 : 축h6, 구멍 H7)
③ 기본공차의 적용

[IT 기본 공차의 적용]

| 구분 \ 적용 | 게이지 제작 공차 | 끼워맞춤 공차 | 끼워맞춤 이외 공차 |
|---|---|---|---|
| 구멍 | IT 01 ~ IT 5 | IT 6 ~ IT 10 | IT 11 ~ IT 18 |
| 축 | IT 01 ~ IT 4 | IT 5 ~ IT 9 | IT 10 ~ IT 18 |

### 나. 기호에 의한 기입법
① 기준 치수 뒤에 구멍기호, 축 기호 순으로 기입한다.
② 조립도의 경우는 Ø50H7/g6 , Ø50H7-g6 등으로 기입한다.

## 9 끼워맞춤(Fitting)

### 가. 용어의 정의
① 끼워맞춤(Fitting) : 구멍과 축이 조립되는 관계
② 틈새(Clearance) : 구멍의 치수가 축의 치수보다 클 때
③ 죔새(Interferance) : 구멍의 치수가 축의 치수보다 작을 때

### 나. 끼워맞춤의 종류
① 헐거운 끼워맞춤 : 조립하였을 때, 항상 틈새가 생기는 끼워맞춤. 즉, 도시된 경우에 구멍의 공차역이 완전히 축의 공차역의 위쪽에 있는 끼워맞춤
② 억지 끼워맞춤 : 조립하였을 때, 항상 죔새가 생기는 끼워맞춤. 즉, 도시된 경우에 구멍의 공차역이 완전히 축의 공차역의 아래쪽에 있는 끼워맞춤

③ 중간 끼워맞춤 : 조립하였을 때, 구멍 또는 축의 실 치수에 따라 틈새 또는 죔새의 어느것이나 되는 끼워맞춤. 즉, 도시된 경우에 구멍 또는 축의 공차역이 완전히 또는 부분적으로 겹치는 끼워맞춤

### 다. 끼워맞춤의 방식
① 구멍 기준식 끼워맞춤 : 여러개의 공차역 클래스의 축과 1개의 공차역 클래스의 구멍을 조립하는 데에 따라 필요한 틈새 또는 죔새를 주는 끼워맞춤 방식으로 이 규격에서는 구멍의 최소 허용치수가 기준 치수와 같다. 즉, 구멍의 아래 치수 허용차가 "0"인 H기호의 구멍을 사용하여 H6~H10의 5가지 구멍을 기준으로 하는 끼워맞춤 방식
② 축 기준 끼워맞춤 : 여러개의 공차역 클래스의 구멍과 1개의 공차역 클래스의 축을 조립하는데 따라 필요한 틈새 또는 죔새를 주는 끼워맞춤 방식으로 이 규격에는 축의 최대 허용 치수과 기준 치수와 같다. 즉, 축의 위 치수 허용차가 "0"인 h기호의 축을 사용하여 h5~h9가지 축을 기준으로 하는 끼워맞춤 방식

### 라. 끼워맞춤용어
① 최소 틈새 : 구멍의 최소 허용 치수에서 축의 최대 허용 치수를 뺀 값
② 최대 틈새 : 구멍의 최대 허용 치수에서 축의 최소 허용 치수를 뺀 값
③ 최소 죔새 : 축의 최소 허용 치수에서 구멍의 최대 허용 치수를 뺀 값
④ 최대 죔새 : 축의 최대 허용 치수에서 구멍의 최소 허용 치수를 뺀 값

[끼워맞춤 종류의 보기]

| 끼워맞춤 | 구멍 치수 / 축 치수 | 최대 허용 치수 | 최소 허용 치수 | 최대 틈새 | 최소 틈새 | 최대 죔새 | 최소 죔새 |
|---|---|---|---|---|---|---|---|
| 헐거운 끼워맞춤 | $\varnothing 30^{+0.008}_{+0.002}$ | $\varnothing 30.008$ | $\varnothing 30.002$ | 0.028 | 0.009 | – | – |
| | $\varnothing 30^{-0.007}_{-0.020}$ | $\varnothing 29.993$ | $\varnothing 29.980$ | | | | |
| 중간 끼워맞춤 | $\varnothing 30^{+0.025}_{0}$ | $\varnothing 30.025$ | $\varnothing 30.000$ | 0.030 | – | 0.020 | – |
| | $\varnothing 30^{+0.020}_{-0.005}$ | $\varnothing 30.020$ | $\varnothing 29.995$ | | | | |
| 억지 끼워맞춤 | $\varnothing 30^{+0.025}_{0}$ | $\varnothing 30.025$ | $\varnothing 30.000$ | – | – | 0.050 | 0.009 |
| | $\varnothing 30^{+0.050}_{+0.034}$ | $\varnothing 30.050$ | $\varnothing 30.034$ | | | | |

### 마. 공차역의 위치표시 기호
① 구멍의 공차역 위치는 A부터 ZC까지 대문자 기호로 쓴다.
② 축의 공차역 위치는 a부터 zc까지 소문자로 표시한다.

③ 혼동을 피하기 위하여 다음 문자는 사용하지 않는다.
I, L, O, Q, W, i, l, o, q, w

# 10 치수 공차 기입법

## 가. 치수 허용 한계의 표시
① 치수 공차는 공차역 클래스의 기호(치수 공차 기호) 또는 공차값을 기준 치수에 계속하여 다음 보기와 같이 기입한다.
　[보 기] 32H7　　80js5　　100g6
② 치수 공차를 허용 한계 치수로 나타낼 수 있으며, 최대 치수를 위에, 최소 치수를 아래에 겹쳐서 기입한다.
　[보 기] 99.996
　　　　  99.998

## 나. 치수 공차 기입법
① 치수공차는 허용 한계 치수를 기입한다.
② 허용차의 절대값이 같을 때는 ±기호로 같이 기입한다.
③ 허용차의 절대값이 큰 것은 위 치수허용차에, 절대값이 작은 것은 아래 치수허용차에 기입한다.
④ 0에는 +, -기호를 기입하지 않는다.
⑤ 같은 기준 치수에서 축과 구멍이 조립된 상태에서는 구멍을 치수선 위에, 축을 치수선 아래에 기입한다.

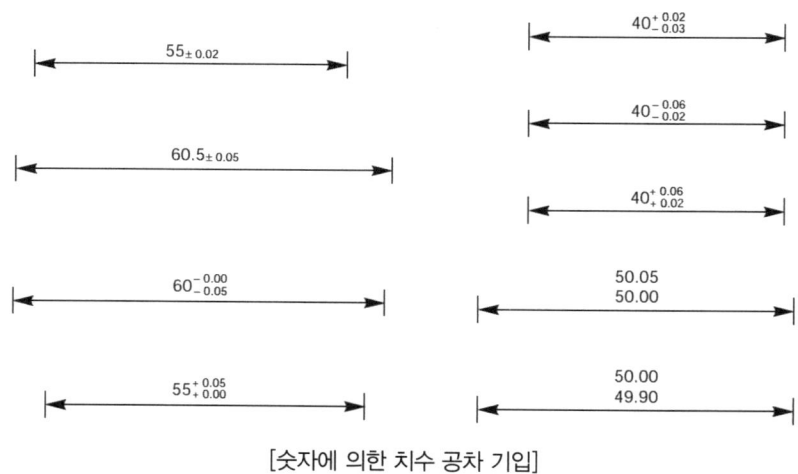

[숫자에 의한 치수 공차 기입]

## 11 끼워맞춤 기입법

### 가. 공차 기호에 의한 기입법
① 끼워맞춤은 구멍, 축의 공통 기준 치수에 구멍의 공차 기호와 축의 공차 기호를 계속하여 다음 보기와 같이 표시한다.
[보 기] 50H/g6  50H7-g6 또는 50

### 나. 공차값에 의한 기입
① 같은 기준 치수에 대하여 구멍 및 축에 대한 위,아래의 치수 허용차를 명기할 필요가 있을 때에는 구멍의 기준 치수와 공차값은 기준선 위쪽에, 축의 기준 치수와 공차값을 기준선 아래쪽에 기입한다.
② 구멍과 축의 기분 앞에 "구멍","축"이라 명기한다.

## 12 기하 공차

### 가. 기하 공차의 종류와 그 기호

[기하 공차의 종류]

| 적용하는 모양 | 공차의 종류 | | 기호 |
|---|---|---|---|
| 단독 모양 | 모양 공차 | 진직도 공차 | ─── |
| | | 평면도 공차 | ▱ |
| | | 진원도 공차 | ○ |
| | | 원통도 공차 | ⌀ |
| 단독 모양 또는 관련 모양 | | 선의 윤곽도 공차 | ⌒ |
| | | 면의 윤곽도 공차 | ⌒ |

| 적용하는 모양 | 공차의 종류 | | 기호 |
|---|---|---|---|
| 관련 모양 | 자세 공차 | 평행도 공차 | // |
| | | 직각도 공차 | ⊥ |
| | | 경사도 공차 | ∠ |
| | 위치 공차 | 위치도 공차 | ⊕ |
| | | 동축도 공차 또는 동심도 공차 | ◎ |
| | | 대칭도 공차 | ═ |
| | 흔들림 공차 | 원주 흔들림 공차 | ↗ |
| | | 온 흔들림 공차 | ↗↗ |

[기하 공차의 부가 기호]

| 표시하는 내용 | | 기호 |
|---|---|---|
| 공차붙이 형체 | 직접표시하는 경우 | |
| | 문자 기호에 의하여 표시하는 경우 | |
| 데이텀 | 직접표시에 의한 경우 | |
| | 문자기호에 의하여 표시하는 경우 | |
| 데이텀 타킷(target) 기입틀 | | Ø2 / A1 |
| 이론적으로 정확한 치수 | | 50 |
| 돌출 공차역 | | Ⓟ |
| 최대실체 공차 방식 | | Ⓜ |

## 나. 기하 공차의 표시방법

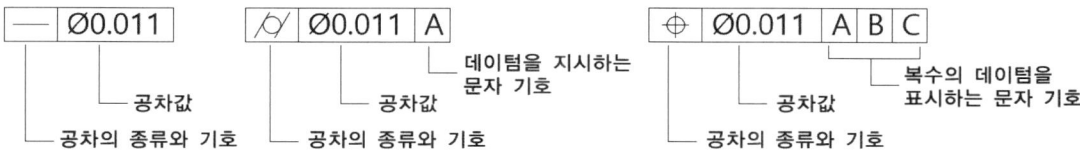

[공차 기입틀의 표시 사항]

## 13 재료 표시

### 가. 재료 기호

**(1) 제1위 문자**

재질을 표시하는 기호 문자로서 영어 또는 로마자의 머리 문자나 원소 기호를 사용한다.

[제1위 문자 기호]

| 기호 | 재질 | 기호 | 재질 |
|---|---|---|---|
| Al | 알루미늄(aluminium) | MgA | 마그네슘 합금(magnesium alloy) |
| AlA | 알루미늄 합금(Al alloy) | NBs | 네이벌황동(naval brass) |
| Br | 청동(broinze) | Nis | 양은(nickel silver) |
| Bs | 황동(brass) | PB | 인청동(phosphor bronze) |
| C | 초경질합금(carbide alloy) | Pb | 납(lead) |
| Cu | 동(copper) | S | 강철(steel) |
| F | 철(ferrum) | SzB | 실진청동 (silzin bronze) |
| HBs | 강력황동(high strenght brass) | W | 화이트메탈 (white metal) |
| L | 경합금 (light alloy) | Zn | 아연 (zinc) |
| K | 켈밋(kelmet) | | |

**(2) 제2위 문자**

규격명 또는 제품명을 표시하는 기호 문자로서, 영어 또는 로마자의 머리 문자를 사용하며 판(板), 봉(捧), 관(管), 선(線), 주조품 등 제품의 형상별 종류 등과 용도를 표시한다.

[제2위 문자 기호]

| 기호 | 규격명 또는 제품명 | 기호 | 규격명 또는 제품명 |
|---|---|---|---|
| Au | 자동차용재 | KH | 철과 강 고속도강 |
| B | 비철금속봉재 | L | 궤도 |
| B | 철과 강보일러용 압연재 | M | 조선용 압연재 |
| BF | 단조용봉재 | MR | 조선용 리벳 |
| BM | 비철금속 머시닝용 봉재 | N | 철과 강 니켈강 |
| BR | 철과 강 보일러용 리벳 | NC | 니켈크롬강 |
| C | 철과 비철주조품 | NS | 스테인리스강 |
| CM | 철과 강 가단 주조품 | P | 비철금속 판재 |
| DB | 볼트, 너트용 냉간인발 | S | 철과 강 구조용 압연재 |
| E | 발동기 | SC | 철과 강 철근 콘크리트용 봉재 |
| F | 철과 강 단조품 | T | 철과 비철 관 |
| G | 게이지 용재 | TO | 공구강 |
| GP | 철과 강 가스 파이프 | UP | 철과 강 스프링강 |
| H | 철과 강 표면경화 | V | 철과 강 리벳 |
| HB | 최강봉재 | W | 철과 강 와이어 |
| K | 철과 강 공구강 | WP | 철과 강 피아노선 |

(3) 제3위 문자

재료의 종류를 나타내는 기호로서 최저 인장 강도 또는 종별 번호를 나타낸다. 인장 강도는 kg/mm$^2$의 수치로 표시한다.

(4) 제4위 문자 : 제조법을 표시한다.

[제 4위 문자 기호]

| 기호 | 제조법 | 기호 | 제조법 |
|---|---|---|---|
| Oh | 평로강(open hearth steel) | Cc | 도가니강(crucible steel) |
| Oa | 산성(acidic)평로강 | R | 압연(rolled) |
| Ob | 염기성(basic)평로강 | F | 단조(forged) |
| Bes | 전로강(bessemr steel) | Ex | 압출(extruded) |
| E | 전기로강(electric steel) | D | 인발(drawin) |

(5) 제5위 문자 : 제품 형상 기호를 기입한다.

[제 5위 문자 기호]

| 기호 | 제품 | 기호 | 제품 | 기호 | 제품 |
|---|---|---|---|---|---|
| P ● ◎ | 강 판<br>둥근강<br>파 이 프 | □ ⑥ ⑧ | 각 제<br>6 각강<br>8 각강 | ▭ l ⊏ | 평 강<br>l형 강<br>채널(channel) |

⟨보기1⟩ 일반 구조용 압연 강재 2종
   S B 410

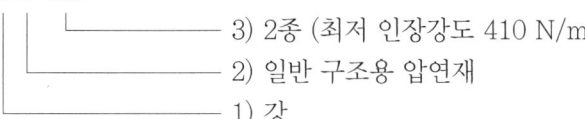

3) 2종 (최저 인장강도 410 N/mm$^2$)
2) 일반 구조용 압연재
1) 강

⟨보기2⟩ 강력 황동 주물 1종
   HBs C 1

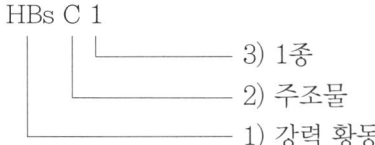

3) 1종
2) 주조물
1) 강력 황동

⟨보기3⟩ 인성 구리 막대 1종 연질
   TCu B 1-0

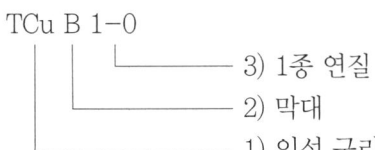

3) 1종 연질
2) 막대
1) 인성 구리

⟨보기4⟩ 탄소강 단강품
   S F 34

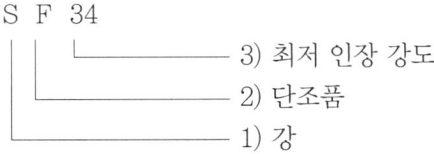

3) 최저 인장 강도
2) 단조품
1) 강

⟨보기6⟩ 열간 압연강판 1종
   S H P 1

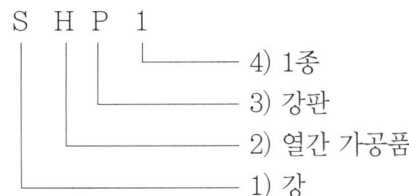

4) 1종
3) 강판
2) 열간 가공품
1) 강

## 나. 금속재료의 기호

[금속 재료의 기호]

| 재질명 | 기호 | 재질명 | 기호 | 재질명 | 기호 |
|---|---|---|---|---|---|
| 일반 구조용 압연 강재 | SS | 용접 구조용 압연 강재 | SWS | 피아노 선 | PW |
| 크롬 강재 | SCr | 니켈 크롬강 강재 | SNC | 니켈 크롬 몰리브덴 강재 | SNCM |
| 기계구조용 망간강 및 망간 크롬강 강재 | SMn | 기계 구조용 탄소강 강재 | SM | 알루미늄 크롬 몰리브덴 강재 | SALCrMo |
| 고속도 공구강 강재 | SKH | 고탄소 크롬 베어링강 강재 | STB | 스프링 강재 | SPS |
| 탄소 공구강 강재 | STC | 합금 공구강 강재 | STC | 합금 공구강 강재 | STS, STD |
| 탄소강 단강품 | SF | 크롬 몰리브덴 강 단강품 | SFCM | 니켈 크롬 몰리브덴 강 단강품 | SFNCM |
| 니켈 크롬 몰리브덴 강 단강품 | SFNCM | 탄소 주강품 | SC | 스테인리스 주강품 | SSC |
| 용접 구조용 주강품 | SCW | 회주철품 | GC | 구상 흑연 주철품 | GCD |
| 흑심 가단 주철품 | BMC | 펄라이트 가단 주철품 | PMC | 백심 가단 주철품 | WMC |

## 다. 비철금속재료의 기호

[비철금속재료의 기호]

| 재질명 | 기호 | 재질명 | 기호 | 재질명 | 기호 |
|---|---|---|---|---|---|
| 티탄선 | TW | 기계 구조 부품용 소결 재료 | SMF | 황동 주물 | YBsC |
| 청동 주물 | BC | 화이트 메탈 | WM | 아연 합금 다이캐스팅 | ZDC |
| 알루미늄 합금 다이캐스팅 | ALDC | 고강도 황동 주물 | HBsC | 알루미늄 합금 주물 | AC |
| 인청동 주물 | PBC | 연입 황동 주물 | LBC | 실리콘 청동 주물 | SzBC |
| 알루미늄 청동 주물 | ALBC | 마그네슘합금 주물 | MgC | 동주물 | CuC |
| 니켈 및 니켈 합금 주물 | NC | | | | |

## 14 측정기 사용

### 가. 손다듬질 가공

(1) 손다듬질 작업순서
  ① 금긋기 작업
  ② 펀칭 및 드릴링
  ③ 쇠톱질 : 톱날의 크기는 양단 구멍중심에서 중심까지의 길이로 표시
  ④ 정작업
  ⑤ 줄작업
    ㉮ 탄소공구강(STC)으로 만든다.
    ㉯ 종류 : 직진법(일반적, 정삭), 사진법(거친절삭, 모따기), 횡진법(병진법 : 좁은면)
  ⑥ 스크레이퍼 작업 : 줄질 작업 후 더욱 정밀한 평면 또는 곡면으로 다듬질할 때 작업시 정반, 광명단, 스크레이퍼 등을 사용

(2) 리머 작업 및 태핑
  ① 리머 작업
    ㉮ 드릴로 뚫은 구멍을 더욱 정밀하게 다듬는 공구이며, 떨림(채터링)을 방지하기 위해 날의 간격을 다르게 한다.
    ㉯ 리머는 드릴보다 절삭속도는 느리게 이송은 빠르게 한다.(3~4배)
  ② 태핑(tapping)
    ㉮ 암나사를 만드는 공구이며, 핸드탬은 3개가 1조로 되어 있다.
    ㉯ 가공물 : 1번탭(55%), 2번탭(25%), 3번탭(20%)

### 나. 정밀측정

(1) 직접측정기
  ① 버니어 캘리퍼스(vernier calipers)
    ㉮ 길이(외경), 폭(내경), 깊이를 측정한다.(최소 측정값 : 1/20, 1/50mm)
    ㉯ 버니어 캘리퍼스의 최소 측정값 = $\dfrac{\text{어미자의눈금수}}{\text{아들자의등분수}}$
  ② 마이크로미터(micrometer)
    ㉮ 보통 삼각나사의 피치가 0.5mm에 딤블의 원주를 50등분하여 최소 측정값이 0.01mm이다.
    ㉯ 종류
      ㉠ 나사 마이크로미터 : 수나사의 유효지름을 측정하며, 고정식과 앤빌 교환식으로 나뉜다.
      ㉡ 버니어 마이크로미터 : 최소눈금을 0.001mm로 하기 위해 표준마이크로미터에 버니어 눈금을 붙인 것이다.

㉢ 지시 마이크로미터 : 마이크로미터에 인디케이터(지시기)장치를 붙여 0.002mm까지의 정밀 측정이 가능하다.
　　　㉣ 기어 이두께 마이크로미터 : 평기어, 헬리컬기어의 이두께를 측정한다.
　　　㉤ 마이크로미터의 최소 측정값 = $\dfrac{\text{피치}}{\text{딤블의 눈금수}}$
　③ 하이트 게이지(height gauge)
　　　㉮ 높이 측정 및 금긋기 작업에 사용한다.
　　　㉯ HT형(0점 조정이 가능), HB형, HM형 등이 있다.
　④ 아베의 원리 : 표준자와 피측정물은 같은 축선상에 있어야 한다.
　　　㉮ 적용 : 외측 마이크로미터
　　　㉯ 위배 : 버니어 캘리퍼스

## (2) 비교측정기
　① 다이얼게이지(dial gauge) : 평면도, 진원도, 축의 흔들림, 직각도 등의 측정에 사용
　② 공기 마이크로미터(air micrometer) : 동시에 다수 구멍 측정
　③ 전기 마이크로미터(electric micrometer)
　④ 옵티미터(optimeter) : 광학적으로 미소범위를 확대하여 측정
　⑤ 미니미터(minimeter) : 레버 확대기구를 이용하여 수백, 수천 배 확대시켜서 측정

## (3) 기타 측정기기
　① 블록 게이지(block gauge)
　　　㉮ 게이지 중 가장 정밀도가 높으며, 건식래핑에서 얻어진다.(조합 밀착하여 사용 가능)
　　　㉯ 분류 : 연구소용 또는 참조용(AA급), 표준용(A급), 검사용(B급), 일감용 또는 공작용(C급)
　② 한계 게이지
　　　㉮ 구멍용 한계 게이지 : 플러그 게이지, 평 게이지, 봉 게이지 등이 있다.
　　　㉯ 축용 한계 게이지 : 스냅 게이지, 링 게이지 등이 있다.
　③ 진원도 측정방법 : 직경법, 반경법, 삼점법
　⑤ 사인 바(sine bar) : 45° 이하의 각도 측정에 사용

　　※ $\sin\alpha = \dfrac{H-h}{L}$

## (4) 나사의 유효지름 측정
　① 나사 마이크로미터
　② 삼선법(삼침법) : 가장 정밀(미터나사 : de(유효지름)= M−3d+0.86603p)
　③ 공구현미경 또는 투영기 : 나사산의 각, 높이, 피치 및 d(호칭경), de(유효지름), d1(골지름)을 측정할 수 있다.

# 03 기계 요소의 제도

## 1 결합용 기계 요소

가. 나사

(1) 나사의 종류
　① 삼각 나사 : 나사산의 모양이 삼각형인 나사
　　㉮ 미터 나사 : 미터 보통나사(M10)와 미터 가는나사(M10×0.8)가 있다.
　　㉯ 유니파이 나사 : 유니파이 보통나사(3/8-12 UNC)와 유니파이 가는나사(3/8-20 UNF)가 있다.
　　㉰ 관용 나사 : 관용 평행나사와 관용테이퍼나사가 있다.
　② 사각 나사 : 나사산의 모양이 사각형인 나사로써 사각볼트와 사각너트가 있다.
　③ 사다리꼴 나사 : 사다리꼴 나사에는 29°와 30° 사다리꼴 나사가 있다.
　④ 톱니 나사 : 바이스나 잭 등에 쓰인다.
　⑤ 둥근 나사 : 전구나 소켓 등에 쓰인다.
　⑥ 볼 나사 : 나사축과 너트가 강구(Steel Ball)를 매개로 작동, 수치제어공작기계의 위치결정 이동용으로 쓰인다.

(2) 나사의 표시 방법
나사의 표시 방법은 나사의 호칭, 나사의 등급, 나사산의 감긴 방향 및 나사산의 줄의 수에 대하여 다음과 같이 나타낸다.

| 나사산의 감긴 방향 | 나사산의 줄 수 | 나사의 호칭 — 나사의 등급 |

① 나사산의 감긴 방향 및 나사산의 줄
  ㉮ 나사의 감긴 방향 : 왼나사일 때는 "왼" 표시, 오른나사일 때는 생략한다.
  ㉮ 나사산의 줄수 : 한줄 나사일 때는 생략하고, 줄수가 여러 줄일 때는 2줄, 3줄로 표시한다.
② 나사의 호칭
  ㉮ 피치를 mm로 나타내는 경우

  **예** M 10 × 1.5 : 호칭 지름이 10이고 피치가 1.5인 미터 가는 나사
  M 8 : 호칭 지름이 8인 미터 보통나사(보통 나사는 원칙적으로 피치를 생략한다.)

  ㉯ 피치를 산의 수로 나타내는 경우 (유니파이 나사 제외)

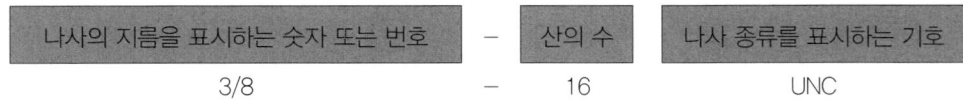

  **예** TM20 산 6 : 호칭 지름이 20이고 산의 수가 6산인 30°사다리꼴 나사
  PT7 : 호칭 지름이 7인 관용 테이퍼 나사 (관용 나사에서는 산의 수를 생략한다)

  ㉰ 유니파이 나사의 경우

| 나사의 지름을 표시하는 숫자 또는 번호 | – | 산의 수 | 나사 종류를 표시하는 기호 |
|---|---|---|---|
| 3/8 | – | 16 | UNC |

  **예** 3/8-16UNC : 호칭 지름이 3/8인치이고, 1인치에 대한 산의 수가 16산인 유니파이 보통 나사(오해할 염려가 없으면 "산의 수"를 생략 할 수 있다.)

[나사의 종류를 표시하는 기호 및 나사의 호칭에 대한 표시 방법]

(KS B 0200-1984)

| 구분 | | 나사의 종류 | 나사의 종류 기호 | 나사의 호칭에 대한 표시법 | 관련 규격 |
|---|---|---|---|---|---|
| 일반용 | ISO 규격에 있는 것 | 미터 보통 나사 | M | M8 | KS B 0201 |
| | | 미터 가는 나사 | | M8×1 | KS B 0204 |
| | | 미니어처 나사 | S | S 05 | KS B 0228 |
| | | 유니파이 보통 나사 | UNC | 3/8-16 UNC | KS B 0203 |
| | | 유니파이 가는 나사 | UNF | No. 8-36 UNF | KS B 0206 |

| 구분 | | 나사의 종류 | | 나사의 종류 기호 | 나사의 호칭에 대한 표시법 | 관련 규격 |
|---|---|---|---|---|---|---|
| 일반용 | ISO 규격에 있는 것 | 미터 사나리꼴 나사 | | Tr | Tr 10×2 | KS B 0229 |
| | | 관용 테이퍼 나사 | 테이퍼 수나사 | R | R 3/4 | KS B 0222 |
| | | | 테이퍼 암나사 | Rc | Rc 3/4 | |
| | | | 평행 암나사 | Rp | Rp 3/4 | |
| | | 관용 평행 나사 | | G | G 1/2 | KS B 0221 |
| | ISO 규격에 없는 것 | 30 사다리꼴 나사 | | TM | TM 18 | KS B 0227 |
| | | 관용 테이퍼 나사 | 테이퍼 나사 | PT | PT 7 | KS B 0222 |
| | | | 평행 암나사 | PS | PS 7 | |
| | | 관용 평행 나사 | | PF | PF 7 | KS B 0221 |

[주] 1) 미터 보통 나사 중 M1.7, M2.3, 및 M2.6은 ISO 규격에 규정되어 있지 않다.
  2) 가는 나사임을 특별히 명확하게 나타낼 필요가 있을 때에는 피치 다음에 가는 눈의 글자를 (　) 안에 넣어서 기입할 수 있다. 예 M8 × 1(가는 눈)
  3) 이 평행 암나사 Rp는 테이퍼 수나사 R에 대해서만 사용한다.
  4) 이 평행 암나사 PS는 테이퍼 수나사 PT에 대해서만 사용한다.

③ 나사의 등급 : 나사의 등급은 나사의 등급을 표시하는 숫자와 문자와의 조합 또는 문자로서 다음의 표와 같이 표시한다.

[나사의 등급 표시 방법]

(KS B 0200-1984)

| 구분 | 나사의 종류 | | 정밀도 | | |
|---|---|---|---|---|---|
| | | | 낮은 정밀도 ↔ 높은 정밀도 | | |
| ISO 규격에 있는 등급 | 미터 나사 | 수나사 | 8g | 6g, 6h | 4h |
| | 미터 가는 나사 | 암나사 | 7H | 6H | 5H, 4H |
| ISO 규격에 없는 등급 | 유니 파이 나사 | 수나사 | 1A | 2A | 3A |
| | | 암나사 | 1B | 2B | 3B |

[주] 1) 이 조합에 대한 등급의 표시 방법은 KS B 0235에 따른다.
  2) 이 조합에 대한 등급의 표시 방법은 KS B 0237에 따른다.
  3) 이 조합에 대한 등급의 표시 방법은 KS B 0235에 의거 암나사 등급/수나사의 등급으로 한다.

④ 미터 사다리꼴 나사의 표시 방법 보기
 ㉮ 1줄 미터 사다리꼴 나사의 표시 방법
  예 호칭 지름 40mm, 피치가 7mm인 경우
   Tr 40 × 7

㉠ 호칭 지름 40mm, 피치 7mm, 암나사의 등급이 7H인 경우
    Tr 40 × 7-7H
㈏ 여러 줄 미터 사다리꼴 나사의 표시 방법
㉠ 호칭 지름 40mm, 리드 14mm, 피치 7mm인 경우
    Tr 40 × 14(p7)
㉠ 호칭 지름 40mm, 리드 14mm, 피치 7mm, 수나사의 등급이 7e인 경우
    Tr 40 × 14(p7)-7e
㈐ 미터 사다리꼴 왼나사의 표시 방법
  미터 사다리꼴 왼나사일 때에는 호칭 다음에 LH의 기호를 붙여서 표시한다.
㉠ Tr 40 × 7LH
    Tr 40 × 7LH-7H
    Tr 40 × 14(P7)LH
    Tr 40 × 14(P7)LH-7e

### (2) 나사의 도시법

① 수나사의 바깥지름, 암나사의 안지름을 나타내는 선은 굵은 실선으로 그린다.
② 나사의 골을 표시하는 선은 가는 실선으로 그린다.
③ 불완전 나사부를 표시하는 경계선은 굵은 실선으로 그린다.
④ 보이지 않는 부분의 나사는 외형선 약 1/2 정도 크기의 파선으로 그린다.

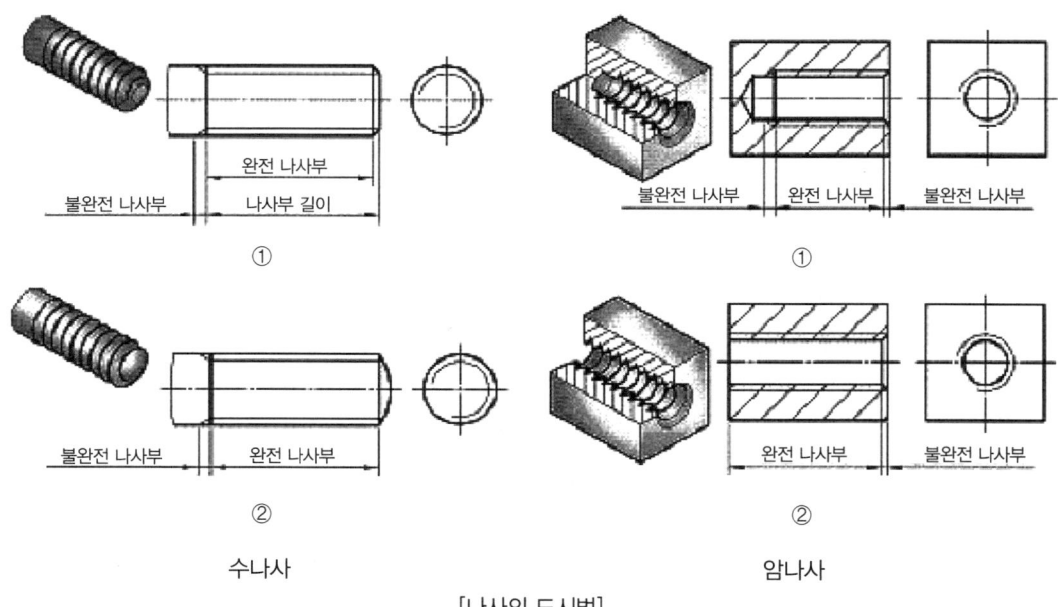

[나사의 도시법]

⑤ 수나사와 암나사의 결합된 부분은 수나사로 표시한다.
⑥ 나사부의 단면을 해칭하는 경우는 나사산까지 하여야 한다.
⑦ 불완전 나사부의 골을 나타내는 선은 축선에 대하는 30°의 가는 실선으로 그린다.
⑧ 수나사와 암나사를 측면에서 본 것은 수나사와 암나사의 골 지름은 3/4 만큼 그린다.
⑨ 암나사의 단면에서 드릴 구멍의 끝부분은 굵은 실선으로 120°되게 그린다.

## 나. 볼트와 너트

### (1) 볼트와 너트의 호칭

① 볼트의 호칭

| 규격 번호 | 종류 | 부품 등급 | 나사부의 호칭 × 길이 | - - | 강도 구분 | 재료 | - | 지정사항 |
|---|---|---|---|---|---|---|---|---|
| KS B 1002 | 육각 볼트 | A | M12 × 80 | - - | 8.8 | SM25C | - | 둥근 끝 |
| KS B 1002 | 6각 볼트 | A | M12 × 80 | - | 8.8 | SM 20 C | - | C |

[주] 1) 규격번호는 특히 필요가 없으면 생략해도 좋다.
    2) 지정 사항으로는 나사 끝의 모양, 표면 처리의 종류 등을 필요에 따라 표시한다.

② 너트의 호칭

| 규격 번호 | 종류 | 형식 | 부품등급 | 나사부 호칭 | - - | 강도 구분 | 재료 | - | 지정사항 |
|---|---|---|---|---|---|---|---|---|---|
| KS B 1012 | 육각 너트 | 스타일1 | A | M12 | - - | 8 | SM20C | | |
| KS B 1012 | 6각 너트 | 스타일1 | A | M12 | - | 8 | SM 20 C | - | C |

[주] 1) 규격 번호는 특히 필요가 없으면 생략해도 좋다.
    2) 지정 사항으로는 6 각 너트의 자리 붙이, 표면 처리의 종류 등을 필요에 따라 표시한다.

### (2) 볼트와 너트의 도시법

볼트와 너트를 도시할 때에는 제작도는 그리지 않고 제작도용 약도로 그리거나 간략도로 나타낸다.

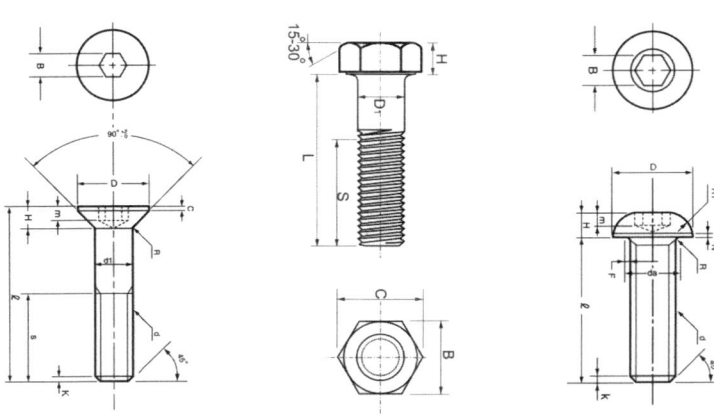

[볼트와 너트의 약도법]

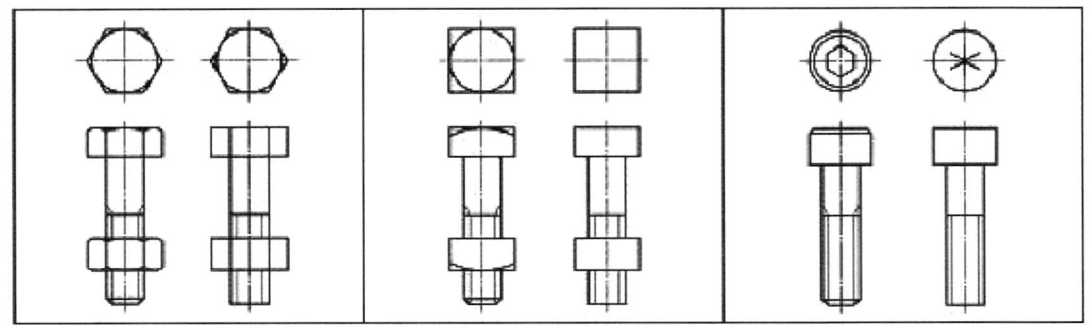

(a) 6각 볼트 및 너트 　　　(b) 4각 볼트 및 너트 　　　(c) 6각 구멍붙이 볼트 및 너트

[여러 가지 볼트와 너트의 간략도]

(3) 사용목적에 따른 볼트의 분류
  ① 관통 볼트(through bolt) : 부품에 구멍을 뚫고 죄는 것으로 가장 많이 사용되고 있다.
  ② 탭볼트(tap bolt) : 구멍을 뚫을 수 없을 때 암나사를 만들어 끼워서 조여주는 볼트이다.
  ③ 스터드 볼트(stud bolt) : 부품을 자주 분해할 때 암나사 손상으로 볼트를 기계 몸체에 탭볼트와 같이 나사를 박고 너트를 죌 때 사용된다.

(4) 볼트의 종류
　머리모양과 용도에 따른 볼트는 매우 다양하지만 일반적으로 많이 사용되는 것은 다음과 같다.

[볼트의 종류]

| 종류 | | 설명·용도 |
|---|---|---|
| 육각 볼트 | | 일반적으로 각종 부품을 결합하는 데 널리 쓰이는 대표적인 볼트이다. |
| 육각 구멍 붙이 볼트 | | 둥근 머리에 육각 홈을 파 놓은 것으로 볼트의 머리가 밖으로 나오지 않아야 하는 곳에 사용된다. |
| 나비 볼트 | | 머리 부분을 나비의 날개 모양으로 만들어 손으로 쉽게 돌릴 수 있도록 한 볼트이다. |

| 종류 | | 설명·용도 |
|---|---|---|
| 기초 볼트 | | 여러 가지 모양의 원통부를 만들어 기계 구조물을 콘크리트 기초 위에 고정시키도록 하는 볼트이다. |
| 접시 머리 볼트 | | 볼트의 머리가 밖으로 나오지 않아야 하는 곳에 사용하며 홈 붙이 접시 머리 볼트, 키 붙이 접시 머리 볼트 등이 있다. |
| 아이 볼트 | | 나사 머리부를 고리 모양으로 만들어 체인 또는 훅 등을 걸 때 사용한다. |

### (5) 너트의 종류

(a) 육각 너트    (b) T-너트    (c) 사각 너트

(d) 플랜지 붙이 육각 너트    (e) 육각 캡 너트    (f) 나비 너트

[너트의 종류]

## 다. 키와 핀, 코터 이음

### (1) 키 (Key)

키는 축에 풀리(pulley), 커플링(coupling) 및 기어(gear) 등의 회전체를 고정시켜 축과 회전체가 미끄럼이 없이 회전을 전달시키는데 사용한다.

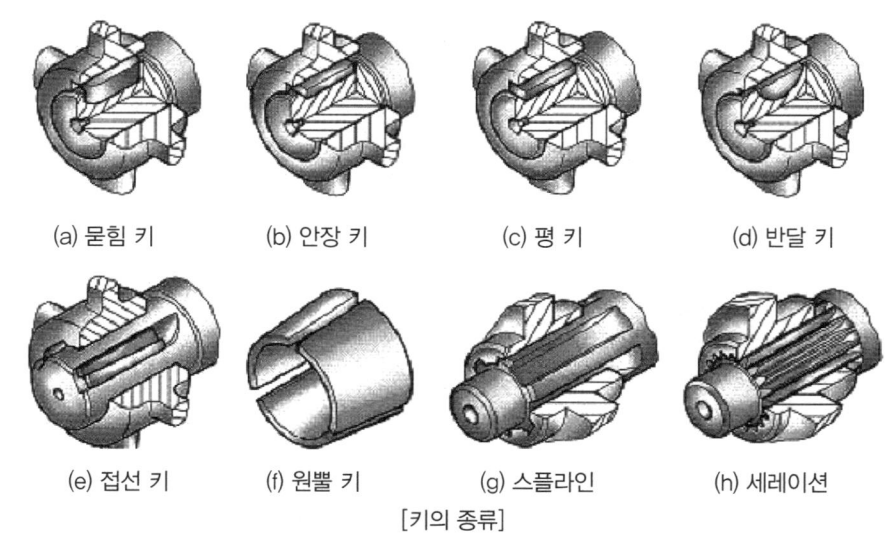

[키의 종류]

| 규격 번호 | 종류 및 호칭 치수 | × | 길이 | 끝 모양의 특별 지정 | 재료 |
|---|---|---|---|---|---|
| KS B 1311 | 평행키 10×8 | | 25 | 양 끝 둥긂 | SM 45 C |
| KS B 1313 | 미끄럼키 10 x 8 x 25 | | | 양끝 둥긂 | SM 45 C |
| | 평행키 25 x 14 x 80 | | | 양끝 모짐 | SM 25 C |

다음 그림은 키홈의 도시법과 치수 기입법을 도시하고 있다.

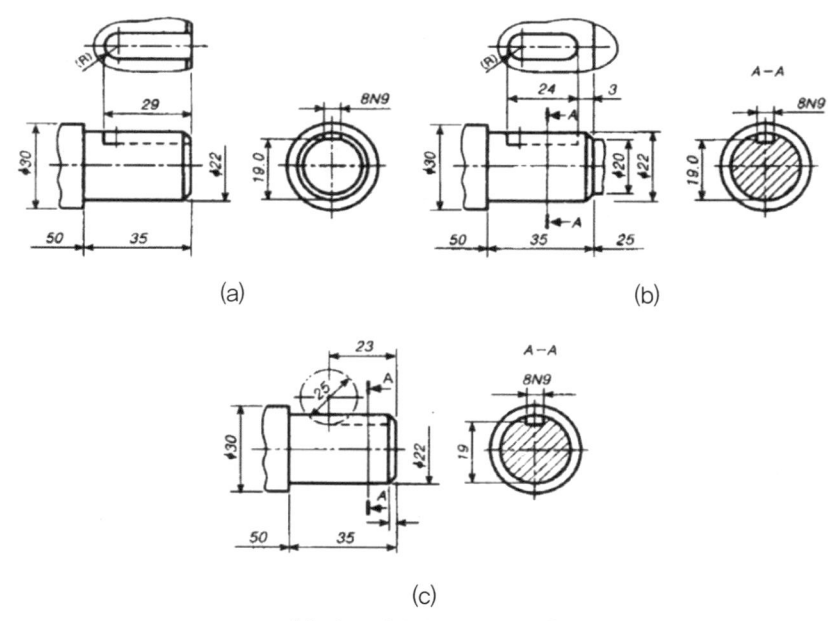

[홈의 도시법과 치수 기입법]

### (2) 핀 (Pin)

핀은 기계 접촉면의 미끄럼 방지나 나사의 풀림방지 및 위치 고정 등 비교적 작은 힘이 작용되는 곳에 사용된다.

① 핀의 종류

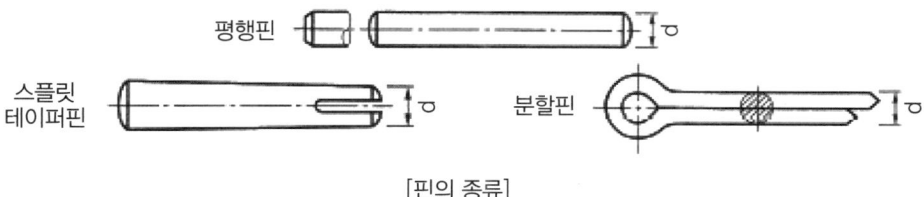

[핀의 종류]

② 핀의 호칭

[핀의 호칭법]

(KS B 1320, 1321, 1323)

| 명칭 | 호칭방법 | 보기 |
|---|---|---|
| 평행 핀[1](KS B 1320) | 규격 번호 또는 명칭, 종류, 형식, 호칭 지름 공차×호칭 길이, 재료 | KSB 1320 6m6×30–S1<br>KSB 1320 6m6×30–A1 |
| 스플릿 테이퍼 핀(KS B 1323) | 규격 번호 또는 규격 명칭, 호칭 지름×호칭 길이, 재료, 지정 사항 | 스플릿 테이퍼 핀 6×70–S1<br>갈라짐의 깊이 10 |
| 분할 핀(KS B 1321) | 규격 번호 또는 규격 명칭, 호칭 지름×길이, 재료 | 분할 핀 5×50–S1 |

주 : 1) 종류는 끼워맞춤 기호에 따른 m6, h8의 두 종류이다. 형식은 끝면의 모양이 납작한 것이 A, 둥근 것이 B이다.

### (3) 코터 이음

① 코터는 키의 일종으로 축 방향으로 인장력이나 압축력이 작용하는 두 축을 연결하거나 풀 필요가 있을 때에 주로 쓰인다.
② 코터의 기울기는 보통 1/20이 많이 사용된다.

## 2 리벳과 용접 이음

### 가. 리벳 이음

(1) 리벳의 호칭 방법

| 규격 번호(생략할 수 있음) | 종류 | 호칭 지름 × 길이 | 재료 |
|---|---|---|---|
| KS B 1102 | 둥근머리 리벳 | 16×40 | SV 330 |

## (2) 리벳의 종류

[리벳의 종류]

| 종류·형상 | | 종별 | 재료 | 종류·형상 | | 종별 | 재료 |
|---|---|---|---|---|---|---|---|
| 둥근머리 | | 열간 | SV330 SV440 | 둥근접시머리 | | 열간 | SV330 SV400 |
| | | 보일러용 | SV400 | | | 보일러용 | SV400 |
| | | 냉간 | MSWR 12, 15, 17 | | | | |
| | | 소형열간 | B, W | | | 냉간 | SV330 |
| 납작머리 | | 열간 | SV330 SV400 | 접시머리 | | 열간 | SV330 |
| | | | | | | 냉간 | SV400 |

## (3) 리벳 이음 방법
리벳 이음에는 겹치기 이음(lap joint)과 맞대기 이음(butt joint)이 있고 리벳열은 1~3열이 있다. 2열 이상일 때의 배열은 평행형과 지그잭 형이 있다.

## (4) 리벳 이음의 도시법
① 리벳을 크게 도시 할 필요가 없을 때에는 리벳 구멍을 약도로 표시한다.(그림a)
② 리벳의 위치많은 도시 할 때에는 중심선만으로 도시한다.(그림a)
③ 얇은 판이나 형강 등의 단면은 굵은 실선으로 도시한다.(그림b)
④ 리벳은 길이 방향으로 절단하여 도시하지 않는다.(그림c)
⑤ 같은 피치로 연속되고 같은 종류의 구멍의 표시법은 피치의 수 x 피치의 간격(=합계 치수)와 같이 간단히 기입한다.
⑥ 여러 겹의 판이 겹쳐 있을 때, 각 판의 파단선은 서로 어긋나게 외형선을 긋는다.
⑦ 구조물에 사용하는 리벳은 그림과 같이 표시한다.

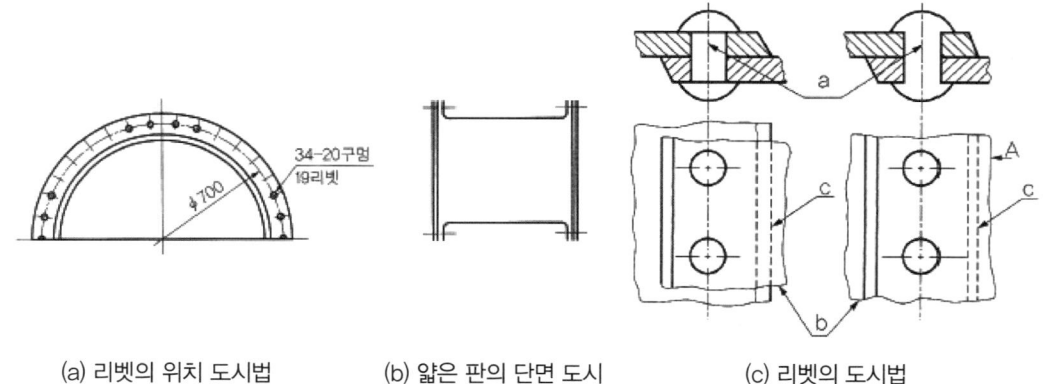

(a) 리벳의 위치 도시법　　(b) 얇은 판의 단면 도시　　(c) 리벳의 도시법
[리벳 이음의 도시]

[리벳의 기호]

| 종별 | 둥근머리 | 접시머리 | | | | | 납작머리 | | | 둥근접시머리 | | |
|---|---|---|---|---|---|---|---|---|---|---|---|---|
| 약도 공장리벳 | ○ | ◎ | ◌ | ⌀ | ⊙ | ⌀ | ⊘ | ○ | ⊘ | ⊗ | ⊙ | ⊗ |
| 약도 현장리벳 | ● | ⦿ | ⦿ | ⦿ | ⦿ | ⦿ | ⦿ | ⦿ | ⦿ | ⦿ | ⦿ | ⦿ |

## 나. 용접 이음

### (1) 용접 이음의 종류

① 모재 배치에 따라 : 맞대기 이음, 양면 덮개판 이음, 겹치기 이음, T이음, 모서리 이음, 끝단 이음 등이 있다.

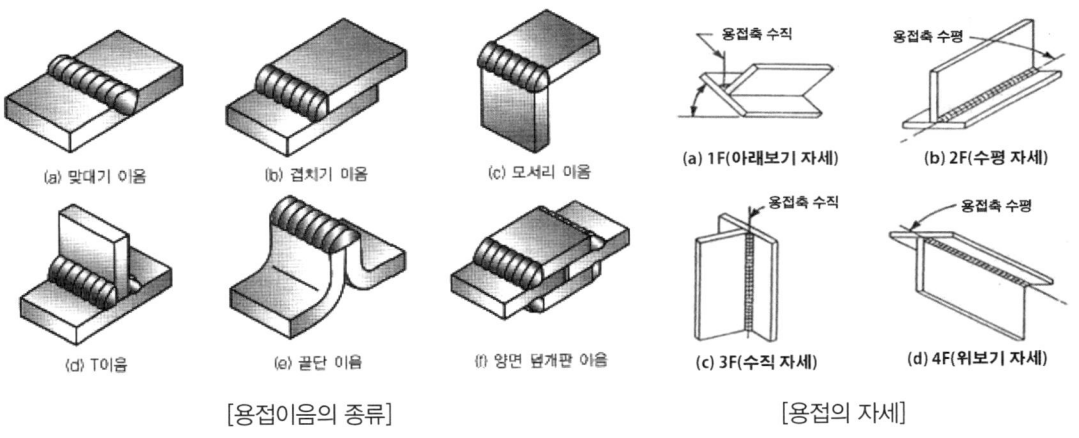

[용접이음의 종류]  [용접의 자세]

② 용접 자세에 따라 : 아래보기 자세, 수직 자세, 수평 자세, 위 보기 자세 등이 있다.

(2) 용접 기호

용접의 종류와 형식 등을 도면에 표시할 때에는 용접기호를 사용한다.

[용접부의 기본 기호]

| 번호 | 명칭 | 도시 | 기호 |
|---|---|---|---|
| 1 | 양면 플랜지형 맞대기 이음 용접 | 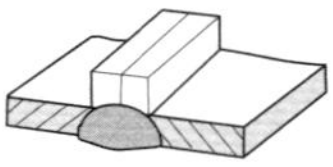 |  八 |
| 2 | 평면형 평행 맞대기 이음 용접 | 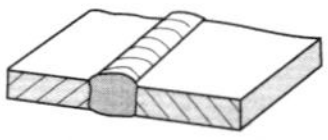 |  ∥ |
| 3 | 한쪽면 V형 홈 맞대기 이음 용접 | 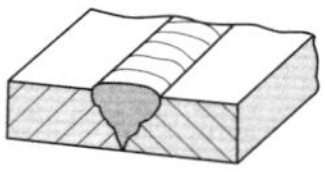 |  V |
| 4 | 한쪽면 K형 맞대기 이음 용접 | 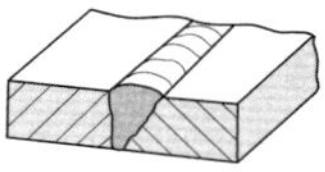 |  V |
| 5 | 부분 용입 한쪽면 V형 맞대기 이음 용접 | 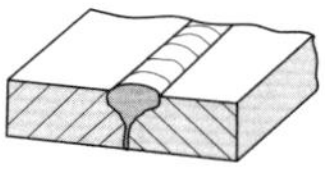 |  Y |
| 6 | 부분 용입 한쪽면 K형 맞대기 이음 용접 | 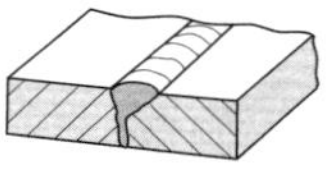 |  Y |
| 7 | 한쪽면 U형 홈 맞대기 이음 용접<br>(평행면 또는 경사면) | 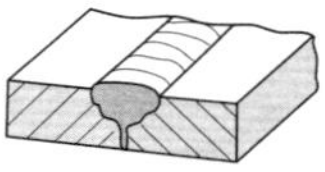 |  ∪ |
| 8 | 한쪽면 J형 홈 맞대기 이음 용접 | 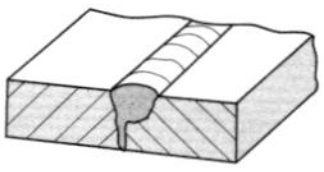 |  ⌡ |
| 9 | 뒷면 용접 | 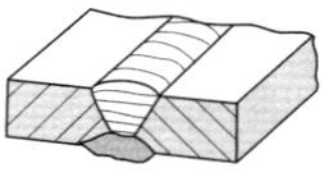 |  ⌣ |
| 10 | 필릿 용접 | 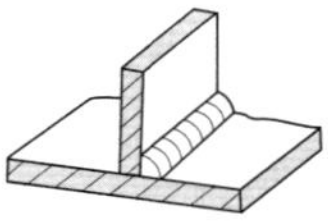 | 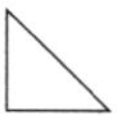 ◸ |
| 11 | 플러그 용접 : 플러그 또는 슬롯 용접 | 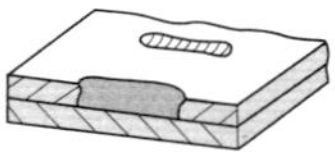 |  ⊓ |

| 번호 | 명칭 | 그림 | 기호 |
|---|---|---|---|
| 12 | 스폿 용접 | | ◯ |
| 13 | 심 용접 | | ⊖ |
| 14 | 급경사면(스팁 플랭크) 한쪽면 V형 홈 맞대기 이음 용접 | | \/ |
| 15 | 급경사면 한쪽면 K형 맞대기 이음 용접 | | \| |
| 16 | 가장자리 용접 | | ||| |
| 17 | 서페이싱 | | ⌒⌒ |
| 18 | 서페이싱 이음 | | = |

[보조 기호]

| 용접부 및 용접부 표면의 형상 | 기호 |
|---|---|
| a) 평면(동일 평면으로 다듬질) | —— |
| b) 凸형 | ⌒ |
| c) 凹형 | ⌣ |
| d) 끝단부를 매끄럽게 함 | ⌄ |

| 용접부 및 용접부 표면의 형상 | 기호 |
|---|---|
| e) 영구적인 덮개 판을 사용 | M |
| f) 제거 가능한 덮개 판을 사용 | MR |

### (3) 용접부의 기호 도시법

① 용접 기호는 기준선 위나 아래에 기입한다.
② 용접부(용접면)가 아음의 화살표 쪽에 있을 때에는 기호는 실선 쪽의 기준선에 기입한다.
③ 용접부(용접면)가 아음의 반대쪽에 있을 때에는 기호는 파선 쪽에 기입한다.
④ 용접 기호가 기선 중앙에 표시되어 있는 것은 양쪽을 나타낸다.
⑤ 부재의 전부를 일주하여 용접, 현장 용접, 온둘레 현장 용접의 보조 기호는 기선과 지시선과의 교점에 기입한다.
⑥ 용접 방법의 표시가 필요한 경우에는 기준선 끝에 꼬리를 붙여서 기입한다.

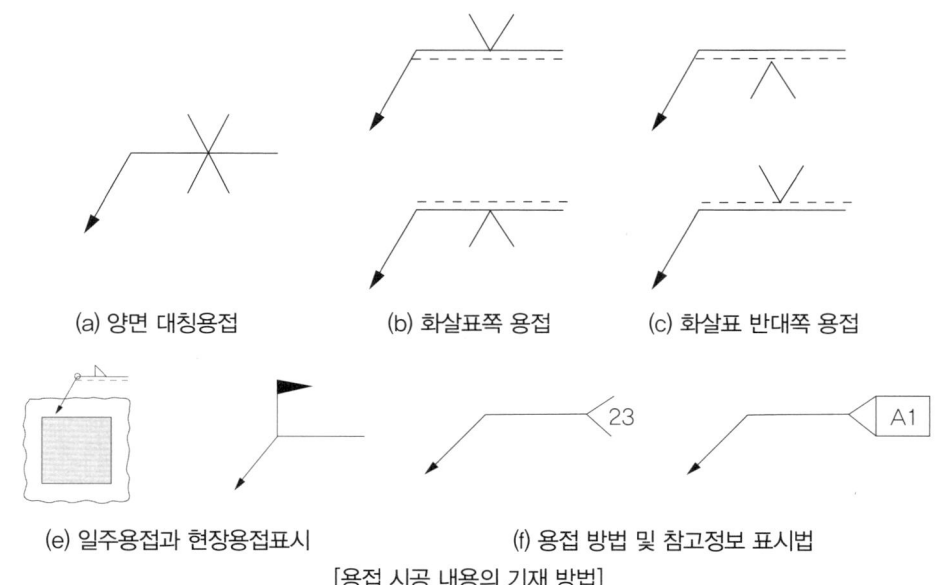

(a) 양면 대칭용접　　(b) 화살표쪽 용접　　(c) 화살표 반대쪽 용접

(e) 일주용접과 현장용접표시　　(f) 용접 방법 및 참고정보 표시법

[용접 시공 내용의 기재 방법]

## 3 축용 기계 요소

### 가. 축(shaft)

(1) 모양에 따른 축의 종류

① 직선 축 : 보통 사용되는 곧은 축

㉮ 전동축(transmission shaft) : 전동축은 회전에 의해 동력을 전달하는 축으로 주로 비틀림과 굽힘 모멘트를 동시에 받는다.(주축, 선축, 중간축으로 구성)

㉠ 주축 : 원동기에서 직접 동력을 받는 축이다.

㉡ 선축 : 주축에서 동력을 받아 각 동장에 분배하는 축이다.

㉢ 중간축 : 선축에서 동력을 전달 받아 각각의 기계에 동력을 전달하는 축이다.

㉯ 차축 : 차축은 주로 굽힘 모멘트를 받는다.

㉰ 스핀들 : 스핀들은 주로 비틀림 모멘트를 받으며 직접 일을 하는 회전축으로 치수가 정밀하며 변형량이 적다.

② 곡선 축 : 크랭크 축과 같이 굽은 축

③ 플렉시블 축(flexible shaft) : 축의 굽힘이 비교적 자유로운 축으로 철사를 코일 모양으로 이중, 삼중으로 감아 만든 축

(2) 축의 도시법

① 축은 길이 방향으로 단면 도시 하지 않는다.
② 긴 축은 중간을 파단하여 짧게 그리되, 치수는 실제 길이로 나타내야 한다.
③ 모따기 및 평면 표시는 치수 기입법에 따른다.
④ 축의 널링(knurling)을 도시할 때 빗줄은 경우는 축선에 대해 30°로 엇갈리게 나타낸다.
⑤ 축을 가공하기 위한 센터의 도시를 한다.(예 KS B 0410 60°A형2, 양끝)

### 나. 축 이음

(1) 축 이음의 개요

몇 개의 축과 연결하는 기계요소를 축 이음이라 하고 축 이음에는 이음 방식에 따라 커플링(coupling)과 클러치(clutch)로 크게 나눈다.

(2) 커플링과 클러치

① 커플링(coupling) : 커플링에는 원통 커플링, 올덤 커플링, 플랜지 커플링, 플랙시블 커플링, 자재 이음(universal joint)등이 있다.(참고 : 자재 이음의 α ≤ 30°가 되어야 한다.)

② 클러치(clutch) : 축의 회전을 중지하지 않으면서 회전 토크(torque)를 단속하고자 할 때 사용한다. 클러치의 종류에는 맞물림 클러치(claw clutch), 마찰 클러치(frictiov clutch), 유체

클러지(fluid clutch), 마그네틱 클러치(magnetic clutch) 등이 있고, 맞물림 클러치에는 맞물림 형태에 따라 직사각형, 사다리꼴형, 톱날형, 덩굴형등이 있다.

### 다. 베어링

(1) 베어링의 개요
① 회전축을 지지하는 축용 기계요소를 베어링(bearing)이라 하며, 베어링과 접촉하고 있는 축 부분을 저널(jornal)이라 한다.
② 저널과 베어링의 상대 운동에 따라 미끄럼 베어링(Sliding bearing)과 구름 베어링(Rolling bearing)으로 나누고, 축에 받는 하중의 방향에 따라 레이디얼 베어링과 스러스트 베어링으로 구분한다.

(2) 롤링 베어링의 기호와 치수
① 치수는 mm계와 inch계열을 사용하며 mm치수는 ISO에 의해 구체적으로 표준화 되어 있다.
② 롤러 베어링은 KS B 2012 호칭 번호로 정해져 있다.

| 형식 번호 | 치수기호(나비와 지름 기호) | 안지름 번호 | 등급 기호 |

㉮ 형식번호 (첫번째 숫자)
    1 : 복렬 자동 조짐형　　　2,3 : 복렬 자동 조심형(큰 나비)
    5 : 드러스트 베어링　　　　6 : 단영 홈형
    7 : 단열 앵귤러 볼형  N : 원통 롤러형

㉯ 치수 번호 (두번째 숫자)
    0,1 : 특별 경하중형　　　　2 : 경하중형
    3 : 중간하중형　　　　　　4 : 중하중형

㉰ 안지름 번호(세번째, 네번째 숫자)
    00 : 안지름 10mm　　01 : 안지름 12mm　　02 : 안지름 15mm
    03 : 안지름 17mm　　04 : 안지름 20mm　　05 : 안지름 25mm
    16 : 안지름 80mm　　/22 : 안지름 22mm

㉱ 등급 기호 (다섯번째 이후의 기호)
    무기호 : 보통급　　　H : 상급
    P : 정밀급　　　　　SP : 초정밀급

## (3) 호칭번호의 구성 및 배열

[베어링 호칭번호의 배열]

| 기본번호 | | | 보조기호 | | | | | |
|---|---|---|---|---|---|---|---|---|
| 베어링 계열기호 | 안지름 번호 | 접촉각 기호 | 내부치수 | 밀봉기호 또는 실드기호 | 궤도륜 모양기호 | 조합기호 | 내부틈새 기호 | 정밀도 등급기호 |

⟨보기⟩ 6308 Z NR
- 63 : 베어링 계열 기호 – 단열 깊은 홈 볼베어링6, 지름 계열 03
- 08 : 안지름 번호(호칭 베어링 안지름 8×5=40mm)
- Z : 실드 기호(한쪽 실드)
- NR : 궤도륜 모양기호(멈춤링 붙이)

[접촉각 기호]

| 베어링 형식 | 호칭 접촉각 | 접촉각 기호 |
|---|---|---|
| 단열 앵귤러 볼 베어링 | 10° 초과 22° 이하 | C |
| | 22° 초과 32° 이하(보통 30°) | A(*) |
| | 32° 초과 45° 이하(보통 40°) | B |
| 테이퍼 롤러 베어링 | 17° 초과 24° 이하 | C |
| | 24° 초과 32° 이하 | D |

주 : (*)는 생략할 수 있다.

[보조기호]

| 내부기호 | | 실·실드 | | 궤도륜모양 | | 베어링의 조합 | | 레이디얼 내부 틈새 | | 정밀도 등급 | |
|---|---|---|---|---|---|---|---|---|---|---|---|
| 내용 | 기호 | 내용 | 기호 | 내용 | 기호* | 종류 | 기호 | 구분 | 기호 | 등급 | 기호 |
| 내부 설계가 표준과 다른 베어링 | A | 양쪽 실붙이 | UU | 내륜 원통구멍 | 없음 | 뒷면 조합 | DB | 보통의 레이디얼 내부 틈새보다 작다. | C2 | 0급 | 없음 |
| | | 한쪽 실붙이 | U | 플랜지 붙이 | F | 정면 조합 | DF | 보통의 레이디얼 내부 틈새 | CN | 6X급 | P6X |
| ISO 규정에 따라 제작된 테이퍼 로울러 베어링 | J | | | 내륜 테이퍼 구멍 (기준 테이퍼 1/12) | K | | | | | 6급 | P6 |
| | | 양쪽 실드 붙이 | ZZ | 링 홈붙이 | N | 병렬 조합 | DT | 보통의 레이디얼 내부 틈새보다 크다. | C3 | 5급 | P5 |
| | | 한쪽 실드 붙이 | Z | 멈춤링 붙이 | NR | | | C3보다 크다. | C4 | 4급 | P4 |
| | | | | | | | | C4보다 크다. | C5 | 2급 | P2 |

주 : * 표는 다른 기호로 사용할 수 있다.

# 4 전동용 기계 요소

## 가. 기어

### (1) 기어의 종류
기어는 사용 목적, 두 축의 상대 위치 및 이의 접촉에 따라 다음 표와 같다.

[기어의 종류에 따른 두 축의 상대 위치 및 접촉]

| 기어의 종류 | 두 축의 상대 위치 | 이의 접촉 | 비고 |
| --- | --- | --- | --- |
| 스퍼 기어(spur gear) | 평행 | 직선 | 원통형, 잇줄이 축에 평행 |
| 내접 기어(internal gear) | | | 이는 스퍼 기어와 같음 |
| 헬리컬 기어(helical gear) | | | 잇줄이 비틀린 원통형 |
| 더블 헬리컬 기어(double helical gear) | | | 좌우의 헬리컬 기어를 조합 |
| 래크(rack) | | | 회전 운동을 직선 운동으로 바꿈 |
| 직선 베벨 기어(straight bevel gear) | 교차 | 직선 | 잇줄이 원뿔의 모선과 일치 |
| 스파이럴 베벨 기어(spiral bevel gear) | | 곡선 | 잇줄이 비틀린 베벨 기어 |
| 하이포이드 기어(hypoid gear) | 평행하지도, 교차하지도 않음 | 곡선 | 원뿔형 |
| 스크류 기어(screw gear) | | 점 | 2개의 헬리컬 기어 |
| 웜 기어(worm gear) | | 점 | 감속 비율이 큼 |

### (2) 기어의 도시법
기어를 도시할 때 보통 축에 직각인 방향에서 본 그림을 정면도로 축방향에서 본 것을 측면도로 하여 도시한다.

① 스퍼기어
  ㉮ 이끝원은 굵은 실선으로 그린다.
  ㉯ 피치원과 피치선은 가는 1점 쇄선으로 그린다.
  ㉰ 이뿌리원은 가는 실선으로 그리지만, 측면도는 생략해도 좋다. 단, 정면도를 단면으로 도시할 때 이를 절단하지 않고 이뿌리선은 굵은 실선으로 나타낸다.
  ㉱ 스퍼기어의 표준 압력각은 α = 20°로 규정하고 있다.
  ㉲ 서로 맞물리는 한 쌍의 스퍼기어를 도시할 때 측면도의 이끝원은 굵은 실선, 정면도의 단면에서 한 쪽의 이끝원은 은선으로 그린다.
  ㉳ 기어의 제작상 중요한 치형, 모듈, 압력각, 피치원지름 등 기타 필요한 사항은 요목표를 만들어 기입한다.

② 헬리컬 기어와 더블 헬리컬 기어
  ㉮ 잇줄 방향은 3개의 가는 실선으로 나타낸다. 단, 경사각은 실제 외의 각도와 관계없이 그린다.

ⓑ 정면도를 단면도로 할 때, 지면보다 앞쪽에 있을 때는 잇줄 방향은 3개의 가는 이점쇄선(가상선)으로 표시한다.
   ⓒ 간략도의 잇줄은 가는 3줄의 실선으로 나타낸다.
   ⓓ 기어의 제작상 중요한 치형, 모듈, 압력각, 피치원지름 등 기타 필요한 사항은 요목표를 만들어 기입한다.
③ 베벨 기어
   ⓐ 축방향에서 본 베벨 기어의 측면도상 이끝원은 굵은 실선, 피치원은 가는 1점쇄선으로 그리지만, 이뿌리원은 생략한다.
   ⓑ 스파이어럴 베벨 기어의 약도에서 잇줄을 나타내는 선은 한 줄의 굵은 실선으로 나타낸다.
   ⓒ 한 쌍의 맞물리는 기어의 맞물리는 부분의 이끝원을 숨은선으로 그린다.
   ⓓ 이끝 및 이뿌리를 나타내는 원뿔각의 선은 꼭지점에 이르기 전에 그친다.
④ 웜 기어
   ⓐ 웜 기어의 잇줄 방향은 헬리컬 기어에 준하여 3줄의 가는 실선으로 그린다.
   ⓑ 웜 휠의 측면도는 기어의 바깥지름을 굵은 실선으로 그리고, 피치원은 가는 1점쇄선으로 그리며, 이뿌리원과 목 부분의 원은 그리지 않는다. 또한 피치원은 상대 웜 축을 포함하여 단면 모양으로 그린다.
   ⓒ 요목표에는 이 직각방식인지 또는 축 직각방상인지를 기입한다.
⑤ 맞물리는 기어의 간략 도시법
   ⓐ 조립도 등에 기어를 도시할 때는 제도의 능률을 위해 간략한 그림을 사용하며 요목표에 상세한 사항들을 기입한다.
   ⓑ 맞물림부와 이끝원은 모두 굵은 실선으로 표시한다.
   ⓒ 주 투영도를 단면도로 표시할 때는 맞물림부의 하쪽 이끝원을 표시하는 원은 가는 파선 또는 굵은 파선을 사용하여 표시한다.

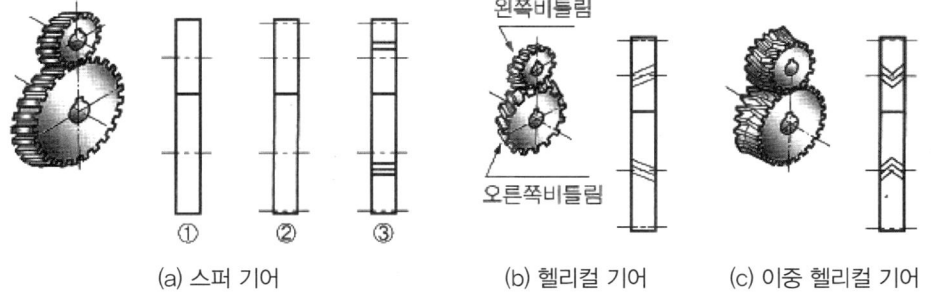

(a) 스퍼 기어     (b) 헬리컬 기어     (c) 이중 헬리컬 기어

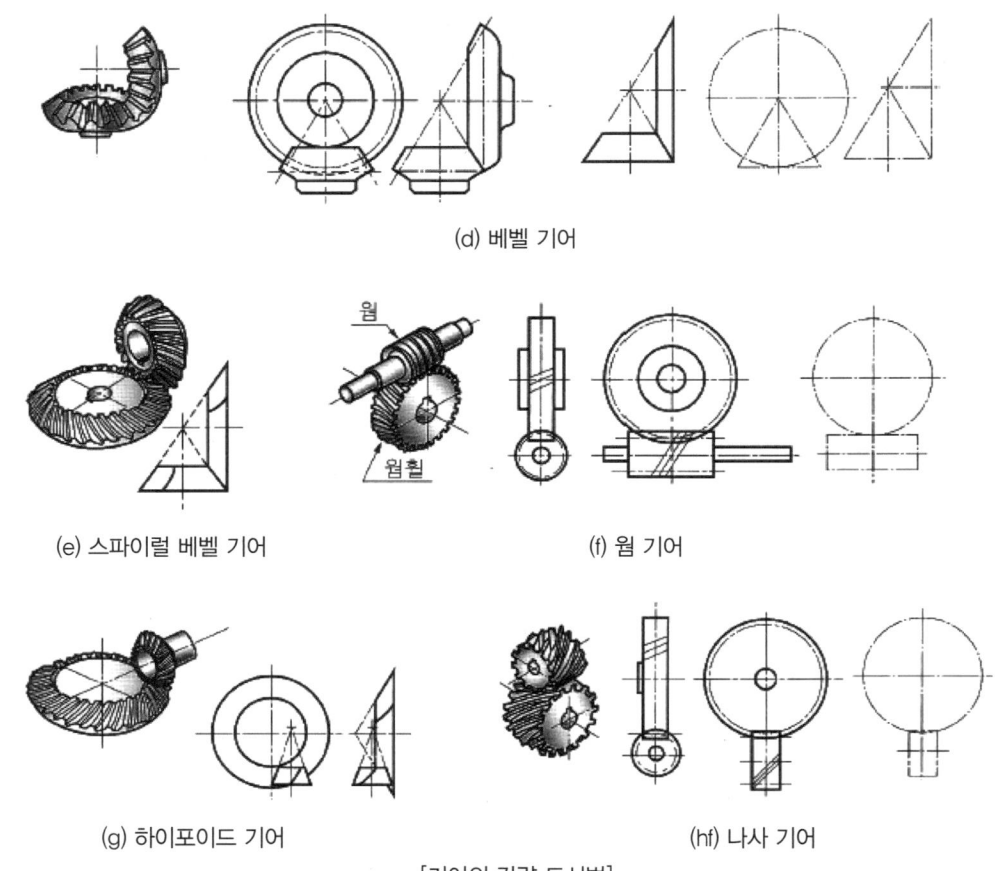

[기어의 간략 도시법]

## 나. 벨트 · 로프 · 체인 전동장치

### (1) 전동장치 적용 범위

벨트, 로프 및 체인 등을 사용하여 원동차에서 종동차에 동력을 전달하는 장치를 전동장치(transmission)라 하며 축간 거리와 속도비 등에 따라 다음의 표를 참고하여 적당한 것을 선택하여야 한다.

[전동장치 적용 범위]

| 종류 | | 축간거리(m) | 속도비 | 속도(m/s) |
|---|---|---|---|---|
| 벨트 | 평 벨트 | 10 이하 | 1 : 1~6, 최대 1 : 15 | 10~30 최대 50 |
| | V 벨트 | 5 이하 | 1 : 1~7, 최대 1 : 10 | 10~18 최대 25 |
| 로프 | 섬유 | 10~30 | 1 : 1~2, 최대 1 : 5 | 15~0 |
| | 강철 | 50~100, 최대 150 | 보통 1 : 1 | 최대 25 |

| 종류 | | 축간거리(m) | 속도비 | 속도(m/s) |
|---|---|---|---|---|
| 체인 | 사일런트 | 4 이하 | 1 : 1~5, 최대 1 : 8 | 5 이하 최대 10 |
| | 롤러 | | | 7 이하 최대 10 |

### (2) 평벨트 전동

벨트에 사용하는 재료는 가죽, 직물, 고무, 강철이 있으며, 평벨트 풀리는 구조에 따라서 일체형과 분할형이 있다.

① 평벨트 호칭법

〈보기〉 평가죽 벨트 1급 114×2
평고무 벨트 1종 50×3

② 평벨트 풀리의 구조
  ㉮ 림(rim) : 풀리의 둘레를 구성하는 얇은 살을 가진 원통형의 바퀴둘레를 말한다.
  ㉯ 보스(boss) : 전동축을 끼울 수 있는 축구멍을 구성하는 가운데 부분을 말한다.
  ㉰ 아암(arm) : 림과 보스 부분을 방사선의 형상으로 연결하는 몇 개의 막대부분을 말한다. 암 대신 평판을 사용한 것도 있다. 재료는 일반적으로 주철로 된 것이 사용되며, 고속(원주속도 30m/s 이상)일 때에는 주강으로 만든 것이 쓰인다.

③ 평벨트 풀리의 도시법
  ㉮ 벨트 풀리는 축 직각 방향의 투상을 정면도로 한다.
  ㉯ 벨트 풀리와 같이 대칭형인 것은 그 일부분만을 도시한다.
  ㉰ 암과 같은 방사형의 것은 수직 중심선 또는 수평 중심선까지 회전하여 투상한다.
  ㉱ 암의 길이 방향으로 절단하여 단면의 도시를 하지 않는다.
  ㉲ 암의 단면형은 도형의 안이나 밖에 도시할 때에는 실선으로 그린다. 또, 단면형은 대개 타원이다.
  ㉳ 암의 테이퍼 부분 치수를 기입할 때 치수 보조선은 경사선(수평과 60°또는 30°)으로 긋는다.

### (3) V 벨트전동

① V벨트는 사다리꼴의 단면을 가진 벨트로서, V형의 홈이 파져있는 V풀리(V-pulley)를 밀착시켜 구동하는 방법이다. 평벨트에 비해 미끄럼과 진동이 적고, 운전이 조용하며 공작 기계나 내연 기관 등의 동력전달에 널리 사용된다. 풀리는 주로 주철제이고, 고속인 경우에는 주강이나 알루미늄 합금제를 사용한다.

② V벨트의 치수 : V벨트의 치수는 단면의 치수로 표시하며, 단면의 크기에 따라 M, A, B, C, D, E형으로 나눈다. 단면은 좌우 대칭이며 단면의 치수는 규격화되어 있으며 경사각은 40°±1.0이다.

③ V벨트 제품의 호칭

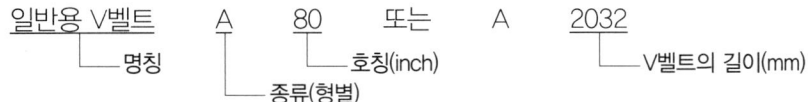

(4) 체인 전동

체인 전동은 체인을 스프로킷 휠(sprocket wheel)에 걸어 감아서 체인과 휠의 이가 서로 물리는 힘으로 동력을 전달시키며, 축간 거리가 4m 이하이고, 회전비를 일정하게 할 필요가 있을 때나, 전달 동력이 크고 속도가 5m/s 이하일 때 사용한다.

① 체인의 종류
    ㉮ 롤러 체인 : 롤러 링크(roller link)와 핀 링크(pin link)로 연결
    ㉯ 링크 체인 : 강판을 펀칭(punching)하여 링크를 연결
② 스프로킷 : 롤러 체인용 스프로킷은 주강 또는 고급 주철 등으로 만든다. 치형은 S형과 U형이 있으나 S형이 주로 많이 사용된다.
③ 스프로킷의 도시법
    ㉮ 바깥지름은 굵은 실선, 피치원은 가는 1점쇄선, 이뿌리원은 가는 실선 또는 굵은 파선으로 그린다.
    ㉯ 축의 직각 방향에서 본 그림을 단면으로 도시 할 때에는 이뿌리의 위치에서 절단하고 이뿌리선은 굵은 실선으로 그린다.
    ㉰ 요목표에는 톱니의 특성을 기입한다.

# 5 관용 기계 요소

## 가. 파이프

(1) 파이프의 종류
① 주철관 (cast iron pipe) : 이음매가 없으며, 압력 7~10kg/cm² 미만에 사용한다.
② 강관 (steel pipe) : 이음매 없는 강관(seamless steel pipe)은 보통 압력 300kg/cm² 미만에 사용하며, 이어 만든 강관(seamed steel pipe)은 단접, 용접, 리벳으로 이어서 만든다.
③ 가스관 (gas pipe) : 가스, 물, 증기, 석유 등의 수송에 사용하며, 양끝은 관용 나사로 되어 있다.
④ 구리관 및 황동관 : 이음매 없는 관으로 휨성이 좋고 내식성이 우수하다.

⑤ 납관(lead pipe) : 내산성, 휨성이 풍부하여 상수도, 가스, 산 알칼리의 수송 및 폐수용에 사용된다.
⑥ 플렉시블 관(flexible pipe) : 강철, 구리, 알루미늄등의 얇은 판으로 만든 것으로 구부리기가 쉬워 물, 기름 등의 수송 및 전선 보호, 신축 이음용으로 이용된다.
⑦ 합성 수지관 (synthetic resin pipe) : 염화비닐 등의 합성수지로 만든 관으로 휨성, 내식성은 풍부하나 내열성이 나쁘다.

(2) 파이프의 도시 기호 및 방법
① 파이프 (pipe) : 하나의 실선으로 표시하고 같은 도면내에는 같은 굵기로 나타낸다.
② 유체의 종류 기호 : 유체의 종류 기호를 나타낼 때는 다음 표와 같이 나타내고 유체와 관을 표시 할 때는 그림과 같다.

[유체의 종류 기호]

| 유체의 종류 | 글자기호 |
|---|---|
| 공기 | A(air) |
| 가스 | G(gas) |
| 유류 | O(oil) |
| 수증기 | S(steam) |
| 물 | W(water) |
| 증기 | V(vapor) |

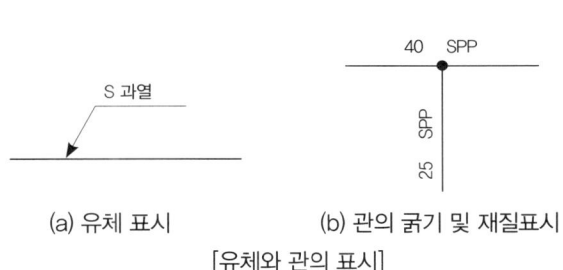

(a) 유체 표시 　　(b) 관의 굵기 및 재질표시
[유체와 관의 표시]

③ 관의 굵기 표시 : 관의 굵기 표시는 관 도시선 위에 나타내는 것이 원칙이며 관의 굵기 표시 문자, 관의 종류, 재질 등을 표시한다. 굵기 표시는 강관은 내경으로 표시하며, 스테인레스 강관과 동관은 외경으로 나타낸다.
④ 계기(gauge) : 계기의 종류를 나타낼 때에는 기호 안에 글자 기호 (압력계는 P, 온도계는 T, 유량계 F)를 기입한다.

## 나. 밸브

(1) 밸브의 종류
① 스톱 밸브(stop valve) : 파이프의 입구와 출구가 일직선상에 있는 글로브 밸브(globe valve)와 직각으로 되어 있는 앵글 밸브(angle valve)가 있으며, 밸브는 밸브 시이트에 대하여 수직 방향으로 움직인다.
② 슬루스 밸브 (sluice valve) : 밸브가 파이프 축에 대하여 직각 방향으로 개폐되는 밸브로써 대형 밸브로 사용한다.

③ 콕 (cock) : 콕은 파이프의 구멍에 직각으로 박힌 원뿔 모양의 마개를 돌려서 유체의 통로를 개폐하는 장치이다.

④ 체크 밸브 (check valve) : 유체를 한 방향으로만 흐르게 하여 역류를 방지하는데 사용한다.

⑤ 안전 밸브 (safety valve) : 압력용기의 압력이 규정 압력보다 높아지면 밸브가 열려 사용 압력을 조절 하는데 사용된다.

(2) 밸브의 도시 기호

밸브를 도면상에 도시하고자 할 때는 표와 같이 사용한다.

[밸브 및 계기의 도시 기호]

| 명칭 | 도시 기호 | | 명칭 | 도시 기호 | |
|---|---|---|---|---|---|
| | 플랜지 이음 | 나사 이음 | | 플랜지 이음 | 나사 이음 |
| 밸브 일반 | ⊢⋈⊣ | ⋈ | 글로브 밸브 | ⊢⋈⊣ | ⋈ |
| 앵글 밸브 | | | 콕 | | |
| 첵 밸브 | | | 전동슬루스 밸브 | | |
| 게이트 밸브 | ⊢⋈⊣ | ⋈ | 슬루스 밸브 | ⊢⋈⊣ | ⋈ |
| 안전 밸브 | | | 플로트 밸브 | | |

(3) 배관의 제도

① 배관도

㉮ 복선 도시법 : 각종 부품을 약도로 상세히 나타낸 도시법

㉯ 단선 도시법 : 굵은 실선을 사용하여 나타낸 도시법

㉠ 스케치 배관도 : 간단한 수리 작업이나 설명용에 쓰인다.

㉡ 투상 배관도 : 축척으로 평면도와 정면도를 그려서 표시하며 제작도로 쓰인다.

㉢ 등각 배관도 : 설명용으로 쓰인다.

㉰ 치수 기입법 : 치수는 목입구의 중심에서 중심까지의 길이로 표시하고 호칭 지름을 파이프 라인 밖으로 지시선을 끌어내서 표시한다.

㉱ 파이프의 끝 부분에 나사가 없거나 왼나사를 필요로 할 때에는 지시선으로 나타내어 표시한다.

㉲ 파이프의 자리는 기계의 중심이나 또는 기준이 되는 면으로부터 정확하게 표시한다.

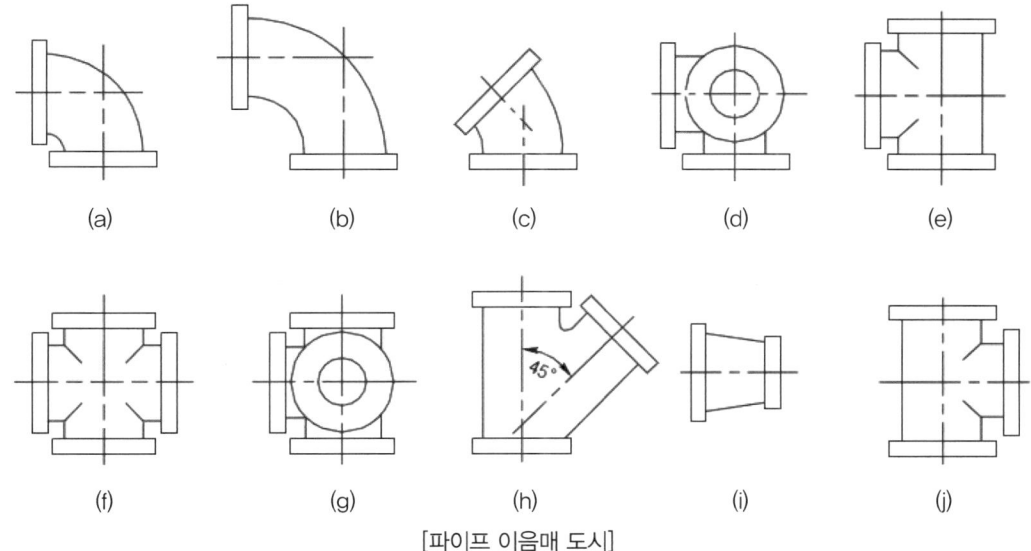

[파이프 이음매 도시]

## 6 그 밖의 기계 요소

### 가. 스프링

**(1) 스프링의 개요**

일반적으로 탄성체는 하중을 받으면 그 만큼 변위를 하게 되고, 그 변위를 탄성 에너지로 흡수하여 재료 내부에 축척하는 특성을 가진다. 이러한 특성과 기능을 이용한 기계요소를 스프링(spring)이라 한다. 스프링은 각종 계기류 및 기계에 많이 사용된다.

**(2) 코일 스프링의 제도**

① 스프링 제도는 KS B 0005에 의해 일반적으로 간략도로 도시하고, 필요한 사항은 요목표에 기입한다.
② 스프링은 원칙적으로 무하중인 상태로 그린다. 단, 하중이 걸릴 때에는 치수와 하중을 기입한다.
③ 하중과 높이, 처짐과의 관계를 표시 할 필요가 있을 때에는 선도나 표로서 표시한다. 이때 그 굵기는 스프링을 표시하는 선과 같게 한다.
④ 단서가 없는 한 모두 오른쪽 감기로 도시하고, 왼쪽 감기일 경우 "감기 방향 왼쪽"이라고 표시한다.

⑤ 코일 부분의 투상은 나선으로 시트에 조립한 끝부분을 직선으로 도기한다.
⑥ 중간 부분을 생략할 때에는 생략한 부분을 가는1점 쇄선 또는 가는2점 쇄선으로 도시해도 좋다.
⑦ 스프링의 종류와 모양만을 도시할 때에는 재료의 중심선만을 굵은실선으로 도시한다.
⑧ 조립도, 설명도 등에서는 그 단면만 표시하여도 된다.

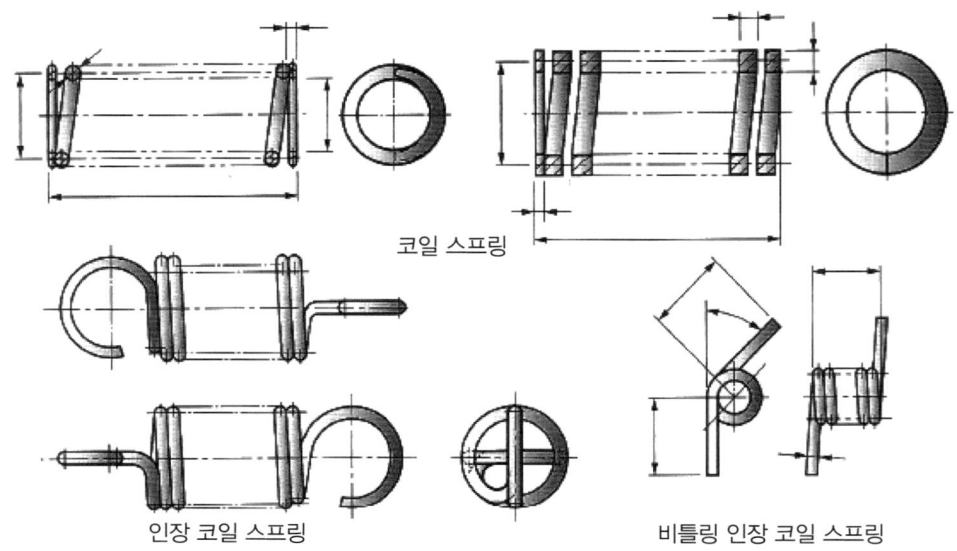

[코일의 중앙부를 생략한 그림 보기]

### (3) 겹판 스프링의 제도

① 겹판 스프링은 원칙적으로 스프링 판이 상용 하중 상태에서 그린다. 단, 하중시의 상태에서 그리고 치수를 기입하는 경우에는 하중을 명기한다.
② 무하중인 상태로 그릴 때에는 가상선(가는1점 쇄선)으로 표시한다.
③ 하중과 처짐의 관계는 요목표에 나타낸다.
④ 종류 및 모양만을 도시 할 때에는 스프링의 외형을 굵은 실선으로 도시한다.

### (4) 벌류트, 스파이럴, 접시 스프링의 제도

① 벌류트 스프링의 치수는 스프링의 전체 높이, 최대 지름, 최소 지름, 등으로 표시한다.
② 스파이럴 스프링은 바깥 부분과 안쪽 부분만 굵은 실선으로 표시하고 전개도를 그려 주는 것이 좋다.
③ 스파이럴 스프링은 바깥 부분과 안쪽 부분만 굵은 실선으로 표시하고 전개도를 그려 주는 것이 좋다.
④ 접시 스프링은 요목표와 함께 도시한다.

## 나. 브레이크, 캠

### (1) 브레이크
브레이크는 기계 운동 부분의 에너지를 흡수하여, 이 운동을 감소시키거나 정지시키는 장치로 구성하는 각부의 치수, 즉 블록의 크기, 밴드의 폭, 두께등은 작용하는 힘에 의하여 결정된다.

### (2) 캠

① 캠의 개요
  ㉮ 다양한 형태를 가진 면 또는 홈에 의하여 회전운동 또는 왕복운동을 함으로써 주기적인 운동을 발생하는 기구를 캠 기구라 한다.
  ㉯ 캠 기구를 이용한 캠 장치는 내연기관의 밸브 개폐장치, 인쇄기, 직조기, 자동 선반 등에 널리 사용되며, 다양한 형태의 운동과 속도를 제어할 수 있도록 자동화 공정에도 적용되고 있다.

② 캠의 종류
  ㉮ 캠은 궤적곡선과 종동절리 평면운동을 하는 평면 캠과 공간운동을 하는 입체 캠이 있다.
  ㉯ 평면 캠에는 판 캠, 정면 캠, 직선운동 캠, 삼각 캠 등이 있으며, 입체 캠에는 원통 캠, 원뿔 캠, 구형 캠, 빗판 캠 등이 있다.

# 04 CAD/CAM

## 1 CAD/CAM 시스템의 입·출력 장치

### 가. CAD/CAM 정의

#### (1) CAD/CAM 시스템이란?

① CAD : Coumputer Aided Design의 약어로 컴퓨터의 고속연산 능력을 이용하여 작업을 효율성을 극대화 시키고 또한 생산의 질적 능력을 향상시키고자 하는 컴퓨터 활용기법의 하나로써 컴퓨터를 이용한 설계를 말한다.

② CAM : Coumputer Aided Manugacturing의 약어로 제품을 제작하는 절삭과정에서 컴퓨터를 이용하여 생산성, 정밀도등을 향상 시키는 것을 말한다.

③ CAD/CAM : Coumputer Aided Design/Coumputer Aided Manugacturing의 약어로 컴퓨터의 도움을 받아 제조과정의 생산성을 크게 증가시키는 시스템을 말한다.

#### (2) CAD/CAM 시스템의 관련 용어

① CAE : Coumputer Aided Engineering의 약어로, 컴퓨터를 아용하여 상세 설계에 대한 해석 또는 시뮬레이션 등을 하는 것

② CAP : Coumputer Aided Planning의 약어로, NC가공에 필요한 정보, 생산 및 검사를 위한 계획 등의 리스트를 작성 하는 것

③ CIM : Coumputer Integrated Manugacturing의 약어로, 제품의 사양 또는 개념에 사양의 입력만으로 최종 제품이 완성되는 자동화 시스템

④ CAT : Coumputer Aided Testing의 약어로 CAM의 일부분인 검사 공정의 자동화에 대한 것

⑤ FMS : Flecible Manufacturing System의 약어로 유연성있는 생산시스템이라 하며 공장전체 시스템을 무인화하여 생산관리의 효율을 최대로 한 시스템

(3) CAD/CAM시스템의 적용 범위
   ① 개념설계 : 스케치도, 초기설계 계산
   ② 기본설계 : 기기나 부품의 형상정의, 해석설계, 구조설계
   ③ 상세설계 : 조립설계, 해석, 상세도, 배치도
   ④ 생산설계 : 계획설계, 치공구설계, NC 프로그램 설계
   ⑤ 품질관리 : 자료집계, 설계표준화, 성능, 특성, 강도해석
   ⑥ 생산보조 : 부품관리, 기술 데이터변경

## 나. CAD 시스템의 효과 및 문제점

(1) CAD 시스템의 효과
   ① 설계의 생산성 향상
   ② 시간 단축
   ③ 설계 오류 감소
   ④ 설계 계산에서의 정확성
   ⑤ 설계의 표준화
   ⑥ 도면의 이해도 증가
   ⑦ 수정 작업의 향상

(2) CAD 시스템의 변화
   ① 시장 환경의 변화
      ㉮ 소비 계층의 다변화로 소비자요구의 다양화
      ㉯ 가격 경쟁의 심화
      ㉰ 국제 경쟁력의 심화
      ㉱ 소비자의 욕구변화로 제품 생명 싸이클의 단축
   ② 설계 환경의 변화
      ㉮ 고품질 저가격화 시대에 따른 설계의 필요성 증대
      ㉯ 설계 납기의 단축
      ㉰ 제품 시안의 다양화에 따른 설계 작업량의 증가
   ③ 제도 환경의 변화
      ㉮ 다품종 소량 생산 체제
      ㉯ 공장 자동화율의 상승으로 인해 생산 자동화의 비율증대
      ㉰ 설비기계의 가동률 증대

④ 인적 환경의 변화
  ㉮ 고학력화로 인한 인건비 지출의 증가
  ㉯ 생활의 풍요화로 인한 규정 근무시간 유지
  ㉰ 단순 작업을 기피하는 숙련기능 인력의 부족

(3) CAD 시스템의 문제
① CAD/CAM 시스템 조작자의 선택 및 시스템 운영의 제한
② 기본적인 컴퓨터 지식을 요구함
③ 컴퓨터의 비효율적인 운동
④ 시스템의 고가격화
⑤ INTERFACE의 문제화

## 다. CAD 시스템의 입·출력 장치

(1) 입력 장치(Input Devices)
입력장치는 외부의 데이터를 컴퓨터 내부로 보내주는 역할을 하는 장치로서 데이터의 입력, 커서의 제어, 기능의 선택을 수행하게 된다.
① 키보드(Key Borad) : 문자나 숫자·기호 등을 입력하는데 적합한 입력 장치이다.
② 마우스(Mouse) : 생쥐 모양을 하고 있다고하여 마우스라 하며 두축 방향으로 움직이는 Ball의 움직임에 의하여 Cursor의 움직임을 제어하는 장치
③ 타블렛(Tablet) : 주로 좌표 입력·메뉴의 선택·커서의 제어 등에 사용되며 보통 50cm$^3$이하의 소형의 것을 말한다. 대형의 것은 디지타이저(Digitizer)라고 부르며 기능은 동일하다.
④ 라이트 펜(Light Pen) : 펜의 움직임을 추적하면서 화면을 통해 컴퓨터에 자료를 입력시키는 펜 모양의 장치이다.
⑤ 섬 휠(Thumb Wheel) : X축과 Y축 방향으로 각기 두 개의 가변 저항기를 설치하여 이것을 회전함으로써 각 축방향으로 Cursor를 이동시키는 장치이다.
⑥ 조이스틱(Joy Stick) : 수직이나 수평으로 이동하는 유일한 막대로서 이 막대의 이동에 따라 Cursor를 이동 시키는 장치이다.
⑦ 트랙 볼 : 모든 방향으로 자유롭게 회전할 수 있는 Ball을 원하는 방향으로 회전하여 Cursor를 이동시키는 장치이다.
⑧ 푸시 버튼(Push Button) : 4개 또는 5개의 Button을 상하좌우 방향으로 배치하여 Cursor를 이동시키는 장치이다.
⑨ 스캐너(Scanner) : 사진이나 그림, 문서, 도표 등을 컴퓨터 메모리에 디지털화하여 저장하는 장치이다.

## (2) 출력 장치(Output Devices)

컴퓨터내의 CAD시스템에 저장된 데이터를 사람이 일상적으로 사용하는 문자, 기호, 소리등으로 나타내는 장치이다.

① 그래픽 디스플레이(Graphic Display) : 도형에는 Text 등을 사용자가 볼수 있도록 고속으로 표시하는 기기이다. 디스플레이 장치에는 CRT(음극선관:Cathode Ray Tube)방식과 특수형이 있다. 통상 CAD/CAM 시스템 방식을 많이 사용하고 있다.

[CRT 디스플레이 모드의 종류와 장·단점]

| 종류 | 장점 | 단점 |
|---|---|---|
| 랜덤 스캔형 | • 선의 표현 뚜렷하다.(화질이 좋다)<br>• 도형의 동적 표현이 가능하다.<br>• 부분 편집이 가능하다.<br>• 라이트 펜(Light-Pen)을 사용 할 수 있다. | • 도형의 표시량에 한계가 있다.<br>• 컬러화에 제한이 있다.<br>• 가격이 비싸다.<br>• 플리커링(Flickering)이 발생하여 리프레시(Refresh)가 필요하다. |
| 스토레이지 형 | • 도형의 표시량에 제한이 없다.<br>• 플리커링이 발생하지 않는다.<br>• 고정밀도이다. (선의 질이 선명하다) | • 도형의 동적 표현이 불가능 하다.<br>• 컬러화가 불가능 하다.(흑백이다)<br>• 부분 편집이 곤란하다. |
| 래스터 스캔형 | • 컬러화가 가능하다.<br>• 도형의 표시량에 제한이 없다.<br>• 플리커링이 발생하지 않는다.<br>• 부분 편집이 가능하다.<br>• 가격이 저렴하다. | • 정밀도가 낮다.(선의 질이 불량하다)<br>• 도형의 동적 표현이 곤란하다. |

② 플로터(Plotter) : 그래프와 설계 도면 등을 아주 정밀하게 인쇄하는 출력 장치이다.
③ 프린터(Printer) : 컴퓨터에 기록된 내용을 종이에 인쇄된 형태로 출력시키는 장치이다.
④ 하드 카피 장치(hard copy unit) : CRT(음극선관:Cathode Ray Tube) 화면에 나타난 영상을 그대로 복사하는 기기이다.
⑤ 컴퓨터 출력 마이크로 필름(Computer Output Microflim) : 플로터가 종이위에 영상을 표현하는 대신 마이크로 필름으로 출력하는 장치이다.
　㉮ 크기가 작아 보관이 용이하다.
　㉯ 언제든지 확대해서 볼 수 있다.
　㉰ 다른 출력 장치에 비해서 처리 속도가 빠르다.
　㉱ 종이처럼 필름에 수정이 불가능 하다.
　㉲ 해상도가 낮다.

## 2 CAD/CAM 시스템의 도형처리와 형상 모델링

### 가. 형상 모델링의 개요

응용도형 처리의 시스템을 체계화한 것으로써 우리들이 실제로 인식하는 물질의 형상을 컴퓨터에서 취급하기 위하여 컴퓨터의 내부 모델(Model)로 표현하는 방식이다.

형상 모델링은 기하모델링 또는 기하학적 도형의 모델링이라고도 하며 다음과 같이 분류할 수 있다.

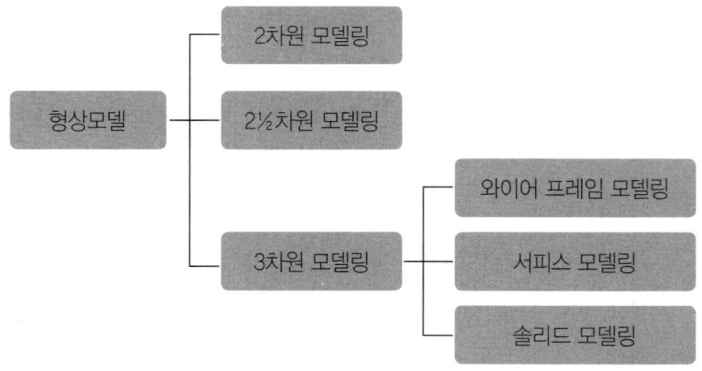

### 나. 형상 모델링

#### (1) 2차원 모델링

통상적으로 손으로 그리는 도면에서의 투영도와 동일하다. 즉, 정면도, 평면도, 우측면도, 단면도 등의 평면 형상을 취급하며 입체감은 없지만 도면을 읽을 수 있으면 충분히 이해할 수 있다.

#### (2) 2½차원 모델링

평면 형상의 평행 또는 회전에 의하여 3차원 형상으로 모델화한다. 이는 완전한 3차원의 데이터 베이스 형식은 갖지 않으면서도 2차원에서 얻지 못하는 3차원의 도형 정보를 갖고 있다.

#### (3) 3차원 모델링

① 와이어 프레임 모델링(Wire-Frame Modelling) : 3차원 형상의 장점과 능선을 기본으로 한 3차원 모델링인데 선만의 표현이며 입체감이 부족하다. 속이 없이 철사로 만든 것과 같이 보이므로 와이어 프레임이라 호칭된다.

와이어 프레임 모델링의 특징은 다음고 같다.

㉮ 데이터 구성이 간단하다.
㉯ 모델 작업을 쉽게할 수 있다.
㉰ 처리 속도가 빠르다.
㉱ 3면 투시도의 작성이 용이하다.
㉲ 은선제거가 불가능하다.

㉯ 단면도 작성이 불가능 하다.
㉰ 물리적 성질(체적, 관성 모멘트등)의 계산이 불가능하다.

② 서피스 모델링 (Surface Modelling) : 와이어 프레임 모델링에서 모서리로 둘러 싸인 면에 대한 정보를 추가로 입력하여 정의하는 모델링이다. 즉, 면을 구성하기 위해 연결하는 선과 그곳으로 둘러싸인 면의 종류를 입력함으로서 정의될 수 있다.
서피스 모델링 특징은 다음과 같다.
㉮ 은선제거가 가능하다.
㉯ 단면도를 작성할 수 있다.
㉰ 복잡한 형상 표현이 가능하다.
㉱ 두 개 면의 교선을 구할 수 있다.
㉲ NC가공 정보를 얻을 수 있다.
㉳ 물리적 성질 (체적, 관성 모멘트등)의 계산이 곤란하다.
㉴ 유한 요소법 (FEM)의 적용을 위한 요소 분할이 어렵다.

③ 솔리드 모델링 (Solid Modelling) : 구, 원주 삼각추 같은 기본 프리미티브(Primitive)를 조합하여 모델을 구성하는 방식으로 실물과 가장 근접하는 컴퓨터 모델링의 구축이 가능하다.
솔리드 모델링의 특징은 다음과 같다.
㉮ 은선 제거가 가능하다.
㉯ 물리적 성질(체적, 관성 모멘트등)의 계산이 가능하다.
㉰ 복잡한 형상 표현도 가능하다.
㉱ 단면도의 작성이 용이하다.
㉲ 데이터의 처리량이 과다하다.
㉳ 이동, 회전 등을 통하여 정확한 형상파악을 할 수 있다.
㉴ 유한 요소법(FEM)을 위한 메쉬(Mesh) 자동 분할이 가능하다.

[모델에 따른 처리내용 비교]

| 구분 | 와이어 프레임 모델 | 서피스 모델 | 솔리드 모델 |
|---|---|---|---|
| 은선 처리 | 불가능 | 조건부 가능 | 가능 |
| 면적을 갖는선 | 불가능 | 가능 | 불가능 |
| 절단 | 불가능 | 가능 | 불가능 |
| 명암 | 불가능 | 조건부 가능 | 가능 |
| 변환 | 조건부 가능 | 조건부 가능 | 가능 |

Craftsman Computer Aided Mechanical Drawing

# 05 기계재료

## 1 기계재료 총론

### 가. 금속의 성질

(1) 금속의 공통적 성질

① 실온에서 고체이며, 결정체(Hg 제외)이다.

② 가공이 용이하고 연성 전성이 크다.

③ 고유의 색상이 있으며 빛을 반사한다.

④ 열 및 전기의 양도체이다.

⑤ 비중이 크고 경도 및 용융점이 높다.

**금속의 분류**

비중 4.5를 기준으로 경금속과 중금속을 구분한다.

① 경금속 : Al(2.7), Mg(1.74), Na(0.97), Si(2.33), Li(0.53)

② 중금속 : Fe(7.87), Cu(8.96), Ni(8.85), Au(19.32), Ag(10.5), Sn(7.3), Pb(11.34), Ir(22.5)

(2) 금속재료의 성질

① 물리적 성질

㉮ 비중

㉯ 용융점

㉰ 비열

㉱ 선팽창 계수

⑪ 열전도율 및 전기전도율 : Ag-Cu-Au(Pt)-Al-Mg-Zn-Ni-Fe-Pb-Sb
⑭ 금속의 탈색
⑯ 자성
⑰ 성분, 조직, 전기저항
② 기계적 성질
 ㉮ 연성, 전성, 인성, 취성(메짐)
 ㉯ 강도 및 경도
 ㉰ 피로한계, Creep, 연신율, 단면수축률, 충격값

## 나. 기계적 시험 및 비파괴검사

(1) 인장 시험(tensile test) : 암슬러 시험기를 이용한다.

① 인장강도($\sigma_t$)  $a_t = \dfrac{P_{max}}{A_0}[kgf/mm^2]$

② 연신율(e)  $e = \dfrac{l - l_0}{l_0} \times 100\%$

③ 단면수축율(∅)  $\phi = \dfrac{A_0 - A}{A_0} \times 100\%$

(2) 경도 시험(hardness test)
 ① 압입자 하중에 의한 경도시험
  ㉮ 브레넬 경도(HB) : 고탄소강 강구
  ㉯ 비커즈 경도(HV) : 대면각 136°
  ㉰ 로크웰 경도($H_RC$, B)
   ㉠ B스케일 : 1/6" 강구
   ㉡ C스케일 : 120° 다이아몬드 원추
 ② 반발 높이에 의한 방법(탄성 변형에 대한 저항으로 강도를 표시)
  ㉮ 완성제품 검사
  ㉯ 쇼어경도 : $H_S = 10000/65 \times h/h_0$

(3) 충격시험(impact test) : 인성과 메짐을 알아보는 시험
 ① 방법 : 샤르피식(단순보), 아이조드식(내다지보)
 ② 충격값
  $U[kgf \cdot m/cm^2]$
  $U = \dfrac{E}{A} = \dfrac{WR(\cos\beta - \cos\alpha)}{A}[kgf \cdot m/cm^2]$
  E : 시험편을 절단하는데 흡수된 에너지
  A : 노치부의 단면적

(4) 피로 시험(fatigue test) : 반복되어 작용하는 하중상태의 성질을 알아낸다.
   ① 강의 피로 반복 회수 : $10^6 \cdots 10^7$ 정도
   ② 피로파괴 : 재료의 인장강도 및 항복점으로부터 계산한 안전하중 상태에서도 작은 힘이 계속 적으로 반복하면 재료가 파괴를 일으키는 경우

(5) 비파괴검사 : 비파괴 검사 : 시간단축, 재료절약 및 완성제품의 검사
   ① 타진법
   ② 자분 탐상법
   ③ 침투 탐상법, 형광검사법
   ④ 초음파 탐상법 : 반사식, 투과식, 공진식
   ⑤ 방사선 탐상법(X-선, γ-선)

## 다. 금속의 결정

(1) 체심입방격자(BCC)
   ① 융점 높고 강도 크다.[소속원자수 : 2개, 배위수(인접원자수) : 8개]
   ② Cr, W, Mo, V, Li, Na, Ta, K, α-Fe, δ-Fe

(2) 면심입방격자(FCC)
   ① 전연성, 전기전도율이 크다. 가공성 우수(소속원자수 : 4개, 배위수 : 12개)
   ② Al, Ag, Au, Cu, Ni, Pb, Ca, Co, γ-Fe

(3) 조밀육방격자(HCP)
   ① 전연성, 접착성, 가공성 불량(소속원자수 : 2개, 배위수: 12개)
   ② Mg, Zn, Cd, Ti, Be Zr, Ce

> **금속재료의 자유도**
> $F = C - P + 1$
> 여기서 C : 성분의 수, P : 상의 수

## 라. 금속가공

(1) 가공경화
   재료에 외력을 가하여 변형시키면 굳어지는 현상(결정결함수의 증가)

(2) 냉간가공시 기계적 성질
   ① 냉간가공의 장점 : 제품의 치수 정확, 가공면이 아름답다. 기계적 성질 개선 강도 및 경도증가 연신율 감소
   ② 냉간가공의 단점 : 가공방향으로 섬유조직이 되어 방향에 따라 강도가 다르다.
      ㉮ 시효 경화(age hardening) : 냉간가공시 시간 경과로 경화
      ㉯ 재결정 : 가공 경화된 재료를 가열시 결정핵이 성장하여 전체가 새로운 결정으로 변화

## 2  철강재료 이론

### 가. 철강재료의 개요

(1) 철강의 분류
   ① 순철 : 0.03%C 이하(전기재료, 단접성이 좋다)
   ② 강(steel) : 탄소강 : 0.03~2.1%(기계구조용)
                  : 합금강 : 탄소강~다른금속
   ③ 주철 : 2.1~6.6% (주물재료 : 보통2.0~4.5%C 사용)

(2) 철강재료의 5대 원소
   ① 탄소 황, 인, 규소, 망간
   ② C(강에 가장 큰 영향), S<0.05%, P<0.04%, Si<0.1~0.4%, Mn<0.2~0.8%

(3) 강괴(steel ingot)
   ① 림드강(remmed steel) : Fe-Mn으로 약하게 탈산시킨 것(가공및 내부에 편석발생)
   ② 킬드강(killed steel) : Fe-Si,Al로 충분히 탈산시킨 것(상부에 수축관 생김)
   ③ 세미킬드강(semi-killes steel) : 약탈산강, 용접 구조물에 사용

### 나. 순철(pure iron)

(1) 순철의 성질
   ① 비중 : 7.86, 용융점 : 1538
   ② 항자력이 낮고 투자율이 높아 전기재료(변압기, 발전기용 박판)로 사용
   ③ 단접성, 용접성이 양호하며 유동성 및 열처리성 불량
   ④ 상온에서 전연성 풍부, 항복점, 인장강도 낮고 연신율, 단면 수출률, 충격값, 인성은 높다
   ⑤ 순철의 종류로는 암코철, 전해철, 카보닐철 등이 있다
   ⑥ 인장강도 : 18~25kg/mm$^2$, H$_B$ : 60~70kg/mm$^2$

(2) 순철의 변태

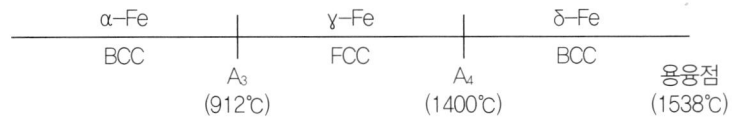

① 동소 변태 : $A_3$(912℃), $A_4$(1400℃)
② 자기 변태 : $A_2$(768℃) → Fe, Ni, CO

다. 탄소강(carbon steel)

(1) 탄소함량에 따른 분류
① 공석강 : 0.77%C(펄라이트)
② 아공석강 : 0.025~0.77%C(페라이트+펄라이트)
③ 과공석강 : 0.77~2.0%C(철라이트+시멘타이트)
④ 공정주철 : 4.3%C(레데뷰라이트)
⑤ 아공정주철 : 2.0~4.3%C(오스테나이트+레데뷰라이트)
⑥ 과공정주철 : 4.3~66.7%C(레데뷰라이트+시멘타이트)

(2) 탄소강에 함유된 성분
① Si(0.1~0.35%) : 강도, 경도 탄성한계증가, 연신율, 충각값 낮고, 단접성 불량, 유동성 우수
② Mn(0.2~0.8%) : 고온가공이 용이, 강도, 경도, 인성이 크며, 담금질 효과가 크다. 황과 화합하여 적열취성방지(MnS)
③ P(0.06% 이하) : 강도, 경도 증가, 연신율 감소, 상온취성(편석 및 균열) 원인($Fe_3P$)
④ S(0.08~0.35%) : 강도, 연신율, 충격값 저하, 용접성 및 유동성을 해친다. 적열메짐 원인
   MnS강 : 절삭성 향상
⑤ Cu : 내식성 증가, 압연시 균열 원인

(3) 탄소강의 기계적 성질
① 탄소량이 증가할 때(아공석강일 때)
   ㉮ 기계적 성질 : 인장강도 및 경도 증가, 열처리성 양호, 연성및 인성 감소, 용접성 불량
   ㉯ 물리적 성질 : 결정입자 조밀, 비중, 용융점 및 열전도율, 전기전도도감소, 전기저항 증가
② 공석강 부근에서 인장강도와 경도가 최대

(4) 탄소강의 용도
① 연강(0.13~0.20%) : 관, 교량, 강철봉, 철골, 철교, 볼트, 리벳(SM15C)
② 경강(0.40~0.50%) : 차축, 크랭크축, 기어, 캠, 레일(SM45C)

### (5) 취성(메짐)의 종류
① 적열취성 : 900℃ 이상에서의 S에 의한 상의 메짐
② 상온취성 : P이 많은 강에서 발생
③ 청열취성 : 200~300℃의 강에서 강도는 크지만, 연신율이 대단히 작아져 취성이 발생
④ $H_2$ : Hair crack 또는 백점(白點)의 원인(철을 여리게 하고 산이나 알칼리에 약함)

## 라. 특수강(special steel)

### (1) 구조용 특수강
① 강인강
  ㉮ Ni강 : 강도가 큼
  ㉯ Cr강 ; 경도가 큼
  ㉰ Ni-Cr강(SNC) : 550~580℃에서 뜨임메짐 발생(방지제 : Mo 첨가)
  ㉱ Ni-Cr-Mo강 : 뜨임메질 방지하고 내열성, 열처리 효과가 크다
  ㉲ Cr-Mo강 : 열간가공이 쉽고, 다듬질 표면이 깨끗하고, 용접성 우수, 고온강도 큼
  ㉳ Cr-Mn-Si강
  ㉴ Mn강
    ㉠ 저Mn강(1~2%) : 펄라이트 Mn강, 듀콜강, 고력강도강 구조용으로 사용
    ㉡ 고Mn강(10~14%) : 오스테나이트 Mn강, Hard field강, 수인강
      용도로는 각종 광산기계, 기차 레일의 교차점 등의 내마멸성이 요구되는 곳에 사용
② 표면 경화강
  ㉮ 침탄용강 : Ni, Cr, Mo 함유강
  ㉯ 질화용강 : Al, Cr, Mo 함유강(Al은 질화층의 경도향상)
③ 스프링강 : 탄성한계, 항복점, 충격값, 피로한도가 높다
  ㉮ Si-Mn강, Mn-Cr강
  ㉯ Cr-V강
  ㉰ Cr-Mo강(대형 겹판·코일 스프링용 : SPS 9)
④ 쾌삭강 : 강의 피삭성을 증가시켜 절삭가공을 쉽게 하기 위하여 S, Pb 등을 첨가한 강

### (2) 공구강 및 공구 재료
① 공구강의 구비 조건
  ㉮ 상온 및 고온에서 경도를 유지할 것
  ㉯ 내마멸성 및 강인성이 클 것
  ㉰ 열처리가 쉬울 것
  ㉱ 제조와 취급이 쉽고, 가격이 저렴할 것

② 공구강의 종류
 ㉮ 탄소공구강 : 0.6~1.5%C, 300℃ 이상에서 사용할 수 없음, 주로 줄, 정, 펀치, 쇠톱날, 끌 등의 재료에 사용
 ㉯ 합금공강 : 0.6~1.5%C+Cr, W, Mn, Ni, V 등을 첨가하여 성질을 개선. 종류로는 절삭용(절삭공구), 내충격용(정, 펀치, 끌), 열간 금형용(단조용공구, 다이스)
 ㉰ 고속도강 : Taylor가 발명(일명 "하이스")

> **W계 고속도강**
> 0.8%C, W(18)–Cr(4)–V(1%) : 표준형
> 600℃까지 경도 저하 안 됨
> 예열 : 800~900℃
> 담금질 : 1250~1300℃
> 뜨임 : 550~580℃(목적 : 경도 증가)

 ㉱ 주조경질합금(Stellite) : Co-Cr-W-C, 열처리를 하지 않고 주조한 후 연삭하여 사용
 ㉲ 초경합금 : 금속탄화물(WC, TiC, TaC)에 Co 분말과 함께 금형에 넣어 압축성형하여 800~900℃로 예비 소결하고, 1400~1500℃의 $H_2$기류 중에 소결한 합금
 ㉳ 세라믹(ceramic) : $Al_2O_3$을 1600℃ 이상에서 소결 성형. 고온경도가 가장 크며 내열성이 크다. 인성이 적어 충격에 약하며 고온절삭시 절삭제를 사용하지 않는다.

### (3) 특수 목적용 특수강
① 스테인리스강(STS : stainless steel)
 ㉮ 13Cr : 페라이트계 스테인리스강으로 열처리하면 마텐자이트계 스테인리스강이 된다
 ㉯ 18Cr-8Ni: 오스테나이트계(18-8형 : 표준형), 담금질 안 됨, 용접성이 우수, 비자성체, 내식성 및 내충격성이 크다. 600~800℃에서 입계부식 발생(방지제 : Ti)
② 규소강 : 변압기 철심이나 교류 기계의 철심 등에 사용
③ 베어링강 : 주성분은 고탄소 크롬강(C : 1%, Cr ; 1.2%)이며, 높은 강도, 경도, 내구성 및 탄성한계, 피로한도가 높아야 한다. 담금질 후 반드시 뜨임 필요
④ 불변강(고 Ni강)
 ㉮ 인바(invor) : Fe-Ni36%, 길이 불변이며, 미터기준봉, 표준자, 지진계, 바이메탈, 정밀 기계부품으로 사용
 ㉯ 엘린바(elinvar) : Fe-Ni 36%-Cr12%, 탄성 불변이며, 저울의 스프링, 시계 부품, 정밀 계측기 부품으로 사용
 ㉰ 퍼멀로이(permalloy) : Ni75~80%, 해저전선의 장하코일용
 ㉱ 플래티나이트(platinite) : Fe-Ni 42~46%, 전구나 진공관의 도입선(봉입선) 열팽창계수

가 유리나 백금과 같다.

(4) 강의 열처리
① 일반 열처리
㉮ 담금질(quenching or hardening)
㉠ 목적 : 강의 강도 및 경도 증대(단단하게 하기 위함)
㉡ 담금질액(냉각제) : 기름, 비눗물, 보통물(담금질 효과가 크다), 소금물(NaCl :1.96, 냉각효과 큼)
  *냉각 효과 가장 큰 냉각제는 NaOH(2.06)이다
㉢ 담금질 조직(냉각 속도에 따라서)

| 냉각방법 | 조직 | 냉각방법 | 조직 |
| --- | --- | --- | --- |
| 노중 냉각(공냉) | 펄라이트 | 유중 냉각(유냉) | 트루스타이트 |
| 공기 중 냉각(공냉) | 소르바이트 | 수중 냉각(수냉) | 마텐자이트 |

> **심랭(sub-zero) 처리**
> 담금질 직후 잔류 오스테나이트를 마텐자이트화 하기 위하여 0℃ 이하로 처리하는 것
>
> **각 조직의 경도 순서**
> C(HB800) 〉 M(600) 〉 T(400) 〉 S(230) 〉 P(200) 〉 A(150) 〉 F(100)

㉯ 뜨임(tempering : 소려)
㉠ 목적 : 내부 응력 제거, 인성 개선
㉡ 열처리 조직 변화 순서 : 오스테나이트(200℃) → 마텐자이트(400℃) → 트루스타이트(600℃) → 소르바이트(700℃) → 입상 펄라이트
㉰ 풀림(annealing : 소둔) : 내부응력 제거, 재질 연화, 노냉
㉱ 불림(normalizing : 소준) : $A_3$점 보다 30~50℃ 높게 가열 후 공기 중에서 냉각하면 미세하고 균일한 조직을 얻는 방법
② 항온 열처리 : 항온 변태 곡선(TTT 곡선, S곡선, C곡선)을 이용하여 열처리 하는 것, 균열 방지 및 변형 감소의 효과(담금질+뜨임을 동시에)
㉮ 오스템퍼(austemper) : 하부 베이나이트(B), 뜨임할 필요가 없고 강인성이 크며, 담금질 변형 및 균열 방지
㉯ 마템퍼(martemper) : 베이나이트(B)와 마텐자이트(M)의 혼합조직
㉰ 마퀜칭(marquenching) : 마텐자이트(M), 복잡한 물건의 담금질.(고속도강, 베어링, 게이지) 마퀜칭 후 뜨임하여 사용한다.

> **TTT곡선(time temperature transformation diafram)**
> 시간, 온도, 변태 곡선

③ 표면 경화법
  ㉮ 침탄법 : 고체(목탄, 코크스), 가스(CO, $CO_2$, 메탄, 에탄, 프로판), 침탄깊이 0.5~2mm
  ㉯ 시안화법 : KCN, NaCN(청화법)
  ㉰ 질화법 : $NH_3$, 50~100HR, 자동차의 크랭크축, 캠, 펌프축 등에 사용, 질화층 0.4~0.8mm
  ㉱ 화염 경화법 : 대형 가공물에 사용(선반의 베드, 공작기계의 스핀들)
  ㉲ 고주파 경화법 : 경화시간이 짧다.(수초에 가능)

마. 주철(cast iron)

(1) 주철의 장점
  ① 용융점(1110~1250℃) 및 비중(7.1~7.3)이 낮고, 유동성(주조성)이 우수하다
  ② 단위 무게당 값이 싸고 복잡한 형상도 쉽게 제작할 수 있다
  ③ 녹이 잘 생기지 않으며 전·연성이 작고, 소성가공이 안된다.
  ④ 마찰저항 및 절삭성이 우수하다
  ⑤ 인장강도, 휨강도 및 충격값이 작으나 압축강도는 크다
  ⑥ 열처리의 경우 담금질, 뜨임이 안되나 주조응력 제거의 목적으로 풀림 처리를 한다.(500~600℃, 6~10시간)
  ⑦ 자연시효(시즈닝) : 주조 후 장시간(1년 이상) 외기에 방치하여 주조응력을 없어지는 현상

(2) 주철의 성장
  ① 주물을 600℃ 이상의 온도에서 가열 냉각을 반복하면 주철의 부피가 팽창하여 변형 및 균열이 발생하는 현상
  ② 성장원인
    ㉮ $Fe_3C$의 흑연화에 의한 팽창, $A_1$변태점 이상에서 체적의 변화
    ㉯ 페라이트 주의 Si의 산화에 의한 팽창
    ㉰ 불균일한 가열에 생기는 균열에 의한 팽창
    ㉱ 흡수된 가스에 의한 팽창
  ③ 방지법
    ㉮ 흑연화 방지제 : Mo, S, Cr, V, Mn
    ㉯ 흑연화 촉진제 : Al, Si, Ni, Ti (알규니티)

(3) 주철의 분류
　① 보통 주철(회주철 : GC 1~3종)→ GC100~GC200
　　㉮ 인장강도 : 10~20kg/mm$^2$
　　㉯ 조직 : 페라이트 + 흑연(편상)
　② 고급주철(회주철 : GC 4~6종)→ GC250~ GC350
　　㉮ 내마멸성이 요구되는 주철로 펄라이트 주철이라고 한다.
　　㉯ 인장강도 : 25kg/mm$^2$ 이상
　　㉰ 조직 : 펄라이트 + 흑연
　③ 합금 주철
　　㉮ 내열 주철 : 고크롬 주철(Cr34~40%) : 내산화성(1000℃)
　　㉯ 내산 주철 : 고규소 주철(Si14~18%)이라고도 하며, 절삭가공이 곤란
　④ 특수 용도 주철
　　㉮ 구상 흑연 주철(GCD) : 용융상태에서 Mg, Ce, Ca 등을 첨가 처리하여 흑연을 구상화로 석출시킨 것, 소형 자동차의 크랭크 축, 캠축, 브레이크 드럼 등의 자동차 주물, 잉곳 상자 및 특수 기계부품용 재료로 사용
　　㉯ 칠드(냉경)주철: 용융상태에서 금형에 주입하여 접촉면을 백주철($Fe_3C$)로 만든 것
　　㉰ 가단주철 : 백주철을 장시간 열처리하여 탄소의 상태를 분해 또는 소실시켜 인성 또는 연성을 증가시킨 주철, 자동차 부품, 관이음쇠 등의 대량생산에 많이 이용되는 주철이다.

# 3 비철금속재료의 종류

## 가. 구리와 그 합금

(1) 구리의 성질
　① 비중은 8.96, 용융점 1083℃이며 변태점이 없다.
　② 비자성체이며, 전기 및 열의 양도체이다(전기 전도율을 해치는 원소 : Al, Mn, P, Ti, Fe, Si, As).
　③ 전연성이 풍부하며, 가공 경화로 경도 크다(600~700℃에서 30분간 풀림하여 연화).
　④ 황산, 질산, 염산에 용해, 습기, 탄산가스, 해수에 녹 발생, 공기 중에서 산화피막형성

(2) 황동(Cu-Zn)
　① 톰백(tombac) : 8~20% Zn 함유, 생상이 황금빛이며, 연성이 크다. 금대용품 장식품(불상, 악기, 금박)에 사용

② 주석 황동 : 내식성 및 내해수성 개량(Zn의 산화, 탈아연방지)
  ㉮ 애드미럴티 황동(admiralty brass) : 7·3황동 + Sn 1% 첨가
  ㉯ 네이벌 황동(naval brass) : 6·4 황동에 Sn 1% 첨가
③ 강력 황동 : 6·4황동에 Mn, Al, Fe, Ni, Sn을 첨가
④ 양은(nikel silver) : 7·3황동에 Ni 15~20% 첨가, 전기 저항선, 스프링 재료, 바이메탈용에 사용(백동, 양백)

(3) 청동(Cu-Sn)
  ① 인청동 : Cu +Sn 9%+P0.35%(탈산제), 내마멸성, 인장강도, 탄성한계 높으며 용도로는 스프링재(경년변화가 없다), 베어링, 밸브시트 등에 쓰인다.
  ② 베어링용 청동 : Cu + Sn13~15%
  ③ 켈밋(kelmet) : Cu +Pb 30~40%, 고속 고하중용 베어링에 사용
  ④ 오일레스 베어링 : Cu +Sn + 흑연분말을 소결시킨 것, 기름 급유가 곤란한 곳의 베어링용으로 사용 주로 큰하중 및 고속회전부에는 부적당하고 가전제품 시품기계 인쇄기 등에 사용
  ⑤ 베릴륨 청동(Be-bronze) : Cu +Be 2~3%, 베어링 고급스프링 등에 이용

## 나. 알루미늄 합금

(1) 주조용 Al 합금
  ① 실루민 : Al-Si계, 개량처리(Na : 가장 널리 사용, NaOH, F)
  ② 라우탈 : Al-Cu-Si계, 피스톤, 기계부품, 시효경화성이 있다.
  ③ Y합금(내열합금) : Al-Cu 4%-Ni 2%-Mg 1.5%, 내연기관의 실린더, 피스톤에 사용(알구니마)
  ④ 로우엑스 : Al-Si-Mg계, 열팽창 계수가 적고 내열성, 내마멸성이 우수
  ⑤ 하이드로나륨 : Al-Mg계, 내식성이 가장 우수하다.

(2) 단련용(가공용) Al합금
  두랄루민 : Al-Cu-Mg-Mn계, 항공기재료, 시효경화 합금(알구마망)

(3) 내식용 Al합금
  ① 하이드로날륨(hydronalium) : Al-Mg계, 내식성이 가장 우수
  ② 알민(Almin) : Al-Mn계
  ③ 알드레(Aldrey) ; Al-Mn-Si계
  ④ 알클래드(Alclad) : 내식 알루미늄 합금을 피복한 것

다. 그 밖의 비철금속

(1) 마그네슘과 그 합금
   ① Mg-Al계 합금(Al 4~6% 첨가) : 도우메탈(dow metal)이 대표적이다. Al 6%(인장강도최대), Al 4%(연신율 최대)
   ② Mg-Al-Zn계 합금(Mg, Al 3~7%, Zn 2~4%) : 엘렉트론(electron)이 대표, 주로 주물용 재료

(2) 니켈과 그 합금 티탄
   ① Ni-Cu계 합금
      ㉮ 콘스탄탄(constantan) : Cu-Ni 40~45%, 열전대용 재료
      ㉯ 어드벤스(advance) : Cu-Ni 44%, Mn 1%
      ㉰ 모넬메탈(monel metal) : Cu-Ni 65~70%, Cu, Fe 1~3%(화학공업용)
   ② 티탄(Ti)
      ㉮ 성질 : 비중 4.5 인장강도 50kgf/mm$^2$, 강도가 크다. 고온강도 내식성 내열성 우수 절삭성이 우수하다.
      ㉯ 용도 : 초음속 항공기외판, 송풍기의 프로펠러

(3) 베어링 합금
   ① 화이트 메탈(white matal) : Sn +Cu +Sb +Zn의 합금, 저속기관의 베어링
   ② 주석계 화이트 메탈 : 배빗 메탈(babbit metal)이라고 하며, 우수한 베어링 합금
   ③ 납계 화이트 메탈 : Pb-Sn-Sb계
   ④ 아연계 합금 : Zn - Cu - Sn계

# 4 비금속재료 및 신소재의 특성과 용도

가. 신소재의 종류 및 특성과 용도

(1) 금속 복합 재료
   ① 섬유 강화 금속 복합 재료(FRM : fiber reinforced metal) : 휘스커(whisker) 등의 섬유를 Al, Ti, Mg 등의 연성과 인성이 높은 금속이나 합금 중에 균일하게 배열시켜 복합화한 재료를 섬유 강화 복합 재료(FRM : fiber reinforced metal)이다.

㉮ 강화 섬유의 종류
  ㉠ 비금속계 : C, B, SiC, AlO, AlN, $ZrO_2$ 등
  ㉡ 금속계 : Be, W, Mo, Fe, Ti 및 그 합금
㉯ 특징
  ㉠ 경량이고 기계적 성질이 매우 우수하다.
  ㉡ 고내열성, 고인성, 고강도를 지닌다.
  ㉢ 주로 항공우주 산업이나 레저산업 등에 사용 된다.
② 분산 강화 금속 복합 재료 : 기지 금속중에 0.01~0.1㎛정도의 산화물 등 미세한 입자를 균일하게 분포시킨 재료로 기지금속으로는 Al, Ni, Ni-Cr, Ni-Mo, Fe-Cr등이 이용 된다.
  ㉮ 특징
    ㉠ 고온에서 크리프 특성이 우수하다.
    ㉡ 분산된 미립자는 기지 중에서 화학적으로 안정하고 용융점이 높다.
     복합 재료의 성질은 분산 입자의 크기, 형상 양에 따라 변한다.
  ㉯ 제조 방법 : 혼합법, 열분해법, 내부 산화법 등이 있다.
  ㉰ 실용재료의 종류
    ㉠ SAP(sintered aluminium powder product) : 저온 내열 재료
      - Al 기지 중에 $Al_2O_3$의 미세입자를 분산시킨 복합 재료로 다름 Al합금에 비하여 350~550℃에서도 안정한 강도를 나타낸다.
      - 주로 디젤 엔진의 피스톤 밴드나 제트 엔진의 부품으로 사용된다.
    ㉡ TD Ni(thoria dispersion strengthened nickel) : 고온 내열 재료
      - Ni 기지 중에 $ThO_2$ 입자를 분산시킨 내연재료로 고온 안정성이 크다.
      - 주로 제트 엔진의 터빈 블레이드(tuebine blade) 등에 응용된다.
③ 입자 강화 금속 복합 재료 : 1~5㎛ 정도의 비금속 입자가 금속이나 합금의 기지 중에 분산되어 잇는 것으로 서멧(cermet)이라고 한다.
④ 클래드 재료
  ㉮ 종류 이상의 금속 특성을 복합적으로 얻을 수 있는 재료로 얇은 특수한 금속을 두껍고 가격이 저렴한 모재에 야금학적으로 접합시킨 것이 많다.
  ㉯ 제조법으로는 폭발 압착법, 압연법, 확산 결합법, 단접법, 압출법 등이 있다.
⑤ 다공질 재료 : 다공질 금속으로는 소결체의 다공성을 이용한 베어링이나 다공질 금속 필터가 있다. 소결 다공성 금속 제품으로는 방직기용 소결 링크, 열교환기, 전극 촉매, 발포성 금속 등이 있다.

(2) 형상 기억 합금
① 형상기억 합금이란, 문자 그대로 어떠한 모양을 기억할 수 있는 합금을 말한다. 즉, 고온상태에서 기억한 형상을 언제까지라도 기억하고 있는 것으로, 저온에서 작은 가열만으로도 다른

형상으로 변화시켜 곧 원래의 형상으로 되돌아가는 현상을 형상기억 효과라 하며, 이 효과를 나타내는 합금을 형상기억 합금(shape memory alloy)이라고 한다.

② 현재 실용화된 대표적인 형상 기억합금은 Ni-Ti합금이며, 회복력은 30kgf/cm²이고 반복 동작을 많이 하여도 회복 성능이 거의 저하되지 않는다. 이 합금은 주로 우주선의 안테나, 치열 교정기, 여성의 브래지어 와이어, 전투기의 파이프 이음 등에 사용 된다.

## 나. 그 밖의 재료

### (1) 제진 재료

제진 재료란, "두드려도 소리가 나지 않는 재료" 라는 뜻으로, 기계장치나 차량 등에 접착되 진동가 소음을 제어하기 위한 재료를 말한다.

### (2) 초전도 재료

① 금속은 전기 저항이 있기 때문에 전류를 흐르면 전류가 소모된다. 보통 금속은 온도가 내려갈수록 전기저항이 감소하지만, 절대온도 근방으로 냉각하여도 금속 고유의 전기 저항은 남는다. 그러나 초전도 재료는 일정 온도에서 전기 저항이 0이 되는 현상이 나타나는 재료를 말한다.

② 초전도 재료의 응용분야는 전기 저항이 0으로 에너지 손실이 전혀 없으므로 전자석용 선재의 개발 및 초고속 스위칭 시간을 이용한 논리 회로 및 미세한 전자기장 변화도 감지할 수 있는 감지기 및 기억 소자 등에 응용할 수 있다.

③ 또한, 전력 시스템의 초전도화, 핵융합, MHD(magnetic hydrodynamic generator), 자기부상열차, 핵자기 공명 단층 영상 장치, 컴퓨터 및 계측기 등의 여러 분야에 응용할 수 있다.

### (3) 자성 재료

① 경질 자성 재료(영구 자석 재료) : 주로 음향기기, 전동기, 통신 계측기기 등에 이용된다.

② 연질 자성 재료 : 주로 전동기나 변압기의 자심, 자기 헤드 마이크로파(microwave) 재료 등에 이용된다.

Craftsman Computer Aided Mechanical Drawing

# 06 기계요소

## 1 응력과 변형율

### 가. 하중

기계가 작동하여 에너지의 입력과 전달과 변환을 행하려면 기계의 각 부분에 여러 가지 힘이 작용한다. 이와 같은 힘을 재료역학에서는 하중(load)이라 한다.

#### (1) 하중의 작용 상태에 따른 종류

① 인장하중 : 늘어나는 하중

② 압축하중 : 누르려는 하중

③ 비틀림 하중 : 재료를 비틀려고 하는 하중

④ 휨 하중 : 재료를 구부리려는 하중

⑤ 전단 하중 : 재료를 가위로 자르려는 것 같은 하중

#### (2) 하중의 시간적인 작용에 따른 종류

① 정하중 : 항상 일정한 크기를 유지하면서 작용하는 하중이며, 외력이 매우 서서히 작용하고, 물체 자신의 무게도 이에 속한다. 정하중은 사하중(Dead Load)이라 한다.

② 동하중 : 하중이 가해지는 속도가 빠르고 시간에 따라 크기와 방향이 변하거나 작용점이 변하는 하중.

㉮ 반복하중 : 하중의 방향은 변하지 않고 연속하여 반복적으로 작용하는 하중

**예** 차축을 지지하는 압축 스프링

㉯ 교번하중 : 하중의 크기와 방향이 동시에 주기적으로 변하는 하중

**예** 피스톤로드와 같이 인장과 압축이 교대로 반복되는 상태

㉰ 충격하중 : 순간적으로 짧은 시간에 작용하는 하중

㉑ 못을 박을 때와 같은 상태
㉓ 이동 하중 : 이동하면서 작용하는 하중
㉑ 철교 또는 레일 등에 작용하는 것과 같은 상태

(3) 하중의 분포 상태에 따른 분류
① 집중 하중 : 재료의 한 점에 집중하는 하중
② 분포 하중 : 재료의 어느 범위 내에 분포되어 작용하는 하중
하중의 분포 상태에 따라 균일 분포 하중과 불 균일 분포 하중이 있다.

## 나. 응력(Stress)

물체에 하중을 작용시키면 물체 내부에 저항력이 생긴다. 이때 생긴 단위 단면적에 대한 저항력을 응력이라 한다. 응력의 단위 : $kg/mm^2$

인장력(전단력) : W[kg], 단면적 : A[mm²], 인장응력 : $\sigma_t$, 압축응력 : $\sigma_c$, 전단응력 : $\tau$

(1) 인장 응력 : $\sigma_t = \dfrac{W}{A} [kg/mm^2]$

(2) 압축 응력 : $\sigma_c = \dfrac{W}{A} [kg/mm^2]$

(3) 전단응력 : $\sigma_t = \dfrac{W}{A} [kg/mm^2]$ 또는 $[kg/mm^2]$

## 다. 변형률(strain)

변형률이란, 단위 길이에 대한 변형량을 말한다.

### (1) 변형률의 종류

작용하는 하중에 따라서 인장, 압축, 전단변형률이 있다.

① 인장 변형률 : 인장 하중 W가 작용하면 늘어나서 변형이 생긴다.
  l : 최초의 재료의 길이(mm)   l' : 변형 후 재료의 길이(mm)   λ : 변형량(늘어난 양)이라고 하면,

  세로변형률 : $e = \dfrac{\lambda}{l} = \dfrac{l' - l}{l}$

  변형률을 백분율로 표시한 것을 연신율이라 하며, $\dfrac{\lambda}{l} \times 100 (\%)$

② 압축 변형률 : 막대의 지름 d(mm), 지름의 수축율을 δ(mm)라고 하면 직각 방향의 변형률 $e' = \dfrac{\delta}{d}$ 가 된다. 여기서 직각방향의 변형률을 가로 변형률이라고 한다.

③ 전단변형률 : 전단력 W에 대하여 재료가 A' B' CD로 변형되었을 때, 즉 λs만큼 밀려 났을 때, 평행면의 거리 l의 단위 높이 당의 밀려남을 전단 변형률이라고 한다.

  전단변형률 $\gamma = \dfrac{\lambda_s}{l} = \tan\varnothing = \varnothing (rad)$

(2) 응력 변형률 선도

연강의 시험편을 인장 시험기에 걸어 하중을 작용시키면 재료는 변형한다. 이와 같이 하중에 따른 변형량을 나타낸 것을 하중 변형 선도이다.

① (A) 비례한도 : 하중의 증가와 함께 변형이 비례적으로 증가
② (B) 탄성한도 : 응력을 제거 했을 때 변형이 없어지는 한도이상 응력을 가하면 응력을 제거해도 변형은 완전히 없어지지 않는다. (=소성변형)
③ (C, D) 항복점 : 응력이 증가하지 않아도 변형이 계속 증가
④ (E) 인장강도 : 최대 응력 점으로 응력을 변화하기전의 단면적으로 나눈 값을 인장 강도로 한다.
⑤ 기타 재료의 응력 변형 곡선 : 연강 이외의 재료를 인장 시험한 응력변형 곡선으로 항복점이 없는 것이 특징이다.

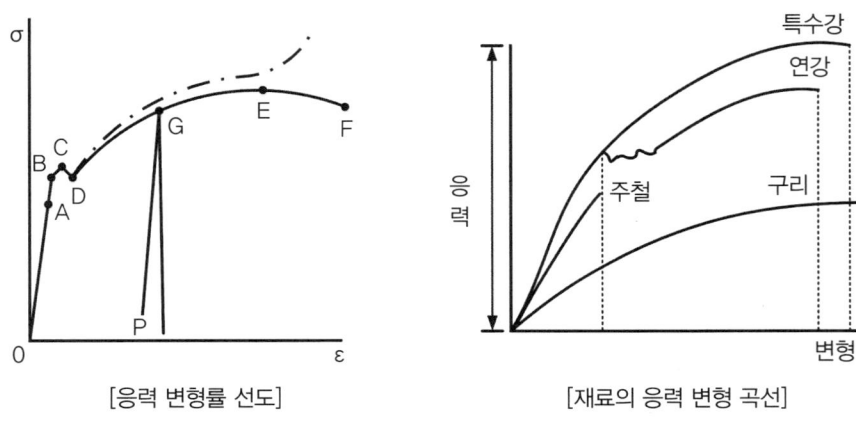

[응력 변형률 선도]   [재료의 응력 변형 곡선]

라. 후크의 법칙

비례한도 범위 내에서 응력과 변형률은 비례한다.

(1) 세로 탄성률

축하중을 받는 재료에 생기는 수직응력을 $\sigma[kg/mm^2]$ 그 방향의 세로 변형률을 $\varepsilon$이라 하면 후크의 법칙에 의하여 다음 식이 성립된다.

$$\frac{응력(\sigma)}{변형률(e)} = E \text{ 또는 } \sigma = E \cdot e$$

여기서 비례상수 E를 세로 탄성계수 또는 영률이라고 한다.

$$E = \frac{\sigma}{e} = \frac{W/A}{\lambda/l} = \frac{Wl}{A\lambda}[kg/cm^2] \text{ 또는 } \lambda = \frac{Wl}{AE}$$

### (2) 가로 탄성률

전단 하중을 받는 경우의 재료에서도 한도 이내에서는 후크의 법칙이 성립한다.

즉, $\dfrac{\text{전단응력}(\tau)}{\text{전단변형률}(\gamma)} = G$, 따라서 $\tau = G \cdot \gamma$

여기서 비례상수 G를 가로 탄성계수 또는 전단 탄성률이라고 한다.

$\gamma = \dfrac{\tau}{G} = \dfrac{W/A}{G} = \dfrac{W}{AG}$

### 마. 푸아송의 비

탄성 한도 이내에서의 가로와 세로변형률의 비는 재료에 관계없이 일정한 값이 된다.

푸아송의 비$(\mu) = \dfrac{\text{가로변형률}(e')}{\text{세로변형률}(e)} = \dfrac{1}{m}$ 또는 $\dfrac{1}{m} = \dfrac{e'}{e} = \dfrac{\dfrac{\delta}{d}}{\dfrac{\lambda}{l}} = \dfrac{\delta l}{\lambda d}$

여기서 1/m은 푸아송의 비로 항상 1보다 작으며, m을 푸아송 수라고 한다. m은 보통 2~4정도의 값이며, 연강은 10/3이다.

[푸아송의 비]

| 재료 | $\dfrac{1}{m}$ | 재료 | $\dfrac{1}{m}$ |
|---|---|---|---|
| 주철 | 0.20~0.29 | 금 | 0.42 |
| 강 | 0.28~0.30 | 아연 | 0.33 |
| 구리 | 0.33 | 납 | 0.45 |
| 황동 | 0.33 | 유리 | 0.244 |
| 알루미늄 | 0.34 | 고무 | 0.50 |

## 2 재료의 강도

### 가. 응력집중

단면 형상이 균일한 재료가 인장 하중을 받으면 (b)에서 보는 것처럼 단면 XX'에는 평균 응력 $\sigma_n$이 고르게 분포 한다. 그러나 (a)에서 보는 것처럼 노치(notch)가 있으면 홈 단면 XX'에는 응력이 균일하게 분포하지 않고, 이 부분에 최대의 응력 $\sigma_{max}$가 발생하며, 중심부의 응력은 평균 응력 $\sigma_n$보다 작아진다.

(c)에서 보면 재료 단면 모양이 갑자기 변화하면 그 곳에 국부적으로 아주 큰 응력이 발생한다. 이러한 현상을 응력 집중이라 한다.

$$\alpha_k = \frac{\sigma_{max}}{\sigma_n}$$

$$\alpha_k = \frac{\tau_{max}}{\tau_n}$$

$\alpha_k$ = 형상계수 또는 응력 집중 계수

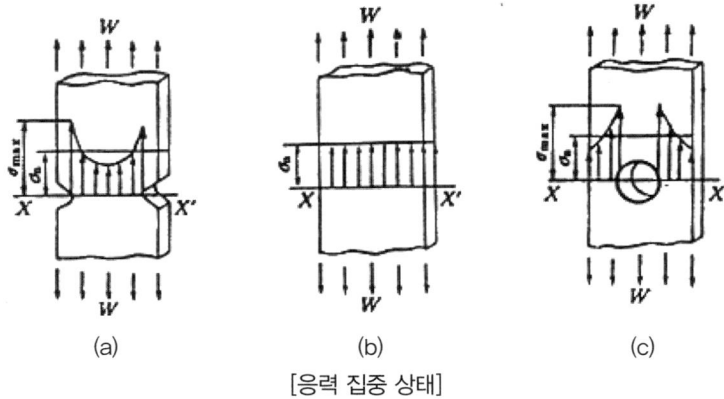

[응력 집중 상태]

### 나. 열응력(thermal stress)

모든 물체는 온도 변화에 따라 팽창하고 수축한다. 만일, 온도가 올라가서 늘어나려고 하는 경우, 이것이 방해가 된다면 재료는 마치 압축을 받는 것과 같은 상태로 되어 압축 응력이 생긴다. 이와 같이 온도의 변화에 따라 재료 내부에 생기는 응력을 열응력이라 한다.

봉의 길이 : $l$, 선팽창계수 : $\alpha$, 온도변화 : $(t_2 - t_1)$, 세로탄성계수 : $E$

온도 변화에 의한 자연 팽창 및 수축량은 $\lambda = l \times \alpha (t_2 - t_1)$

따라서 변형률은 $e = \alpha(t_2 - t_1)$, 열응력은 $\sigma = E \chi e(t_2 - t_1)$

### 다. 피로한도

재료가 정하중보다 작은 반복 하중이나 교번 하중에 파단되는 현상을 피로라고 한다.

#### (1) 피로한도

재료가 어느 한도까지는 아무리 반복해도 피로 파괴 현상이 생기지 않는다. 이 응력의 한도를 피로 한도라고 한다. 보통 강 또는 주철은 반복 횟수 $10^7$ 정도에서 피로 한도가 나타난다.

### (2) 피로 현상에 영향을 미치는 요소

재료의 피로는 하중의 종류, 반복 속도, 재료의 치수, 노치의 상태, 표면 거칠기, 부식 온도와 관계가 있다.

## 라. 크리프

기계를 구성하고 있는 재료가 고온하에서 일정 하중을 받으면서 장시간 동안 머무르게 되면 재료 내의 응력은 일정함에도 불고하고 그 변형률은 시간의 경과와 더불어 증대하여 간다. 이 현상을 크리프라 한다.

일정한 시간이 지나면 크리프가 정지하는 것과 같이 일정한 온도에서 응력의 최대값을 크리프 한도라 한다.

## 마. 허용응력과 안전율

### (1) 사용응력과 허용응력

기계나 구조물에 실제로 사용하는 응력을 사용 응력(working stress)이라고 하며, 재료를 사용할 때 허용할 수 있는 최대 응력을 허용응력이라고 한다.

인장응력($\sigma u$) 〉 허용응력($\sigma a$) 〉 사용응력($\sigma w$)

### (2) 안전율

재료의 허용 응력은 재료에 대한 신뢰도, 응력 중점과 변형 중점, 하중의 종류, 응력의 종류, 가공 방법, 사용 온도등 여러 가지 조건을 생각하여 결정한다.

재료의 파과강도 $\sigma a$와 허용 응력 $\sigma a$와의 비를 안전율(S)이라고 한다.

$$S = \frac{\sigma_B}{\sigma_A}$$

# 3 나사

## 가. 나사

### (1) 나사 곡선

원통 면에 직각삼각형을 감을 때 원통면에 나타나는 삼각형의 빗면이 만드는 선을 나사 곡선(helix)이라 하며, 이때의 나사 곡선의 각 $\alpha$는 다음 식에 의한다.

$\tan\alpha = \dfrac{l}{\pi d}$ 여기서 $\alpha$= 나사 곡선의 각, d=원통의 지름, l=리드

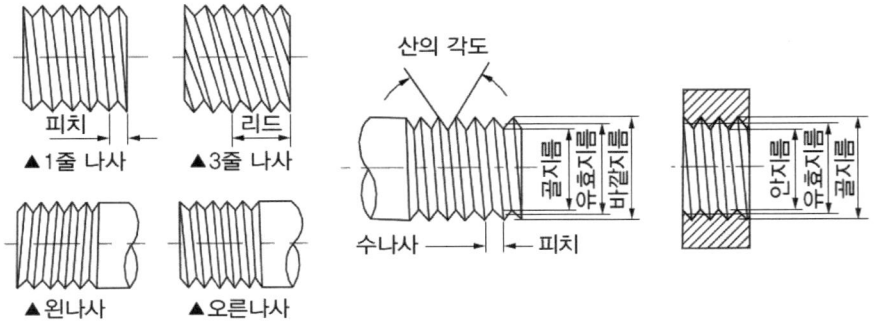

[나사 각부의 명칭]

(2) 나사 각부의 명칭
① 피치 : 인접하는 나사 산과 나사 산의 거리를 피치라 한다. (p)
② 리이드 : 나사를 1회전 시켰을 때 진행한 거리를 말한다. ($l$)  $l = n \cdot p$
③ 유효 지름 : 수나사와 암나사가 접촉하고 있는 부분의 평균 지름, 즉 나사 산의 두께와 골의 틈새가 같은 가상 원통의 지름을 말한다.
④ 호칭 지름 : 수나사는 바깥지름으로 나타내고, 암나사는 상대 수나사의 바깥지름으로 나타낸다.
⑤ 비틀림각 : 직각에서 리드를 뺀 나머지 값을 비틀림 각이라 한다.
⑥ 플랭크각과 나사산각 : 나사의 골을 잇는 면을 플랭크라 하고, 나사의 축선과 플랭크가 이루는 각을 플랭크 각이라 하며, 플랭크각 2개의 값이 나사 산의 각도이다.

## 나. 나사의 종류

(1) **삼각 나사** : 나사산의 모양이 삼각형인 나사
① 미터나사 : 미터보통나사(M10)와 미터가는나사(M10×0.8)가 있다.
② 유니파이 나사 : 유니파이보통나사(3/8-12 UNC)와 유니파이가는나사(3/8-20 UNF)가 있다.
③ 관용나사 : 관용평행나사와 관용테이퍼나사가 있다.
(2) **사각 나사** : 나사산의 모양이 사각형인 나사로써 사각볼트와 사각너트가 있다.
(3) **사다리꼴 나사** : 사다리꼴나사에는 29°와 30°사다리꼴 나사가 있다.
(4) **톱니 나사** : 바이스나 잭 등에 쓰인다.
(5) **둥근 나사** : 전구나 소켓 등에 쓰인다.
(6) **볼 나사** : 나사축과 너트가 강구(Steel Ball)를 매개로 작동, 수치제어공작기계의 위치결정 이동용으로 쓰인다.

## 다. 볼트와 너트

볼트(bolt)와 너트(nut)는 결합 및 분해가 쉬워 기계 부품에 많이 사용된다.

### (1) 볼트는 사용 목적에 따라 다음과 같이 분류한다.

① 관통 볼트(through bolt) : 부품에 구멍을 뚫고 죄는 것으로 가장 많이 사용되고 있다.
② 탭볼트(tap bolt) : 구멍을 뚫을 수 없을 때 암나사를 만들어 끼워서 조여주는 볼트이다.
③ 스터드 볼트(stud bolt) : 부품을 자주 분해 할 때 암나사 손상으로 볼트를 기계 몸체에 탭볼트와 같이 나사를 박고 너트를 죌 때 사용된다.

[사용 목적에 다른 분류]

| 종류 | 설명 · 용도 |
|---|---|
| 관통 볼트 | 결합하고자 하는 두 물체에 구멍을 뚫고, 여기에 볼트를 관통시킨 다음, 반대편에서 너트로 죈다. |
| 탭 볼트 | 물체의 한 쪽에 암나사를 깎은 다음 나사박음을 하여 죄며, 너트는 사용하지 않는다.<br>결합하려고 하는 부분이 너무 두꺼워 관통구멍을 뚫을 수 없을 경우에 사용된다. |
| 스터드 볼트 | 양 끝에 나사를 깎은 머리 없는 볼트로서, 한 쪽 끝은 본체에 박고, 다른 끝에는 너트를 끼워 죈다. |

### (2) 볼트의 종류

머리모양과 용도에 따른 볼트는 매우 다양하지만 일반적으로 많이 사용되는 것은 다음과 같다.

[볼트의 종류]

| 종류 | 설명 · 용도 |
|---|---|
| 육각 볼트 | 일반적으로 각종 부품을 결합하는 데 널리 쓰이는 대표적인 볼트이다. |

| 종류 | | 설명·용도 |
|---|---|---|
| 육각 구멍 붙이 볼트 | | 둥근 머리에 육각 홈을 파 놓은 것으로 볼트의 머리가 밖으로 나오지 않아야 하는 곳에 사용된다. |
| 나비 볼트 | | 머리 부분을 나비의 날개 모양으로 만들어 손으로 쉽게 돌릴 수 있도록 한 볼트이다. |
| 기초 볼트 | | 여러 가지 모양의 원통부를 만들어 기계 구조물을 콘크리트 기초 위에 고정시키도록 하는 볼트이다. |
| 접시 머리 볼트 | | 볼트의 머리가 밖으로 나오지 않아야 하는 곳에 사용하며 홈 붙이 접시 머리 볼트, 키 붙이 접시 머리 볼트 등이 있다. |
| 아이 볼트 | | 나사 머리부를 고리 모양으로 만들어 체인 또는 훅 등을 걸 때 사용한다. |

### (3) 너트의 종류

① 보통너트 : 머리 모양에 따라 4각, 6각, 8각이 있으며, 6각이 가장 많이 쓰인다.
② 특수너트의 종류
  ㉮ 사각 너트 : 외형이 4각으로서 주로 목재에 쓰이며, 기계에서는 간단하고 조잡란 것에 사용
  ㉯ 둥근 너트 : 자리가 좁아서 육각너트를 사용하지 못하는 경우나 너트의 높이를 작게 했을 때 쓴다.
  ㉰ 플랜지 너트 : 볼트 구멍이 클 때, 접촉면이 거칠거나 큰 면압을 피하려 할 때 쓰인다.
  ㉱ 홈 붙이 너트 : 너트의 풀림을 막기 위하여 분할 핀을 꽂을 수 있게 홈이 6개 또는 10개정도 있는 것이다.

⑰ 캡 너트 : 유체의 누설을 막기 위한 것이다.
　　⑱ 아이 너트 : 물건을 들어 올리는 고리가 달려 있다.
　　⑲ 나비 너트 : 손으로 돌릴 수 있는 손잡이가 있다.
　　⑳ T너트 : 공작 기계 테이블의 T홈에 끼워지도록 모양이 T형이며, 공작물 고정에 쓰인다.
　　㉑ 슬리브 너트 : 머리 밑에 슬리브가 달린 너트로서 수나사의 편심을 방지하는데 쓰인다.
　　㉒ 플레이트 너트 : 암나사를 깎을 수 없는 얇은 판에 리벳으로 설치하여 사용한다.
　　㉓ 턴 버클 : 오른 나사와 왼 나사가 양 끝에 달려 있어서 막대나 로프를 당겨서 조이는데 쓰인다.

(4) 작은 나사와 세트 스크루
　① 작은 나사 : 호칭 지름 8mm이하에서 사용된다.
　② 세트 스크루 : 축에 바퀴를 고정시키거나 위치를 조정할 때 쓰이는 작은 나사
　　키(key)의 대용으로도 사용되며, 홈형, 6각 구멍형, 머리형 등이 있다.
　③ 태핑 나사 : 암나사 부분에 미리 구멍을 뚫고 수나사를 그 구멍에 돌려 끼우면 암나사가 만들어지며 고정되는 수나사를 말한다.

(5) 와셔
　스프링 와셔, 이붙이 와셔, 갈퀴붙이 와셔, 혀붙이 와셔 등이 있다.
　와셔의 재료로서는 연강이 많이 사용되지만 경강, 황동, 인청동도 쓰인다.
　와셔가 사용되는 경우는 다음과 같다.
　① 볼트 지름보다 구멍이 클 때
　② 너트의 풀림 방지를 위할 때
　③ 자리가 다듬어지지 않았을 때
　④ 접촉면이 바르지 못하고 경사졌을 때
　⑤ 너트가 재료를 파고 들어갈 염려가 있을 때

(6) 너트의 풀림 방지법
　① 탄성 와셔에 의한 법
　② 핀 또는 작은 나사를 쓰는 법
　③ 로크 너트에 의한 법
　④ 너트의 회전 방향에 의한 법
　⑤ 철사에 의한 법
　⑥ 자동 죔 너트에 의한 법
　⑦ 세트 스크루에 의한 법

## 라. 나사의 설계

### (1) 볼트의 설계

① 정하중을 받는 경우

볼트의 외경 : $d_0$, 볼트 허용 인장 응력 : $\sigma_t$, 골 지름 : $d_1$, 축방향 인장 하중 : W

$$\sigma_a = \frac{W}{A} = \frac{W}{\frac{\pi d_1^2}{4}} = \frac{4W}{\pi d_1^2} \text{이므로} \quad \therefore d_1 = \sqrt{\frac{4W}{\pi \sigma_a}} \, (mm)$$

② 정하중과 비틀림 하중을 받는 경우

축 방향의 하중과 비틀림 하중이 동시에 작용할 경우, 비틀림에 의한 응력은 인장 응력이나 압축응력의 1/3을 넘는 일이 없으므로, 수직 하중의 4/3 배의 하중이 작용하는 것으로 하여 지름을 구한다.

$$\frac{4}{3}W = \frac{1}{2}d_0^2 \sigma_a \qquad \therefore d_0 = \sqrt{\frac{8W}{3\sigma_a}} \, (mm)$$

③ 전단 하중을 받는 경우

축의 직각 방향에 하중이 작용하는 경우, 볼트에 생기는 전단 응력을 $\tau_a$라 하면

$$W_s = \frac{\pi d_0^2}{4} \cdot \tau_a \qquad \therefore d_0 = \sqrt{\frac{4W_s}{\pi \tau_a}} \, (mm)$$

### (2) 너트의 높이

일반적으로 너트의 높이는 (0.8~1.0)d로 결정된다.

## 4 키와 핀

### 가. 키 (Key)

키는 축에 풀리(pulley), 커플링(coupling) 및 기어(gear) 등의 회전체를 고정시켜 축과 회전체가 미끄럼이 없이 회전을 전달시키는데 사용한다.

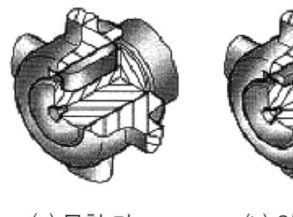
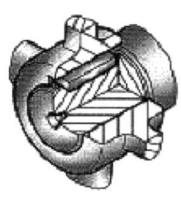
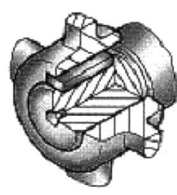
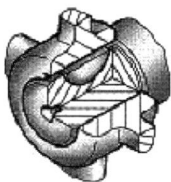

(a) 묻힘 키   (b) 안장 키   (c) 평 키   (d) 반달 키

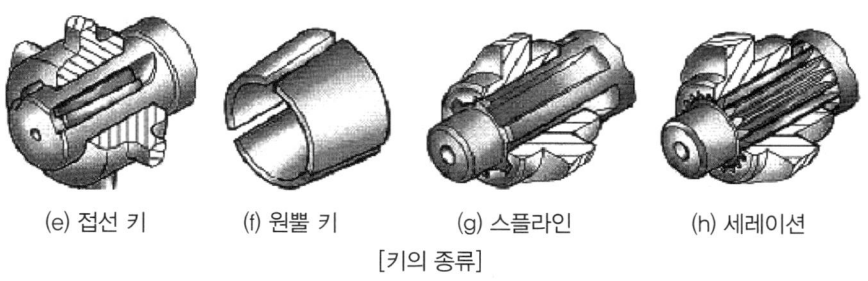

(e) 접선 키　　(f) 원뿔 키　　(g) 스플라인　　(h) 세레이션
[키의 종류]

### (1) 키의 종류

① 묻힘 키(sunk key)
　㉮ 드라이빙 키이 : 축과 보스에 다 같이 홈을 파서 사용하며, 기울기가 1/100이며, 해머로 때려 박는다.
　㉯ 세트 키이 : 축과 보스에 다 같이 홈을 파서 사용하며, 축심에 평행으로 끼우고 보스를 밀어 넣는다.
② 평 키(flat key) : 축에 자리만 평편하게 가공하며 보스에 기울기(1/100)가 있다. 경하중에 쓰이며, 안장 키이 보다는 강하다.
③ 안장 키(saddle key) : 축은 키홈을 절삭치 않고 보스에만 홈을 파서 사용하며, 극 경하중용으로 마찰력으로 고정시킨다.
④ 반달 키(woodruff key) : 축이 약해지는 결점이 있으나 공작기계 핸들축과 같은 테이퍼 축에 사용한다.
⑤ 패더 키(feather key) : 묻힘키의 일종으로 미끄럼 키라고도 한다. 축방향으로 보스의 이동이 가능하며 보스와의 간격이 있어 회전 중 이탈을 막기 위해 고정하는 수가 많다.
⑥ 접선 키(tangential key) : 축과 보스에 접선방향으로 홈을 파서 사용하며, 역전하는 경우는 120° 각도로 두 곳에 설치한다. 정사각형 단면의 키를 90°로 배치한 것을 케네키이라 한다.
⑦ 원뿔 키(cone key) : 축과 보스에 키홈을 파지 않고 보스의 구멍을 테이퍼 구멍으로 한다. 한 군데가 갈라진 원뿔 통을 끼워 넣어 마찰력으로 고정시키는 키로 축의 어느 곳에도 장치 가능하며 바퀴가 편심되지 않는다.
⑧ 스플라인(spline) : 축의 둘레에 4~20개의 턱을 만들어 큰 회전력을 전달할 경우에 쓰인다.
⑨ 세레이션(serration) : 축에 작은 삼각형의 이를 만들어 축과 보스를 고정시킨 것으로, 주로 자동차의 핸들 고정용, 전동기나 발전기의 전기자 축 등에 이용된다.

(2) 키의 강도 계산(키의 전단강도)

b : 키의 나비,　L : 키의 길이,　d : 축의 지름,
F : 키에 작용하는 전단력
T : 토크,　τ : 키의 전단응력,　σ : 키의 압축응력

$F = \tau bl$　　$F = \dfrac{2T}{d}$ 에서　$\tau bl = \dfrac{2T}{d}$　　$\therefore \tau = \dfrac{2T}{bdl}$

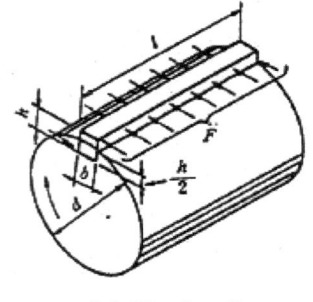

[전단을 받는 키]

## 나. 핀 (Pin)

(1) 핀의 개요

핀은 기계 접촉면의 미끄럼 방지나 나사의 풀림방지 및 위치 고정등 비교적 작은 힘이 작용되는 곳에 사용된다.

(2) 핀의 종류

① 평행 핀 : 테이퍼가 붙어 있지 않은 핀으로 빠질 염려가 없는 곳에 사용된다. 지름이 1mm인 작은 것에서부터 50mm까지 있다.

② 테이퍼 핀 : 50분의 1의 테이퍼가 달려 있는 핀으로 구멍에 박아 부품을 고정시키는 데 사용되며, 크고 작은 여러 종류가 있다.

③ 분할 핀 : 빠지는 것을 방지하기 위해 2개로 쪼갤 수 있게 만든 핀으로 구멍에 꽂아 넣고 앞 끝은 둘로 벌려 둔다. 너트가 볼트로부터 빠져나오지 않게 하려고 할 때 흔히 사용한다.

④ 스프링 핀 : 세로방향으로 쪼개져 있어 억지로 끼웠을 때 핀의 복원력으로 구멍에 정확히 밀착되는 특성이 있다.

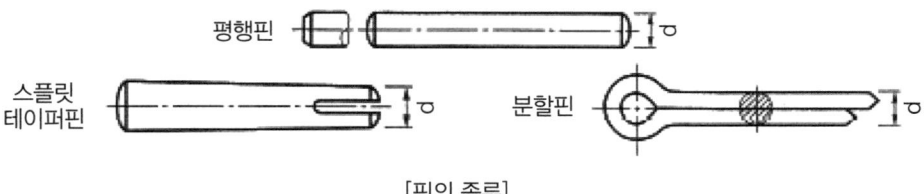

[핀의 종류]

## 다. 코터 이음

코터는 키의 일종으로 축 방향으로 인장력이나 압축력이 작용하는 두 축을 연결하거나 풀 필요가 있을 때에 주로 쓰인다. 코터의 기울기는 보통 1/20이 많이 사용된다.

그림은 코터이음을 나타낸다.

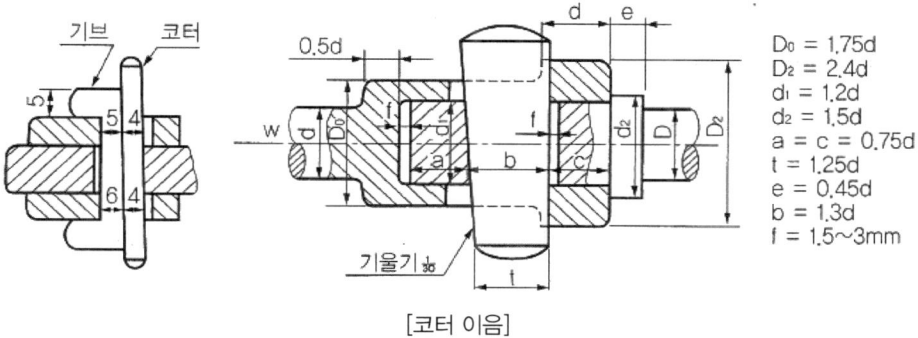

[코터 이음]

## 5 리벳

### 가. 리벳의 개요

**(1) 리벳의 종류와 호칭법**

① 리벳의 모양에 의한 종류

둥근머리, 접시머리, 납작머리, 냄비머리, 보일러용 둥근머리, 선박용 둥근 접시머리 등

② 제조방법에 의한 종류

냉각 리벳 (호칭 지름 1~13mm), 열간 리벳 (호칭 지름 10~44mm)

③ 사용목적에 의한 종류

㉮ 보일러용 리벳 : 강도와 기밀을 필요로 하는 리벳으로 보일러, 고압 탱크에 사용된다

㉯ 저압용 리벳 : 주로 수밀을 중요시하는 리벳으로 저압 탱크에 사용한다

㉰ 구조용 리벳 : 주로 강도를 목적으로 하는 리벳으로서 차량, 철료, 구조물 등에 사용된다

④ 리벳의 호칭 : 리벳의 호칭은 리벳종류, 지름(d)×길이(L), 재료로 표시한다

보기 : 열간 접시 머리 리벳 16×40 SBV34

⑤ 리벳의 크기 표시

㉮ 머리 부분을 제외한 길이 : 둥근 머리 리벳, 납작 머리 리벳, 남비머리 리벳

㉯ 머리 부분을 포함함 전체 길이 : 접시 머리 리벳

[리벳의 종류]

| 종류·형상 | | 종별 | 재료 | 종류·형상 | | 종별 | 재료 |
|---|---|---|---|---|---|---|---|
| 둥근머리 | | 열간 | SV330 SV440 | 둥근접시머리 | | 열간 | SV330 SV400 |
| | | 보일러용 | SV400 | | | 보일러용 | SV400 |
| | | 냉간 | MSWR 12, 15, 17 | | | 냉간 | SV330 |
| | | 소형열간 | B, W | | | | |
| 납작머리 | | 열간 | SV330 SV400 | 접시머리 | | 열간 | SV330 |
| | | | | | | 냉간 | SV400 |

## (2) 리벳팅

보일러, 철교, 구조물, 탱크와 같은 영구 결합에 널리 쓰인다.

① 리벳 이음할 구멍은 20mm까지 대개 펀치로 뚫는다.
② 리벳 구멍은 리벳 지름보다 1~1.5mm 크게 한다.
③ 리벳의 여유 길이는 지름의 4/3~7/4배이다.
④ 8mm이하는 상온에서 10mm이상은 열간 리베팅 한다.
⑤ 지름 25mm 이상은 리베터를 쓴다.
⑥ 유체의 누설을 막기 위하여 코킹이나 플러링을 하며, 이때의 판 끝은 75~85°로 깎아준다.
⑦ 코킹이나 플러링은 판재 두께 5mm이상에서 행한다.

## (3) 리벳 이음의 종류

리벳 이음에는 겹치기 이음(lap joint)과 맞대기 이음(butt joint)이 있고 리벳열은 1-3열이 있다. 2열 이상일 때의 배열은 평행형과 지그잭 형이 있다.

## (4) 리벳 이음의 특징

리벳이음은 용접 이음에 비해 다음과 같은 특징이 있다.

① 초응력에 의한 잔류 변형률이 생기지 않으므로 취약 파괴가 일어나지 않는다.
② 구조물 등에서 현지 조립할 때는 용접 이음보다 쉽다.
③ 경합금과 같이 용접이 곤란한 재료에는 신뢰성이 있다.
④ 강판의 두께에 한계가 있으며, 이음 효율이 낮다.

## 나. 리벳 이음의 강도

W : 1피치당 하중  
t : 판재의 두께  
p : 리벳의 피치  
$d_0$ : 리벳 구멍의 지름  
d : 리벳의 지름  
e : 리벳의 판 끝까지의 거리  
$\sigma_c$ : 리벳 또는 판의 압축응력  
$\sigma_t$ : 판재에 생기는 허용인장응력  
$\tau_c$ : 판에 생기는 전단응력  
$\tau_a$ : 리벳에 생기는 전단응력

(1) 리벳의 전단 응력 : $W = \dfrac{\pi}{4}d^2\tau_a$, $\tau_a = \dfrac{4W}{\pi d^2}$

(2) 판재의 인장 응력 : $W = (p - d_0)t\sigma_t$, $\sigma_t = \dfrac{W}{(p - d_o)t}$

(3) 판재의 전단 응력 : 전단 면적은 2et이므로 $W = 2et\tau_0$, $\tau_0 = \dfrac{W}{2et}$

(4) 판재의 압축 응력 : $W = dt\sigma_c$, $\sigma_c = \dfrac{W}{dt}$

## 6 축계 요소

### 가. 축(shaft)

(1) 축(shaft)의 종류

모양에 따른 축의 종류

① 직선 축 : 보통 사용되는 곧은 축
② 전동축(transmission shaft) : 전동축은 회전에 의해 동력을 전달하는 축으로 주로 비틀림과 굽힘모멘트를 동시에 받는다. (주축, 선축, 중간축으로 구성)
  ㉮ 주축 : 원동기에서 직접 동력을 받는 축이다.
  ㉯ 선축 : 주축에서 동력을 받아 각 동장에 분배하는 축이다.
  ㉰ 중간축 : 선축에서 동력을 전달 받아 각각의 기계에 동력을 전달하는 축이다.
③ 차축 : 차축은 주로 굽힘 모멘트를 받는다.
④ 스핀들 : 스핀들은 주로 비틀림 모멘트를 받으며 직접 일을 하는 회전축으로 치수가 정밀하며 변형량이 적다.
  ㉮ 곡선 축 : 크랭크 축과 같이 굽은 축
  ㉯ 플렉시블 축(flexible shaft) : 축의 굽힘이 비교적 자유로운 축으로 철사를 코일 모양으로 이중, 삼중으로 감아 만든 축

(2) 축(shaft)의 재료

① 탄소 성분 : C 0.1~0.4%

② 중하중 및 고속 회전용 : 니켈, 니켈 크롬강
③ 마모에 견디는 곳 : 표면 경화강
④ 크랭크축 : 단조강, 미하나이트 주철

### (3) 축(shaft)의 설계
① 휨만을 받는 축
- 속이 찬 축 : $M = \sigma_b \cdot Z = \sigma_b \times \dfrac{\pi d^3}{32}$ $\quad \therefore d = \sqrt[3]{\dfrac{32M}{\pi \sigma_b}}$

② 비틀림이 작용하는 축
- 속이 찬 축 : $T = \tau \cdot Z_p = \tau \times \dfrac{\pi d^3}{16}$ $\quad \therefore d = \sqrt[3]{\dfrac{16T}{\pi \sigma_b}}$

③ 휨과 비틀림이 동시에 받는 축 : 상당 휨 모멘트 $M_e$ 또는 상당 비틀림 모멘트 $T_e$를 생각하여 축의 지름을 계산하여 큰 쪽의 값을 취한다.
- 속이 찬 축 : $Te = \sqrt{T^2 + M^2}$, $M_e = \dfrac{M + (\sqrt{M^2 + T^2})}{2}$ $\quad \therefore d = \sqrt[3]{\dfrac{32M_e}{\pi \sigma_b}}$, $d = \sqrt[3]{\dfrac{16T_e}{\pi \sigma_b}}$

### (4) 축에 영향을 끼치는 요인
① 진동 : 회전시 고유 진동과 강제 진동으로 인하여 현상이 생길 때 축이 파괴된다. 이 때 축의 회전속도를 임계속도라 한다
② 부식(corrosion) : 방식 처리 또는 굵게 설계한다
③ 온도 : 고온의 열을 받은 축의 크리프와 열팽창을 고려해야 한다

## 나. 축 이음
몇 개의 축과 연결하는 기계요소를 축 이음이라 하고 축 이음에는 이음 방식에 따라 커플링(coupling) 과 클러치(clutch)로 크게 나눈다.

### (1) 커플링 (coupling)
커플링에는 원통 커플링, 올덤 커플링, 플랜지 커플링, 플렉시블 커플링, 자재 이음(universal joint)등이 있다. (참고 : 자재 이음의 α ≤ 30°가 되어야 한다.)
① 두 축이 일직선상에 있는 경우
  ㉮ 슬리이브 커플링 : 고정축 이음으로 주철제 원통 안에 두 축을 맞추어 키로 고정한 것으로 머프 커플링, 반중첩 커플링, 마찰원동커플링, 클램프 커플링, 셀러 커플링 등이 있다
  ㉯ 플랜지 커플링 : 가장 많이 사용하는 축 이음으로, 주철제 또는 주강제의 플랜지를 양축에 고정한 후 볼트로 고정한 것이다
  ㉰ 플렉시블 커플링 : 두 축이 정확히 일치하지 않는 경우에 사용되며, 플랜지 플렉시블 커플링, 그리드 플렉시블 커플링 등이 있다

② 두 축이 평행하거나 교차하는 경우
  ㉮ 올덤 커플링 : 두 축이 평행하며 약간 어긋나는 경우에 사용하며, 윤활이 어렵고 원심력에 의하여 진동이 발생되므로, 고속 회전축의 축 이음으로는 적당하지 않다.
  ㉯ 유니버설 조인트 : 두 축의 만나는 각이 (30° 이내) 수시로 변화하는 경우에 사용되며, 공작 기계. 자동차 등의 축 이음에 사용된다.

## (2) 클러치 (clutch)
축의 회전을 중지하지 않으면서 회전 토크(torque)를 단속하고자 할 때 사용한다. 클러치의 종류에는 맞물림 클러치(claw clutch), 마찰 클러치(frictiov clutch), 유체 클러치(fluid clutch), 마그네틱 클러치(magnetic clutch) 등이 있고, 맞물림 클러치에는 맞물림 형태에 따라 직사각형, 사다리꼴형, 톱날형, 덩굴형 등이 있다.

## (3) 베어링
회전축을 지지하는 축용 기계요소를 베어링(bearing)이라 하며, 베어링과 접촉하고 있는 축 부분을 저널(jornal)이라 한다. 저널과 베어링의 상대 운동에 따라 미끄럼 베어링(Sliding bearing)과 구름 베어링(Rolling bearing)으로 나누고, 축에 받는 하중의 방향에 따라 레이디얼 베어링과 스러스트 베어링으로 구분한다.

① 롤링 베어링의 기호와 치수
  ㉮ 치수는 mm계와 inch계열을 사용하며 mm치수는 ISO에 의해 구체적으로 표준화 되어 있다.
  ㉯ 롤러 베어링은 KS B 2012 호칭 번호로 정해져 있다.

| 형식 번호 | 치수기호(나비와 지름 기호) | 안지름 번호 | 등급 기호 |

  - 형식번호 (첫번째 숫자)
    1 : 복렬 자동 조짐형    2,3 : 복렬 자동 조심형(큰 나비)   5 : 드러스트 베어링
    6 : 단영 홈형           7 : 단열 앵귤러 볼형              N : 원통 롤러형
  - 치수 번호 (두번째 숫자)
    0,1 : 특별 경하중형    2 : 경하중형    3 : 중간하중형    4 : 중하중형
  - 안지름 번호(세번째, 네번째 숫자)
    00:안지름 10mm      01 : 안지름 12mm    02 : 안지름 15mm
    03 : 안지름 17mm    04 : 안지름 20mm    05 : 안지름 25mm
    16 : 안지름 80mm    /22 : 안지름 22mm
  - 등급 기호 (다섯번째 이후의 기호)
    무기호 : 보통급       H : 상급        P : 정밀급        SP : 초정밀급

② 호칭번호의 구성 및 배열

[베어링 호칭번호의 배열]

| 기본번호 | | | 보조기호 | | | | | |
|---|---|---|---|---|---|---|---|---|
| 베어링 계열기호 | 안지름 번호 | 접촉각 기호 | 내부치수 | 밀봉기호 또는 실드기호 | 궤도륜 모양기호 | 조합기호 | 내부틈새 기호 | 정밀도 등급기호 |

〈보기〉 6308 Z NR
  63 : 베어링 계열 기호 – 단열 깊은 홈 볼베어링6, 지름 계열 03
  08 : 안지름 번호(호칭 베어링 안지름 8×5=40mm)
  Z : 실드 기호(한쪽 실드)
  NR : 궤도륜 모양기호(멈춤링 붙이)

[접촉각 기호]

| 베어링 형식 | 호칭 접촉각 | 접촉각 기호 |
|---|---|---|
| 단열 앵귤러 볼 베어링 | 10° 초과 22° 이하 | C |
| | 22° 초과 32° 이하(보통 30°) | A(*) |
| | 32° 초과 45° 이하(보통 40°) | B |
| 테이퍼 롤러 베어링 | 17° 초과 24° 이하 | C |
| | 24° 초과 32° 이하 | D |

주 : (*)는 생략할 수 있다.

[보조기호]

| 내부기호 | | 실·실드 | | 궤도륜모양 | | 베어링의 조합 | | 레이디얼 내부 틈새 | | 정밀도 등급 | |
|---|---|---|---|---|---|---|---|---|---|---|---|
| 내용 | 기호 | 내용 | 기호 | 내용 | 기호* | 종류 | 기호 | 구분 | 기호 | 등급 | 기호 |
| 내부 설계가 표준과 다른 베어링 | A | 양쪽 실붙이 | UU | 내륜 원통구멍 | 없음 | 뒷면 조합 | DB | 보통의 레이디얼 내부 틈새보다 작다. | C2 | 0급 | 없음 |
| | | 한쪽 실붙이 | U | 플랜지 붙이 | F | 정면 조합 | DF | 보통의 레이디얼 내부 틈새 | CN | 6X급 | P6X |
| | | | | 내륜 테이퍼 구명 (기준 테이퍼 1/12) | K | | | | | 6급 | P6 |
| ISO 규정에 따라 제작된 테이퍼 로울러 베어링 | J | 양쪽 실드 붙이 | ZZ | 링 홈붙이 | N | 병렬 조합 | DT | 보통의 레이디얼 내부 틈새보다 크다. | C3 | 5급 | P5 |
| | | 한쪽 실드 붙이 | Z | 멈춤링 붙이 | NR | | | C3보다 크다. | C4 | 4급 | P4 |
| | | | | | | | | C4보다 크다. | C5 | 2급 | P2 |

주 : * 표는 다른 기호로 사용할 수 있다.

③ 베어링의 설계
  ㉮ 레이디얼 저널의 설계
    - 베어링의 압력 : 지름 a, 길이 l, 가로 하중 W가 작용할 때
    $$W = q_a dl, \quad q_a = \frac{W}{dl}$$
  ㉯ 구름 베어링의 수명과 정격 하중
    - 베어링의 수명 : 이상적인 상태에서 운전하여 베어링 내외륜에 박리 현상이 최초로 생길 때까지의 총 회전수로 표시하며, 이 수명을 정격 수명이라 한다.
    $$L = \left(\frac{P}{C}\right)^r \times 10^6 (회전) \qquad P = \frac{C\sqrt{10^6}}{\sqrt{L}}(kgf) \quad Lh = \frac{L}{n \times 60}$$

    F : 정격 하중(kgf)  C : 기본 동정격 하중(kgf)  C' : 기본 정격 하중(kgf)
    r : 베어링 내외륜과 전동체의 접촉 상태에서 결정되는 상수  Lh : 수명시간
  위의 식에서 L를 100만 회전이라 규정하였으므로 단위는 $10^6$이다

# 7 마찰차

## 가. 마찰차의 종류

(1) 마찰차의 응용범위
  ① 전달하여야 될 힘이 그다지 크지 않고 속도 비를 중요시하지 않는 경우
  ② 회전 속도가 커서 보통의 기어를 사용할 수 없는 경우
  ③ 양 축 사이를 단속할 필요가 있을 경우
  ④ 무단 변속을 하는 경우

(2) 마찰차의 종류
  ① 원동 마찰차 : 평행한 두 축 사이에서 외접 또는 내접하여 동력을 전달하는 원통형 바퀴를 말한다.
  ② 홈붙이 마찰차 : V자 모양의 홈 5 ~ 10개를 표면에 파서 회전력을 크게 한 원통형 바퀴를 말한다. 홈 중앙 부분의 한 곳에서는 구름 접촉을 하고, 다른 곳에서는 미끄럼 접촉을 하므로 전동시 마멸과 소음을 일으키는 단점이 있다.
  ③ 원뿔 마찰차 : 동일 평면 내의 어긋나는 두 축 사이에서 외접하여 동력을 전달하는 원뿔형 바퀴를 말하며, 무단 변속 장치로 사용 된다.

④ 원판 마찰차 : 직각으로 만나는 두 축 사이에서 원판과 롤러의 접촉으로 동력을 전달하는 원판형 바퀴를 말한다. 문단 변속 장치로 사용 된다.
⑤ 구면 마찰차 : 직각 또는 직선으로 만나는 두 축에 롤러 또는 플랜지를 고정하고 그 사이에 구면형 또는 롤러 등의 중간차를 넣어 동력을 전달하는 마찰차를 말한다. 무단 변속 장치에 사용.

### 나. 마찰차의 동력 전달

(1) 회전 속도비

원주속도 : $v = \dfrac{\pi D_1 n_1}{60 \times 1000} = \dfrac{\pi D_2 n_2}{60 \times 1000}$

속도비 : $i = \dfrac{n_2}{n_1} = \dfrac{D_1}{D_2}$

중심거리 : $l_c = \dfrac{D_2 \pm D_1}{2}$

(2) 전달 동력(원통)

$P = \dfrac{Fv}{102} = \dfrac{\mu F \pi D_1 n_1}{102 \times 1000 \times 60} = \dfrac{\mu F \pi D_1 n_2}{102 \times 1000 \times 60} (Kw)$

## 8 기어

한 쌍의 마찰차 접촉면에 이(tooth)를 깎아 미끄러지지 않고 서로 물고 돌아가는 기계요소로서, 축 간거리가 가까우며 큰 동력을 일정 속도비로 정확하게 전달할 때 사용된다.

### 가. 기어의 종류

기어는 사용 목적, 두 축의 상대 위치 및 이의 접촉에 따라 다음 표와 같이 구분할 수 있다.

[기어의 종류에 따른 두 축의 상대 위치 및 접촉]

| 기어의 종류 | 두 축의 상대 위치 | 이의 접촉 | 비고 |
|---|---|---|---|
| 스퍼 기어(spur gear) | 평행 | 직선 | 원통형, 잇줄이 축에 평행 |
| 내접 기어(internal gear) | | | 이는 스퍼 기어와 같음 |
| 헬리컬 기어(helical gear) | | | 잇줄이 비틀린 원통형 |
| 더블 헬리컬 기어(double helical gear) | | | 좌우의 헬리컬 기어를 조합 |
| 래크(rack) | | | 회전 운동을 직선 운동으로 바꿈 |

| 기어의 종류 | 두 축의 상대 위치 | 이의 접촉 | 비고 |
|---|---|---|---|
| 직선 베벨 기어(straight bevel gear) | 교차 | 직선 | 잇줄이 원뿔의 모선과 일치 |
| 스파이럴 베벨 기어(spiral bevel gear) | | 곡선 | 잇줄이 비틀린 베벨 기어 |
| 하이포이드 기어(hypoid gear) | 평행하지도, 교차하지도 않음 | 곡선 | 운뿔형 |
| 스크류 기어(screw gear) | | 점 | 2개의 헬리컬 기어 |
| 웜 기어(worm gear) | | 점 | 감속 비율이 큼 |

### 나. 치형 곡선과 이의 크기

(1) 치형 곡선

① 인벌루트(involute)곡선
　㉮ 원 기둥에 감은 실을 풀 때 실의 1점이 그리는 원의 일부 곡선
　㉯ 압력 각이 일정하고 중심거리가 다소 어긋나도 속도 비는 불변한다.
　㉰ 맞물림이 원활하며 공작이 쉽다.
　㉱ 호환성이 있고 이 뿌리가 튼튼하다.
　㉲ 결점은 마멸이 크다

② 사이클로이드(cycloid) 곡선
　㉮ 기준 원 위에 원판을 굴릴 때 원판상의 1점이 그리는 궤적
　㉯ 피치원이 완전히 일치해야 바르게 물린다.
　㉰ 기어 중심거리가 맞지 않으면 물림이 나쁘다. 이 뿌리가 약하다
　㉱ 효율이 높고 소음 및 마멸이 작다.

(2) 이의 크기

① 원주피치 : 원주 피치는 피치 원주에서의 인접한 2개의 이의 원주거리로 이 크기의 기준이며, 기호 p로 표시된다.

② 모듈 : 모듈은 기어의 피치원 지름을 이의 수로 나눈 값을 나타내며, 기호 m으로 표시한다.

③ 지름 피치 : 기어 이의 수를 피치원 지름(인치)으로 나눈 값을 나타낸다. 기호 $P_d$로 표시한다.

④ 이 크기의 기준의 상호관계

기어에서 $D_p$ = 피치원지름(mm)　　$D_{in}$ = 피치원지름 (in)　　Z = 이의 수라 하면,
P, m, $P_a$의 관계는 다음과 같다.

$D_p(mm) = 25.4 D_i n$

$p = \dfrac{\pi D_p}{z}(mm)$ 또는 $p = \dfrac{\pi D_{in}}{z}(in)$

$m = \dfrac{D_p}{z}(mm)$ 또는 $m = \dfrac{25.4 D_{in}}{z}$

$$p_d = \frac{z}{D_{in}} \quad \text{또는} \quad pd = \frac{z}{\frac{D_p}{25.4}} = \frac{25.4z}{D_p}$$

$$p = \pi m \quad m = \frac{25.4}{p_d} \quad p_d = \frac{\pi}{P}$$

### (3) 이의 각 부 명칭

① 피치원(pitch circle) : 피치면의 축에 수직한 단면상의 원
② 원주 피치(circle pitch) : 피치원 주위에서 측정한 2개의 이웃에 대응하는 부분간의 거리
③ 이끝원(addendum circle) : 이 끝을 지나는 원
④ 이뿌리 원(dedendum) : 이 밑을 지나는 원
⑤ 이 폭 : 축 단면에서의 이의 길이
⑥ 이의 두께 : 피치 상에서 잰 이의 두께
⑦ 총이 높이 : 이 끝 높이와 이 부리의 높이의 합, 즉 이의 총 높이
⑧ 이 끝 높이(addendum) : 피치원에서 이 끝 원까지의 거리
⑨ 이 뿌리 높이(dedendum) : 피치원에서 이 뿌리 원까지의 거리

## 다. 기어의 속도비

각 기어의 피치원을 지름을 $D_1$, $D_2$ 잇수를 $z_1$, $z_2$ 회전수를 $n_1$, $n_2$라하고 속도비를 i 라하면 다음 식이 성립한다.

$$i = \frac{n_2}{n_1} = \frac{D_1}{D_2} = \frac{n_2}{n_1} = \frac{z_1}{z_2}$$

## 라. 인벌류트 표준 기어

### (1) 기준 래크

기어의 피치원 지름이 무한대가 되면 기어는 래크로 된다. 따라서 래크의 치형을 피치에 따라 규정하면 모든 기어의 치형을 결정할 수가 있다. 규정된 래크를 기준래크라 한다.

### (2) 표준 스퍼 기어

기준 래크의 기준 피치선이 기어의 기준 피치원과 인접하고 있는 것을 표준 스퍼 기어라 한다 표준 스퍼기어의 이 두께는 원주 피치의 1/2이다.

### (3) 이의 물림률

$$\text{물림률} = \frac{\text{접촉호의 길이}}{\text{원주피치의 길이}}$$

(4) 이의 간섭과 언더컷
2개의 기어가 맞물려 회전 시에 한쪽의 이 끝 부분이 다른 쪽 이뿌리 부분을 파고들어 걸리는 현상을 이의 간섭이라 하며, 이의 간섭에 의하여 이뿌리가 파여진 현상을 언더컷이라 한다.
① 이의 간섭을 막는법
㉮ 이의 높이를 줄인다.
㉯ 압력각을 증가시킨다(20° 또는 그 이상)
㉰ 치형의 이끝면을 깎아 낸다.
㉱ 피니언의 반경 방향의 이뿌리면을 파낸다
② 언더 컷 방지하는 법
㉮ 낮은 이의 사용
㉯ 전위 기어의 사용

(5) 전위 기어
① 전위 량과 전위 계수
㉮ 전위 기어에서 기준 피치원의 접선을 절삭 피치 선이라 하고 래크의 기준 피치선과 절삭 피치선과의 거리를 전위량이라 한다.
㉯ 전위량 X를 모듈로 나눈 값을 전위 계수($f_x$)라 한다. $fx = X/m$
② 전위 기어의 용도
㉮ 중심거리를 변화시키려고 할 경우
㉯ 언더컷을 피하려고 할 경우
㉰ 이의 강도를 개선하려고 할 경우

## 9 벨트 · 로프 · 체인 전동장치

### 가. 평벨트 전동
벨트에 사용하는 재료는 가죽, 직물, 고무, 강철이 있으며, 평벨트 풀리는 구조에 따라서 일체형과 분할형으로 구분할 수 있다.

(1) 평벨트 호칭법

| 명칭 | 등급 또는 종류 | 치수(폭×층수) |

〈보기〉 평가죽 벨트 1급 114×2
평고무 벨트 1종 50×3

(2) 평벨트 풀리의 구조
  ① 림(rim) : 풀리의 둘레를 구성하는 얇은 살을 가진 원통형의 바퀴둘레를 말한다.
  ② 보스(boss) : 전동축을 끼울 수 있는 축구멍을 구성하는 가운데 부분을 말한다.
  ③ 아암(arm) : 림과 보스 부분을 방사선의 형상으로 연결하는 몇 개의 막대부분을 말한다. 암 대신 평판을 사용한 것도 있다.
  재료는 일반적으로 주철로 된 것이 사용되며, 고속(원주 속도 30m/s 이상)일 때에는 주강으로 만든 것이 쓰인다.

(3) 평벨트의 전동의 특징
  ① 수직 압력에 의한 마찰력을 이용하여 동력을 전달한다.
  ② 축간 거리가 길어도 사용할 수 있다(10m까지 사용 가능)
  ③ 단차를 이용하여 자유로운 변속이 가능하다
  ④ 전동 효율이 높다(95%)
  ⑤ 장치가 간단하며 염가이다.
  ⑥ 급격한 하중의증가에도 미끄럼에 의하여 안전하다.

(4) 벨트의 속도비 : 두 축의 지름과 회전수를 각각 $D_1$ 및 $D_2$라 할 때 속도비 $i$는

$$i = \frac{n_2}{n_1} = \frac{D_1}{D_2} \qquad n_1 = \frac{D_1}{D_2} n_2$$

(5) 평밸트의 장력과 응력
  ① 초기 장력 : 전동에 필요한 마찰력을 주기 위하여 벨트에 주는 장력을 말한다.
  ② 유효 장력 : 인장 쪽의 장력과 이완 쪽의 장력과의 차이를 말한다.
  ③ 전달 동력 P는 $P = \dfrac{F_e v}{102} (kw)$

(6) 벨트의 단면적 : $bt = \dfrac{F_t}{\sigma_a \cdot \eta}$

## 나. V 벨트전동

V벨트는 사다리꼴의 단면을 가진 벨트로서, V형의 홈이 파져있는 V풀리(V-pulley)에 밀착시켜 구동하는 방법이다. 평벨트에 비해 미끄럼과 진동이 적고, 운전이 조용하며 공작 기계나 내연 기관 등의 동력전달에 널리 사용된다. 풀리는 주로 주철제이고, 고속인 경우에는 주강이나 알루미늄 합금제를 사용한다.

(1) V벨트의 치수 : V벨트의 치수는 단면의 치수로 표시하며, 단면의 크기에 따라 M, A, B, C, D, E형으로 나눈다. 각은 $40° \pm 1$이다.

[V벨트의 표준치수(KS M 6535)]

| 치수<br>형별 | a(mm) 치수 | a(mm) 허용값 | b(mm) 치수 | b(mm) 허용값 | θ(°) 치수 | θ(°) 허용값 | 인장강도<br>(kN/가닥) | 굴곡 후의 인장강도<br>(kN/가닥) | 영구 신장률<br>(%) |
|---|---|---|---|---|---|---|---|---|---|
| M | 10.0 | ±0.6 | 5.5 | ±1.0 | 40 | ±1.0 | 1.2 이상 | 0.8 이상 | 7 이하 |
| A | 12.5 | ±0.7 | 9.0 | ±1.0 | 40 | ±1.0 | 2.4 이상 | 1.4 이상 | 7 이하 |
| B | 16.5 | ±0.8 | 11.0 | ±1.0 | 40 | ±1.0 | 3.5 이상 | 2.4 이상 | 7 이하 |
| C | 22.0 | ±1.0 | 14.0 | ±1.5 | 40 | ±1.0 | 5.9 이상 | 4.0 이상 | 8 이하 |
| D | 31.5 | ±1.5 | 19.0 | ±1.5 | 40 | ±1.0 | 10.8 이상 | 8.0 이상 | 8 이하 |
| E | 38.0 | ±1.5 | 24.0 | ±2.0 | 40 | ±1.0 | 14.7 이상 | 12 이상 | 8 이하 |

(2) V벨트 홈부의 모양과 치수

다음 표는 V벨트 홈부의 모양과 치수를 나타낸 것이다.

[V벨트 홈부의 모양과 치수 (KS B 1400)]

| 종류 | 호칭지름 | α(°) | $l_a$ | k | $k_0$ | e | f | $r_1$ | $r_2$ | $r_3$ | V벨트의 두께 (참고) |
|---|---|---|---|---|---|---|---|---|---|---|---|
| M | 50 이상 71 이하 | 34 | 8.0 | 2.7 | 6.3 | —(1) | 9.2 | 0.2~0.5 | 0.5~1.0 | 1~2 | 5.5 |
| M | 71 초과 90 이하 | 36 | | | | | | | | | |
| M | 90을 초과 | 38 | | | | | | | | | |
| A | 71 이상 100 이하 | 34 | 9.2 | 4.5 | 8.0 | 15.0 | 10.0 | 0.2~0.5 | 0.5~1.0 | 1~2 | 9 |
| A | 100 초과 125 이하 | 36 | | | | | | | | | |
| A | 125를 초과 | 38 | | | | | | | | | |
| B | 125 이상 160 이하 | 34 | 12.5 | 5.5 | 9.5 | 19.0 | 12.5 | 0.2~0.5 | 0.5~1.0 | 1~2 | 11 |
| B | 160 초과 200 이하 | 36 | | | | | | | | | |
| B | 200를 초과 | 38 | | | | | | | | | |
| C | 200 이상 250 이하 | 34 | 16.9 | 7.0 | 12.0 | 25.5 | 17.0 | 0.2~0.5 | 1.0~1.6 | 2~3 | 14 |
| C | 250 초과 315 이하 | 36 | | | | | | | | | |
| C | 315를 초과 | 38 | | | | | | | | | |
| D | 355 이상 450 이하 | 36 | 24.6 | 9.5 | 15.5 | 37.0 | 24.0 | 0.2~0.5 | 1.6~2.0 | 3~4 | 19 |
| D | 450를 초과 | 38 | | | | | | | | | |
| E | 500 이상 630 이하 | 36 | 28.7 | 12.7 | 19.3 | 44.5 | 29.0 | 0.2~0.5 | 1.6~2.0 | 4~5 | 24 |
| E | 630를 초과 | 38 | | | | | | | | | |

주 : (1) M형은 원칙으로 한 줄만 걸친다

(3) V벨트 제품의 호칭

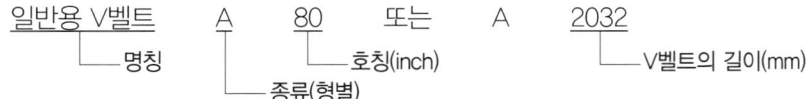

(4) V 벨트 전동 장치의 특성
① 운전이 조용하고 진동, 충격의 흡수 효과가 있다.
② 풀리의 지름이 적어지면 풀리의 홈 각도는 40 보다 적게 한다.
③ 속도비는 1 : 7 이다.
④ 중심 거리가 짧은 데 쓴다.(5m 이하)
⑤ 전동 효율이 90%~95%로 매우 높다.
⑥ 초기 장력을 주기 위한 중심 거리 조정 장치 필요

다. 체인 전동
체인 전동은 체인을 스프로킷 휠(sprocket wheel)에 걸어 감아서 체인과 휠의 이가 서로 물리는 힘으로 동력을 전달시키며, 축간 거리가 4m 이하이고, 회전비를 일정하게 할 필요가 있을 때나, 전달 동력이 크고 속도가 5m/s 이하일 때 사용한다.

(1) 체인의 종류
① 롤러 체인 : 롤러 링크(roller link)와 핀 링크(pin link)로 연결
② 링크 체인 : 강판을 펀칭(punching)하여 링크를 연결

(2) 스프로킷
롤러 체인용 스프로킷은 주강 또는 고급 주철등으로 만든다. 치형은 S형과 U형이 있으나 S형이 주로 많이 사용된다.

(3) 체인 전동의 특성
① 미끄럼이 없다
② 속도 비가 정확하다.
③ 큰 동력이 전달된다.
④ 수리 및 유지가 쉽다.
⑤ 진동, 소음이 심하다.
⑥ 내열, 내유, 내습성이 있다.
⑦ 고속 회전에 부적당하다.
⑧ 체인의 탄성으로 충격이 흡수된다.

### 라. 로프와 로프 풀리

벨트 대신에 로프를 사용하는데 두 축간의 거리가 아주 클 때 큰 동력을 전달할 때 사용하며, 이음매가 없다.

(1) 특징
  ① 장점
    ⓐ 평벨트보다 큰 동력을 전달할수 있다.
    ⓑ 먼 거리 전동을 할 수 있다.
    ⓒ 전동 경로가 직선이 아니어도 괜찮다.
    ⓓ 고속 운전이 가능하다.
  ② 단점
    ⓐ 장치가 복잡하고 착탈이 어렵다.
    ⓑ 조정이 곤란하고 절단시 수리가 어렵다.
    ⓒ 전동이 불확실하다.

(2) 로프의 재료
  ① 와이어 로프 : 아연 도금한 철사를 여러개 꼬아서 만든 것으로 강도 및 내구력이 크며 먼 거리에 큰 동력을 전달 할 수 있다.
  ② 섬유 로프 : 목면 로프와 대마 로프가 있으며, 목면은 연하고, 대마는 강하다.

(3) 로프의 꼬임 종류
  ① 꼬임의 방향에 따라 : 오른 꼬임(Z 꼬임) 왼 꼬임(S 꼬임)
  ② 가닥과 로프의 꼬인 방향에 따라 : 보통 꼬임, 랭 꼬임

## 10 그 밖의 기계 요소

### 가. 스프링

(1) 스프링의 종류
  ① 재료에 의한 분류 : 금속 스프링(강철, 인청동, 황동). 비금속 스프링(고무, 합성수지), 유체 스프링(공기, 물, 기름) 등이 있다.
  ② 하중에 의한 분류 : 인장, 압축, 토오션 바아 스프링 등이 있다.
  ③ 모양에 의한 분류 : 코일 스프링, 판 스프링, 스파이럴 스프링, 비틀림 막대스프링 등이 있다.

(2) 스프링의 재료 및 용도

① 재료 : 스프링 재료는 탄성계수와 피로한도가 커야하며, 또한 크리프 한도도 높아야 한다. 재료는 스프링강, 피아노 선재, 인청동 등이 있으며, 규격은 KS로 규정되어 있다.

② 스프링의 용도

㉮ 진동 또는 탄성 에너지를 흡수한다.(열차의 완충 스프링 등)

㉯ 에너지 저축 및 측정(시계 태엽, 저울)

㉰ 압력의 제한(안전 밸브) 및 침의 측정(압력 게이지)

㉱ 기계의 부품의 운동 제한 및 운동 전달(내연 기관의 밸브 스프링)

(3) 스프링의 용어

① 지름 : 소선의 지름: d,  코일의 평균 지름 : D,  코일의 내경 : D1,  코일의 외경 : D2

② 스프링의 종횡비(k) : $k = \dfrac{코일의 평균지름}{자유높이} = \dfrac{D}{H}$

③ 피치(P) : 서로 이웃하는 소선의 중심간 거리

④ 코일의 감김 수

㉮ 총 감김 수 : 코일 끝에서 끝까지의 감김 수

㉯ 유효 감김 수 : 스프링의 기능을 가진 부분의 감김 수

㉰ 자유 감김 수 : 무하중 일 때 압축 코일 스프링의 소선이 서로 접하지 않는 부분

⑤ 스프링 지수(C) : $C = \dfrac{코일의 평균지름}{소선의 지름} = \dfrac{D}{d}$

⑥ 스프링 상수(k) : $k = \dfrac{하중(kg)}{휨(mm)} = \dfrac{W}{\delta}$

병렬연결  $k = k_1 + k_2$     직렬연결  $k = \dfrac{1}{\dfrac{1}{k_1} + \dfrac{1}{k_2}}$

## 나. 파이프

(1) 파이프의 종류

① 주철관 (cast iron pipe) : 이음매가 없으며, 압력 $7 \sim 10 kg/cm^2$ 미만에 사용한다.

② 강관 (steel pipe) : 이음매 없는 강관(seamless steel pipe)은 보통 압력 $300 kg/cm^2$ 미만에 사용하며, 이어 만든 강관(seamed steel pipe)은 단접, 용접, 리벳으로 이어서 만든다.

③ 가스관 (gas pipe) : 가스, 물, 증기, 석유 등의 수송에 사용하며, 양끝은 관용 나사로 되어 있다.

④ 구리관 및 황동관 : 이음매 없는 관으로 휨성이 좋고 내식성이 우수하다.

⑤ 납관(lead pipe) : 내산성, 휨성이 풍부하여 상수도, 가스, 산 알칼리의 수송 및 폐수용에 사용된다.

⑥ 플렉시블 관(flexible pipe) : 강철, 구리, 알루미늄등의 얇은 판으로 만든 것으로 구부리기가 쉬워 물, 기름 등의 수송 및 전선 보호, 신축 이음용으로 이용된다.

⑦ 합성 수지관 (synthetic resin pipe) : 염화비닐 등의 합성수지로 만든 관으로 휨성, 내식성은 풍부하나 내열성이 나쁘다.

### (2) 파이프의 도시 기호 및 방법

① 파이프 (pipe) : 하나의 실선으로 표시하고 같은 도면내에는 같은 굵기로 나타낸다.

② 유체의 종류 기호 : 유체의 종류 기호를 나타낼 때는 다음 표와 같이 나타내고 유체와 관을 표시 할 때는 그림과 같다.

[유체의 종류 기호]

| 유체의 종류 | 글자기호 |
|---|---|
| 공기 | A(air) |
| 가스 | G(gas) |
| 유류 | O(oil) |
| 수증기 | S(steam) |
| 물 | W(water) |
| 증기 | V(vapor) |

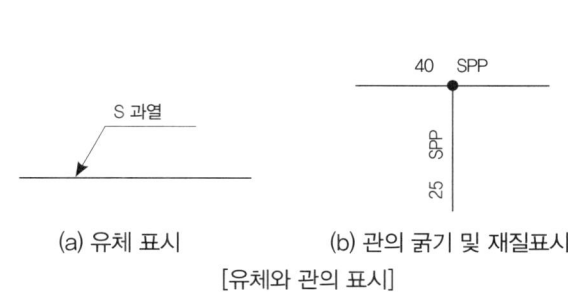

(a) 유체 표시   (b) 관의 굵기 및 재질표시

[유체와 관의 표시]

③ 관의 굵기 표시 : 관의 굵기 표시는 관 도시선 위에 나타내는 것이 원칙이며 관의 굵기 표시 문자, 관의 종류, 재질 등을 표시한다. 굵기 표시는 강관은 내경으로 표시하며, 스테인레스 강관과 동관은 외경으로 나타낸다.

④ 계기(gauge) : 계기의 종류를 나타낼 때에는 기호 안에 글자 기호 (압력계는 P, 온도계는 T, 유량계 F)를 기입한다.

⑤ 파이프 이음의 도시

[파이프 이음의 도시기호]

| 이음의 종류 | 도시 기호 | 이음의 종류 | 도시 기호 |
|---|---|---|---|
| 일반 | ─┼─ | 엘보 또는 밴드 | |
| 플랜지형 | ─╫─ | T | |
| 턱걸이형 | ─⊂─ | 크로스 | |

| 이음의 종류 | 도시 기호 | 이음의 종류 | 도시 기호 |
|---|---|---|---|
| 유니언형 | | 신축관이음 | |
| 막힘 플랜지형 | | | |

## 다. 밸브

### (1) 개요

파이프 속을 흐르는 유체의 유량, 압력, 온도를 제어하기 위하여 사용된다.

### (2) 밸브의 종류

① 스톱 밸브(stop valve) : 파이프의 입구와 출구가 일직선상에 있는 글로브 밸브(globe valve)와 직각으로 되어 있는 앵글 밸브(angle valve)가 있으며, 밸브는 밸브 시이트에 대하여 수직 방향으로 움직인다.

② 슬루스 밸브 (sluice valve) : 밸브가 파이프 축에 대하여 직각 방향으로 개폐되는 밸브로써 대형 밸브로 사용한다.

③ 콕 (cock) : 콕은 파이프의 구멍에 직각으로 박힌 원뿔 모양의 마개를 돌려서 유체의 통로를 개폐하는 장치이다.

④ 체크 밸브 (check valve) : 유체를 한 방향으로만 흐르게 하여 역류를 방지하는데 사용한다.

⑤ 안전 밸브 (safety valve) : 압력용기의 압력이 규정 압력보다 높아지면 밸브가 열려 사용 압력을 조절 하는데 사용된다.

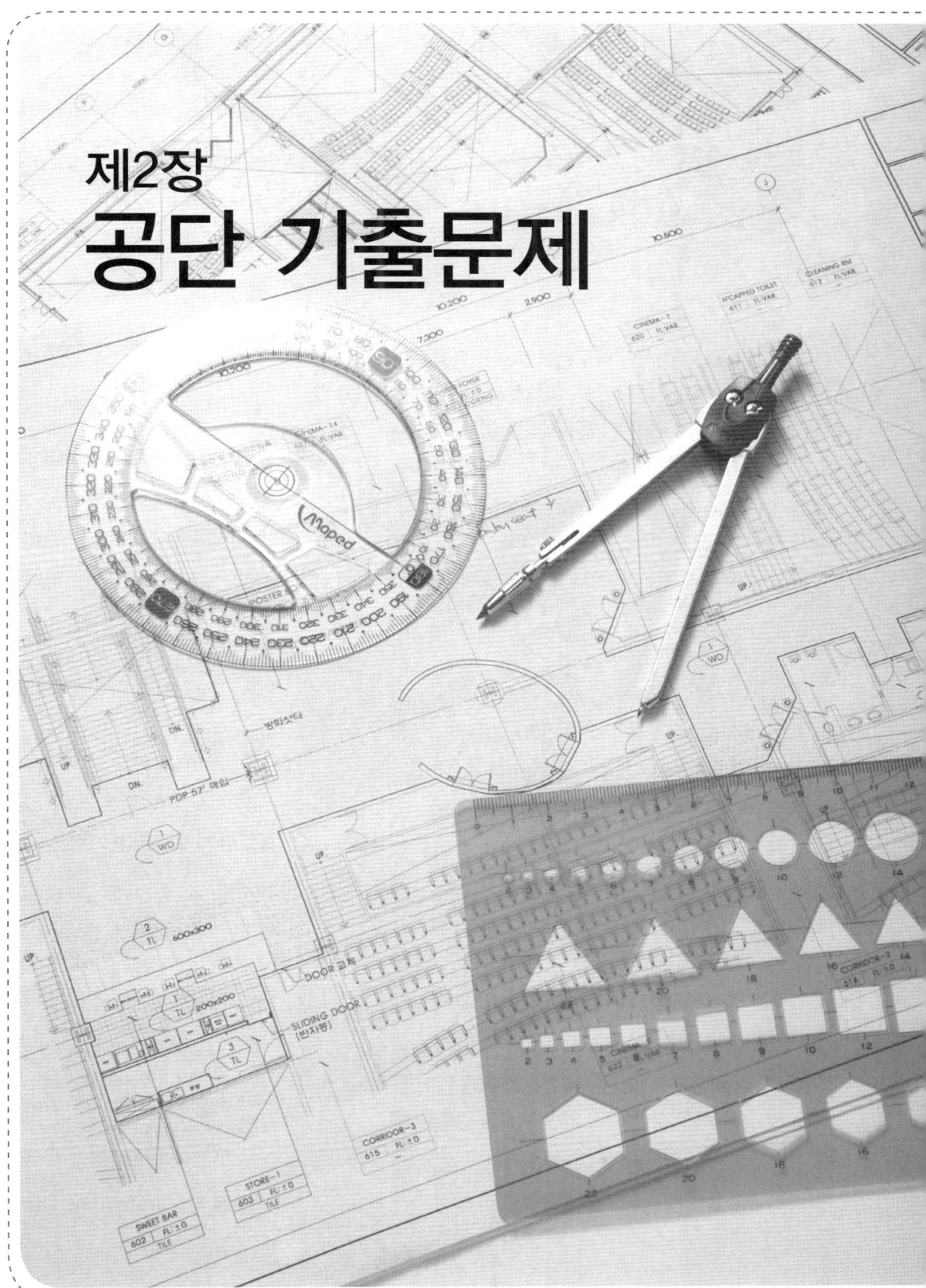

# 제2장
# 공단 기출문제

# 공단 기출문제_2012년 1회

**01** Al-Si 계 합금인 실루민의 주조 조직에 나타나는 Si의 거친 결정을 미세화시키고 강도를 개선하기 위하여 개량 처리를 하는 데 사용되는 것은?

㉮ Na
㉯ Mg
㉰ Al
㉱ Mn

> 1930년대 실루민에 0.1%의 나트륨(Na)을 가하면 조직이 미세해 진다는 것이 발견되었다. 이것을 개량 처리라고 하고, 반드시 이러한 처리를 거친 후 사용한다.

**02** 금속을 상온에서 소성 변형시켰을 때, 재질이 경화되고 연신율이 감소하는 현상은?

㉮ 재결정
㉯ 가공 경화
㉰ 고용 강화
㉱ 열변형

> 상온에서 소성 변형을 시켰다는 말은 가열하지 않은 상태에서의 가공, 즉 냉간 가공을 의미한다. 금속을 냉간 가공하면 가공 경화가 일어난다.

**03** 강을 충분히 가열한 후 물이나 기름 속에 급랭시켜 조직 변태에 의한 재질의 경화를 주목적으로 하는 것은?

㉮ 담금질
㉯ 뜨임
㉰ 풀림
㉱ 불림

> 담금질 : 강의 강도, 경도를 증가시키는 목적으로 가열 후 급랭한다.

**04** 공구강의 구비 조건 중 틀린 것은?

㉮ 강인성이 클 것
㉯ 내마모성이 작을 것
㉰ 고온에서 경도가 클 것
㉱ 열처리가 쉬울 것

> 공구강의 구비 조건
> • 강인성이 있을 것
> • 내마멸성이 높을 것
> • 성형하기 쉬울 것
> • 고온에서 경도가 클 것. 내마멸성이 낮으면 빨리 닳아 없어진다.

**05** 황동의 자연 균열 방지책이 아닌 것은?

㉮ 수은
㉯ 아연 도금
㉰ 도료
㉱ 저온풀림

> 황동의 자연 균열은 수은용액에 황동을 넣으므로 발견되었다. 즉, 수은은 자연 균열을 일으키는 원인이 되며 저올풀림(200~250℃)으로 방지한다. 그 외 아연도금, 도료 등이 있다. 냉간 가공에 의해 내부 응력이 존재하는 미량의 암모니아와 접촉되면 입간 부식에 의한 균열이 일어나며 내부 응력이 제거된다. 이러한 균열을 응력 부식 균열(stress corrosion cracking) 또는 자연 균열(season cracking)이라고 한다.

**06** 다음 합성수지 중 일명 EP라고 하며, 현재 이용되고 있는 수지 중 가장 우수한 특성을 지닌 것으로 널리 이용되는 것은?

㉮ 페놀 수지
㉯ 폴리에스테르 수지
㉰ 에폭시 수지
㉱ 멜라민 수지

> 에폭시 수지(Epoxy) : 둘 또는 그 이상의 에폭시기를 가지는 저분자량 중합체로부터 만들어지는 강력학 접착제. 내약품성이 좋아 도료 등에도 쓰인다.

**07** 스텔라이트계 주조경질합금에 대한 설명으로 틀린 것은?

㉮ 주성분이 Co이다.
㉯ 단조품이 많이 쓰인다.
㉰ 800℃ 까지의 고온에서도 경도가 유지된다.
㉱ 열처리가 불필요하다.

> 주조경질합금(스텔라이드) : Co+Cr+W를 금형에서 주조하여 연마한 것으로, 공구용 합금강으로 사용한다.

**08** 기계 요소 부품 중에서 직접 전동용 기계 요소에 속하는 것은?

㉮ 벨트
㉯ 기어
㉰ 로프
㉱ 체인

> 전동용 기계 요소란 동력을 전달하는 기계 요소라는 말이다. 벨트, 로프, 체인은 스프로킷을 이용하는 간접 전동용 기계 요소이다.

**09** 수나사의 호칭 치수는 무엇을 표시하는가?

㉮ 골지름
㉯ 바깥지름
㉰ 평균 지름
㉱ 유효 지름

**10** 다음 나사 중 백래시를 작게 할 수 있고 높은 정밀도를 오래 유지할 수 있으며 효율이 가장 좋은 것은?

㉮ 사각 나사
㉯ 톱니 나사
㉰ 볼 나사
㉱ 둥근 나사

> 볼 나사 : 마찰이 매우 적어 공작 기계의 수치 제어용으로 사용

**11** 다음 중 핀(Pin)의 용도가 아닌 것은?

㉮ 핸들과 축의 고정
㉯ 너트의 풀림 방지
㉰ 볼트의 마모 방지
㉱ 분해 조립할 때 조립할 부품의 위치 결정

> 핀 : 기계부품을 조립하거나 위치를 결정할 때 사용

**12** 다음 스프링 중 나비가 좁고 얇은 긴 보의 형태로 하중을 지지하는 것은?

㉮ 원판 스프링
㉯ 겹판 스프링
㉰ 인장 코일 스프링
㉱ 압축 코일 스프링

**13** 지름이 6cm인 원형단면의 봉에 500kN의 인장 하중이 작용할 때 이 봉에 발생되는 응력은 약 몇 N/mm²인가?

㉮ 170.8  ㉯ 176.8
㉰ 180.8  ㉱ 200.8

📖 $\sigma = \dfrac{W}{A} = \dfrac{500 \times 10^3}{\dfrac{\pi}{4} \times 60^2} = 176.8$

**14** 평 벨트 풀리의 구조에서 벨트와 직접 접촉하여 동력을 전달하는 부분은?

㉮ 림  ㉯ 암
㉰ 보스  ㉱ 리브

📖 • 림 : 벨트와 직접 접촉하여 동력 전달
• 암 : 보스와 림을 연결
• 보스 : 축을 감싸고 있는 부분

**15** 회전하고 있는 원동 마찰차의 지름이 250mm이고 종동차의 지름이 400mm일 때 최대 토크는 몇 N·m인가?(단, 마찰차의 마찰계수는 0.2이고 서로 밀어 붙이는 힘은 2kN이다.)

㉮ 20  ㉯ 40
㉰ 80  ㉱ 160

📖 밀어 붙이는 힘을 P[N], 마찰력을 Q[N], 마찰 계수를 μ라고 하면,

$Q = \mu P = 0.2 \times 2000 = 400 N$

$T = \dfrac{QD}{2} = \dfrac{400 \times 0.4}{2} = 80 N \cdot m$

**16** 바이트에서 칩 브레이커를 만드는 이유는?

㉮ 선반에서 바이트의 강도를 높이기 위하여

㉯ 작업자 안전을 위해 칩을 짧게 끊기 위하여

㉰ 바이트와 공작물의 마찰을 적게 하기 위하여

㉱ 절삭 속도를 빠르게 하기 위하여

📖 칩 브레이커 : 칩이 일정 길이 이상이 되지 못하도록 잘라 주는 역할을 하는 것

**17** 보링 머신에 의한 작업으로 적합하지 않은 것은?

㉮ 리밍
㉯ 태핑
㉰ 드릴링
㉱ 기어 가공

📖 보링 머신의 작업
• 보링(정밀 구멍다듬질)
• 구멍 뚫기
• 엔드밀 가공
• 바깥지름 가공

**18** 다음 중 윤활제의 구비 조건이 아닌 것은?

㉮ 온도 변화에 따른 점도의 변화가 클 것
㉯ 한계 윤활 상태에서 견딜 수 있는 유성이 있는 것
㉰ 산화나 열에 대하여 안정성이 높을 것
㉱ 화학적으로 불활성이며 깨끗하고 균질할 것

📖 윤활제의 구비 조건
• 사용 상태에서 충분한 점도를 유지할 것
• 한계 윤활 상태에서 견딜 수 있는 유성이 있을 것
• 산화나 열에 대하여 안정성이 높을 것
• 화학적으로 불활성이며 깨끗하고 균질할 것

**19** 밀링 분할법의 종류에 해당되지 않은 것은?

㉮ 직접 분할법
㉯ 단식 분할법
㉰ 차동 분할법
㉱ 미분 분할법

해설 밀링 분할법
• 직접 분할법
• 단식 분할법
• 차동 분할법

**20** 해머 작업을 할 때의 안전 사항 중 틀린 것은?

㉮ 손을 보호하기 위하여 장갑을 낀다.
㉯ 파편이 튀지 않도록 칸막이를 한다.
㉰ 보호안경을 착용한다.
㉱ 해머의 끝 부분이 빠지지 않도록 쐐기를 한다.

해설 장갑을 끼거나 기름 묻은 손으로 자루를 잡지 않는다.

**21** CNC공작 기계의 서보 기구 중 서보 모터에서 위치와 속도를 검출하여 피드백시키는 방식으로 일반적인 CNC공작 기계에 가장 많이 사용되는 방식은?

㉮ 개방 회로 방식
㉯ 반폐쇄 회로 방식
㉰ 폐쇄 회로 방식
㉱ 복합 회로 서보 방식

해설 • 개방 회로 : 피드백 없음
• 폐쇄 회로 : 테이블에서 피드백 받음
• 반폐쇄 회로 : 서보 모터에서 피드백 받음

**22** 다음 중 센터리스 연삭기는 어느 종류에 속하는가?

㉮ 나사 연삭기
㉯ 평면 연삭기
㉰ 외경 연삭기
㉱ 성형 연삭기

해설 센터리스 연삭기 : 센터 구멍이 필요 없고 중공의 원통과 긴 축 재료의 연삭이 가능하며 작업자의 숙련이 필요 없다.

**23** 그림과 같은 사인 바(sine bar)를 이용한 각도 측정에 대한 설명으로 틀린 것은?

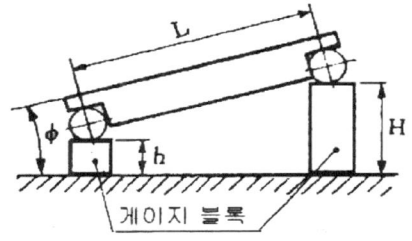

㉮ 게이지 블록 등을 병용하고 3각함수 사인(sine)을 이용하여 각도를 측정하는 기구이다.
㉯ 사인 바는 롤러의 중심 거리가 보통 100mm 또는 200mm로 제작한다.
㉰ 45°보다 큰 각을 측정할 때에는 오차가 적어진다.
㉱ 정반 위에서 정반면과 사인봉과 이루는 각을 표시하면 $\sin\varphi=(H-h)/L$ 식이 성립한다.

해설 사인 바의 경우 45°보다 큰 각은 오차가 커져서 측정하지 않는다.

**24** 나사를 조일 때 드라이버를 안전하게 사용하는 방법으로 틀린 것은?

㉮ 날 끝이 홈의 나비와 길이보다 작은 것을 사용한다.
㉯ 날 끝은 이가 빠지거나 둥그렇게 된 것을 사용 않는다.
㉰ 나사를 조일 때 나사 탭 구멍에 수직으로 대고 한 손으로 가볍게 잡고 작업한다.
㉱ 용도 외에 다른 목적으로 사용하지 않는다.

　해설　날 끝의 크기가 홈의 크기와 같은 것을 사용해야 한다.

**25** 일반적으로 슈퍼피니싱의 가공액으로 사용되지 않는 것은?

㉮ 경유　　㉯ 스핀들유
㉰ 동물성유　㉱ 기계유

　해설　슈퍼피니싱 : 미세하고 연한 숫돌입자를 일감의 표면에 낮은 압력으로 접촉시키면서 매끈하고 고밀도의 표면으로 일감을 다듬는 가공 방법으로 광유(경유, 스핀들유, 기계유 등)을 사용

**26** 다음 기계 요소 중 길이 방향으로 단면할 수 있는 부품으로 묶은 것은?

㉮ 리브, 바퀴의 암, 기어의 이
㉯ 볼트, 너트, 작은 나사
㉰ 축, 핀, 리벳, 키
㉱ 부시, 칼라, 베어링

　해설　부시, 칼라, 베어링의 외륜과 내륜은 길이 방향으로 단면하여 나타낼 수 있다.

**27** 다음과 같이 기하 공차가 기입되었을 때 설명으로 틀린 것은?

| // | 0.01 | A |

㉮ 0.01은 공차값이다.
㉯ //은 모양 공차이다.
㉰ //은 공차의 종류 기호이다.
㉱ A는 데이텀을 지시하는 문자 기호이다.

　해설　//는 평행도 공차로서 자세 공차에 속한다. 모양 공차에는 진직도, 평면도, 진원도, 원통도 등이 있다.

**28** 부분 확대도의 도시 방법으로 틀린 것은?

㉮ 특정한 부분의 도형이 작아서 그 부분을 확대하여 나타내는 표현 방법이다.
㉯ 확대할 부분을 굵은 실선으로 에워싸고 한글이나 알파벳 대문자로 표시한다.
㉰ 확대도에는 치수 기입과 표면 거칠기를 표시할 수 있다.
㉱ 확대한 투상도 위에 확대를 표시하는 문자 기호화 척도를 기입한다.

　해설　확대할 부분은 가는 실선으로 에워싸야 한다.

**29** 다음 그림에서 부품 ①의 공차와 부품 ②의 공차가 순서대로 바르게 나열된 것은?

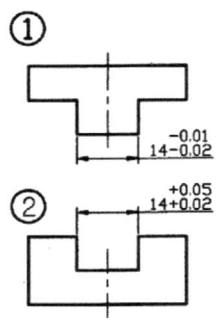

㉮ 0.01, 0.02
㉯ 0.01, 0.03
㉰ 0.03, 0.03
㉱ 0.03, 0.07

해설 ①의 공차 13.99 − 13.98 = 0.01
②의 공차 14.05 − 14.02 = 0.03

**30** 끼워 맞춤 방식에서 축의 지름이 구멍의 지름보다 큰 경우 조립 전 두 지름의 차를 무엇이라고 하는가?

㉮ 죔새
㉯ 틈새
㉰ 공차
㉱ 허용차

해설 축의 지름이 구멍의 지름보다 크면 억지 끼워 맞춤이며 항상 죔새가 생긴다. 반대로 경우는 헐거운 끼워 맞춤이며 항상 틈새가 생긴다.

**31** IT 기본 공차에 대한 설명으로 틀린 것은?

㉮ IT 기본 공차는 치수 공차와 끼워 맞춤에 있어서 정해진 모든 치수 공차를 의미한다.
㉯ IT 기본 공차의 등급은 IT01부터 IT18까지 20등급으로 구분되어 있다.
㉰ IT 공차 적용시 제작의 난이도를 고려하여 구멍에는 $IT_{n-1}$, 축에는 $IT_n$을 부여한다.
㉱ 끼워 맞춤 공차를 적용할 때 구멍일 경우 IT6~IT10이고, 축일 때에는 IT5~IT9 이다.

해설 구멍에는 $IT_n$, 축에는 $IT_{n-1}$을 부여한다.

**32** 제3각법으로 표시된 다음 정면도와 측면도를 보고 평면도에 해당하는 것은?

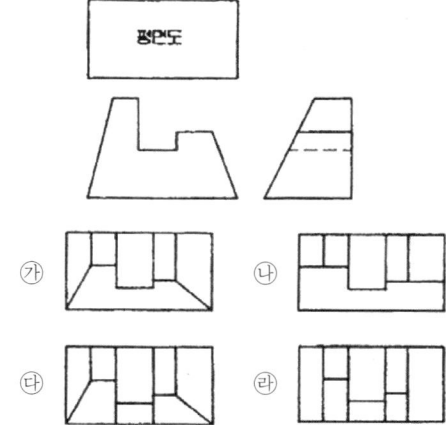

**33** 다음 설명 중 반지름 치수 기입 방법으로 옳은 것은?

㉮ 반지름 치수를 표시할 때에는 치수선의 양쪽에 화살표를 모두 붙인다.
㉯ 화살표나 치수를 기입할 여유가 없을 경우에는 중심 방향으로 치수선을 연장하여 긋고 화살표를 붙인다.
㉰ 반지름이 커서 그 중심 위치까지 치수선을 그을 수 없을 때에는 자유 실선을 원호 쪽에 사용하여 치수를 표기한다.
㉱ 반지름 치수는 중심을 반드시 표시하여 기입해야 한다.

해설 • 반지름 치수는 치수선의 한쪽에만 화살표를 붙인다.
• 반지름 치수는 중심을 반드시 표시할 필요는 없다.
• 반지름의 치수선은 항상 중심을 향하여 긋는다.

**34** 도면을 접어서 사용하거나 보관하고자 할 때 앞부분에 나타내어 보이도록 하는 부분은?

㉮ 부품 번호가 있는 부분
㉯ 표제란이 있는 부분
㉰ 조립도가 있는 부분
㉱ 도면이 그려지지 않은 뒷면

> 도면을 접어서 보관할 경우는 A4 크기로 접어야 하며 표제란이 보이도록 한다.

**35** 스케치를 할 물체의 표면에 광명단을 얇게 칠하고 그 위에 종이를 대고 눌러서 실제의 모양을 뜨는 스케치 방법은?

㉮ 프린트법
㉯ 모양뜨기 방법
㉰ 프리핸드법
㉱ 사진법

> • 프리핸드법 : 자나 컴퍼스를 쓰지 않고 용지에 직접 그리는 방법
> • 프린트법 : 스케치할 물체의 표면에 광명단이나 스탬프 등을 얇게 칠하여 실제의 모양을 찍어내는 방법

**36** 제거 가공 또는 다른 방법으로 얻어진 가공 전의 상태를 그대로 남겨두는 것만을 지시하기 위한 기호는?

㉮    ㉯
㉰          ㉱

> ㉮ : 제거 가공을 해서는 안 된다.
> ㉯ : 제거 가공의 필요여부를 문제 삼지 않는다.
> ㉰ : 제거 가공을 필요로 한다.

**37** 다음 등각도를 제3각법으로 투상할 때 평면도로 맞는 것은?

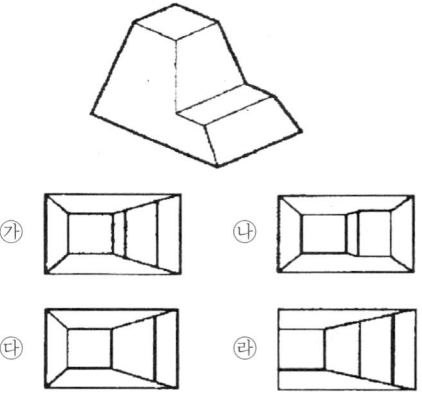

**38** 치수 보조 기호의 SØ는 무엇을 나타내는가?

㉮ 표면
㉯ 구의 반지름
㉰ 피치
㉱ 구의 지름

> S는 sphere의 약자이다.

**39** KS B 0001에 규정된 도면의 크기에 해당하는 A열 사이즈의 호칭에 해당 되지 않는 것은?

㉮ A0         ㉯ A3
㉰ A5         ㉱ A1

> • A0 : 841×1189
> • A1 : 594×841
> • A2 : 420×594
> • A3 : 297×420
> • A4 : 210×297
> 도면의 높이와 길이의 비는 1 : $\sqrt{2}$ 이며 A0의 넓이는 1m²

**40** 다음 그림은 표면 거칠기의 지시이다. 면의 지시 기호에 대한 지시 사항에서 D의 위치에 나타내는 것은?

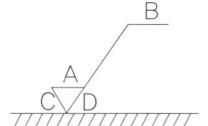

㉮ 표면 파상도
㉯ 줄무늬 방향 기호
㉰ 다듬질 여유 기입
㉱ 중심선 평균 거칠기 값

> • A : 산술 평균 거칠기 값
> • B : 가공 방법의 문자 또는 기호
> • D : 줄무늬 방향 기호
> • E : 다듬질 여유

**41** 가는 실선을 사용하는 선의 용도에 해당하지 않는 것은?

㉮ 기호 및 지시 사항을 기입하기 위하여 끌어내는 데 쓰인다.
㉯ 도형의 중심선을 간략하게 표시하는 데 쓰인다.
㉰ 수면, 유면 등의 위치를 명시하는 데 쓰인다.
㉱ 도시된 단면의 앞쪽에 있는 부분을 표시하는 데 쓰인다.

> 도시된 단면의 앞쪽을 표현할 때는 가는 2점 쇄선을 이용한 가상선을 사용한다.

**42** 다음 선의 용도에 의한 명칭 중 선의 굵기가 다른 것은?

㉮ 치수선                ㉯ 지시선
㉰ 외형선                ㉱ 치수보조선

> 외형선은 굵은 실선을 사용하며 나머지는 모두 가는 실선을 사용한다.

**43** 다음 도면에서 표현된 단면도로 모두 맞는 것은?

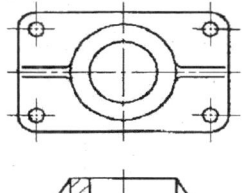

㉮ 전단면도, 한쪽 단면도, 부분 단면도
㉯ 한쪽 단면도, 부분 단면도, 회전 도시 단면도
㉰ 부분 단면도, 회전 도시 단면도, 계단 단면도
㉱ 전단면도, 한쪽 단면도, 회전 도시 단면도

> 좌우대칭인 물체를 중심선을 기준으로 한쪽만 단면한 한쪽단면도를 사용하였으며 리브 부위에 회전 도시 단면도, 오른쪽 구멍 부위에 부분 단면도를 사용하였다.

**44** 정면, 평면, 측면을 하나의 투상면 위에서 동시에 볼 수 있도록 그린 도법은?

㉮ 보조 투상도          ㉯ 단면도
㉰ 등각 투상도          ㉱ 전개도

> 등각 투상도 : 물체의 세면을 동시에 볼 수 있도록 그리는 제도 기법이다. 직각으로 만나는 3개의 모서리가 각각 120°를 이룬다.

**45** 모양, 자세, 위치의 정밀도를 나타내는 종류와 기호를 바르게 나타낸 것은?

㉮ 진원도 : ⌀
㉯ 동축도 : ⌖
㉰ 원통도 : ○
㉱ 직각도 : ⊥

📖 ㉮ : 원통도 ㉯ : 위치도 ㉰ : 진원도

**46** 스프로킷 휠의 도시법에 대한 설명으로 틀린 것은?

㉮ 바깥지름은 굵은 실선, 피치원은 가는 1점 쇄선으로 도시한다.
㉯ 이뿌리원을 축에 직각인 방향에서 단면 도시할 경우에는 가는 실선으로 도시한다.
㉰ 이뿌리원은 가는 실선으로 도시하나 기입을 생략해도 좋다.
㉱ 항목표에는 원칙적으로 이의 특성에 관한 사항과 이의 절삭에 필요한 치수를 기입한다.

📖 ㉯의 경우 굵은 실선으로 그린다.

**47** 나사의 각 부를 표시하는 선에 대한 설명으로 틀린 것은?

㉮ 수나사의 바깥지름과 암나사의 안지름은 굵은 실선으로 그린다.
㉯ 수나사와 암나사의 골을 표시하는 선은 굵은 실선으로 그린다.
㉰ 완전 나사부와 불완전 나사부의 경계선은 굵은 실선으로 그린다.
㉱ 가려서 보이지 않는 나사부는 파선으로 그린다.

📖 수나사와 암나사의 골은 가는 실선으로 그린다.

**48** 나사의 종류를 나타내는 기호 중 틀린 것은?

㉮ R : 관용 테이퍼 수나사
㉯ S : 미니어처 나사
㉰ UNC : 유니파이 보통나사
㉱ TM : 29° 사다리꼴 나사

📖 TM은 30° 미터 사다리꼴 나사이다.

**49** 배관도의 치수 기입 요령으로 틀린 것은?

㉮ 치수는 관, 관 이음, 밸브의 입구 중심에서 중심까지의 길이로 표시한다.
㉯ 관이나 밸브 등의 호칭 지름은 관선 밖으로 지시선을 끌어내어 표시한다.
㉰ 설치 이유가 중요한 장치에서는 단선 도시 방법을 이용한다.
㉱ 관의 끝 부분에 왼나사를 필요로 할 때에는 지시선으로 나타내어 표시한다.

📖 배관도에서 설치 이유가 중요한 장치는 복선 도시 방법으로 배관도를 그린다.

**50** 스퍼 기어를 축 방향으로 단면 투상할 경우 도시방법으로 틀린 것은?

㉮ 이끝원은 굵은 실선으로 그린다.
㉯ 피치원은 가는 1점 쇄선으로 그린다.
㉰ 이뿌리원은 파선으로 그린다.
㉱ 맞물리는 한 쌍의 기어의 이끝원은 굵은 실선으로 그린다.

📖 이뿌리원은 가는 실선으로 그린다.

**51** 맞물리는 한 쌍의 평기어에서 모듈이 2이고 잇수가 각각 20, 30일 때 두 기어의 중심거리는?

㉮ 30mm
㉯ 40mm
㉰ 50mm
㉱ 60mm

$D_1 = m \cdot Z_1 = 2 \times 20 = 40$
$D_2 = m \cdot Z_2 = 2 \times 30 = 60$
$C = \dfrac{D_1 + D_2}{2} = \dfrac{40 + 60}{2} = 50$

**52** 테이퍼 핀의 호칭 지름은 표시하는 부분은?

㉮ 핀의 큰 쪽 지름
㉯ 핀의 작은 쪽 지름
㉰ 핀의 중간 부분 지름
㉱ 핀의 작은 쪽 지름에서 전체의 1/3 되는 부분

테이퍼 핀의 호칭지름은 작은쪽의 지름으로 표시한다.

**53** 코일 스프링의 제도 방법 중 맞는 것은?

㉮ 원칙적으로 하중이 걸린 상태로 그린다.
㉯ 그림 안에 기입하기 힘든 사항은 일괄하여 요목표에 표시한다.
㉰ 코일 스프링의 중간 부분을 생략할 때는 생략 부분을 파단선으로 긋는다.
㉱ 특별한 단서가 없는 한 모두 왼쪽 감기로 도시한다.

코일 스프링 제도법
• 도면에 기입하기 힘든 사항은 요목표에 표시한다.
• 원칙적으로 무하중 상태로 그린다.
• 생략도로 그릴 경우 생략 부분을 가는 2점 쇄선으로 표시한다.
• 간략도로 그릴 경우 재료의 중심선만을 굵은 실선으로 도시한다.

**54** 다음 그림에서 (가)부의 용접은 어떤 자세로 작업하는가?

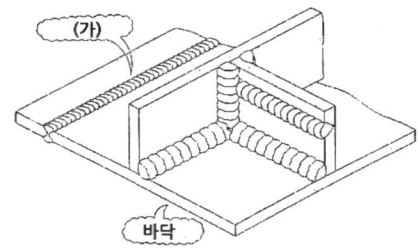

㉮ 수평 자세
㉯ 수직 자세
㉰ 아래보기 자세
㉱ 위보기 자세

**55** 축을 제도하는 방법을 설명한 것이다. 틀린 것은?

㉮ 긴 축은 단축하여 그릴 수 있고 길이는 실제 길이를 기입한다.
㉯ 축은 일반적으로 길이 방향으로 절단하여 단면을 표시한다.
㉰ 구석 라운드 가공부는 필요에 따라 확대하여 기입할 수 있다.
㉱ 필요에 따라 부분 단면은 가능하다.

축은 길이 방향으로 절단하여 단면도시하지 않는다.

**56** 베어링의 호칭 번호 6203Z에서 Z가 뜻하는 것은?

㉮ 한쪽 실드
㉯ 리테이너 없음
㉰ 보통 틈새
㉱ 등급 표시

해설
- 6 : 단열홈형(형식번호)
- 2 : 경하중형(치수번호)
- 03 : 안지름 17mm
- Z : 한쪽 실드

**57** 일반적인 CAD 시스템에서 사용되는 좌표계가 아닌 것은?

㉮ 직교 좌표계    ㉯ 타원 좌표계
㉰ 극 좌표계     ㉱ 구면 좌표계

해설
- 직교좌표계 : x, y, z
- 극 좌표계 : $r, \theta$
- 원통 좌표계 : $r, \theta, h$
- 구면 좌표계 : $\rho, \psi, \theta$

**58** 3차원 물체를 외부 형상 뿐만 아니라 내부 구조의 정보까지도 표현하여 물리적 성질 등의 계산까지 가능한 모델은?

㉮ 와이어 프레임 모델
㉯ 서피스 모델
㉰ 솔리드 모델
㉱ 엔티티 모델

해설 물리적 성질 등의 계산이 가능한 것은 솔리드 모델링이다.

**59** CAD 시스템의 출력 장치가 아닌 것은?

㉮ 스캐너
㉯ 그래픽 디스플레이
㉰ 프린터
㉱ 플로터

해설 스캐너는 입력 장치이다.

**60** 컴퓨터 시스템의 중앙 처리 장치 구성 요소가 아닌 것은?

㉮ 보조 기억 장치    ㉯ 제어 장치
㉰ 연산 장치       ㉱ 주기억 장치

해설 중앙 처리 장치(CPU) 구성 요소
- 제어 장치
- 연산 장치
- 주기억 장치

**ANSWER** 2012년 1회

| 01 | ㉮ | 02 | ㉯ | 03 | ㉮ | 04 | ㉯ | 05 | ㉮ |
| --- | --- | --- | --- | --- | --- | --- | --- | --- | --- |
| 06 | ㉰ | 07 | ㉯ | 08 | ㉯ | 09 | ㉯ | 10 | ㉰ |
| 11 | ㉰ | 12 | ㉯ | 13 | ㉮ | 14 | ㉮ | 15 | ㉰ |
| 16 | ㉯ | 17 | ㉰ | 18 | ㉮ | 19 | ㉱ | 20 | ㉮ |
| 21 | ㉯ | 22 | ㉰ | 23 | ㉮ | 24 | ㉮ | 25 | ㉮ |
| 26 | ㉱ | 27 | ㉯ | 28 | ㉯ | 29 | ㉯ | 30 | ㉮ |
| 31 | ㉰ | 32 | ㉯ | 33 | ㉯ | 34 | ㉯ | 35 | ㉰ |
| 36 | ㉮ | 37 | ㉮ | 38 | ㉮ | 39 | ㉰ | 40 | ㉯ |
| 41 | ㉱ | 42 | ㉯ | 43 | ㉰ | 44 | ㉮ | 45 | ㉱ |
| 46 | ㉯ | 47 | ㉯ | 48 | ㉱ | 49 | ㉯ | 50 | ㉰ |
| 51 | ㉰ | 52 | ㉮ | 53 | ㉯ | 54 | ㉰ | 55 | ㉯ |
| 56 | ㉮ | 57 | ㉯ | 58 | ㉰ | 59 | ㉮ | 60 | ㉮ |

# 공단 기출문제_2012년 2회

**01** 스프링강의 특성에 대한 설명으로 틀린 것은?

㉮ 항복강도와 크리프 저항이 커야 한다.
㉯ 반복 하중에 잘 견딜 수 있는 성질이 요구된다.
㉰ 냉간 가공 방법으로만 제조된다.
㉱ 일반적으로 열처리를 하여 사용한다.

🔍 **스프링강**
- 냉간 가공한 재료는 철사 스프링이나 얇은 판스프링에 사용
- 열간 가공한 재료는 판 스프링이나 코일 스프링에 사용

**02** 자기 감응도가 크고, 잔류자기 및 항자력이 작아 변압기 철심이나 교류 기계의 철심 등에 쓰이는 강은?

㉮ 자석강      ㉯ 규소강
㉰ 고 니켈강   ㉱ 고 크롬강

🔍 규소강 : Si(규소)를 5%까지 포함한 Fe-Si 합금. 0.35~0.70mm의 압연판은 전기 재료로써 변압기, 회전 기기의 철심으로 이용된다.

**03** 다음 중 황동에 납(pb)을 첨가한 합금은?

㉮ 델타메탈    ㉯ 쾌삭황동
㉰ 문쯔메탈    ㉱ 고강도 황동

🔍 
- 델타메탈 : 6·4황동에 Fe 1~2%를 함유한 것. 대기 해수에 대해 내식성이 크다.
- 쾌삭황동 : 피절삭 향상을 위하여 납을 0.5~3% 첨가한 황동이다.
- 문쯔메탈 : 6·4황동. 적열하면 단조할 수 있어 가단황동이라고 한다.

**04** 다음 중 내식용 알루미늄 합금이 아닌 것은?

㉮ 알민          ㉯ 알드레이
㉰ 하이드로날륨  ㉱ 라우탈

🔍 라우탈 : Al에 Cu 4%, Si 5%를 가한 주조용 알루미늄 합금으로 490~510℃로 담금질한 다음 120~145℃에서 16~48시간 뜨임을 하면 기계적 성질이 좋아진다. 자동차·항공기·선박 등의 부분품으로 사용된다.

**05** 황(S)이 함유된 탄소강의 적열취성을 감소시키기 위해 첨가하는 원소는?

㉮ 망간    ㉯ 규소
㉰ 구리    ㉱ 인

🔍 탄소강에서 황(S)은 적열취성의 원인이 되며 이것을 감소시키기 위해 망간(Mn)을 첨가한다.

**06** 다음 중 청동의 주성분 구성은?

㉮ Cu-Zn 합금    ㉯ Cu-Pb 합금
㉰ Cu-Sn 합금    ㉱ Cu-Ni 합금

🔍 청동은 구리(Cu)와 주석(Sn)의 합금이며, 황동은 구리(Cu)와 아연(Zn)의 합금이다.

**07** 불스 아이(bull's eye) 조직은 어느 주철에 나타나는가?

㉮ 가단 주철
㉯ 미하나이트 주철
㉰ 칠드 주철
㉱ 구상 흑연 주철

**해설** 불스 아이(bull's eye)
- 구상 흑연 주철의 현미경 조직에서 주철 중의 흑연이 완전히 구상되어 그 주위가 페라이트로 되어 있는 것을 불스아이라고 한다.
- 흑연이 황소의 눈과 비슷하다고 하여 이렇게 부르고 있다.

**08** 코터 이음에서 코터의 너비가 10mm, 평균 높이가 50mm인 코터의 허용 전단 응력이 20 N/mm²일 때, 이 코터 이음에 가할 수 있는 최대 하중(kN)은?

㉮ 10  ㉯ 20
㉰ 100  ㉱ 200

**해설** 코터 : 축 방향의 인장력 또는 압축력을 받는 2개의 봉의 연결에 이용한다. 코터는 전단되는 단면이 2곳이기 때문에 단면적이 2배이다.
코터의 전단 응력
$$\tau = \frac{W}{2bh} = \frac{W}{2 \times 10 \times 50} = 20\,(N/mm^2)$$에서
하중
W = 20000(N) = 20(kN)

**09** 다음 중 나사의 피치가 일정할 때 리드가 가장 큰 것은?

㉮ 4줄 나사  ㉯ 3줄 나사
㉰ 2줄 나사  ㉱ 1줄 나사

**해설** 리드(L) = 줄수(n) × 피치(p)

**10** 베어링의 호칭 번호가 608일 때, 이 베어링의 안지름은 몇 mm 인가?

㉮ 8  ㉯ 12
㉰ 15  ㉱ 40

**해설** 베어링 번호가 세 자리인 경우 는 세 번째 있는 숫자가 안지름이다. 608의 안지름 8mm이다.

**11** 표준 스퍼 기어의 잇수가 40개, 모듈이 3인 소재의 바깥지름(mm)은?

㉮ 120  ㉯ 126
㉰ 184  ㉱ 204

**해설**
- 피치원지름(pcd) = 잇수(z) × 모듈(m) = 40 × 3 = 120mm
- 바깥지름 = pcd + 2n = 120 + 2 × 3 = 126mm

**12** 기계 부분의 운동에너지를 열에너지나 전기 에너지 등으로 바꾸어 흡수함으로써 운동 속도를 감소시키거나 정지시키는 장치는?

㉮ 브레이크  ㉯ 커플링
㉰ 캠  ㉱ 마찰차

**해설**
- 브레이크 : 기계 운동 부분의 운동에너지를 다른 형태의 에너지로 바꾸는데 따라서 운동 부분의 속도를 감소 및 정지시키는 장치
- 커플링(Coupling) : 축과 축을 연결하기 위하여 사용되는 요소부품

**13** 다음 중 마찰차를 활용하기에 적합하지 않은 것은?

㉮ 속도비가 중요하지 않을 때
㉯ 전달할 힘이 클 때
㉰ 회전 속도가 클 때

㉣ 두 축 사이를 단속할 필요가 있을 때

> 해설 마찰차 : 접촉면의 마찰력에 의하여 동력을 전달하는 바퀴. 전달하여야 할 힘이 크지 않고 속도비가 중요시되지 않는 경우에 사용한다.

**14** 가위로 물체를 자르거나 전단기로 철판을 절단할 때 생기는 가장 큰 응력은?

㉮ 인장 응력
㉯ 압축 응력
㉰ 전단 응력
㉱ 집중 응력

> 해설 전단 응력 : 재료를 가위로 자르듯이 절단하는 하중에 생기는 응력

**15** 다음 나사 중 먼지, 모래 등이 들어가기 쉬운 곳에 사용되는 것은?

㉮ 둥근 나사
㉯ 사다리꼴 나사
㉰ 톱니 나사
㉱ 볼 나사

> 해설 둥근 나사(Round Thread) : 나사산의 단면이 원호모양으로 되어 있는 형태의 나사로서 모난 곳이 없으므로 먼지나 가루 따위가 나사부에 끼기 쉬운 곳에 사용

**16** 작업 중 정전이 되었을 때 취해야 할 사항 중 적당하지 않은 것은?

㉮ 절삭 공구를 가공물에서 떼어낸다.
㉯ 기계의 스위치를 끈다.
㉰ 그대로 전기가 올 때까지 기다린다.
㉱ 필요에 따라 메인 스위치도 끈다.

> 해설 작업 중 정전이 되었을 때는 기계의 스위치를 끈다.

**17** 다음 중 공작물과 절삭 공구가 직선 상대 운동을 반복하여 주로 평면을 절삭하는 공작기계에 해당하지 않는 것은?

㉮ 플레이너
㉯ 셰이퍼
㉰ 그라인더
㉱ 슬로터

> 해설 그라인더(연삭기) : 고속도로 회전하는 연삭숫돌을 사용해서 공작물의 면을 깎는 기계

**18** 드릴날을 연삭하여 사용할 경우 드릴 웨브(web)의 두께가 두꺼워져 절삭성이 저하된다. 절삭성을 좋게하기 위하여 웨브의 두께를 얇게 연삭해 주는 작업은?

㉮ 그라인딩(Grinding)
㉯ 드레싱(Dressing)
㉰ 시닝(Thinning)
㉱ 트루잉(Truing)

> 해설
> • 시닝(Thinning) : 구멍을 뚫을 때 절삭 저항의 추력을 작게 하기 위해서 에지를 원호상으로 갈아내는 것
> • 드레싱 : 숫돌 표면을 깎아 예리한 날을 가진 입자를 표면에 나타나게 하는 작업
> • 트루잉 : 숫돌 전체를 정확한 모양으로 수정하는 작업

**19** 연삭 작업에 대한 설명으로 맞는 것은?

㉮ 필요에 따라 규정 이상의 속도로 연삭한다.
㉯ 연삭숫돌 측면에 연삭하지 않는다.
㉰ 숫돌과 받침대는 항상 6mm 이내로 조정해야 한다.
㉱ 숫돌의 측면에는 안전커버가 필요 없다.

> 해설 숫돌과 받침대는 3mm 이내로 조정하여 안전을 위해 덮개를 설치한다.

**20** 가늘고 긴 일정한 단면 모양을 가진 많은 날을 가진 절삭 공구를 사용하여 1회 공정으로 가공이 완성되는 공작 기계는?

㉮ 밀링
㉯ 선반
㉰ 브로칭 머신
㉱ 셰이퍼

> 브로칭 머신 : 각종 브로치를 사용하여 공작물의 표면 또는 구멍의 내면에 여러 가지 형태의 절삭 가공을 실시하는 공작기계

**21** 선반 가공에서 내경이 큰 파이프의 바깥 원통면을 절삭할 때 사용되는 가장 적합한 맨드릴은?

㉮ 팽창식 맨드릴
㉯ 조립식 맨드릴
㉰ 표준 맨드릴
㉱ 테이퍼 맨드릴

> • 맨드릴 : 선반, 밀링 머신, 기어 커터 등에서 중앙에 구멍이 뚫려 있는 공작물을 가공할 때 그 구멍에 끼우는 심봉
> • 조립식 맨드릴 : 지름이 큰 가공물이거나 구멍의 지름이 여러 가지 종류로 다양한 경우에 사용

**22** 밀링에서 밀링 커터의 회전 방향과 가공물의 이송 방향이 반대인 절삭방법은?

㉮ 회전 절삭   ㉯ 섭동 절삭
㉰ 하향 절삭   ㉱ 상향 절삭

> 상향 절삭 : 밀링 절삭 때 공작물을 밀링의 회전 방향에 대하여 역방향으로 이송하면서 절삭하는 것으로, 같은 방향으로 이송하는 것은 하향 절삭이라고 한다.

**23** 탭(tab) 작업 시 탭이 부러지는 원인이 아닌 것은?

㉮ 핸들에 무리한 힘을 가할 때
㉯ 구멍이 클 때
㉰ 탭이 구멍 바닥에 부딪혔을 때
㉱ 탭이 경사지게 들어갔을 때

> 탭(Tap)
> • 손 작업 또는 기계에 장치하여 암나사를 만드는 공구
> • 구멍이 큰 것과 탭이 부러지는 원인과는 관계가 없다.

**24** N.P.L식 각도 게이지에 대한 설명과 관계가 없는 것은?

㉮ 쐐기형의 열처리된 블록이다.
㉯ 12개의 게이지를 한 조로 한다.
㉰ 조합 후 정밀도는 2~3초 정도이다.
㉱ 2개의 각도게이지를 조합할 때에는 홀더가 필요하다.

> NPL각도 게이지
> • 100 × 15mm의 강철제 블록으로 되어 있고 12개의 게이지를 한 조로 한다.
> • 홀더는 필요 없다.

**25** 다음 중 한계 게이지가 아닌 것은?

㉮ 게이지 블록
㉯ 봉 게이지
㉰ 플러그 게이지
㉱ 링 게이지

> 한계 게이지 : 구멍 또는 축의 최대 허용 치수의 측정 단면과 최소 허용 치수의 측정 단면을 가진 게이지

**26** 다음 중 한 도면에서 두 종류 이상의 선이 같은 장소에 겹치는 경우 가장 우선적으로 그려야할 선은?

㉮ 숨은선  ㉯ 무게중심선
㉰ 절단선  ㉱ 중심선

🔖 선의 우선순위 : 외형선 〉숨은선 〉절단선 〉중심선 〉무게중심선 〉치수보조선

**27** 다음 중 위치수 허용차가 "0"이 되는 IT 공차는?

㉮ js7  ㉯ g7
㉰ h7  ㉱ k7

🔖 • h7은 축 기준 공차로 위치수 허용차가 0이다.
• h7은 구멍 기준 공차로 아래치수 허용차가 0이다.

**28** 제거 가공을 허락하지 않는 면의 지시 기호는?

🔖 ㉮ 제거 가공을 필요로 할 경우
㉯ 절삭 등 제거 가공의 필요 여부를 문제 삼지 않을 경우

**29** 다음 중 KS에서 기계 부문을 나타내는 기호는?

㉮ KS A  ㉯ KS B
㉰ KS M  ㉱ KS X

🔖 ㉮ KS A : 기본  ㉯ KS B : 기계
㉰ KS M : 화학  ㉱ KS X : 정보산업

**30** 다음 중 도형의 스케치 방법과 관계가 먼 것은?

㉮ 프린트법  ㉯ 모양뜨기법
㉰ 프리핸드법  ㉱ 기호도시법

🔖 스케치 방법 : 프린트법, 모양뜨기법, 프리핸드법, 사진찍기 등

**31** 그림과 같은 면의 지시 기호에 대한 각 지시 사항의 기입 위치에 대한 설명으로 틀린 것은?

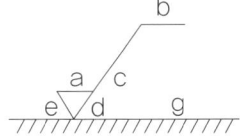

㉮ a : 표면 거칠기(Ra) 값
㉯ b : 줄무늬 방향의 기호
㉰ g : 표면 파상도
㉱ c : 가공 방법

🔖 c : 컷오프값, e : 다듬질 여유값

**32** 그림의 일부를 도시하는 것으로도 충분한 경우 필요한 부분만을 투상하여 그리는 그림과 같은 투상도는?

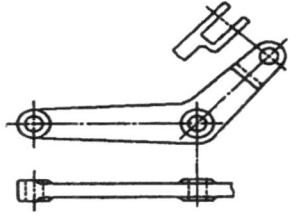

㉮ 특수 투상도  ㉯ 부분 투상도
㉰ 회전 투상도  ㉱ 국부 투상도

🔖 부분 투상도를 나타낸 것이다.

**33** 다음 축척의 종류 중 우선적으로 사용되는 척도가 아닌 것은?

㉮ 1 : 2  ㉯ 1 : 3
㉰ 1 : 5  ㉱ 1 : 10

- 축척 1:3은 잘 사용하지 않는 척도이다.
- 배척의 3:1척도는 KS 규격에는 없다.

**34** 45° 모떼기(chamfering)의 기호로 사용되는 것은?

㉮ H  ㉯ F
㉰ M  ㉱ C

C : 45° 모따기 기호

**35** 정 투상법의 제1각법에 의한 투상도의 배치에서 정면도의 위쪽에 놓이는 것은?

㉮ 우측면도  ㉯ 평면도
㉰ 배면도  ㉱ 저면도

정면도 위에는 저면도, 정면도 밑에는 평면도가 놓인다. 3각법과는 반대 위치이다.

**36** 치수 기입의 원칙에 대한 설명으로 틀린 것은?

㉮ 치수는 되도록 주 투상도에 집중한다.
㉯ 치수는 중복 기입을 할 수 있고 각 투상도에 고르게 치수를 기입한다.
㉰ 관련되는 치수는 되도록 한 곳에 모아서 기입한다.
㉱ 치수는 되도록 공정마다 배열을 분리하여 기입한다.

치수는 중복되지 않게 기입을 하며 되도록 한 곳에 모은다.

**37** 끼워 맞춤 공차가 Ø50H7/m6일 때 끼워맞춤의 상태로 알맞은 것은?

㉮ 구멍 기준식 중간 끼워 맞춤
㉯ 구멍 기준식 억지 끼워 맞춤
㉰ 구멍 기준식 헐거운 끼워 맞춤
㉱ 축 기준식 억지 끼워 맞춤

H7은 구멍 기준식이며 축의 공차 m6와의 관계는 중간 끼워 맞춤이다.

**38** 기하 공차 기호에서 은 무엇을 나타내는가?

㉮ 진원도  ㉯ 동축도
㉰ 위치도  ㉱ 원통도

**39** 어떤 물체를 제3각법으로 투상했을 때 평면도로 올바른 것은?

㉮ 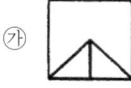  ㉯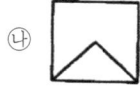

㉰ 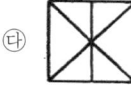  ㉱

**40** 길이 방향으로 단면하여 나타낼 수 있는 것은?

㉮ 기어(gear)의 이  ㉯ 볼트(bolt)
㉰ 강구(steel ball)  ㉱ 파이프(pipe)

파이프는 길이 방향으로 단면하여 보여 줄 수 있다.

**41** 다음 입체도에서 화살표 방향을 정면도로 했을 때 제3각법에 맞는 3면도는?

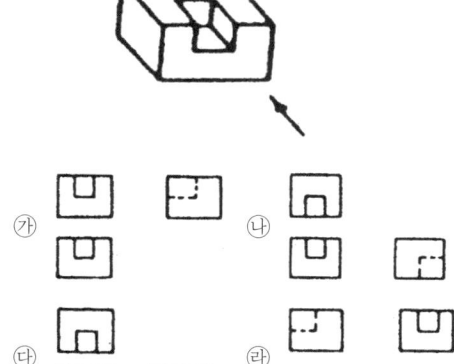

**42** 가상선의 용도로 맞지 않는 것은?

㉮ 인접 부분을 참고로 표시하는 데 사용
㉯ 도형의 중심을 표시하는 데 사용
㉰ 가공 전 또는 가공 후의 모양을 표시하는 데 사용
㉱ 도시된 단면의 앞쪽에 있는 부분을 표시하는 데 사용

> 도형의 중심을 표시하는 선은 중심선이며 선의 모양은 가는 1점 쇄선이다.

**43** 다음과 같은 치수가 있을 경우 끼워 맞춤의 종류로 맞는 것은?

|  | 구멍 | 축 |
|---|---|---|
| 최대 허용 치수 | 50.025 | 49.975 |
| 최소 허용 치수 | 50.000 | 49.950 |

㉮ 절대 끼워 맞춤
㉯ 억지 끼워 맞춤
㉰ 헐거운 끼워 맞춤
㉱ 중간 끼워 맞춤

> 구멍이 형상 큰 조건이므로 헐거운 끼워 맞춤이다.
> 최소틈새 = 구멍의 최소 − 축의 최대 = 50.000 − 49.975 = 0.025

**44** 다음 그림에서 나타내고 있는 기하 공차 기호의 설명으로 옳은 것은?

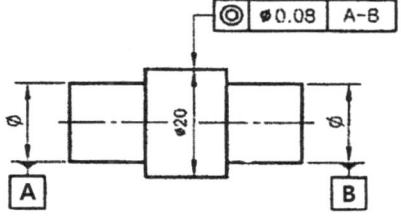

㉮ 데이텀 A−B를 기준으로 흔들림 공차가 지름 0.08mm의 원통 안에 있어야 한다.
㉯ 데이텀 A−B를 기준으로 동심도 공차가 지름 0.08mm의 두 평면 안에 있어야 한다.
㉰ 데이텀 A−B를 기준으로 동심도 공차가 지름 0.08mm의 원통 안에 있어야 한다.
㉱ 데이텀 A−B를 기준으로 원통도 공차가 지름 0.08mm의 두 평면 안에 있어야 한다.

> 동심도 공차를 나타낸 것이며 지름 0.08mm의 원통안에 있어야 한다.

**45** 다음의 두 투상도에 사용된 단면도의 종류는?

 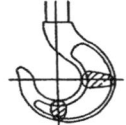

㉮ 부분 단면도  ㉯ 한쪽 단면도
㉰ 온 단면도  ㉱ 회전 도시 단면도

🔍 회전 도시 단면도: 핸들이나 바퀴의 암, 림, 리브, 훅, 축, 구조물의 부재 등의 절단면을 90° 회전하여 표시한다.

**46** 다음 중 평 벨트 풀리의 도시 방법으로 잘못 설명된 것은?

㉮ 풀리는 축 직각 방향의 투상을 주 투상도로 할 수 있다.
㉯ 벨트 풀리는 모양이 대칭형이므로 그 일부분만을 도시할 수 있다.
㉰ 방사형으로 되어 있는 암은 수직 중심선 또는 수평 중심선까지 회전하여 투상할 수 있다.
㉱ 암은 길이 방향으로 절단하여 단면을 도시한다.

🔍 암은 길이 방향으로 절단하지 않고 지정 부위를 회전 단면 도시할 수 있다.

**47** 코일 스프링의 일반적인 도시 방법으로 틀린 것은?

㉮ 스프링은 원칙적으로 무하중인 상태로 그린다.
㉯ 하중이 걸린 상태에서 그릴 때에는 그때의 치수와 하중을 기입한다.
㉰ 특별한 단서가 없는 한 모두 왼쪽 감기로 도시하고, 오른쪽 감기로 도시할 때에는 "감긴 방향 오른쪽"이라고 표시한다.
㉱ 그림 안에 기입하기 힘든 사항은 일괄하여 요목표에 표시한다.

🔍 코일 스프링은 일반적으로 오른쪽 감기이며 왼쪽 감기일때는 "감긴 방향 왼쪽"이라고 표기한다.

**48** 용접부의 실제 모양이 그림과 같을 때 용접 기호 표시로 맞는 것은?

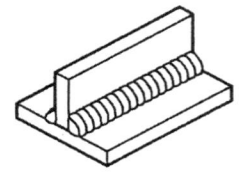

㉮ |⌐  ㉯ ∨
㉰ ⌐  ㉱ ∧

🔍 필렛 용접을 나타낸 것이다.

**49** 축의 도시법에서 잘못된 것은?

㉮ 축의 구석 홈 가공부는 확대하여 상세 치수를 기입할 수 있다.
㉯ 길이가 긴 축의 중간 부분을 생략하여 도시하였을 때 치수는 실제 길이를 기입한다.
㉰ 축은 일반적으로 길이 방향으로 절단하지 않는다.
㉱ 축은 일반적으로 축 중심선을 수직 방향으로 놓고 그린다.

🔍 축은 일반적으로 축 중심선을 수평 방향으로 놓고 그린다.

**50** 볼 베어링의 KS 호칭 번호가 6026 P6일 때 P6이 나타내는 것은?

㉮ 등급 기호
㉯ 틈새 기호
㉰ 실드 기호
㉱ 복합 표시 기호

> P6는 등급 기호이며 이 베어링의 안지름은 26×5 = 130mm이다.

**51** "M20×2"는 미터 가는 나사의 호칭 보기이다. 여기서 2는 무엇을 나타내는가?

㉮ 나사의 피치
㉯ 나사의 호칭지름
㉰ 나사의 등급
㉱ 나사의 경도

> M20×2는 바깥지름 20mm이고 나사의 피치가 2mm인 미터 가는 나사이다.

**52** 다음 그림은 어떤 기어(gear)를 간략 도시한 것인가?

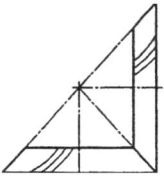

㉮ 베벨 기어
㉯ 스파이럴 베벨 기어
㉰ 헬리컬 기어
㉱ 웜과 웜 기어

> 스파이럴 베벨 기어는 잇줄의 방향을 3개의 가는 실선으로 표기한다.

**53** 다음 표는 스퍼 기어의 요목표이다. 빈칸 (A), (B)에 적합한 숫자로 맞는 것은?

| 스퍼 기어 요목표 | | |
|---|---|---|
| 기어치형 | | 표준 |
| 기준 래크 | 치형 | 보통이 |
| | 모듈 | 2 |
| | 압력각 | 20° |
| 잇수 | | 45 |
| 피치원 지름 | | (A) |
| 전체 이 높이 | | (B) |
| 다듬질 방법 | | 호브 절삭 |

㉮ A : Ø90, B : 4.5
㉯ A : Ø45, B : 4.5
㉰ A : Ø90, B : 4.0
㉱ A : Ø45, B : 4.0

> • 피치원 지름 = 잇수 × 모듈 = 45 × 2 = 90
> • 전체 이 높이 = 모듈 × 2.25 = 4.5

**54** 테이퍼 핀의 호칭 지름을 표시하는 부분은?

㉮ 가는 부분의 지름
㉯ 굵은 부분의 지름
㉰ 가는 쪽에서 전체 길이의 1/3이 되는 부분의 지름
㉱ 굵은 쪽에서 전체 길이의 1/3이 되는 부분의 지름

> 테이퍼 핀은 가는 쪽의 지름을 호칭 지름으로 하며, 테이퍼값은 1/50이다.

**55** 다음 밸브 그림 기호 설명 중 맞는 것은?

㉮ ▷◁ : 밸브 일반
㉯ ▽ : 앵글 밸브
㉰ ▷◁ : 안전 밸브
㉱ ▷┤ : 체크 밸브

📖 ㉮ 게이트 밸브, ㉯ 3방향 밸브, ㉰ 볼 밸브, ㉱ 체크 밸브

**56** 나사의 도시 방법에서 골 지름을 표시하는 선의 종류는?

㉮ 굵은 실선       ㉯ 굵은 1점 쇄선
㉰ 가는 실선       ㉱ 가는 1점 쇄선

📖 나사의 골지름은 가는 실선으로 나타낸다.

**57** 컬러 디스플레이의 기본 색상이 아닌 것은?

㉮ 빨강 : R        ㉯ 파랑 : B
㉰ 노랑 : Y        ㉱ 초록 : G

📖 컬러 디스플레이는 RGB 색상이다.
 • RGB : 빛의 3원색: Red+Green+Blue의 약자(가산혼합)
 • CMYK : 잉크의 3원색: Cyan + Magenta + Yellow = Black(감산혼합)

**58** 다음 중 솔리드 모델링의 특징에 해당하지 않는 것은?

㉮ 복잡한 형상의 표현이 가능하다.
㉯ 체적 관성 모멘트 등의 계산이 가능하다.
㉰ 부품 상호간이 간섭을 체크할 수 있다.
㉱ 다른 모델링에 비해 데이터의 양이적다.

📖 솔리드 모델링은 다른 모델링에 비해 데이터의 양이 많다.

**59** CAD 시스템에서 마지막 입력점을 기준으로 다음 점까지의 직선 거리와 기준 직교축과 그 직선이 이루는 각도로 입력하는 좌표계는?

㉮ 절대 좌표계
㉯ 구면 좌표계
㉰ 원통 좌표계
㉱ 상대 극좌표계

📖 각도로 입력하는 좌표계는 극좌표이며 마지막 점에서 시작을 하면 상대 극좌표계이다.

**60** CPU(중앙 처리 장치)의 기능이라고 할 수 없는 것은?

㉮ 제어 기능       ㉯ 연산 기능
㉰ 대화 기능       ㉱ 기억 기능

📖 중앙 처리 장치는 제어, 연산, 기억 기능이 있다.

**ANSWER** 2012년 2회

| 01 | ㉰ | 02 | ㉯ | 03 | ㉯ | 04 | ㉱ | 05 | ㉮ |
|----|---|----|---|----|---|----|---|----|---|
| 06 | ㉰ | 07 | ㉱ | 08 | ㉯ | 09 | ㉮ | 10 | ㉮ |
| 11 | ㉯ | 12 | ㉮ | 13 | ㉯ | 14 | ㉰ | 15 | ㉮ |
| 16 | ㉰ | 17 | ㉯ | 18 | ㉰ | 19 | ㉯ | 20 | ㉰ |
| 21 | ㉯ | 22 | ㉯ | 23 | ㉯ | 24 | ㉱ | 25 | ㉮ |
| 26 | ㉮ | 27 | ㉯ | 28 | ㉰ | 29 | ㉰ | 30 | ㉱ |
| 31 | ㉱ | 32 | ㉯ | 33 | ㉰ | 34 | ㉯ | 35 | ㉰ |
| 36 | ㉯ | 37 | ㉰ | 38 | ㉰ | 39 | ㉯ | 40 | ㉱ |
| 41 | ㉰ | 42 | ㉯ | 43 | ㉯ | 44 | ㉯ | 45 | ㉯ |
| 46 | ㉯ | 47 | ㉯ | 48 | ㉱ | 49 | ㉯ | 50 | ㉯ |
| 51 | ㉮ | 52 | ㉱ | 53 | ㉮ | 54 | ㉮ | 55 | ㉱ |
| 56 | ㉰ | 57 | ㉰ | 58 | ㉱ | 59 | ㉱ | 60 | ㉰ |

# 공단 기출문제_2012년 3회

**01** 탄소 공구강의 구비 조건으로 틀린 것은?

㉮ 내마모성이 클 것
㉯ 가공 및 열처리성이 양호할 것
㉰ 저온에서의 경도가 클 것
㉱ 강인성 및 내충격성이 우수할 것

해설 탄소 공구강은 고온에서 경도가 커야 한다.

**02** 인장 강도가 255~340MPa로 Ca-Si나 Fe-Si 등의 접종제로 접종 처리한 것으로 바탕 조직은 펄라이트이며 내마멸성이 요구되는 공작 기계의 안내면이나 강도를 요하는 기관의 실린더 등에 사용되는 주철은?

㉮ 칠드 주철  ㉯ 미하나이트 주철
㉰ 흑심 가단 주철  ㉱ 구상 흑연 주철

해설
- 칠드 주철 : 용융 상태에서 금형에 주입하여 표면을 급랭에 의해 경화시킨 백주철
- 미하나이트 주철 : 대표적인 강인 주철로서 적당한 양의 강스크랩을 선철에 배합하여 고온으로 융해
- 흑심 가단 주철(BMC) : 탈탄이 주목적으로 인성 또는 연성을 부여한 주철
- 구상 흑연 주철 : 마그네슘, 세슘, 칼슘 등을 첨가 처리하여 흑연을 구상화한 것

**03** 구리의 원자 기호와 비중과의 관계가 옳은 것은?(단, 비중은 20℃, 무산소동이다.)

㉮ Al - 6.86  ㉯ Ag - 6.96
㉰ Mg - 9.86  ㉱ Cu - 8.96

해설
- 알루미늄(Al) : 2.71
- 은(Ag) : 10.5
- 마그네슘(Mg) : 1.74
- 철(Fe) : 7.8

**04** 황동은 어떤 원소의 2원 합금인가?

㉮ 구리와 주석
㉯ 구리와 망간
㉰ 구리와 납
㉱ 구리와 아연

해설
- 황동 : 구리(Cu)와 아연(Zn)의 합금
- 청동 : 구리(Cu)와 주석(Sn)의 합금

**05** 담금질 응력 제거, 치수의 경년 변화 방지, 내마모성 향상 등을 목적으로 100~200℃에서 마텐자이트 조직을 얻도록 조작을 하는 열처리 방법은?

㉮ 저온 뜨임  ㉯ 고온 뜨임
㉰ 항온 풀림  ㉱ 저온 풀림

해설 뜨임
- 저온 뜨임 : 뜨임온도는 150~200℃이며, 담금질 경도는 변화하지 않고 내부응력은 제거해 점도를 회복시키는 것이며 저탄소강, 구조강, 공구강 등에 실시
- 고온 뜨임 : 고온 뜨임은 400~600℃ 범위에서 실시한다.

## 06 강재의 KS 규격 기호 중 틀린 것은?

㉮ SKH – 고속도 공구강 강재
㉯ SM – 기계 구조용 탄소 강재
㉰ SS – 일반 구조용 압연 강재
㉱ STS – 탄소공구강 강재

> • STC – 탄소공구강
> • STS – 합금공구강

## 07 다음 중 섬유 강화 금속(FRM)의 용도로 가장 알맞은 것은?

㉮ 파이프 이음쇠
㉯ 절삭 공구
㉰ 원자로 자기장치
㉱ 피스톤 헤드

> 금속을 매트릭스로 하여 탄소 섬유, 탄화규소 섬유, 알루미나 섬유, 붕소 섬유 또는 각종 호이스커로 강화한 복합 재료의 총칭이다. 소재의 우수한 내열성을 살려, 내연기관의 피스톤 헤드 등에 사용된다.

## 08 볼트를 결합시킬 때 너트를 2회전하면 축 방향으로 10mm, 나사산 수는 4산이 진행한다. 이와 같은 나사의 조건은?

㉮ 피치 2.5mm, 리드 5mm
㉯ 피치 5mm, 리드 5mm
㉰ 피치 5mm, 리드 10mm
㉱ 피치 2.5mm, 리드 10mm

> 나사를 한바퀴 돌릴 때 진행한 거리를 리드라고 한다. 2회전 하였으므로 리드는 5mm이다. 나사가 2줄 나사이고 피치가 2.5mm일 때 리드는 5mm가 나온다.
> 리드 L = np = 2 × 2.5 = 5

## 09 다음 중 후크의 법칙에서 늘어난 길이를 구하는 공식은?(단, $\lambda$:변형량, W:인장 하중, A:단면적, E:탄성 계수, $l$:길이이다.)

㉮ $\lambda = \dfrac{Wl}{AE}$   ㉯ $\lambda = \dfrac{AE}{W}$

㉰ $\lambda = \dfrac{AE}{Wl}$   ㉱ $\lambda = \dfrac{Al}{WE}$

> 후크의 법칙
> • 물체에 하중을 가하면 하중이 어떤 한도에 이르기까지는 하중과 변형이 정비례 관계에 있다.
> • 탄성 한계 내에서 변형률은 응력에 비례한다는 법칙이다.

## 10 기어, 풀리, 커플링 등의 회전체를 축에 고정시켜서 회전 운동을 전달시키는 기계 요소는?

㉮ 나사
㉯ 리벳
㉰ 핀
㉱ 키

> 키(Key) : 일반적으로 벨트풀리·기어·커플링 등과 그것들에 끼이는 축과의 상대적 회전미끄럼을 방지하기 위해 사용되는 기계 요소

## 11 코일 스프링의 전체 평균 직경이 50mm, 소선의 직경이 6mm일 때 스프링 지수는 약 얼마인가?

㉮ 1.4   ㉯ 2.5
㉰ 4.3   ㉱ 8.3

> 스프링 지수
> $C = \dfrac{D}{d} = \dfrac{50}{6} = 8.3$

**12** 직선 운동을 회전 운동으로 변환하거나, 회전 운동을 직선 운동으로 변환하는 데 사용되는 기어는?

㉮ 스퍼 기어
㉯ 베벨 기어
㉰ 헬리컬 기어
㉱ 랙과 피니언

> 해설 랙과 피니언 : 직선 운동을 회전 운동으로 변환하거나, 회전 운동을 직선 운동으로 변환하는 데 사용

**13** 엔드 저널로서 지름이 50mm의 전동축을 받치고 허용 최대 베어링 압력을 6N/mm², 저널 길이를 80mm라 할 때 최대 베어링 하중은 몇 kN인가?

㉮ 3.64kN   ㉯ 6.4kN
㉰ 24kN    ㉱ 30kN

> 해설 압력(P) = $\frac{하중(W)}{단면적(A)}$ = $\frac{W}{50 \times 80}$ = 6(N/mm²)에서
> W = 24000(N) = 24(kN)
> 베어링 압력을 구할 때 단면적은 투영면적으로 계산한다.

**14** 축 이음 중 두 축이 평행하고 각 속도의 변동 없이 토크를 전달하는 데 가장 적합한 것은?

㉮ 올덤 커플링
㉯ 플렉시블 커플링
㉰ 유니버셜 커플링
㉱ 플랜지 커플링

> 해설 올덤 커플링(Oldham's Coupling) : 축이 평행을 이루면서 다소 편심되어 있는 경우 각 속도를 조금도 변화시키지 않고 동력을 전달할 수 있는 이음쇠를 말한다.

**15** 나사의 끝을 이용하여 축에 바퀴를 고정시키거나 위치를 조정할 때 사용되는 나사는?

㉮ 태핑 나사
㉯ 사각 나사
㉰ 볼 나사
㉱ 멈춤 나사

> 해설
> • 멈춤 나사(Set Screw) : 나사의 앞쪽 끝을 축 등에 밀어박아 부품을 고정하거나 위치 결정을 하기 위하여 쓰이는 나사이다.
> • 태핑 나사(Tapping Screw) : 나사내기를 하지 않고 사용하는 작은 나사

**16** 절삭 공구 인선의 마모에 해당되지 않는 것은?

㉮ 크레이터(crater)
㉯ 플랭크(flank)
㉰ 치핑(chipping)
㉱ 드래싱(dressing)

> 해설
> • 크레이터 : 공구의 경사면이 움푹 패이는 마모
> • 플랭크 : 여유면의 인선이 마찰에 의해 마모
> • 치핑 : 인선선단의 일부가 미세하게 파괴되어 탈락하는 현상. 초경합금, 세라믹공구와 같이 취성이 있는 공구 사용시 발생

**17** 길이 측정에 적합하지 않은 것은?

㉮ 버니어 캘리퍼스
㉯ 마이크로미터
㉰ 하이트게이지
㉱ 수준기

> 해설 수준기(Level) : 수평선 또는 수평면을 구하기 위한 기구

**18** 절삭 공구 재료의 구비 조건으로 틀린 것은?

㉮ 일감보다 단단하고 강인성이 필요하다.
㉯ 절삭할 때 마찰계수가 커야 한다.
㉰ 형상을 만들기가 쉽고 가격이 저렴해야 한다.
㉱ 높은 온도에서도 경도가 필요하다.

> 해설 절삭할 때 마찰 계수가 크면 공구에 저항이 커져서 파손이 될 수 있으며, 마찰 계수를 작게 하기 위해 절삭유 등을 사용한다.

**19** 구성인선(built-up-edge)에 대한 일반적인 방지대책으로 옳은 것은?

㉮ 마찰 계수가 큰 절삭 공구를 사용한다.
㉯ 공구의 윗면 경사각을 크게 한다.
㉰ 절삭 속도를 작게 한다.
㉱ 절삭 깊이를 크게 한다.

> 해설 구성인선 감소 방법
> • 절삭 깊이를 작게
> • 공구의 경사각을 크게
> • 절삭 속도를 크게
> • 절삭유 사용

**20** 새들 위에 선회대가 있어 테이블을 일정한 각도로 회전시키거나 테이블 상하로 경사시킬 수 있는 밀링 머신은?

㉮ 수직 밀링 머신　㉯ 수평 밀링 머신
㉰ 만능 밀링 머신　㉱ 램형 밀링 머신

> 해설 만능 밀링 머신
> • 새들 위에 선회대가 있고, 이것에 테이블 받침이 적합하게 있어 테이블을 수평면 내에서 소정의 각도로 선회할 수 있는 구조를 가진 수평 밀링 머신이다
> • 분할대나 비틀림 절삭 구동 장치를 사용하여 헬리컬 기어, 드릴의 나선 홈 등의 가공을 할 수 있다.

**21** 래핑의 설명으로 옳은 것은?

㉮ 건식은 랩과 일감 사이에 랩제와 래핑액을 공급하며 가공하는 방식이다.
㉯ 건식래핑 뒤에 습식 래핑을 한다.
㉰ 일감은 랩재질 보다 연해야 한다.
㉱ 랩재로 탄화규소(SiC), 산화알루미나($Al_2O_3$)가 주로 쓰인다.

> 해설
> • 건식법은 랩에 파묻힌 랩제의 입자만으로 다듬질하는 방법이며 습식 래핑 뒤에 한다.
> • 랩의 재질은 일감보다 연한 것을 사용하며 주로 주철을 많이 사용한다.

**22** 선반 작업에서 주축의 회전수(rpm)를 구하는 공식으로 맞는 것은?

㉮ $\dfrac{절삭\ 속도(m/min)}{원주율 \times 공작물의\ 지름(m)}$

㉯ $\dfrac{절삭\ 속도(m/min) \times 원주율}{공작물의\ 지름(m)} \times 100$

㉰ $\dfrac{공작물의\ 지름(m) \times 원주율}{절삭\ 속도(m/min)}$

㉱ $\dfrac{공작물의\ 지름(m)}{원주율 \times 절삭\ 속도(m/min)} \times 100$

> 해설 선반에서 절삭 속도
> $V = \dfrac{\pi d n}{1000}(m/min)$ 에서
> 회전수$(rpm)\ n = \dfrac{1000V}{\pi d}$
> 이다. 이때 1000은 공작물의 지름이 mm일 경우 단위 환산을 위해 사용한 것으로 m로 주어진 이 문제에서는 없는 것으로 본다.

**23** 보호구의 구비 조건으로 틀린 것은?

㉮ 착용 및 작업하기가 쉬워야 한다.
㉯ 자기 몸에 맞아야 한다.

㉰ 전기가 잘 통해야 된다.
㉱ 유해 위험물에 대하여 완전한 방호가 되어야 한다.

▸해설 보호구는 전기가 잘 통하지 않는 절연제로 되어 있어야 한다.

**24** 연삭 가공의 특징을 설명한 내용으로 올바르지 않은 것은?

㉮ 단단한 재료는 가공이 곤란하다.
㉯ 정밀도가 높고 표면 거칠기가 우수하다.
㉰ 연삭 압력 및 연삭 저항이 적어 마그네틱 척으로도 가공물을 고정할 수 있다.
㉱ 연삭점의 온도가 높다.

▸해설 연삭 가공 : 물체의 표면을 원하는 모양과 치수에 맞춰 다듬질하는 가공법. 절삭 가공의 한 종류로, 호닝 슈퍼피니싱 등이 포함된다. 단단한 재료를 정밀 가공할 수 있다.

**25** M10×1.5 탭을 가공하기 위한 드릴링 작업 기초구멍으로 다음 중 가장 적합한 것은?

㉮ 6.0mm  ㉯ 7.5mm
㉰ 8.5mm  ㉱ 9.0mm

▸해설
• 탭 가공을 하기 위한 드릴 구멍의 크기는 나사의 바깥지름에서 피치만큼을 빼면 된다.
• 기초구멍의 크기 : 10 − 1.5 = 8.5

**26** 입체도를 화살표(↘) 방향에서 보았을 때 제1각법의 좌측면도로 옳은 것은?

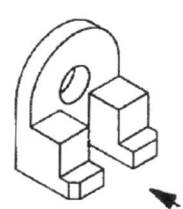

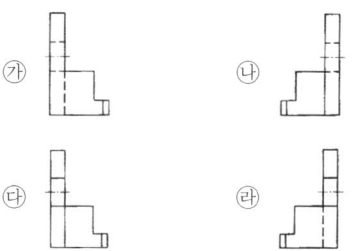

**27** 그림의 도면의 양식에 대한 명칭이 틀린 것은?

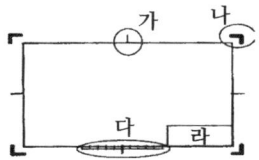

㉮ [가] : 중심마크
㉯ [나] : 재단마크
㉰ [다] : 비교눈금
㉱ [라] : 부품란

▸해설 ㉱는 표제란을 나타낸 것이다.

**28** 그림의 "C" 부분에 들어갈 기하 공차 기호로 가장 알맞은 것은?

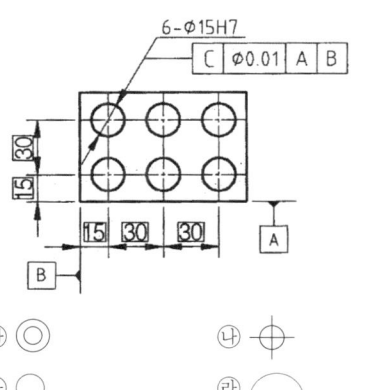

▸해설 각 구멍의 위치를 잡는 위치도 공차를 적용한다.

**29** 기하 공차의 종류에서 위치 공차에 해당하는 것은?

㉮ 평면도
㉯ 원통도
㉰ 동심도
㉱ 직각도

> • 위치 공차 : 위치도, 동심도, 대칭도
> • 자세 공차 : 평행도, 직각도, 경사도

**30** 다음 끼워 맞춤 공차 중 틈새가 가장 큰 것은?

㉮ H7/p6
㉯ H7/m6
㉰ H7/h6
㉱ H7/f6

> 구멍 기준에서 H가 기준이고 축이 알파벳 a쪽에 가까울수록 틈새가 커지는 헐거운 끼워 맞춤이 된다. 반대로 z쪽으로 가까우면 죔새가 생기는 억지 끼워 맞춤이 된다. 참고로 p6는 억지 끼워 맞춤이다.

**31** 아래와 같은 그림의 일부를 도시하는 것으로도 충분한 경우에 그리는 투상도는?

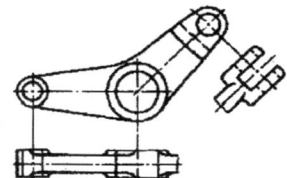

㉮ 국부 투상도  ㉯ 부분 투상도
㉰ 회전 투상도  ㉱ 부분 확대도

> 부분 투상도 : 그림의 일부를 도시하는 것으로 충분한 경우 그 필요부분만을 나타내는 투상도

**32** 다음 기계가공 중 일반적으로 표면을 가장 매끄럽게(표면 거칠기 값이 작게) 가공 할 수 있는 것은?

㉮ 연삭기
㉯ 드릴링 머신
㉰ 선반
㉱ 밀링

> 연삭은 일반가공이 끝난 후에 정밀하게 다듬는 과정으로 표면이 가장 매끄럽게 나온다.

**33** 치수 보조 기호와 의미가 잘못 연결된 것은?

㉮ R – 반지름
㉯ C – 45° 모떼기
㉰ SR – 구의 반지름
㉱ (50) –이론적으로 정확한 치수

> 괄호는 참고치수를 나타낸다.

**34** 다음 해칭에 대한 설명 중 틀린 것은?

㉮ 해칭선은 수직 또는 수평의 중심선에 대하여 45°로 경사지게 긋는 것이 좋다.
㉯ 인접한 단면의 해칭은 선의 방향 또는 각도를 변경하거나 해칭 간격을 달리 하여 긋는다.
㉰ 단면 면적이 넓은 경우에는 그 외형선에 따라 적절한 범위에 해칭 또는 스머징을 한다.
㉱ 해칭 또는 스머징 하는 부분 안에 문자나 기호를 절대로 기입해서는 안 된다.

> 도면에서 다른 어떤 선보다 우선하는 것이 문자나 기호이다. 해칭이나 스머징 안에 문자나 기호를 기입할 수 있다.

**35** 다음 그림은 제3각법으로 나타낸 투상도이다. 평면도에 누락된 선을 완성한 것은?

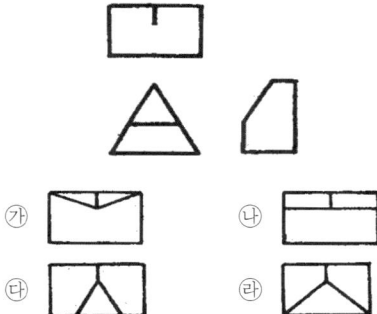

**36** 최대 허용 한계 치수와 최소 허용 한계 치수와의 차이값을 무엇이라고 하는가?

㉮ 공차
㉯ 기준 치수
㉰ 최대 틈새
㉱ 위치수 허용차

> 공차 = 최대 허용 한계 치수 − 최소 허용 한계 치수

**37** 축용 게이지 제작에 사용되는 IT 기본 공차의 등급은?

㉮ IT 01 ~ IT 4
㉯ IT 5 ~ IT 8
㉰ IT 8 ~ IT 12
㉱ IT 11 ~ IT 18

> IT 기본 공차의 등급

|  | 게이지 제작 공차 | 끼워 맞춤 공차 |
|---|---|---|
| 구멍 | IT 01~IT 5급 | IT 06~IT 10급 |
| 축 | IT 01~IT 4급 | IT 05~IT 9급 |

**38** 가공 전 또는 가공 후의 모양을 표시하기 위해 사용하는 선의 종류는?

㉮ 가는 1점 쇄선
㉯ 가는 파선
㉰ 가는 2점 쇄선
㉱ 굵은 1점 쇄선

> 가공 전 또는 가공 후의 모양을 표시하기 위해 사용하는 선은 가상선으로 가는 2점 쇄선을 사용한다.

**39** 표면 거칠기 기호를 간략하게 기입한 것으로 옳은 것은?

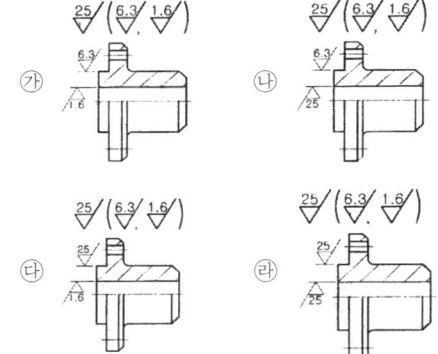

> 표면 거칠기 기호에서 25가 있는 기호는 전체에 대한 거칠기 정도를 나타낸 것으로 따로 기입할 필요는 없다. 괄호 안에 있는 기호만을 표기하면 된다.

**40** 도면에 사용되는 선, 문자가 겹치는 경우에 투상선의 우선 적용되는 순위로 맞는 것은?

㉮ 문자 → 외형선 → 중심선 → 치수선
㉯ 외형선 → 문자 → 중심선 → 숨은선
㉰ 문자 → 숨은선 → 외형선 → 중심선
㉱ 중심선 → 파단선 → 문자 → 치수보조선

> 도면에서 선이나 문자가 겹치는 경우 문자가 가장 우선된다. 다음으로 외형선, 숨은선, 절단선, 중심선, 무게중심선, 치수보조선 순이다.

**41** 제3각법과 제1각법의 표준 배치에서 서로 반대 위치에 있는 투상도의 명칭은?

㉮ 평면도와 저면도
㉯ 배면도와 평면도
㉰ 정면도와 저면도
㉱ 정면도와 우측면도

> 해설 제1각법과 제3각법의 표준 배치에서 평면도와 저면도, 우측면도와 좌측면도는 서로 반대 위치에 있다.

**42** 다음 그림은 어느 단면도에 해당하는가?

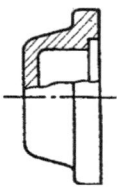

㉮ 온 단면도
㉯ 한쪽 단면도
㉰ 회전 도시 단면도
㉱ 부분 단면도

> 해설 부분 단면도 : 물체의 필요한 부분을 파단선으로 절단하여 투상하는 방법

**43** 스케치할 물체의 표면에 광명단 또는 스탬프 잉크를 칠한 다음 용지에 찍어 실형을 뜨는 스케치법은?

㉮ 사진 촬영법   ㉯ 프린트법
㉰ 프리핸드법   ㉱ 본뜨기법

> 해설 프린트법 : 스케치할 물체의 표면에 기름이나 광명단을 얇게 칠하고 그 위에 종이를 대고 눌러서 실제의 모양을 뜨는 방법

**44** KS 표준 중 기계 부문에 해당 되는 분류기호는?

㉮ KS A   ㉯ KS B
㉰ KS C   ㉱ KS D

> 해설
> • KS A : 기본
> • KS B : 기계
> • KS C : 전기
> • KS D : 금속

**45** 치수 기입의 원칙에 대한 설명으로 틀린 것은?

㉮ 필요한 치수를 명료하게 도면에 기입한다.
㉯ 가능한 한 주요 투상도에 집중하여 기입한다.
㉰ 가능한 한 계산하여 구할 필요가 없도록 기입한다.
㉱ 잘 알 수 있도록 중복하여 기입한다.

> 해설 치수는 중복하여 기입하지 않는다.

**46** ISO 표준에 있는 미터 사다리꼴 나사를 표시하는 기호는?

㉮ TM
㉯ Tr
㉰ TW
㉱ PT

> 해설
> • TM : 30° 사다리꼴 나사
> • Tr : 미터사다리꼴 나사
> • TW ; 29° 사다리꼴 나사
> • PT : 관용 테이퍼 나사
> • TM, TW, PT는 ISO 규격에는 없다.

**47** 그림과 같은 용접을 하고자 한다. 기호 표시로 옳은 것은?

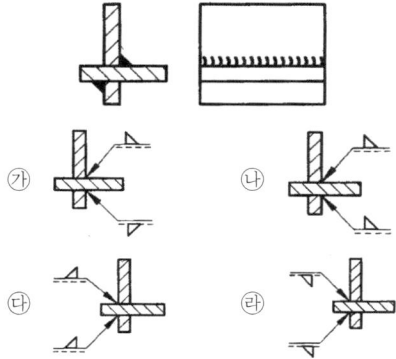

해설 화살표가 지시한 부분에서 용접한 곳을 표시할 때는 지시선의 실선 부분에 기호를 기입하고 반대쪽에 용접한 경우는 지시선의 숨은선 부위에 용접기호를 기입한다.

**48** 다음 중 체크밸브의 그림 기호는?

㉮ 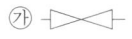　　㉯
㉰ 　　㉱

해설 ㉮ 일반 밸브　㉯ 앵글 밸브
　　㉰ 체크 밸브　㉱ 슬루스 밸브

**49** 코일 스프링의 제도 방법 중 틀린 것은?

㉮ 스프링은 원칙적으로 무하중인 상태로 그린다.
㉯ 하중과 높이 또는 처짐과의 관계를 표시할 필요가 있을 때에는 선도 또는 표로 표시한다.
㉰ 특별한 단서가 없는 한 모두 오른쪽 감기로 도시하고 왼쪽 감기로 도시할 때에는 "감김 방향 왼쪽"이라고 표시한다.
㉱ 코일 스프링의 중간 부분을 생략할 때에는 생략하는 부분을 선지름의 중심선을 굵은 실선으로 그린다.

해설 스프링의 중간 부분을 생략할 때에는 생략하는 부분을 가는 1점 쇄선 또는 가는 2점 쇄선으로 그린다.

**50** "6008C2P6"는 베어링 호칭 번호의 보기이다. 08의 의미는 무엇인가?

㉮ 베어링 계열 번호
㉯ 안지름 번호
㉰ 틈새 기호
㉱ 등급 기호

해설 • 60 : 베어링 계열 기호
• 08 : 안지름 번호(8×5=40)
• C2 : 틈새 기호
• P6 : 등급 기호

**51** 나사 제도시 수나사와 암나사의 골지름을 표시하는 선은?

㉮ 굵은 실선　　㉯ 가는 파선
㉰ 가는 실선　　㉱ 굵은 파선

해설 나사의 골지름은 가는 실선으로 표기한다.

**52** 다음 중 리벳의 호칭 방법으로 올바른 것은?

㉮ 규격 번호, 종류, 호칭 지름×길이, 재료
㉯ 규격 번호, 길이×호칭 지름, 종류, 재료
㉰ 재료, 종류, 호칭 지름×길이, 규격 번호
㉱ 종류, 길이×호칭 지름, 재료, 규격 번호

해설 리벳의 호칭 : 규격 번호, 종류, 호칭 지름 × 길이, 재료
예 KS B 1101 둥근머리 리벳 6×8 MSSWR10

**53** 래크와 기어의 이가 서로 완전히 접하도록 겹쳐 놓았을 때, 기어의 기준 원통과 기준 래크의 기준면 사이를 공통 법선을 따라 측정한 거리를 무엇이라 하는가?

㉮ 공칭 피치
㉯ 전위량
㉰ 법선 피치
㉱ 오버핀 치수

> • 전위량 : 기어의 기준 원통과 기준 래크의 기준면 사이를 공통 법선을 따라 측정한 거리
> • 법선 피치 : 인벌루트 기어에 있어서 특정 단면의 서로 접하는 치형 간의 공통 법선에 따라서 잰 피치

**54** 스퍼 기어에서 모듈(m)이 4, 피치원 지름(D)이 72mm일 때 전체 이높이(H)는?

㉮ 4.0mm
㉯ 7.5mm
㉰ 9.0mm
㉱ 10.5mm

> 전체 이 높이 = m × 2.25 = 4 × 2.25 = 9mm

**55** 축의 제도에 대한 설명으로 옳은 것은?

㉮ 축은 가공 방향에 관계없이 도시할 수 있다.
㉯ 축은 길이 방향으로 절단하여 전단면도로 그린다.
㉰ 긴 축이라도 중간 부분을 절단해서 그릴 수 없다.
㉱ 축에 빗줄 널링을 표시할 경우에는 축선에 대하여 30°로 엇갈리게 표현한다.

> • 축은 가공 방향을 고려하여 도시한다.
> • 축은 길이 방향으로 절단하여 도시하지 않는다.
> • 긴 축은 중간 부분을 생략하여 그릴 수 있다.

**56** 다음 설명과 관련된 V 벨트의 종류는?

• 한 줄 걸기를 원칙으로 한다.
• 단면 치수가 가장 적다.

㉮ A형
㉯ B형
㉰ E형
㉱ M형

> V 벨트에서 M형이 가장 작으며 다음으로 A,B,C 순이다. M형은 원칙적으로 한 줄 걸기를 한다.

**57** CAD 시스템에서 데이터 저장 장치가 아닌 것은?

㉮ USB 메모리
㉯ HDD
㉰ LIGHT PEN
㉱ CD-ROM

> Light pen은 입력 장치이다.

**58** 사진 또는 그림과 같이 종이 위의 도형의 정보를 그래픽 형태로 읽어 들여 컴퓨터에 전달하는 입력 장치는?

㉮ 트랙 볼(track ball)
㉯ 라이트 펜(light pen)
㉰ 스캐너(scanner)
㉱ 디지타이저(digitizer)

> 스캐너 : 도형의 정보를 그래픽 형태로 읽어 들여 컴퓨터에 전달하는 장치

**59** CAD 시스템에서 도면상 임의의 점을 입력할 때 변하지 않는 원점(0,0)을 기준으로 정한 좌표계는?

㉮ 상대 좌표계
㉯ 상승 좌표계
㉰ 증분 좌표계
㉱ 절대 좌표계

- 절대 좌표 : 원점(0,0)을 기준으로 좌표를 입력한다.
- 상대 좌표 : 마지막에 입력한 점에서 좌표를 입력한다.

**60** 솔리드 모델링의 특징을 열거한 것 중 틀린 것은?

㉮ 은선 제거가 불가능하다.
㉯ 간섭 체크가 용이하다.
㉰ 물리적 성질 등의 계산이 가능하다.
㉱ 형상을 절단하여 단면도 작성이 용이하다.

서피스 모델링과 솔리드 모델링은 은선 제거가 가능하다.

**ANSWER** — 2012년 3회

| 01 | ㉰ | 02 | ㉯ | 03 | ㉱ | 04 | ㉱ | 05 | ㉮ |
|----|---|----|---|----|---|----|---|----|---|
| 06 | ㉱ | 07 | ㉱ | 08 | ㉮ | 09 | ㉮ | 10 | ㉱ |
| 11 | ㉱ | 12 | ㉱ | 13 | ㉰ | 14 | ㉮ | 15 | ㉱ |
| 16 | ㉱ | 17 | ㉱ | 18 | ㉯ | 19 | ㉯ | 20 | ㉰ |
| 21 | ㉱ | 22 | ㉮ | 23 | ㉰ | 24 | ㉮ | 25 | ㉰ |
| 26 | ㉮ | 27 | ㉱ | 28 | ㉱ | 29 | ㉰ | 30 | ㉱ |
| 31 | ㉯ | 32 | ㉱ | 33 | ㉱ | 34 | ㉱ | 35 | ㉰ |
| 36 | ㉮ | 37 | ㉱ | 38 | ㉰ | 39 | ㉮ | 40 | ㉮ |
| 41 | ㉮ | 42 | ㉱ | 43 | ㉰ | 44 | ㉯ | 45 | ㉱ |
| 46 | ㉯ | 47 | ㉱ | 48 | ㉰ | 49 | ㉱ | 50 | ㉯ |
| 51 | ㉰ | 52 | ㉮ | 53 | ㉯ | 54 | ㉰ | 55 | ㉱ |
| 56 | ㉱ | 57 | ㉰ | 58 | ㉯ | 59 | ㉱ | 60 | ㉮ |

# 공단 기출문제_2012년 4회

**01** 베어링으로 사용되는 구리계 합금이 아닌 것은?

㉮ 문쯔메탈(muntz metal)
㉯ 켈밋(kelmet)
㉰ 연청동(lead bronze)
㉱ 알루미늄 청동

> 해설 베어링용 구리합금에는 켈밋, 포금, 인청동, 연청동, 알루미늄 청동 등이 있다.

**02** 비중이 2.7로써 가볍고 은백색의 금속으로 내식성이 좋으며, 전기 전도율이 구리의 60% 이상인 금속은?

㉮ 알루미늄(Al)  ㉯ 마그네슘(Mg)
㉰ 바나듐(V)    ㉱ 안티몬(Sb)

> 해설 비중
> • 알루미늄 : 2.7   • 마그네슘 : 1.74
> • 바나듐 : 5.6    • 안티몬 : 6.67

**03** 초경합금의 특성에 대한 설명 중 올바른 것은?

㉮ 고온경도 및 내마멸성이 우수하다.
㉯ 내마모성 및 압축강도가 낮다.
㉰ 고온에서 변형이 많다.
㉱ 상온의 경도가 고온에서 크게 저하된다.

> 해설 초경합금은 탄화티타늄(TiC), 탄화탄탈럼(TaC), 탄화텅스텐(WC)과 같은 금속 탄화물을 Fe, Ni, Co 등의 철족 결합금속으로 접합, 소결한 복합금속을 말한다. 내마모성이 높고 고온에서 변형이 적으므로 절삭 공구, 금형다이에 사용된다.

**04** 특수강을 제조하는 목적으로 적합하지 않는 것은?

㉮ 기계적 성질을 향상시키기 위하여
㉯ 내마멸성을 증대시키기 위하여
㉰ 취성을 증가시키기 위하여
㉱ 내식성을 증대시키기 위하여

> 해설 취성(메짐)이란 깨지는 성질을 말하며, 특수강을 제조하는 목적은 취성을 감소시키는 것이다.

**05** 주철에 대한 설명 중 틀린 것은?

㉮ 강에 비하여 인장 강도가 낮다.
㉯ 강에 비하여 연신율이 작고, 메짐이 있어서 충격에 약하다.
㉰ 상온에서 소성 변형이 잘된다.
㉱ 절삭가공이 가능하며 주조성이 우수하다.

> 해설 소성 변형이란 외력에 의해 영구 변형이 일어나는 것을 말하며, 주철은 상온에서 소성 변형이 불가능하다.

**06** 탄소강에 함유된 원소 중 백점이나 헤어 크랙의 원인이 되는 원소는?

㉮ 황(S)
㉯ 인(P)
㉰ 수소(H)
㉱ 구리(Cu)

- 황 : 적열 메짐의 원인
- 인 : 냉간 가공성 증가
- 수소 : 헤어크랙 발생

**07** WC를 주성분으로 TiC 등의 고융점 경질탄화물 분말과 Co, Ni 등의 인성이 우수한 분말을 결합재로 하여 소결 성형한 절삭 공구는?

㉮ 세라믹
㉯ 서멧
㉰ 주조경질합금
㉱ 소결초경합금

- 세라믹 : 알루미나를 주성분으로 소결시킨 것
- 서멧 : 분말야금법으로 만들어진 금속과 세라믹스로 이루어지는 내열재료
- 주조경질합금(스텔라이트) : CO-Cr-W를 금형에서 주조하여 연마한 것

**08** 전위 기어의 사용 목적으로 가장 옳은 것은?

㉮ 베어링 압력을 증대시키기 위함
㉯ 속도비를 크게 하기 위함
㉰ 언더컷을 방지하기 위함
㉱ 전동 효율을 높이기 위함

언더컷이란 랙 공구나 호브로 기어를 창성할 때 간섭에 의해 기어의 이뿌리가 깎여 가늘어지는 것을 말하며, 언더컷 방지를 위해 전위 기어로 가공한다.

**09** 홈붙이 육각 너트의 윗면에 파여진 홈의 개수는?

㉮ 2개      ㉯ 4개
㉰ 6개      ㉱ 8개

육각형이므로 6면에 홈이 있다.

**10** 전단 하중 W(N)를 받는 볼트에 생기는 전단응력 T(N/mm²)를 구하는 식으로 옳은 것은?(단, 볼트 전단 면적을 Amm²이라고 한다.)

㉮ $T = \dfrac{\pi A^2/4}{W}$   ㉯ $T = \dfrac{A}{W}$

㉰ $T = \dfrac{W}{\pi A^2/4}$   ㉱ $T = \dfrac{W}{A}$

전단 응력 = $\dfrac{하중(W)}{단면적(A)}$

**11** 보스와 축의 둘레에 여러 개의 같은 키(key)를 깎아 붙인 모양으로 큰 동력을 전달할 수 있고 내구력이 크며, 축과 보스의 중심을 정확하게 맞출 수 있는 특징을 가지는 것은?

㉮ 반달 키       ㉯ 새들 키
㉰ 원뿔 키       ㉱ 스플라인

**12** 다음 제동 장치 중 회전하는 브레이크 드럼을 브레이크 블록으로 누르게 한 것은?

㉮ 밴드 브레이크     ㉯ 원판 브레이크
㉰ 블록 브레이크     ㉱ 원추 브레이크

블록 브레이크 : 회전축에 고정되어 브레이크 드럼을 블록으로 눌렀을 때 생기는 마찰력을 이용하는 제동 장치. 예 자전거의 앞브레이크

**13** 축 방향으로만 정하중을 받는 경우 50kN을 지탱할 수 있는 훅 나사부의 바깥지름은 약 몇 mm인가?

㉮ 40mm  ㉯ 45mm
㉰ 50mm  ㉱ 55mm

> $d = \sqrt{\dfrac{2P}{\sigma_1}} = \sqrt{\dfrac{2 \times 50000}{50}} = 44.7$
> 계산값보다 큰 것을 선택해야 하므로 나사의 지름은 45mm이다.

**14** 지름 5mm 이하의 바늘 모양의 롤러를 사용하는 베어링은?

㉮ 니들 롤러 베어링
㉯ 원통 롤러 베어링
㉰ 자동 조심형 롤러 베어링
㉱ 테이퍼 롤러 베어링

> 바늘과 같이 가늘고 긴 원통형 롤러를 사용한 베어링을 말한다.

**15** 모듈이 3이고 잇수가 30과 90인 한쌍의 표준 평기어의 중심 거리는?

㉮ 150mm  ㉯ 180mm
㉰ 200mm  ㉱ 250mm

> $D_1 = m \cdot Z_1 = 3 \times 30 = 90$
> $D_2 = m \cdot Z_2 = 3 \times 90 = 270$
> $C = \dfrac{D_1 + D_2}{2} = \dfrac{90 + 270}{2} = 180mm$

**16** 광물섬유 또는 혼합유의 극압 첨가제로 쓰이는 것은?

㉮ 염소  ㉯ 수소
㉰ 니켈  ㉱ 크롬

> 극압수
> • 불수용성 절삭유로 고온, 고압의 마찰에 사용되며 윤활 작용이 주목적
> • 극압 첨가제로 황(S), 염소(Cl), 납(Pb), 인(P) 등이 쓰임

**17** 화재를 연소 물질에 따라 분류할 때 D급 화재에 속하는 것은?

㉮ 일반 화재  ㉯ 금속 화재
㉰ 전기 화재  ㉱ 유류 화재

> • A급 : 일반 화재  • B급 : 유류 화재
> • C급 : 전기 화재  • D급 : 금속 화재

**18** 밀링 부속 장치 중 주축의 회전 운동을 왕복 운동으로 변환시키고 바이트를 사용해서 스플라인, 세레이션, 내경 키(key)홈 등을 가공하는 부속 장치는?

㉮ 수직 밀링 장치
㉯ 슬로팅 장치
㉰ 래크 절삭 장치
㉱ 회전 테이블

> 슬로팅 장치 : 가로 또는 만능 밀링 머신의 주축 머리에 장착하여 슬로팅 머신과 같이 절삭 공구를 상하로 왕복 운동시켜 키홈 등을 절삭하는 장치

**19** 선반에 부착된 체이싱 다이얼(chasing dial)의 용도는?

㉮ 드릴링 할 때 사용한다.
㉯ 널링 작업을 할 때 사용한다.
㉰ 나사 절삭을 할 때 사용한다.
㉱ 모방 절삭을 할 때 사용한다.

> 체이싱 다이얼은 선반에서 나사를 절삭할 때 하프 너트를 닫는 시점을 지시해 주는 눈금판이다.

**20** 절삭 작업에서 충격에 의해 급속히 공구인선이 파손되는 현상은?

㉮ 치핑  ㉯ 플랭크 마모
㉰ 크레이터 마모  ㉱ 온도에 의한 파손

> 플랭크 마모 : 절삭날(공구인선)의 측면이 절삭가공 면과의 접촉에 의해 닳아서 작아지거나 없어지는 것을 말한다.

**21** 선반에서 고속 절삭을 할 때의 장점이 아닌 것은?

㉮ 구성인선이 억제된다.
㉯ 절삭 능률이 향상된다.
㉰ 표면 조도가 감소된다.
㉱ 가공 변질층이 감소된다.

> 선반에서 고속 절삭을 하면 절삭 속도에 비해 바이트의 이송량이 대단히 작게 되므로 표면 조도가 좋아진다.

**22** 양두 연삭기에서 작업할 때의 주의 사항으로 맞는 것은?

㉮ 숫돌 차의 회전을 규정 이상으로 하여서는 안 된다.
㉯ 숫돌 차의 안전 커버가 작업에 방해가 될 때에는 떼어 놓고 작업한다.
㉰ 소형 숫돌 작업은 항상 숫돌차 외주의 정면에서 한다.
㉱ 숫돌 차 외주와 일감 받침대와의 간격은 6mm 이상으로 조절한다.

> • 숫돌 차는 안전을 위해 커버를 설치한다.
> • 소형 숫돌 작업은 정면과 측면을 사용할 수 있다.
> • 숫돌차와 받침대의 간격은 3mm 이내로 한다.

**23** 절삭유제의 3가지 주된 작용에 속하지 않는 것은?

㉮ 냉각 작용  ㉯ 세척 작용
㉰ 윤활 작용  ㉱ 마모 작용

> 절삭유제는 공구의 마모를 억제하는 작용을 한다.

**24** 버니어 캘리퍼스의 크기를 나타낼 때 기준이 되는 것은?

㉮ 아들자의 크기
㉯ 어미자의 크기
㉰ 고정 나사의 피치
㉱ 측정 가능한 치수의 최대 크기

> 버니어 캘리퍼스의 크기 : 측정 가능한 치수의 최대 크기

**25** 호닝에서 금속 가공 시 가공액으로 사용하는 것은?

㉮ 등유  ㉯ 휘발유
㉰ 수용성 절삭유  ㉱ 유화유

> 호닝가공
> • 기름 숫돌 다듬질 가공의 일종으로서 혼이라는 기름 숫돌을 장착한 공구를 사용하여 구멍의 내면을 재빨리 정밀 연마하는 가공법
> • 금속 가공 시 가공액은 등유를 사용

**26** 다음 구멍과 축의 끼워 맞춤 조합에서 헐거운 끼워 맞춤은?

㉮ ∅40 H7/g6  ㉯ ∅50 H7/k6
㉰ ∅60 H7/p6  ㉱ ∅40 H7/s6

> 소문자로 표기된 축의 종류가 h를 기준으로 a쪽에 가까운 문자 표기이면 헐거운 끼워 맞춤이고, z쪽에 가까운 문자 표기이면 억지 끼워 맞춤이다.

**27** KS 규격에서 정한 척도 중 우선적으로 사용되지 않는 축척은?

㉮ 1:2  ㉯ 1:3
㉰ 1:5  ㉱ 1:10

> 1 : 3의 축척은 잘 사용하지 않는 것으로 규정되어 있으며 3 : 1의 배척은 규격에 없다.

**28** 다음 중 스프링의 재료로써 가장 적당한 것은?

㉮ SPS 7
㉯ SCr 420
㉰ GC 20
㉱ SF 50

> SPS : 스프링강, SCr : 크롬강재, GC : 회주철, SF : 단강품

**29** 다음과 같은 기하 공차를 기입하는 틀의 지시사항에 해당하지 않는 것은?

| ⊥ | 0.01 | A |

㉮ 데이텀 문자 기호
㉯ 공차값
㉰ 물체의 등급
㉱ 기하 공차의 종류 기호

> ⊥ : 직각도 공차, 0.01 : 공차값, A : 데이텀 문자기호

**30** 제거 가공을 하지 않는다는 것을 지시할 때 사용하는 표면 거칠기의 기호로 맞는 것은?

㉮ ✓  ㉯ ▽
㉰ ✓  ㉱ ▽

> ㉮ 제거 가공을 해서는 안 된다.
> ㉯ 제거 가공을 필요로 한다.
> ㉰ 제거 가공의 필요 여부를 문제삼지 않는다.

**31** Ø60G7의 공차값을 나타낸 것이다. 치수 공차를 바르게 나타낸 것은?

㉮ $\varnothing 60^{+0.03}_{+0.01}$

㉯ $\varnothing 60^{+0.04}_{+0.03}$

㉰ $\varnothing 60^{+0.04}_{+0.01}$

㉱ $\varnothing 60^{+0.02}_{+0.01}$

> 아래치수 허용차가 +0.01이고 공차값이 0.03이면 위치수 허용차는 +0.04가 된다.

**32** 경사면부가 있는 대상물에서 그 경사면의 실형을 표시할 필요가 있는 경우에 사용하는 그림과 같은 투상도의 명칭은?

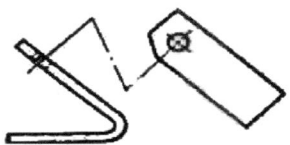

㉮ 부분 투상도
㉯ 보조 투상도
㉰ 국부 투상도
㉱ 회전 투상도

> • 보조 투상도 : 경사면부가 있는 대상물에서 그 경사면의 실제 모양을 표시할 필요가 있는 경우에 그린 투상도
> • 국부 투상도 : 대상물의 구멍, 홈 등의 한 국부만의 모양을 표시한 투상도, 키홈 등
> • 부분 투상도 : 그림의 일부를 도시하는 것으로 충분한 경우 그 필요 부분만을 나타내는 투상도

**33** 그림의 투상에서 우측면도가 될 수 없는 것은?

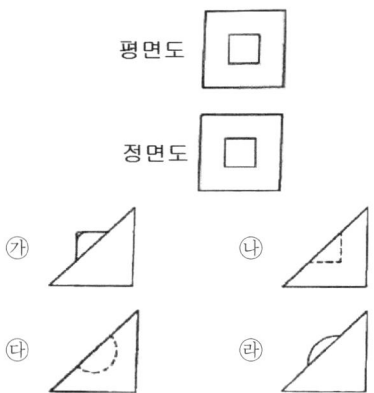

**34** 치수 기입 'SR30'에서 'SR' 기호의 의미는?

㉮ 구의 직경
㉯ 전개 반지름
㉰ 구의 반지름
㉱ 원의 호

• SR : 구의 반지름
• SØ : 구의 지름

**35** 두 개의 옆면 모서리가 수평선과 30° 되게 기울여 하나의 그림으로 정육면체의 세 개의 면을 나타낼 수 있으며 주로 기계 부품의 조립이나 분해를 설명하는 정비 지침서 등에 사용하는 투상법은?

㉮ 투시 투상법
㉯ 등각 투상법
㉰ 사 투상법
㉱ 정 투상법

등각 투상도 : 물체의 세 면을 동시에 볼 수 있도록 그리는 제도 기법이다. 직각으로 만나는 3개의 모서리가 각각 120°를 이룬다.

**36** 다음 등각 투상도의 화살표 방향이 정면도일 때 평면도를 올바르게 표시한 것은?(단, 제3각법의 경우에 해당한다.)

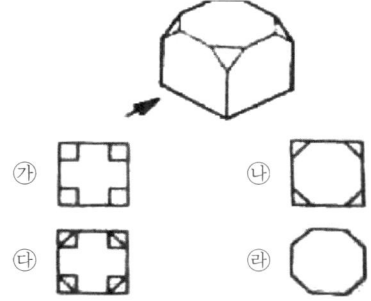

**37** 다음 기하 공차의 종류 중 단독 모양에 적용하는 것은?

㉮ 진원도
㉯ 평행도
㉰ 위치도
㉱ 원주흔들림

단독 모양 공차 : 진직도, 평면도, 진원도, 원통도

**38** 대상물의 일부를 떼어낸 경계를 표시하는 데 사용하는 선의 명칭은?

㉮ 외형선
㉯ 파단선
㉰ 기준선
㉱ 가상선

파단선 : 대상물의 일부를 떼어낸 경계를 표시하는 데 사용하며 부분 단면도의 경계를 표시한다.

**39** 다음 중 치수 공차를 올바르게 나타낸 것은?

㉮ 최대 허용 한계 치수 − 최소 허용 한계 치수
㉯ 기준치수 − 최소 허용 한계 치수
㉰ 최대 허용 한계 치수 − 기준 치수
㉱ (최소 허용 한계 치수 − 최대 허용 한계 치수) / 2

해설 치수 공차 = 최대 허용 한계 치수 − 최소 허용 한계 치수

**40** 한국 산업 표준(KS)의 부문별 분류 기호 연결로 틀린 것은?

㉮ KS A : 기본
㉯ KS B : 기계
㉰ KS C : 광산
㉱ KS D : 금속

해설 KS C : 전기

**41** 대칭 도형을 생략하는 경우 대칭 그림 기호를 바르게 나타낸 것은?

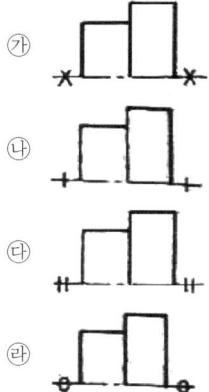

해설 = : 대칭기호

**42** 회전 도시 단면도에 대한 설명으로 틀린 것은?

㉮ 회전 도시 단면도는 핸들, 벨트 풀리, 기어 등과 같은 바퀴의 암, 림, 리브 등의 절단한 단면의 모양을 90°로 회전하여 표시한 것이다.
㉯ 회전 도시 단면도는 투상도의 안이나 밖에 그릴 수 있다.
㉰ 회전 도시 단면도를 투상의 절단한 곳과 겹쳐서 그릴 때에는 가는 2점 쇄선으로 그린다.
㉱ 회전 도시 단면도를 절단할 곳의 전후를 파단하여 그 사이에 그릴 경우에는 굵은 실선으로 그린다.

해설 절단한 곳과 겹쳐서 그릴 때는 가는 실선을 사용한다.

**43** 가공에 의한 커터의 줄무늬가 여러 방향으로 교차 또는 무방향을 나타내는 줄무늬 방향 기호는?

㉮ ∨X
㉯ ∨M
㉰ ∨C
㉱ ∨R

해설 ㉮ X : 두 방향으로 교차
㉯ M : 여러 방향으로 교차 또는 무방향
㉰ C : 대략 동심원 모양
㉱ R : 중심에 대하여 레이디얼 방향

**44** 치수는 물체의 모양을 잘 알아볼 수 있는 곳에 기입하고 그곳에 나타낼 수 없는 것만 다른 투상도에 기입하여야 하는데 주로 치수를 기입하여야 하는 치수 기입 장소는?

㉮ 우측면도  ㉯ 평면도
㉰ 좌측면도  ㉱ 정면도

> 치수는 되도록 정면도에 집중해서 넣는다.

**45** 도면에서 2종류 이상의 선이 같은 장소에서 중복될 경우 우선순위에 따라 선을 그리는 순서로 맞는 것은?

㉮ 외형선, 절단선, 숨은선, 중심선
㉯ 외형선, 숨은선, 절단선, 중심선
㉰ 외형선, 무게중심선, 중심선, 치수보조선
㉱ 외형선, 중심선, 절단선, 치수보조선

> 겹치는 선의 우선 순위 : 외형선 > 숨은선 > 절단선 > 중심선 > 무게중심선 > 치수보조선

**46** 그림과 같은 대칭적인 용접부의 기호와 보조기호 설명으로 올바른 것은?

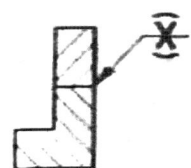

㉮ 양면 V형 맞대기 용접, 블록형
㉯ 양면 필렛 용접, 블록형
㉰ 양면 V형 맞대기 용접, 오목형
㉱ 양면 필렛 용접, 오목형

> 양면 V형 맞대기 용접, 볼록형을 나타낸 것이다.

**47** 스프로킷 휠의 도시 방법에서 바깥지름은 어떤 선으로 표시하는가?

㉮ 가는 실선
㉯ 굵은 실선
㉰ 가는 1점 쇄선
㉱ 굵은 1점 쇄선

> 스프로킷 휠이나 기어의 바깥지름은 굵은 실선으로 도시한다.

**48** 그림과 같은 단선 도시법이 나타내는 것으로 맞는 것은?

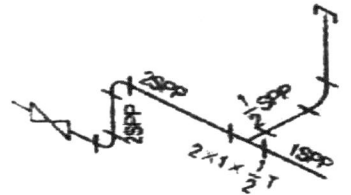

㉮ 스케치 배관도  ㉯ 투상 배관도
㉰ 평면 배관도    ㉱ 등각 배관도

> 등각 배관도를 나타낸 것이다.

**49** 다음과 같은 평행 키의 호칭 설명으로 틀린 것은?

KS B 1311 P – A 25 × 14 × 90

㉮ P : 모양이 나사용 구멍 없음
㉯ A : 끝부가 한쪽 둥근 형
㉰ 25 : 키의 너비
㉱ 14 : 키의 높이

> 평행 키의 형식은 끝면의 모양이 납작한 것은 A, 둥근 것은 B이다.

**50** 구름 베어링의 호칭 번호에 대한 설명으로 틀린 것은?

㉮ 안지름의 치수가 1mm~9mm인 경우는 안지름 치수를 그대로 안지름 번호로 사용한다.
㉯ 안지름 치수가 11, 13, 15, 17mm인 경우 안지름 번호는 각각 00, 01, 02, 03으로 표현한다.
㉰ 안지름 치수가 20mm이상 480mm 이하인 경우에는 5로 나눈 값을 안지름 번호로 사용한다.
㉱ 안지름 치수가 500mm 이상인 경우에는 안지름 치수를 그대로 안지름 번호로 사용한다.

> 해설 베어링의 안지름 번호
> 00 : 10mm, 01 : 12mm, 02 : 15mm, 03 : 17mm

**51** 다음 축의 도시 방법으로 적당하지 않은 것은?

㉮ 축은 길이 방향으로 단면 도시를 하지 않는다.
㉯ 널링 도시 시 빗줄인 경우 축선에 대하여 45° 엇갈리게 그린다.
㉰ 단면 모양이 같은 긴축은 중간을 파단하여 짧게 그릴 수 있다.
㉱ 축의 끝에는 주로 모따기를 하고, 모따기 치수를 기입한다.

> 해설 널링은 축선에 대하여 30° 엇갈리게 그린다.

**52** 입체 캠의 종류에 해당하지 않는 것은?

㉮ 원통 캠  ㉯ 정면 캠
㉰ 빗판 캠  ㉱ 원뿔 캠

> 해설 입체 캠 : 입체적인 모양의 캠, 원통 캠, 원뿔 캠, 구면 캠, 엔드 캠, 빗판 캠 등이 있다.

**53** 어떤 나사의 표시가 좌2줄 M10-7H/6g이다. 이에 대한 설명으로 틀린 것은?

㉮ 왼나사
㉯ 2줄 나사
㉰ 미터 보통 나사
㉱ 암나사 등급 6g

> 해설 암나사 등급 7H와 수나사 등급 6g의 조합

**54** 나사를 제도하는 방법을 설명한 것 중 틀린 것은?

㉮ 수나사의 바깥지름과 암나사의 안지름을 나타내는 선은 굵은 실선으로 그린다.
㉯ 수나사와 암나사의 골을 표시하는 선은 가는 실선으로 그린다.
㉰ 완전 나사부와 불완전 나사부와의 경계를 나타내는 선은 가는 실선으로 그린다.
㉱ 불완전 나사부의 골밑을 나타내는 선은 축선에 대하여 30°의 경사진 가는 실선으로 그린다.

> 해설 완전 나사부와 불완전 나사부의 경계는 굵은 실선으로 그린다.

**55** 기어의 도시 방법을 설명한 것 중 틀린 것은?

㉮ 피치원은 굵은 실선으로 그린다.
㉯ 잇봉우리원은 굵은 실선으로 그린다.

㉰ 이골원은 가는 실선으로 그린다.
㉱ 잇줄 방향은 보통 3개의 가는 실선으로 그린다.

**해설** 기어의 피치원은 가는 1점 쇄선으로 그린다.

**56** 모듈 6, 잇수가 20개인 스퍼 기어의 피치원 지름은?

㉮ 20mm  ㉯ 30mm
㉰ 60mm  ㉱ 120mm

**해설** 피치원 지름 = 모듈 × 잇수 = 6×20 = 120(mm)

**57** 컴퓨터의 구성에서 중앙 처리 장치에 해당하지 않는 것은?

㉮ 연산 장치  ㉯ 제어 장치
㉰ 주기억 장치  ㉱ 출력 장치

**해설** 중앙 처리 장치(CPU)의 기능
- 연산 장치
- 제어 장치
- 주기억 장치

**58** 출력하는 도면이 많거나 도면의 크기가 크지 않을 경우 도면이나 문자 등을 마이크로 필름화 하는 장치는?

㉮ COM 장치
㉯ CAE 장치
㉰ CIM 장치
㉱ CAT 장치

**해설** COM(Computer Output Microfilm) : 컴퓨터에 입력된 정보를 전자적 광학적으로 직접 마이크로필름 등에 전사할 수 있는 장치

**59** 모델링 방법 중 와이어 프레임(wire-frame) 모델링에 대한 설명으로 틀린 것은?

㉮ 처리 속도가 빠르다.
㉯ 물리적 성질의 계산이 가능하다.
㉰ 데이터 구성이 간단하다.
㉱ 모델 작성이 쉽다.

**해설** 와이어 프레임 모델링은 물리적 성질의 계산이 안 되며 은선 제거도 불가능하다.

**60** 일반적인 CAD 시스템에서 사용되는 좌표계의 종류가 아닌 것은?

㉮ 극 좌표계  ㉯ 원통 좌표계
㉰ 회전 좌표계  ㉱ 직교 좌표계

**해설** CAD 시스템에서는 일반적으로 극 좌표계, 원통 좌표계, 직교 좌표계가 사용된다.

**ANSWER** 2012년 4회

| 01 | ㉮ | 02 | ㉮ | 03 | ㉮ | 04 | ㉰ | 05 | ㉯ |
| --- | --- | --- | --- | --- | --- | --- | --- | --- | --- |
| 06 | ㉰ | 07 | ㉯ | 08 | ㉰ | 09 | ㉰ | 10 | ㉱ |
| 11 | ㉱ | 12 | ㉯ | 13 | ㉯ | 14 | ㉮ | 15 | ㉯ |
| 16 | ㉮ | 17 | ㉯ | 18 | ㉯ | 19 | ㉰ | 20 | ㉮ |
| 21 | ㉰ | 22 | ㉯ | 23 | ㉯ | 24 | ㉱ | 25 | ㉮ |
| 26 | ㉮ | 27 | ㉯ | 28 | ㉯ | 29 | ㉯ | 30 | ㉯ |
| 31 | ㉯ | 32 | ㉯ | 33 | ㉯ | 34 | ㉯ | 35 | ㉯ |
| 36 | ㉯ | 37 | ㉯ | 38 | ㉯ | 39 | ㉮ | 40 | ㉯ |
| 41 | ㉰ | 42 | ㉯ | 43 | ㉯ | 44 | ㉯ | 45 | ㉯ |
| 46 | ㉯ | 47 | ㉱ | 48 | ㉯ | 49 | ㉯ | 50 | ㉯ |
| 51 | ㉰ | 52 | ㉯ | 53 | ㉱ | 54 | ㉯ | 55 | ㉮ |
| 56 | ㉱ | 57 | ㉱ | 58 | ㉮ | 59 | ㉯ | 60 | ㉰ |

# 공단 기출문제_2013년 1회

**01** 열처리 방법 중에서 표면 경화법에 속하지 않는 것은?

㉮ 침탄법　　㉯ 질화법
㉰ 고주파 경화법　㉱ 항온 열처리법

> 해설　항온 열처리 : 강을 가열 후 냉각시킬 때 냉각도 중 일정한 온도에서 열처리하는 방법 ① 오스템퍼, ② 마템퍼, ③ 마퀜칭

**02** 일반적으로 경금속과 중금속을 구분하는 비중의 경계는?

㉮ 1.6　　㉯ 2.6
㉰ 3.6　　㉱ 4.6

> 해설　경금속 : 비중 4.6보다도 가벼운 금속 티탄(4.5), 알루미늄(2.7), 베릴륨(1.85), 마그네슘(1.74), 백색주석(7.3) 회색주석(5.8)은 중금속이다

**03** 황동의 자연 균열 방지책이 아닌 것은?

㉮ 온도 180~260℃에서 응력제거 풀림 처리
㉯ 도료나 안료를 이용하여 표면처리
㉰ Zn 도금으로 표면처리
㉱ 물에 침전처리

> 해설　황동의 자연 균열은 수은용액에 황동을 넣으므로 발견되었다. 즉, 수은은 자연 균열을 일으키는 원인이 되며 저온 풀림(200~250℃)으로 방지한다. 그 외 아연도금, 도료 등이 있다.

**04** 주철의 성장 원인이 아닌 것은?

㉮ 흡수한 가스에 의한 팽창
㉯ $Fe_3C$의 흑연화에 의한 팽창
㉰ 고용 원소인 Sn의 산화에 의한 팽창
㉱ 불균일한 가열에 의해 생기는 파열 팽창

> 해설　성장원인
> - $Fe_3C$의 흑연화에 의한 팽창, 변태점 이상에서 체적의 변화
> - 페라이트 주의 Si의 산화에 의한 팽창
> - 불균일한 가열에 생기는 균열에 의한 팽창
> - 흡수된 가스에 의한 팽창

**05** 열경화성 수지가 아닌 것은?

㉮ 아크릴 수지
㉯ 멜라민 수지
㉰ 페놀 수지
㉱ 규소 수지

> 해설　종류로는 페놀 수지, 멜라민 수지, 에폭시 수지, 요소 수지 등이 있다.

**06** 알루미늄의 특성에 대한 설명 중 틀린 것은?

㉮ 내식성이 좋다.
㉯ 열전도성이 좋다.
㉰ 순도가 높을수록 강하다.
㉱ 가볍고 전연성이 우수하다.

> 해설　순도가 높을수록 약하다.

**07** 강을 절삭할 때 쇳밥(chip)을 잘게 하고 피삭성을 좋게 하기 위해 황, 납 등의 특수 원소를 첨가하는 강은?

㉮ 레일강
㉯ 쾌삭강
㉰ 다이스강
㉱ 스테인레스강

▶ 쾌삭강 : 강의 피삭성을 증가시켜 절삭 가공을 쉽게 하기 위하여 S, Pb 등을 첨가한 강

**08** 스프링을 사용하는 목적이 아닌 것은?

㉮ 힘 축적
㉯ 진동 흡수
㉰ 동력 전달
㉱ 충격 완화

▶ 스프링은 동력 전달하고는 무관하다.

**09** 저널 베어링에서 저널의 지름이 30mm, 길이가 40mm, 베어링의 하중이 2400N일 때 베어링의 압력[N/mm²]은?

㉮ 1
㉯ 2
㉰ 3
㉱ 4

▶ 압력(P) = $\frac{하중(W)}{단면적(A)} = \frac{2400}{30 \times 40} = 2(N/mm^2)$

베어링 압력을 구할 때 단면적은 투영 면적으로 계산한다.

**10** 시편의 표준 거리가 40mm이고 지름이 15mm일 때 최대 하중이 6kN에서 시편이 파단 되었다면 연산율은 몇 %인가?(단, 연신된 길이는 10mm이다.)

㉮ 10
㉯ 12.5
㉰ 25
㉱ 30

▶ 세로 변형률 : $e = \frac{\lambda}{l} = \frac{l' - l}{l}$ 변형률을 백분율로 표시한 것을

연신율 = $\frac{l' - l}{l} \times 100 = \frac{50 - 40}{40} \times 100 (\%)$
= 25(%)

**11** 웜 기어에서 웜이 3줄이고 웜휠의 잇수가 60개일 때의 속도 비는?

㉮ 1/10
㉯ 1/20
㉰ 1/30
㉱ 1/60

▶ 속도비
$i = \frac{n_2}{n_1} = \frac{D_1}{D_2} = \frac{3}{60} = \frac{1}{20}$

**12** 부품의 위치 결정 또는 고정 시에 사용되는 체결 요소가 아닌 것은?

㉮ 핀(pin)
㉯ 너트(nut)
㉰ 볼트(bolt)
㉱ 기어(gear)

▶ 기어는 동력 전달용 기계 요소이다.

**13** 비틀림 모멘트를 받는 회전축으로 치수가 정밀하고 변형량이 적어 주로 공작기계의 주축에 사용하는 축은?

㉮ 차축
㉯ 스핀들
㉰ 플랙시블 축
㉱ 크랭크 축

▶ 스핀들 : 스핀들은 주로 비틀림 모멘트를 받으며 직접 일을 하는 회전축으로 치수가 정밀하며 변형량이 적다.

**14** 축에 키홈을 파지 않고 축과 키 사이의 마찰력만으로 회전력을 전달하는 키는?

㉮ 새들 키   ㉯ 성크 키
㉰ 반달 키   ㉱ 둥근 키

📖 안장 키(saddle key) : 축은 키홈을 절삭치 않고 보스에만 홈을 파서 사용하며, 극경 하중용으로 마찰력으로 고정시킨다.

**15** 나사를 기능상으로 분류했을 때 나사에 속하지 않는 것은?

㉮ 볼 나사   ㉯ 관용 나사
㉰ 둥근 나사   ㉱ 사다리꼴 나사

📖 산의 모양 : 볼나사, 삼각 나사, 둥근 나사, 사다리꼴 나사, 톱니 나사, 사각 나사.

**16** 브로칭 머신을 설치 시 면적을 많이 차지하지만 기계의 조작이 쉽고, 가동 및 안전성이 우수한 브로칭 머신은?

㉮ 수평 브로칭 머신
㉯ 자동형 브로칭 머신
㉰ 수동형 브로칭 머신
㉱ 직립형 브로칭 머신

📖 수평 브로칭 머신 : 브로칭 머신을 설치 시 면적을 많이 차지하지만 기계의 조작이 쉽고, 가동 및 안전성이 우수한 브로칭 머신

**17** 측정자의 직선 또는 원호 운동을 기계적으로 확대하여 그 움직임을 지침의 회전 변위로 변환시켜 눈금을 읽을 수 있는 측정기는?

㉮ 다이얼 게이지   ㉯ 마이크로미터
㉰ 만능 투영기   ㉱ 3차원 측정기

📖 다이얼게이지(dial gauge) : 비교 측정기의 대표적인 기기로 평면도, 진원도, 축의 흔들림, 직각도 등의 측정에 사용

**18** 보링 머신에서 할 수 없는 작업은?

㉮ 태핑   ㉯ 구멍뚫기
㉰ 기어 가공   ㉱ 나사깎기

📖 보링 머신(boring machine) : 주조할 때 뚫린 구멍이나 드릴로 뚫은 구멍을 깎아서 크게 하거나 정밀하게 가공하는 작업(바깥지름, 안지름, 암나사, 수나사, 드릴링, 리밍 작업 등)

**19** 숫돌 입자와 공작물이 접촉하여 가공하는 연삭 작용과 전해 작용을 동시에 이용하는 특수가공법은?

㉮ 전주 연삭   ㉯ 전해 연삭
㉰ 모방 연삭   ㉱ 방전 가공

📖 전해 연삭 : 숫돌 입자와 공작물이 접촉하여 가공하는 연삭 작용과 전해 작용을 동시에 이용하는 특수 가공법

**20** 연삭 숫돌의 단위 체적당 연삭 입자의 수, 즉 입자의 조밀정도를 무엇이라 하는가?

㉮ 입도   ㉯ 결합도
㉰ 조직   ㉱ 입자

📖 조직 : 숫돌의 밀도(C : 0, 1, 2 3 : 치밀, M : 4, 5, 6 : 중간, W : 7, 8, 9, 10, 11, 12 : 거친)

**21** 절삭 가공 시 절삭에 직접적인 영향을 주지 않는 것은?

㉮ 절삭열   ㉯ 가공물의 재질
㉰ 절삭 공구의 재질   ㉱ 측정기의 정밀도

해설 절삭 가공 시 절삭에 직접적인 영향을 주지 않는
것 : 측정기의 정밀도

**22** 신시내티 밀링 분할대로 13등분을 단식 분할 할 경우는?

㉮ 26구멍줄에서 크랭크가 3회전하고 2구멍씩 이동시킨다.
㉯ 39구멍줄에서 크랭크가 3회전하고 3구멍씩 이동시킨다.
㉰ 52구멍줄에서 크랭크가 3회전하고 4구멍씩 이동시킨다.
㉱ 75구멍줄에서 크랭크가 3회전하고 5구멍씩 이동시킨다.

해설 단식 분할법 : 브라운 샤프형과 신시내티형 크랭크축, 1회전 시 스핀들을 1/90(9°) 회전한다.

$$n = \frac{40}{N} = \frac{40}{13} = 3\frac{1}{13} = 3\frac{1 \times 3}{13 \times 3}$$

$$= 3회전 \frac{3}{39}$$

**23** 선반 심압대 축 구멍의 테이퍼 형태는?

㉮ 쟈르노 테이퍼
㉯ 브라노샤프형 테이퍼
㉰ 쟈급스 테이퍼
㉱ 모스 테이퍼

**24** CNC 선반의 준비 기능 중 직선 보간에 속하는 것은?

㉮ G00
㉯ G01
㉰ G02
㉱ G03

해설
• G00 : 위치 결정(급속 이송)
• G01 : 직선 보간(절삭 이송)
• G02 : 원호 보간(시계 방향, CW)
• G03 : 원호 보간(반시계 방향, CCW)
• G04 : 드웰 기능(휴지 기능)

**25** 선반의 이송 단위 중에서 1회전당 이송량의 단위는?

㉮ mm/rev  ㉯ mm/min
㉰ mm/stroke  ㉱ mm/s

해설 선반의 이송 단위는 1회전당 이송량의 단위 : mm/rev

**26** 표면 거칠기값(6.3)만을 직접 면에 지시하는 경우 표시방향이 잘못된 것은?

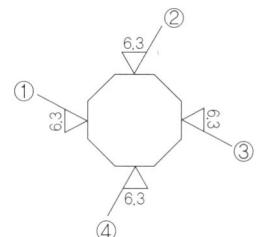

㉮ ①  ㉯ ②
㉰ ③  ㉱ ④

해설 길이 치수 위치는 수평 방향의 치수선에 대해서는 투상도의 위쪽에서 수직 방향의 치수선에 대해서는 투상도의 오른쪽에서 읽을 수 있도록 기입한다.

**27** 대상물의 일부를 떼어 낸 경계를 표시하는 데 사용하는 선은?

㉮ 외형선  ㉯ 숨은선
㉰ 가상선  ㉱ 파단선

해설 파단선 : 대상물의 일부를 떼어 낸 경계를 표시하는 데 사용하며, 가는 실선을 쓴다.

**28** 제3각법에 대한 설명으로 틀린 것은?

㉮ 투상 원리는 눈→투상면→물체의 관계이다.
㉯ 투상면 앞쪽에 물체를 놓는다.
㉰ 배면도는 우측면도의 오른쪽에 놓는다.
㉱ 좌측면도는 정면도의 좌측에 놓는다.

해설 투상면 앞쪽에 물체를 놓으면 1각법에 해당된다.

**29** 특수한 가공을 하는 부분 등 특별한 요구 사항을 적용할 수 있는 범위를 표시하는 데 사용하는 선의 종류는?

㉮ 가는 1점 쇄선   ㉯ 굵은 1점 쇄선
㉰ 가는 2점 쇄선   ㉱ 굵은 2점 쇄선

해설 특수처리선(굵은 1점 쇄선) : 특수한 가공을 하는 부분 등 특별한 요구 사항을 적용할 수 있는 범위를 표시하는 데 사용

**30** 다음 중 모양 공차에 속하지 않는 것은?

㉮ 평면도 공차       ㉯ 원통도 공차
㉰ 면의 윤곽도 공차   ㉱ 평행도 공차

해설 모양 공차 : 진직도, 평면도, 진원도, 원통도, 선의 윤곽도, 면의 윤곽도 공차

**31** 표면의 결인 줄무늬 방향의 지시 기호 "C"의 설명으로 맞는 것은?

㉮ 가공에 의한 커터의 줄무늬 방향이 기호로 기입한 그림의 투상면에 경사지고 두 방향으로 교차
㉯ 가공에 의한 커터의 줄무늬 방향이 여러 방향으로 교차 또는 두 방향
㉰ 가공에 의한 커터의 줄무늬가 기호를 기입한 면의 중심에 대하여 거의 동심원 모양
㉱ 가공에 의한 커터의 줄무늬가 기호를 기입한 면의 중심에 대하여 대략 레이디얼 모양

해설 ㉮ ∨X : 두 방향으로 교차
㉯ ∨M : 여러 방향으로 교차 또는 무방향
㉰ ∨C : 대략 동심원 모양
㉱ ∨R : 중심에 대하여 레이디얼 방향

**32** 다음 그림의 치수 기입에 대한 설명으로 틀린 것은?

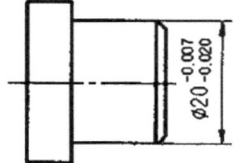

㉮ 기준 치수는 지름 20이다.
㉯ 공차는 0.013이다.
㉰ 최대 허용 치수는 19.93이다.
㉱ 최소 허용 치수는 19.98이다.

해설 최대 허용 치수 = 기준 치수 + 위치수 허용차
= 20 + (−0.007) = 19.993

**33** 다음과 같이 도면에 기하 공차가 표시되어 있다. 이에 대한 설명으로 틀린 것은?

| // | 0.05/100 | A |

㉮ 기하 공차 허용값은 0.05mm이다.
㉯ 기하 공차 기호는 평행도를 나타낸다.
㉰ 관련 형체로 데이텀은 A이다.
㉱ 기하 공차 전체 길이에 적용된다.

해설 // : 평행도 공차, 0.05/100 : 100mm당 0.05공차값, A : 데이텀 문자기호

**34** Ø50H7/p6와 같은 끼워 맞춤에서 H7의 공차값은 $^{+0.025}_{0}$이고, p6의 공차값은 $^{+0.042}_{+0.026}$이다. 최대 죔새는?

㉮ 0.001　　㉯ 0.027
㉰ 0.042　　㉱ 0.067

해설 최대 죔새
= 축의 최대 허용 치수 – 구멍의 최소 허용 치수
= 50.042 – 50.000 = 0.042

**35** 그림과 같이 축의 흠이나 구멍 등과 같이 부분적인 모양을 도시하는 것으로 충분한 경우의 투상도는?

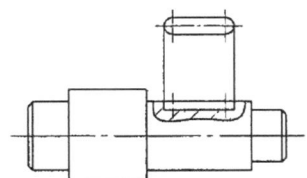

㉮ 회전 투상도　　㉯ 부분 확대도
㉰ 국부 투상도　　㉱ 보조 투상도

해설 국부 투상도 : 구멍·홈 등 대상물의 국부를 나타낸 투상도

**36** 제3각법으로 그린 투상도에서 우측면도로 옳은 것은?

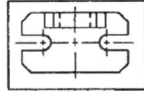

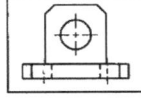

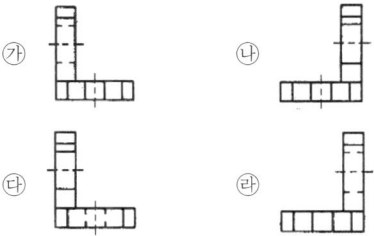

**37** 치수의 위치와 기입 방향에 대한 설명 중 틀린 것은?

㉮ 치수는 투상도와 모양 및 치수의 대조 비교가 쉽도록 관련 투상도 쪽으로 기입한다.
㉯ 하나의 투상도인 경우, 길이 치수 위치는 수평 방향의 치수선에 대해서는 투상도의 위쪽에서 수직 방향의 치수선에 대해서는 투상도의 오른쪽에서 읽을 수 있도록 기입한다.
㉰ 각도치수는 기울어진 각도 방향에 관계없이 읽기 쉽게 수평 방향으로만 기입한다.
㉱ 치수는 수평 방향의 치수선에는 위쪽, 수직 방향의 치수선에는 왼쪽으로 약 0.5mm 정도 띄어서 중앙에 치수를 기입한다.

해설 치수 수치 : 치수선 중앙에 정자로 정확히 써야 한다.

**38** 다음 재료 기호 중 기계구조용 탄소강재는?

㉮ SM 45C　　㉯ SPS 1
㉰ STC 3　　　㉱ SKH 2

해설 SM45C : 기계구조용 탄소강, SPS 1 : 스프링강 1종, STC 3 : 탄소공구강 3종, SKH 2 : 고속도강 2종

**39** 척도 기입 방법에 대한 설명으로 틀린 것은?

㉮ 척도는 표제란에 기입하는 것이 원칙이다.
㉯ 같은 도면에서는 서로 다른 척도를 사용할 수 없다.
㉰ 표제란이 없는 경우에는 도명이나 품번 가까운 곳에 기입한다.
㉱ 현척의 척도 값은 1:1이다.

📖 같은 도면에서는 서로 다른 척도를 사용할 수 있다.

**40** 제3각법으로 그린 정투상도 중 잘못 그려진 투상이 있는 것은?

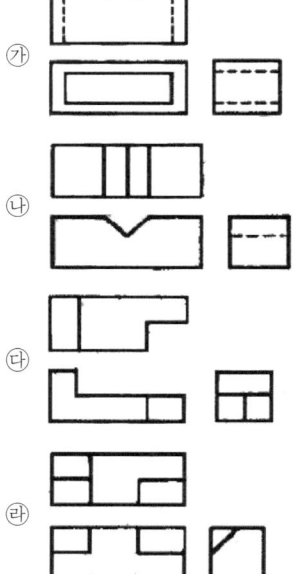

**41** 한국 산업 표준에서 정한 도면의 크기에 대한 내용으로 틀린 것은?

㉮ 제도용지 A2의 크기는 420×594mm이다.
㉯ 제도용지 세로와 가로의 비는 $1:\sqrt{2}$이다.
㉰ 복사한 도면을 접을 때는 A4 크기로 접는 것을 원칙으로 한다.
㉱ 도면을 철할 때 윤곽선은 용지 가장자리에서 10mm 간격을 둔다.

📖 도면을 철할 때 윤곽선은 용지 가장자리에서 왼쪽 부분은 25mm 간격을 둔다.

**42** IT 공차에 대한 설명으로 옳은 것은?

㉮ IT 01부터 IT 18까지 20등급으로 구분되어 있다.
㉯ IT 01~IT 4는 구멍 기준 공차에서 게이지 제작공차이다.
㉰ IT 6~IT 10은 축 기준 공차에서 끼워맞춤 공차이다.
㉱ IT 10~IT 18은 구멍 기준 공차에서 끼워맞춤 이외의 공차이다.

📖 IT 01부터 IT 18까지 20등급으로 구분

|  | 게이지 제작 공차 | 끼워 맞춤 공차 |
|---|---|---|
| 구멍 | IT 01~IT 5급 | IT 06~IT 10급 |
| 축 | IT 01~IT 4급 | IT 05~IT 9급 |

**43** 제작 도면으로 완성된 도면에서 문자, 선 등이 겹칠 때 우선순위로 맞는 것은?

㉮ 외형선 → 숨은선 → 중심선 → 숫자, 문자
㉯ 숫자, 문자 → 외형선 → 숨은선 → 중심선
㉰ 외형선 → 숫자, 문자 → 중심선 → 숨은선

㉣ 숫자, 문자 → 숨은선 → 외형선 → 중심선

> 해설 도면에서 선이나 문자가 겹치는 경우 문자가 가장 우선된다. 다음으로 외형선, 숨은선, 절단선, 중심선, 무게중심선, 치수보조선 순이다.

**44** 그림과 같이 V 벨트 풀리의 일부분을 잘라내고 필요한 내부 모양을 나타내기 위한 단면도는?

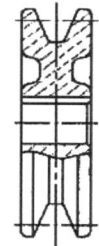

㉮ 온 단면도   ㉯ 한쪽 단면도
㉰ 부분 단면도   ㉱ 회전 도시 단면도

> 해설 부분 단면도 : 물체의 일부분을 잘라내고 필요한 내부 모양을 나타내기 위한 단면도

**45** 이론적으로 정확한 치수를 나타내는 치수보조기호는?

㉮ 50   ㉯ 50
㉰ 50   ㉱ (50)

> 해설 50 : 이론적으로 정확한 치수를 나타낼 때는 치수 수치에 사각형을 둘러싼다.

**46** 다음은 계기의 도시 기호를 나타낸 것이다. 압력계를 나타낸 것은?

㉮ 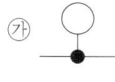   ㉯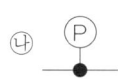
㉰    ㉱

> 해설 P : 압력계, T : 온도계, F : 유량계

**47** 외접 헬리컬 기어를 축에 직각인 방향에서 본 단면으로 도시할 때, 잇줄 방향의 표시 방법은?

㉮ 1개의 가는 실선
㉯ 3개의 가는 실선
㉰ 1개의 가는 2점 쇄선
㉱ 3개의 가는 2점 쇄선

> 해설 정면도를 단면도로 할 때, 지면보다 앞쪽에 있을 때는 잇줄 방향은 3개의 가는 2점 쇄선(가상선)으로 표시한다.

**48** 모듈 6, 잇수 $Z_1$= 45, $Z_2$= 85, 압력각 14.5°의 한 쌍의 표준 기어를 그리려고 할 때, 기어의 바깥지름 $D_1$, $D_2$를 얼마로 그리면 되는가?

㉮ 282mm, 522mm
㉯ 270mm, 510mm
㉰ 382mm, 622mm
㉱ 280mm, 610mm

> 해설 바깥지름
> $D_1 = m(Z_1 + 2) = 6(45 + 2) = 282$
> $D_2 = m(Z_2 + 2) = 6(85 + 2) = 522$

**49** 다음 용접 이음의 기본 기호 중에서 잘못 도시된 것은?

㉮ V형 맞대기 용접 : ∨
㉯ 필렛 용접 : ◿
㉰ 플러그 용접 : ▭
㉱ 심 용접 : ○

> 해설 ○ : 스폿 용접, ⊖ : 심 용접

**50** V 벨트 풀리에 대한 설명으로 올바른 것은?

㉮ A형은 원칙적으로 한 줄만 걸친다.
㉯ 암은 길이 방향으로 절단하여 도시한다.
㉰ V 벨트 풀리는 축 직각 방향의 투상을 정면도로 한다.
㉱ V 벨트 풀리의 홈의 각도는 35°, 38°, 40°, 42° 4종류가 있다.

해설 V 벨트 풀리의 홈의 각도는 34°, 36°, 38°가 있다.

**51** 다음 나사의 종류와 기호 표시로 틀린 것은?

㉮ 미터 보통 나사 : M
㉯ 관용 평행 나사 : G
㉰ 미니추어 나사 : S
㉱ 전구 나사 : R

해설 전구 나사 : E, 관용 테이퍼 수나사 : R

**52** 구름 베어링의 호칭 번호가 "6203 ZZ"이면 이 베어링의 안지름은 몇 mm인가?

㉮ 15
㉯ 17
㉰ 60
㉱ 62

해설 베어링의 안지름 번호(세 번째, 네 번째는 00 : 10mm, 01 : 12mm, 02 : 15mm, 03 : 17mm 04부터는 × 5의 값이다.)

**53** 스플릿 테이퍼 핀의 테이퍼값은?

㉮ 1/20   ㉯ 1/25
㉰ 1/50   ㉱ 1/100

해설 테이퍼 핀은 가는 쪽의 지름을 호칭 지름으로 하며, 테이퍼값은 1/50이다.

**54** 스프링의 제도에 있어서 틀린 것은?

㉮ 코일 스프링은 원칙적으로 무하중 상태로 그린다.
㉯ 하중과 높이 등의 관계를 표시할 필요가 있을 때에는 선도 또는 요목표에 표시한다.
㉰ 특별한 단서가 없는 한 모두 왼쪽으로 감은 것을 나타낸다.
㉱ 종류와 모양만을 간략도로 나타내는 경우 재료의 중심선만을 굵은 실선으로 그린다.

해설 특별한 단서가 없는 한 모두 오른쪽으로 감은 것을 나타낸다.

**55** 다음 나사의 도시 방법으로 틀린 것은?

㉮ 암나사의 안지름은 굵은 실선으로 그린다.
㉯ 완전 나사부와 불완전 나사부의 경계선은 굵은 실선으로 그린다.
㉰ 수나사의 바깥지름은 굵은 실선으로 그린다.
㉱ 수나사와 암나사의 측면 도시에서 골지름은 굵은 실선으로 그린다.

해설 수나사와 암나사의 측면 도시에서 골지름은 가는 실선으로 그린다.

**56** 다음 표기는 무엇을 나타낸 것인가?

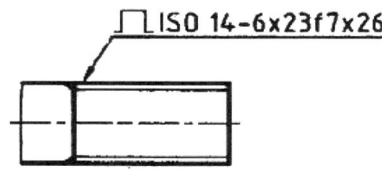

㉮ 사다리꼴 나사  ㉯ 스플라인
㉰ 사각 나사  ㉱ 세레이션

> 해설 스플라인 호칭법 : 기호, 규격·잇수(N) × 호칭지름(d) × 큰지름(D)

**57** 다음 중 서피스 모델링의 특징으로 틀린 것은?

㉮ NC 가공 정보를 얻기가 용이하다.
㉯ 복잡한 형상표현이 가능하다.
㉰ 구성된 형상에 대한 중량계산이 용이하다.
㉱ 은선 제거가 가능하다.

> 해설 서피스 모델링에서는 중량 계산이 안 된다.

**58** 도형의 좌표 변환 행렬과 관계가 먼 것은?

㉮ 미러(mirror)  ㉯ 회전(rotate)
㉰ 스케일(scale)  ㉱ 트림(trim)

> 해설 트림은 편집 명령이다.

**59** CAD 시스템의 입력 장치가 아닌 것은?

㉮ 키보드  ㉯ 라이트 펜
㉰ 플로터  ㉱ 마우스

> 해설 플로터는 출력 장치이다.

**60** 컴퓨터의 중앙 처리 장치(CPU)를 구성하는 요소가 아닌 것은?

㉮ 제어 장치
㉯ 주기억 장치
㉰ 보조 기억 장치
㉱ 연산 논리 장치

**ANSWER** 2013년 1회

| 01 | ㉱ | 02 | ㉱ | 03 | ㉱ | 04 | ㉰ | 05 | ㉮ |
| --- | --- | --- | --- | --- | --- | --- | --- | --- | --- |
| 06 | ㉰ | 07 | ㉯ | 08 | ㉯ | 09 | ㉯ | 10 | ㉰ |
| 11 | ㉯ | 12 | ㉱ | 13 | ㉱ | 14 | ㉮ | 15 | ㉯ |
| 16 | ㉮ | 17 | ㉮ | 18 | ㉰ | 19 | ㉯ | 20 | ㉯ |
| 21 | ㉱ | 22 | ㉯ | 23 | ㉱ | 24 | ㉯ | 25 | ㉮ |
| 26 | ㉱ | 27 | ㉯ | 28 | ㉯ | 29 | ㉯ | 30 | ㉯ |
| 31 | ㉯ | 32 | ㉯ | 33 | ㉯ | 34 | ㉯ | 35 | ㉯ |
| 36 | ㉱ | 37 | ㉰ | 38 | ㉮ | 39 | ㉯ | 40 | ㉱ |
| 41 | ㉱ | 42 | ㉮ | 43 | ㉯ | 44 | ㉰ | 45 | ㉯ |
| 46 | ㉯ | 47 | ㉱ | 48 | ㉮ | 49 | ㉰ | 50 | ㉰ |
| 51 | ㉱ | 52 | ㉯ | 53 | ㉰ | 54 | ㉰ | 55 | ㉱ |
| 56 | ㉯ | 57 | ㉰ | 58 | ㉱ | 59 | ㉰ | 60 | ㉰ |

## 01 주조경질합금의 대표적인 스텔라이트의 주성분을 올바르게 나타낸 것은?

㉮ 몰리브덴-크롬-바나듐-탄소-티탄
㉯ 크롬-탄소-니켈-마그네슘
㉰ 탄소-텅스텐-크롬-알루미늄
㉱ 코발트-크롬-텅스텐-탄소

📖 주조경질합금(Stellite) : Co-Cr-W-C, 열처리를 하지 않고 주조한 후 연삭하여 사용

## 02 설계도면에 SM40C로 표시된 부품이 있다. 어떤 재료를 사용해야 하는가?

㉮ 인장 강도가 40MPa인 일반구조용 탄소강
㉯ 인장 강도가 40MPa인 기계구조용 탄소강
㉰ 탄소를 0.37%~0.43% 함유한 일반구조용 탄소강
㉱ 탄소를 0.37%~0.43% 함유한 기계구조용 탄소강

📖 기계 구조용 탄소강재 SM40C의 탄소함유량은 0.37~0.43%이다.

## 03 강괴를 탈산 정도에 따라 분류할 때 이에 속하지 않는 것은?

㉮ 림드강
㉯ 세미 림드강
㉰ 킬드강
㉱ 세미 킬드강

📖 강괴(steel ingot)
• 림드강(remmed steel) : Fe-Mn으로 약하게 탈산시킨 것(가공및 내부에 편석발생)
• 킬드강(killed steel) : Fe-Si, Al로 충분히 탈산시킨 것(상부에 수축관 생김)
• 세미킬드강(semi-killed steel) : 약탈산강, 용접 구조물에 사용

## 04 Cr 10~11%, Co 26~58%, Ni 10~16% 함유하는 철합금으로 온도 변화에 대한 탄성률의 변화가 극히 적고 공기 중이나 수중에서 부식되지 않고, 스프링, 태엽 기상관측용 기구의 부품에 사용되는 불변강은?

㉮ 인바(invar)
㉯ 코엘린바(coelinvar)
㉰ 퍼멀로이(permalloy)
㉱ 플래티나이트(platinite)

📖 코엘린바(coelinvar) : Cr 10~11%, Co 26~58%, Ni 10~16% 함유하는 철합금으로 온도 변화에 대한 탄성율의 변화가 극히 적고 공기 중이나 수중에서 부식되지 않고, 스프링, 태엽 기상관측용 기구의 부품에 사용

## 05 주철의 흑연화를 촉진시키는 원소가 아닌 것은?

㉮ Al
㉯ Mn
㉰ Ni
㉱ Si

해설 흑연화 촉진제 : Al, Si, Ni, Ti (알규니티)

**06** 담금질한 탄소강을 뜨임 처리하면 어떤 성질이 증가되는가?

㉮ 강도  ㉯ 경도
㉰ 인성  ㉱ 취성

해설 목적 : 내부 응력 제거, 인성 개선

**07** 철강 재료에 관한 올바른 설명은?

㉮ 용광로에서 생산된 철은 강이다.
㉯ 탄소강은 탄소함유량이 3.0%~4.3% 정도이다.
㉰ 합금강은 탄소강에 필요한 합금 원소를 첨가한 것이다.
㉱ 탄소강의 기계적 성질에 가장 큰 영향을 끼치는 원소는 규소(Si)이다.

해설 합금강 : 탄소강에 다른 원소를 첨가하여 기계적 성질을 개선한 강

**08** 나사결합부에 진동 하중이 작용하든가 심한 하중 변화가 있으면 어느 순간에 너트는 풀리기 쉽다. 너트의 풀림 방지법으로 사용하지 않는 것은?

㉮ 나비 너트  ㉯ 분할 핀
㉰ 로크 너트  ㉱ 스프링 와셔

해설 너트의 풀림 방지법
- 탄성 와셔에 의한 법
- 핀 또는 작은 나사를 쓰는 법
- 로크 너트에 의한 법
- 너트의 회전 방향에 의한 법
- 철사에 의한 법
- 자동 죔 너트에 의한 법
- 세트 스크루에 의한 법

**09** 나사 및 너트의 이완을 방지하기 위하여 주로 사용되는 핀은?

㉮ 테이퍼 핀
㉯ 평행 핀
㉰ 스프링 핀
㉱ 분할 핀

해설 분할 핀 : 두 갈래로 갈라지기 때문에 너트의 풀림방지 등에 쓰인다.

**10** 체인 전동의 특징으로 잘못된 것은?

㉮ 고속 회전의 전동에 적합하다.
㉯ 내열성, 내유성, 내습성이 있다.
㉰ 큰 동력 전달이 가능하고 전동 효율이 높다.
㉱ 미끄럼이 없고 정확한 속도비가 얻을 수 있다.

해설 체인 전동의 특성
- 미끄럼이 없다.
- 속도 비가 정확하다.
- 큰 동력이 전달된다.
- 수리 및 유지가 쉽다.
- 진동, 소음이 심하다.
- 내열, 내유, 내습성이 있다.
- 고속 회전에 부적당하다.
- 체인의 탄성으로 충격이 흡수된다.

**11** 구름 베어링 중에서 볼 베어링의 구성 요소와 관련이 없는 것은?

㉮ 외륜
㉯ 내륜
㉰ 니들
㉱ 리테이너

해설 볼 베어링의 구성 요소 : 외륜, 내륜, 볼, 리테이너

**12** 평 기어에서 피치원의 지름이 132mm, 잇수가 44개인 기어의 모듈은?

㉮ 1  ㉯ 3
㉰ 4  ㉱ 6

해설 피치원 지름 = Z × M = 132
∴ M = 132/44 = 3

**13** [그림]에 응력 집중 현상이 일어나지 않는 것은?

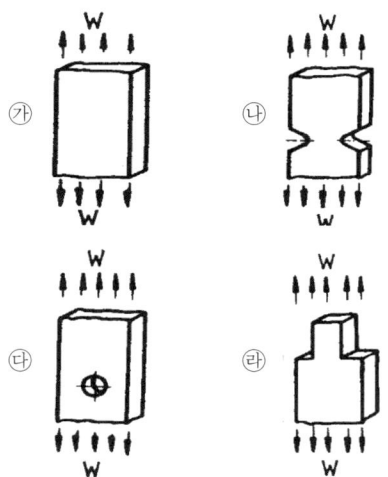

해설 단면 형상이 균일한 재료가 인장 하중을 받으면 평균 응력이 고르게 분포해서 응력 집중 현상이 생기지 않는다.

**14** 나사에 관한 설명으로 옳은 것은?

㉮ 1줄 나사와 2줄 나사의 리드(lead)는 같다.
㉯ 나사의 리드 각과 비틀림 각의 합은 90°이다.
㉰ 수나사의 바깥지름은 암나사의 안지름과 같다.
㉱ 나사의 크기는 수나사의 골지름으로 나타낸다.

해설 나사의 리드 각과 비틀림 각의 합은 90°이다.
리드(L) = 줄수 × 피치. 나사의 크기는 수나사의 산지름으로 나타낸다.

**15** 압축코일 스프링에서 코일의 평균지름(D)이 50mm, 감김수가 10회, 스프링 지수(C)가 5.0일 때 스프링 재료의 지름은 약 몇 mm인가?

㉮ 5  ㉯ 10
㉰ 15  ㉱ 20

해설 스프링 지수
$C = \dfrac{D}{d}$ 에서 $d = \dfrac{D}{C} = \dfrac{50}{5} = 10mm$

**16** 연삭 숫돌의 3요소가 아닌 것은?

㉮ 숫돌입자  ㉯ 입도
㉰ 결합제  ㉱ 기공

해설 연삭 숫돌의 3요소 : 숫돌입자, 결합제, 기공

**17** 드릴 가공의 불량 또는 파손 원인이 아닌 것은?

㉮ 구멍에서 절삭 칩이 배출되지 못하고 가득 차 있을 때
㉯ 이송이 너무 커서 절삭 저항이 증가할 때
㉰ 디닝(thinning)이 너무 커서 드릴이 약해졌을 때
㉱ 드릴의 날 끝 각도가 표준으로 되어 있을 때

해설 표준 드릴의 날끝각 : 118°, 여유각 : 12~15°, 비틀림각 : 20~32°

**18** 드릴의 홈, 나사의 골지름, 곡면 형상의 두께를 측정하는 마이크로미터는?

㉮ 외경 마이크로미터
㉯ 캘리퍼형 마이크로미터
㉰ 나사 마이크로미터
㉱ 포인트 마이크로미터

▣ 포인트 마이크로미터 : 드릴의 홈, 나사의 골지름, 곡면 형상의 두께를 측정하는 마이크로미터

**19** 다음 중 밀링 머신에서 할 수 없는 작업은?

㉮ 널링 가공
㉯ T홈 가공
㉰ 베벨 기어 가공
㉱ 나선 홈 가공

▣ 평면(플레인 커터 : 수평 밀링, 정면 커터 : 수직 밀링), 홈(엔드밀), 측면, 절단(메탈소오), 각도 절삭, 총형 절삭(기어, 나선홈 등) 등이 있다.

**20** 각형 구멍, 키 홈, 스플라인 홈 등을 가공하는데 사용되는 공작 기계로 제품 형상에 맞는 단면 모양과 동일한 공구를 통과시켜 필요한 부품을 가공하는 기계는?

㉮ 호닝 머신
㉯ 기어 세이퍼
㉰ 보링 머신
㉱ 브로칭 머신

▣ 브로칭 머신 : 브로치라는 공구를 사용하여 일감의 표면 또는 내면을 필요한 모양으로 절삭가공하는 가공법으로 1회 통과을 완성한다. 주로 대량생산에 적합하며, 키홈, 스플라인 구멍, 다각형 구멍, 세그먼트 기어의 치형에 사용

**21** CNC 선반에서 사용하는 워드의 설명이 옳은 것은?

㉮ G50은 내, 외경 황삭 사이클이다.
㉯ T0305에서 05는 공구 번호이다.
㉰ G03는 원호보간으로 공구의 진행 방향은 반시계 방향이다.
㉱ G04 P200은 dwell time으로 공구 이송이 2초 동안 정지한다.

▣
• G00 : 위치 결정(급속 이송)
• G01 : 직선 보간(절삭 이송)
• G02 : 원호 보간(시계 방향, CW)
• G03 : 원호 보간(반시계 방향, CCW)
• G04 : 드웰 기능(휴지 기능)

**22** 초경합금의 주성분은?

㉮ W, Cr, V
㉯ WC, Co
㉰ TiC, TiN
㉱ $Al_2O_3$

▣ 초경합금 : 금속 탄화물(WC, TiC, TaC) + Co 분말을 가압, 성형 후 800~900℃에서 예비 소결한 후 수소기류 중에서 1400~1500℃에서 소결시켜 만든 합금

**23** 바이트의 날끝 반지름이 1.2mm인 바이트로 이송을 0.05mm/rev로 깎을 때 이론상의 최대 높이 거칠기는 몇 $\mu m$인가?

㉮ 0.57   ㉯ 0.45
㉰ 0.33   ㉱ 0.26

▣ 표면 조도(Ry) $s = \dfrac{f^2}{8r}$

$s = \dfrac{0.05^2}{8 \times 1.2} = 0.26 \mu m$

**24** 절삭 가공에서 매우 짧은 시간에 발생, 성장, 분열, 탈락의 주기를 반복하는 현상은?

㉮ 경사면(crater) 마멸
㉯ 절삭 속도(cutting speed)
㉰ 여유면(flank) 마멸
㉱ 빌트업 에지(built-up edge)

> 구성인선(buily-up edge) : 절삭 재료가 고온고압에 의하여 공구 인선에 일감이 응착하여 실제 절삭날의 역할을 하는 현상

**25** 입도가 작고 연한 숫돌에 적은 압력으로 가압하면서 가공물에 이송을 주고, 동시에 숫돌에 진동을 주어 표면 거칠기를 향상시키는 가공법은?

㉮ 배럴(barrel)
㉯ 슈퍼피니싱(superfinishing)
㉰ 버니싱(burnishing)
㉱ 래핑(lapping)

> 슈퍼피니싱(superfinishing) : 입도가 작고 연한 숫돌에 적은 압력으로 가압하면서 가공물에 이송을 주고, 동시에 숫돌에 진동을 주어 표면 거칠기를 향상시키는 가공

**26** 구멍의 치수가 $\varnothing 50^{+0.025}_{0}$, 축의 치수가 $\varnothing 50^{+0.009}_{-0.025}$ 일 때 최대 틈새는 얼마인가?

㉮ 0.025
㉯ 0.05
㉰ 0.07
㉱ 0.009

> 최대 틈새
> = 구멍의 최대 허용 치수 − 축의 최소 허용 치수
> = 50.025 − 49.975 = 0.050

**27** 다듬질 면의 지시 기호가 틀린 것은?

㉮ 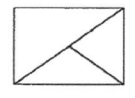  ㉯
㉰ 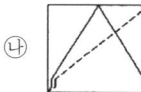  ㉱

> • 제거가공의 필요여부를 문제삼지 않는다.
> • 제거가공을 필요로 한다.
> • 제거가공을 해서는 안 된다.

**28** 그림의 투상에서 정면도로 맞는 것은?

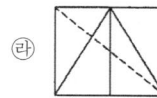

**29** 물체가 구의 지름임을 나타내는 치수 보조 기호는?

㉮ S∅  ㉯ C
㉰ ∅  ㉱ R

> S∅ : 물체가 구의 지름

**30** 치수 기입의 원칙에 맞지 않는 것은?

㉮ 가공에 필요한 요구 사항을 치수와 같이 기입할 수 있다.
㉯ 치수는 주로 주 투상도에 집중시킨다.

㉰ 치수는 되도록 도면 사용자가 계산하도록 기입한다.
㉱ 공정마다 배열을 나누어서 기입한다.

[해설] 치수는 되도록 도면 사용자가 계산하지 않도록 기입한다.

**31** 보기에서 ⓐ가 지시하는 선의 용도에 의한 명칭으로 맞는 것은?

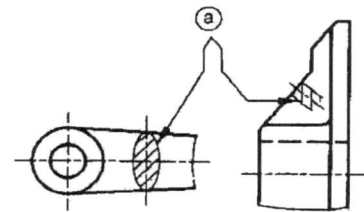

㉮ 회전 단면선
㉯ 파단선
㉰ 절단선
㉱ 특수지정선

[해설] 회전 단면선 : 리브, 암 등은 단면하면 안 되고, 회전 도시 단면만 가능하다. 선은 가는 실선을 사용

**32** 제도의 목적을 달성하기 위하여 도면이 구비하여야 할 기본 요건이 아닌 것은?

㉮ 면의 표면 거칠기, 재료 선택, 가공 방법 등의 정보
㉯ 도면 작성 방법에 있어서 설계자 임의의 창의성
㉰ 무역 및 기술의 국제 교류를 위한 국제적 통용성
㉱ 대상물의 도형, 크기, 모양, 자세, 위치의 정보

[해설] 도면 작성 방법에 있어서 설계자 임의의 창의성으로 하면 안 되고 규격에 따른다.

**33** 일반 치수 공차 기입 방법 중 잘못된 기입 방법은?

㉮ $10 \pm 0.1$
㉯ $10^{+0.1}_{0}$
㉰ $10^{+0.2}_{-0.5}$
㉱ $10^{-0.1}_{0}$

[해설] 항상 아래치수 허용값이 작아야 한다.
$10^{-0.1}_{0} \Rightarrow 10^{0}_{-0.1}$

**34** 대칭형의 물체를 1/4 절단하여 내부와 외부의 모습을 동시에 보여주는 단면도는?

㉮ 온 단면도
㉯ 한쪽 단면도
㉰ 부분 단면도
㉱ 회전 도시 단면도

[해설] 한쪽 단면도 : 대칭형의 물체를 1/4 절단하여 내부와 외부의 모습을 동시에 보여주는 단면도

**35** 중간 부분을 생략하여 단축해서 그릴 수 없는 것은?

㉮ 관
㉯ 스퍼 기어
㉰ 래크
㉱ 교량의 난간

[해설] 스퍼 기어는 원형의 물체이기 때문에 중간 부분의 생략이 불가능하다.

**36** 제3각법에서 정면도 아래에 배치하는 투상도를 무엇이라 하는가?

㉮ 평면도
㉯ 좌측면도
㉰ 배면도
㉱ 저면도

[해설] 제3각법에서 정면도 아래에 저면도, 위에 평면도, 우측에 우측면도, 좌측에 좌측면도를 우측면도 오른쪽에 배면도를 배치한다.

**37** 기하 공차 기호에서 다음 중 자세 공차를 나타내는 것이 아닌 것은?

㉮ 대칭도 공차
㉯ 직각도 공차
㉰ 경사도 공차
㉱ 평행도 공차

해설 자세 공차 : 직각도 공차, 경사도 공차, 평행도 공차

**38** 도면을 철하지 않을 경우 A2 용지의 윤곽선은 용지의 가장자리로부터 최소 얼마나 떨어지게 표시하는가?

㉮ 10mm
㉯ 15mm
㉰ 20mm
㉱ 25mm

해설 제철하지 않을 경우 : A4, A3, A2는 10mm, A1, A0은 20mm를 떨어지게 한다.

**39** 다음 표면 거칠기의 표시에서 C가 의미하는 것은?

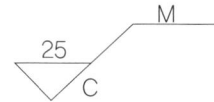

㉮ 주조가공
㉯ 밀링가공
㉰ 가공으로 생긴 선이 무방향
㉱ 가공으로 생긴 선이 거의 동심원

해설
• M : 밀링 가공(가공 방법)
• 25 : 산술 평균 거칠기값
• C : 가공으로 생긴 선이 거의 동심원

**40** 기하 공차에 있어서 평면도의 공차 값이 지정 넓이 75×75mm에 대해 0.1mm일 경우 도시가 바르게 된 것은?

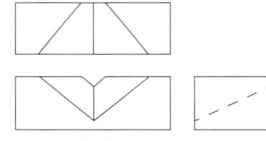
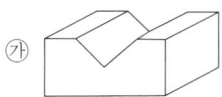
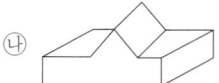
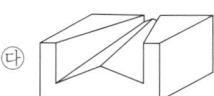
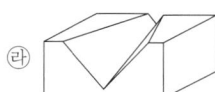

해설 ▱ : 평면도 공차, 0.1/75×75 : 지정 넓이 75×75당 0.1공차값

**41** 다음은 제3각법으로 정 투상한 도면이다. 등각 투상도로 적합한 것은?

정면도

㉮

㉯

㉰

㉱

**42** 최대 허용 치수가 구멍 50.025mm, 축 49.975 mm이며 최소 허용 치수가 50.000mm, 축 49.950mm일 때 끼워 맞춤의 종류는?

㉮ 중간 끼워 맞춤
㉯ 억지 끼워 맞춤
㉰ 헐거운 끼워 맞춤
㉱ 상용 끼워 맞춤

📖 구멍의 치수가 축의 치수보다 크므로 헐거운 끼워 맞춤에 해당된다.

**43** 제도시 선의 굵기에 대한 설명으로 틀린 것은?

㉮ 선은 굵기 비율에 따라 표시하고 3종류로 한다.
㉯ 선의 최대 굵기는 0.5mm로 한다.
㉰ 동일 도면에서는 선의 종류마다 굵기를 일정하게 한다.
㉱ 선의 최소 굵기는 0.18mm로 한다.

📖 선 굵기의 기준은 0.18, 0.25, 0.35, 0.5, 0.7, 1mm가 있다.

**44** 투상도의 선택 방법에 대한 설명 중 틀린 것은?

㉮ 대상물의 모양이나 기능을 가장 뚜렷하게 나타내는 부분을 정면도로 선택한다.
㉯ 기능을 나타내는 도면에서는 대상물을 사용하는 상태로 놓고 표시한다.
㉰ 특별한 이유가 없는 한 대상물을 모두 세워서 그린다.
㉱ 비교 대조가 불편한 경우를 제외하고는 숨은선을 사용하지 않도록 투상을 선택한다.

📖 원형 제품 등은 길이 방향으로 놓고 그린다.

**45** 다음 중 재료의 기호와 명칭이 맞는 것은?

㉮ STC : 기계 구조용 탄소 강재
㉯ STKM : 용접 구조용 압연 강재
㉰ SC : 탄소 공구 강재
㉱ SS : 일반 구조용 압연 강재

📖 STC : 탄소 공구 강재, SC : 탄소 주강, SM : 기계 구조용 탄소 강재

**46** 베벨 기어 제도시 피치원을 나타내는 선의 종류는?

㉮ 굵은 실선
㉯ 가는 1점 쇄선
㉰ 가는 실선
㉱ 가는 2점 쇄선

📖 기어, 스프라킷의 피치원은 가는 1점 쇄선으로 그린다.

**47** 벨트 풀리의 도시법에 대한 설명으로 틀린 것은?

㉮ 벨트 풀리는 축 직각 방향의 투상을 주 투상도로 할 수 있다.
㉯ 벨트 풀리는 모양이 대칭형이므로 그 일부분만을 도시할 수 있다.
㉰ 암은 길이 방향으로 절단하여 도시한다.
㉱ 암의 단면형은 도형의 안이나 밖에 회전 단면을 도시한다.

📖 암은 길이 방향으로 절단하여 도시하지 않는다.

**48** 다음 기호 중 화살표 쪽의 표면에 V형 홈 맞대기 용접을 하라고 지시하는 것은?

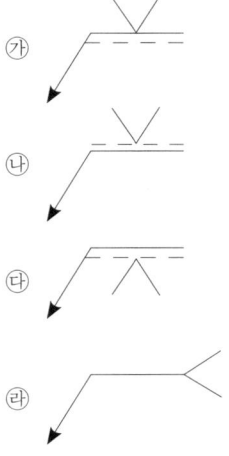

📖 화살표 쪽의 용접은 ㉮번이고 화살표 반대쪽의 용접은 ㉯, ㉰이다.

**49** 나사의 종류와 표시하는 기호로 틀린 것은?

㉮ S0.5 : 미니추어 나사
㉯ Tr 10×2 : 미터 사다리꼴 나사
㉰ Rc 3/4 : 관용 테이퍼 암나사
㉱ E10 : 미싱 나사

📖 E10 : 전구 나사, SM : 미싱 나사

**50** 축의 도시 방법에 대한 설명으로 틀린 것은?

㉮ 긴 축은 중간 부분을 파단하여 짧게 그리고 실제치수를 기입한다.
㉯ 길이 방향으로 절단하여 단면을 도시한다.
㉰ 축의 끝에는 조립을 쉽고 정확하게 하기 위해서 모따기를 한다.
㉱ 축의 일부 중 평면 부위는 가는 실선의 대각선으로 표시한다.

📖 축은 길이 방향으로 절단하여 단면을 도시하지 않는다.(부분 단면은 가능)

**51** 스퍼 기어의 모듈이 2이고, 잇수가 56개 일 때 이 기어의 이끝원 지름은 몇 mm인가?

㉮ 56　　㉯ 112
㉰ 114　　㉱ 116

📖 이끝원지름
$D_o = m(Z + 2) = 2(56 + 2) = 116$

**52** 주어진 테이퍼 핀의 호칭 지름으로 맞는 부위는?

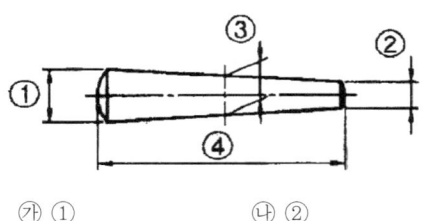

㉮ ①　　㉯ ②
㉰ ③　　㉱ ④

📖 테이퍼 핀은 가는 쪽의 지름을 호칭 지름으로 하며, 테이퍼값은 1/500이다.

**53** 기계 요소 중 캠에 대한 설명으로 맞는 것은?

㉮ 평면 캠에는 판 캠, 원뿔 캠, 빗판 캠이 있다.
㉯ 입체 캠에는 원통 캠, 정면 캠, 직선 운동 캠이 있다.
㉰ 캠 기구는 원동절(캠), 종동절, 고정절로 구성되어 있다.

㉺ 캠을 작도할 때는 캠 윤곽, 기초원, 캠 선도 순으로 완성한다.

> 해설 캠은 궤적 곡선과 종동절이 평면 운동을 하는 평면 캠과 공간 운동을 하는 입체 캠이 있다. 평면 캠에는 판 캠, 정면 캠, 직선 운동 캠, 삼각 캠 등이 있으며, 입체 캠에는 원통 캠, 원뿔 캠, 구형 캠, 빗판 캠 등이 있다.

**54** 나사의 도시에서 완전 나사부와 불완전 나사부의 경계선을 나타내는 선의 종류는?

㉮ 굵은 실선
㉯ 가는 실선
㉰ 가는 1점 쇄선
㉱ 가는 2점 쇄선

> 해설 완전 나사부와 불완전 나사부의 경계선 : 굵은 실선, 골지름 : 가는 실선, 산지름 : 굵은 실선

**55** 다음과 같은 배관 설비도면에서 유니언 접속을 나타내는 기호는?

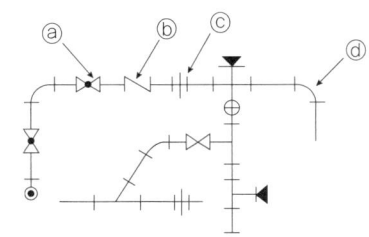

㉮ ⓐ         ㉯ ⓑ
㉰ ⓒ         ㉱ ⓓ

> 해설 ⓐ 글로브 밸브
> ⓑ 체크 밸브
> ⓒ 유니언 이음
> ⓓ 엘보

**56** 구름 베어링 호칭 번호의 순서가 올바르게 나열된 것은?

㉮ 형식 기호-치수 계열 기호-안지름번호-접촉각 기호
㉯ 치수 계열 기호-형식 기호-안지름번호-접촉각 기호
㉰ 형식 기호-안지름번호-치수 계열 기호-틈새 기호
㉱ 치수 계열 기호-안지름번호-형식 기호-접촉각 기호

> 해설 | 형식 번호 | 치수 기호(너비와 지름 기호) | 안지름 번호 | 등급 기호 |
> 접촉각 기호(앵귤러베어링, 테이퍼롤러 베어링만 접촉각)

**57** CAD 시스템의 3차원 모델링 중 서피스 모델링의 일반적인 특징으로 틀린 것은?

㉮ 은선 처리가 가능하다.
㉯ 관성 모멘트 등 물리적 성질을 계산할 수 있다.
㉰ 단면도 작성을 할 수 있다.
㉱ NC가공 데이터 생성에 사용된다.

> 해설 서피스 모델링에서는 중량 계산이 안 된다.

**58** CAD의 좌표 표현 방식 중 임의의 점을 지정할 때 원점을 기준으로 좌표를 지정하는 방법은?

㉮ 상대 좌표      ㉯ 상대 극좌표
㉰ 절대 좌표      ㉱ 혼합 좌표

> 해설 절대 좌표 : 좌표 표현 방식 중 임의의 점을 지정할 때 원점을 기준으로 좌표를 지정한다.

**59** CAD 시스템의 입력 장치 중에서 광전자 센서가 붙어있어 화면에 접촉하여 명령어 선택이나 좌표 입력이 가능한 것은?

㉮ 조이스틱(joystick)
㉯ 마우스(mouse)
㉰ 라이트 펜(light pen)
㉱ 태블릿(tablet)

> 라이트 펜(light pen) : 입력 장치 중에서 광전자 센서가 붙어있어 화면에 접촉하여 명령어 선택이나 좌표 입력이 가능하다.

**60** CAD 시스템을 구성하는 하드웨어로 볼 수 없는 것은?

㉮ CAD 프로그램
㉯ 중앙 처리 장치
㉰ 입력 장치
㉱ 출력 장치

> CAD프로그램은 소프트웨어이다.

| ANSWER | | | | | | | | | | | 2013년 2회 |
|---|---|---|---|---|---|---|---|---|---|---|---|
| 01 | ㉱ | 02 | ㉱ | 03 | ㉯ | 04 | ㉯ | 05 | ㉯ | | |
| 06 | ㉰ | 07 | ㉰ | 08 | ㉮ | 09 | ㉱ | 10 | ㉮ | | |
| 11 | ㉰ | 12 | ㉯ | 13 | ㉮ | 14 | ㉯ | 15 | ㉯ | | |
| 16 | ㉯ | 17 | ㉱ | 18 | ㉱ | 19 | ㉮ | 20 | ㉱ | | |
| 21 | ㉰ | 22 | ㉯ | 23 | ㉯ | 24 | ㉱ | 25 | ㉯ | | |
| 26 | ㉰ | 27 | ㉰ | 28 | ㉯ | 29 | ㉮ | 30 | ㉰ | | |
| 31 | ㉮ | 32 | ㉰ | 33 | ㉱ | 34 | ㉯ | 35 | ㉯ | | |
| 36 | ㉱ | 37 | ㉮ | 38 | ㉮ | 39 | ㉱ | 40 | ㉱ | | |
| 41 | ㉱ | 42 | ㉰ | 43 | ㉰ | 44 | ㉰ | 45 | ㉱ | | |
| 46 | ㉯ | 47 | ㉰ | 48 | ㉮ | 49 | ㉱ | 50 | ㉯ | | |
| 51 | ㉱ | 52 | ㉯ | 53 | ㉰ | 54 | ㉮ | 55 | ㉰ | | |
| 56 | ㉮ | 57 | ㉯ | 58 | ㉰ | 59 | ㉰ | 60 | ㉮ | | |

# 공단 기출문제_2013년 3회

**01** 강재의 크기에 따라 표면이 급랭되어 경화하기 쉬우나 중심부에 갈수록 냉각 속도가 늦어져 경화량이 적어지는 현상은?

㉮ 경화능
㉯ 잔류 응력
㉰ 질량 효과
㉱ 노치 효과

> 해설 질량 효과 : 재료의 크기에 따라 내·외부의 냉각 속도가 달라 경도의 차가 나는 것

**02** 구리에 니켈 40~50% 정도를 함유하는 합금으로서 통신기, 전열선 등의 전기 저항 재료로 이용되는 것은?

㉮ 모넬메탈
㉯ 콘스탄탄
㉰ 엘린바
㉱ 인바

> 해설 콘스탄탄 : Ni-Cu 합금으로 Ni 40~45%, 열전대 재료, 저항선, 정밀 교류 측정기에 사용

**03** 구리의 일반적 특성에 관한 설명으로 틀린 것은?

㉮ 전연성이 좋아 가공이 용이하다.
㉯ 전기 및 열의 전도성이 우수하다.
㉰ 화학적 저항력이 작아 부식이 잘된다.
㉱ Zn, Sn, Ni, Ag 등과는 합금이 잘된다.

> 해설 황산, 질산, 염산에 용해. 습기, 탄산가스, 해수에 녹 발생. 공기중에서 산화 피막 발생

**04** 일반적으로 탄소강에서 탄소함유량이 증가하면 용해 온도는?

㉮ 낮아진다.
㉯ 높아진다.
㉰ 불변이다.
㉱ 불규칙적이다.

> 해설
> • 기계적 성질 : 인장 강도 및 경도 증가, 열처리성 양호, 연성 및 인성 감소, 용접성 불량
> • 물리적 성질 : 결정입자의 조밀, 비중, 용융점 및 열 전도율, 전기 전도도 감소, 전기 저항 증가

**05** 유리섬유에 합침(合浸) 시키는 것이 가능하기 때문에 FRP(Fiber Reinforced Plastic)용으로 사용되는 열경화성 플라스틱은?

㉮ 폴리에틸린계
㉯ 불포화 폴리에스테르계
㉰ 아크릴계
㉱ 폴리염화비닐계

> 해설 열경화성 수지 : 페놀 수지, 멜라민 수지, 에폭시 수지, 요소 수지, 불포화 폴리에스테르계

**06** 열간 가공이 쉽고 다듬질 표면이 아름다우며 특히 용접성이 좋고 고온 강도가 큰 장점을 갖고 있어 각종 축, 기어, 강력 볼트, 암, 레버 등에서 사용하는 것으로 기호 표시를 SCM으로 하는 강은?

㉮ 니켈 – 크롬강
㉯ 니켈 – 크롬 – 몰리브덴강
㉰ 크롬 – 몰리브덴강
㉱ 크롬 – 망간 – 규소강

> SCM(크롬 – 몰리브덴강) : 열간 가공이 쉽고 다듬질 표면이 아름다우며 특히 용접성이 좋고 고온 강도가 큰 장점을 갖고 있어 각종 축, 기어, 강력 볼트, 암, 레버 등에서 사용된다.

**07** 탄소강의 가공에 있어서 고온 가공의 장점 중 틀린 것은?

㉮ 강과 중의 기공이 압착 된다.
㉯ 결정립이 미세화 되어 강의 성질을 개선시킬 수 있다.
㉰ 편석에 의한 불균일 부분이 확산되어서 균일한 재질을 얻을 수 있다.
㉱ 상온 가공에 비해 큰 힘으로 가공도를 높일 수 있다.

> 고온 가공 : 재결정 온도 이상으로 가열하여 가공하므로 적은 힘으로 가공이 가능하다.

**08** 평 벨트 전동과 비교한 V 벨트 전동의 특징이 아닌 것은?

㉮ 고속 운전이 가능하다.
㉯ 미끄럼이 적고 속도비가 크다.
㉰ 바로걸기와 엇걸기 모두 가능하다.
㉱ 접촉 면적이 넓으므로 큰 동력을 전달한다.

> 평 벨트는 바로걸기와 엇걸기 모두 가능하지만 V 벨트는 V홈에 쐐기작용으로 동력을 전달하기 때문에 엇걸이는 불가능하다.

**09** 주로 강도만을 필요로 하는 리벳 이음으로서 철교, 선박, 차량 등에 사용하는 리벳은?

㉮ 용기용 리벳    ㉯ 보일러용 리벳
㉰ 코킹          ㉱ 구조용 리벳

> • 구조용 리벳 : 주로 강도만을 필요로 하는 리벳이음으로서 철교, 선박, 차량 등에 사용하는 리벳
> • 저압용 리벳 : 주로 기밀 또는 수밀을 요하는 것
> • 보일러용 리벳 : 강도 및 기밀을 요하는 것

**10** 24산 3줄 유니파이 보통 나사의 리드는 몇 mm인가?

㉮ 1.175     ㉯ 2.175
㉰ 3.175     ㉱ 4.175

> 리드는 1회전당 축 방향의 이동 거리로
> L(리드) = n(줄수)×p(피치)의 관계식에 의해
> P = 25.4/24 = 1.058,
> L = 3×1.058 = 3.175[mm]

**11** 회전 운동을 하는 드럼이 안쪽에 있고 바깥에서 양쪽 대칭으로 드럼을 밀어 붙여 마찰력이 발생하도록 한 브레이크는?

㉮ 블록 브레이크
㉯ 밴드 브레이크
㉰ 드럼 브레이크
㉱ 캘리퍼형 원판 브레이크

- **블록 브레이크** : 마찰 브레이크로 브레이크 드럼에 브레이크 블록을 밀어 넣어 제동하는 장치
- **밴드 브레이크** : 강철 또는 가죽 밴드를 회전체에 부착시킨 주철 또는 주강제의 브레이크 고리 주변에 감고, 레버로 밴드에 인장력을 주어서 밴드와 브레이크 고리와의 접촉면에 생기는 마찰력을 이용하여 회전체의 제동에 사용하는 장치
- **드럼 브레이크** : 바퀴와 함께 회전하는 브레이크드럼 안쪽으로 라이닝(마찰재)을 붙인 브레이크슈를 압착하여 제동력을 얻는 장치

**12** 평판 모양의 쐐기를 이용하여 인장력이나 압축력을 받는 2개의 축을 연결하는 결합용 기계요소는?

㉮ 코터  ㉯ 커플링
㉰ 아이볼트  ㉱ 테이퍼 키

※ 코터(Cotter) : 피스톤 로드, 크로스 헤드, 연결봉 사이의 체결과 같이 축방향으로 인장 또는 압축을 받는 봉을 연결하는 데 사용된다.

**13** 키의 종류 중 페더 키(feather key)라고도 하며, 회전력의 전달과 동시에 축 방향으로 보스를 이동시킬 필요가 있을 때 사용되는 것은?

㉮ 미끄럼 키  ㉯ 반달 키
㉰ 새들 키  ㉱ 접선 키

※ 미끄럼 키 : 경사가 없고 평행하므로 축이나 보스 어느 한쪽에 핀으로 고정해 주어야 한다.

**14** 동력 전달용 기계 요소가 아닌 것은?

㉮ 기어  ㉯ 체인
㉰ 마찰차  ㉱ 유압 댐퍼

※ 유압 댐퍼 : 유압으로 진동을 줄이는 장치(기름 완충기, 오일 댐퍼, 유압 완충기)

**15** 단면적이 100mm²인 강재에 300N의 전단하중이 작용할 때 전단 응력(N/mm²)은?

㉮ 1  ㉯ 2
㉰ 3  ㉱ 4

※ $\sigma = \dfrac{W}{A} = \dfrac{300}{100} = 3$

**16** 지름이 100mm인 연강을 회전수 300r/min(=rpm), 이송 0.3mm/rev, 길이 50mm를 1회 가공할 때 소요되는 시간은 약 몇 초인가?

㉮ 약 20초  ㉯ 약 33초
㉰ 약 40초  ㉱ 약 56초

※ 가공 시간
$T = \dfrac{l}{nf} = \dfrac{50}{300 \times 0.3} = 0.555 \text{(min)}$
∴ 0.555 × 60 = 33초

**17** 단단한 재료일수록 드릴의 선단 각도는 어떻게 해 주어야 하는가?

㉮ 일정하게 한다.
㉯ 크게 한다.
㉰ 작게 한다.
㉱ 시작점에서는 작은 각도, 끝점에서는 큰 각도로 한다.

※ 드릴의 선단 각은 일감이 단단할수록 크게 한다.(표준 날끝각은 118°이다.)

**18** 밀링 머신의 부속 장치가 아닌 것은?

㉮ 분할대  ㉯ 크로스 레일
㉰ 래크 절삭 장치  ㉱ 회전 테이블

※ 크로스 레일은 플레이너의 장치이다.

**19** 연삭 숫돌의 기호 WA 60KmV에서 '60'은 무엇을 나타내는가?

㉮ 숫돌 입자
㉯ 입도
㉰ 조직
㉱ 결합도

📖 입도 : 숫돌 입자의 크기를 번호로 표시

**20** CNC 선반의 준비 기능에서 G32 코드의 기능은?

㉮ 드릴 가공
㉯ 모서리 정밀 가공
㉰ 홈 가공
㉱ 나사 절삭 가공

📖 G32 : 나사 절삭 가공

**21** 키홈, 스프라인 홈, 원형이나 다각형의 구멍들을 가공 하는 브로칭 머신은?

㉮ 내면 브로칭 머신
㉯ 특수 브로칭 머신
㉰ 자동 브로칭 머신
㉱ 외경 브로칭 머신

📖 내면 브로칭 머신 : 키홈, 스프라인 홈, 원형이나 다각형의 구멍들을 가공

**22** 오차가 +20㎛인 마이크로미터로 측정한 결과 55.25mm의 측정값을 얻었다면 실제 값은?

㉮ 55.18mm
㉯ 55.23mm
㉰ 55.25mm
㉱ 55.27mm

📖 실제값 = 55.250 - (+0.020) = 55.230

**23** 절삭제의 사용하는 목적과 관계가 없는 것은?

㉮ 공구의 경도 저하를 방지한다.
㉯ 가공물의 정밀도 저하를 방지한다.
㉰ 윤활 및 세척작용을 한다.
㉱ 절삭작용을 어렵게 한다.

📖 절삭제는 절삭 작용을 원활하게 하기 위해 사용한다.

**24** 공구에 진동을 주고 공작물과 공구 사이에 연삭 입자와 가공 액을 주고 전기적 에너지를 기계적 에너지로 변화함으로써 공작물을 정밀하게 다듬는 방법은?

㉮ 래핑
㉯ 수퍼피니싱
㉰ 전해 연마
㉱ 초음파 가공

📖 초음파 가공 : 초음파 진동수로 기계적 진동면과 공작물 사이 숫돌 입자, 물 또는 기름을 주입하면서 상하 진동으로 일감을 때려 표면을 다듬는 방법

**25** 선반의 척 중 불규칙한 모양의 공작물을 고정하기에 가장 적합한 것은?

㉮ 압축공기 척
㉯ 연동 척
㉰ 마그네틱 척
㉱ 단동 척

📖 단동척 : 조(jaw) 4개(개별적), 불규칙한 일감 고정, 편심가공 가능

**26** 대칭인 물체를 1/4 절단하여 물체의 안과 밖의 모양을 동시에 나타낼 수 있는 단면도는?

㉮ 한쪽 단면도
㉯ 온 단면도
㉰ 부분 단면도
㉱ 회전 도시 단면도

해설 한쪽 단면도(half section)
- 대칭 물체를 1/4로 절단하여 단면으로 나타낸 것
- 한쪽은 단면도, 다른 한쪽은 외형도 표시
- 대칭형의 대상물을 외형도시 절반과 온 단면도의 절반을 조합하여 표시할 수 있다.

**27** 도면에 마련하는 양식 중에서 마이크로필름 등으로 촬영하거나 복사 및 철할 때의 편의를 위하여 마련하는 것은?

㉮ 윤곽선
㉯ 표제란
㉰ 중심마크
㉱ 비교눈금

해설 중심마크
- 4변의 각 중앙에 표시, 그 허용차 0.5mm
- 굵기 0.5mm 실선

**28** 구멍의 최소치수가 축의 최대치수보다 큰 경우는 무슨 끼워 맞춤인가?

㉮ 헐거운 끼워 맞춤
㉯ 중간 끼워 맞춤
㉰ 억지 끼워 맞춤
㉱ 강한 억지 끼워 맞춤

해설 항상 구멍이 크기 때문에 헐거운 끼워 맞춤

**29** 다음의 기하 공차 기호를 바르게 해석한 것은?

| // | 0.1 |
|   | 0.05/100 |

㉮ 평행도가 전체 길이에 대해 0.1mm, 지정 길이 100mm에 대해 0.05mm의 허용치를 갖는다.

㉯ 평행도가 전체 길이에 대해 0.05mm, 지정 길이 100mm에 대해 0.1mm의 허용치를 갖는다.
㉰ 대칭도가 전체 길이에 대해 0.1mm, 지정 길이 100mm에 대해 0.05mm의 허용치를 갖는다.
㉱ 대칭도가 전체 길이에 대해 0.05mm, 지정 길이 100mm에 대해 0.1mm의 허용치를 갖는다.

해설 평행도가 전체 길이에 대해 0.1mm, 지정 길이 100mm에 대해 0.05mm의 허용치를 갖는다.

**30** 투상도의 올바른 선택 방법으로 틀린 것은?

㉮ 대상 물체의 모양이나 기능을 가장 잘 나타낼 수 있는 면을 주 투상도로 한다.
㉯ 조립도와 같이 주로 물체의 기능을 표시하는 도면에서는 대상물을 사용하는 상태로 그린다.
㉰ 부품도는 조립도와 같은 방향으로만 그려야 한다.
㉱ 길이가 긴 물체는 특별한 사유가 없는 한 안정감 있게 옆으로 누워서 그린다.

해설 부품도는 가공 공정 순서와 같게 나타낸다.

**31** 투상에 사용하는 숨은선을 올바르게 적용한 것은?

㉮ 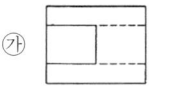  ㉯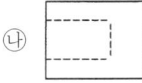

㉰   ㉱

**32** 대상물의 가공 전 또는 가공 후의 모양을 표시하는 데 사용하는 선은?

㉮ 가는 1점 쇄선 ㉯ 가는 2점 쇄선
㉰ 가는 실선 ㉱ 굵은 실선

📖 가상선(가는 2점 쇄선) : 가공 전 또는 가공 후의 모양을 표시하는 데 사용한다.

**33** KS 부문별 분류 기호에서 기계를 나타내는 것은?

㉮ KS A ㉯ KS B
㉰ KS K ㉱ KS H

📖 KS B : 기계, KS A : 기본, KS K : 섬유, KS H : 식료품

**34** 다음 중 재료 기호에 대한 명칭이 잘못된 것은?

㉮ SM20C : 기계 구조용 탄소강재
㉯ BC3 : 황동 주물
㉰ GC200 : 회 주철물
㉱ SC 450 : 탄소강 주강품

📖 BC3 : 청동 주물

**35** 치수의 허용 한계를 기입할 때 일반사항에서 대한 설명으로 틀린 것은?

㉮ 기능에 관련되는 치수와 허용 한계는 기능을 요구하는 부위에 직접 기입하는 것이 좋다.
㉯ 직렬 치수 기입법으로 치수를 기입할 때는 치수 공차가 누적되므로 공차의 누적이 기능에 관계가 없는 경우에 만 사용하는 것이 좋다.
㉰ 병렬 치수 기입법으로 치수를 기입할 때 치수 공차는 다른 치수의 공차에 영향을 주기 때문에 기능 조건을 고려하여 공차를 적용한다.
㉱ 축과 같이 직렬 치수 기입법으로 치수를 기입할 때 중도가 작은 치수는 괄호를 붙여서 참고 치수로 기입하는 것이 좋다.

**36** 도면을 그릴 때 가는 2점 쇄선으로 그려야 하는 것은?

㉮ 숨은선 ㉯ 피치선
㉰ 가상선 ㉱ 해칭선

📖 가상선 : 가는 2점 쇄선

**37** 다음 그림은 제3각법으로 제도한 것이다. 이 물체의 등각 투상도로 알맞은 것은?

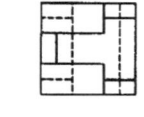
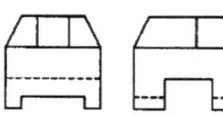

㉮ 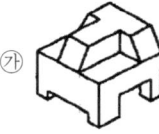 ㉯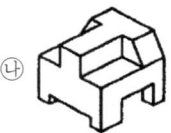

㉰ 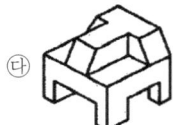 ㉱

**38** 구멍의 치수가 Ø30$^{+0.025}_{0}$, 축의 치수가 Ø30$^{+0.020}_{-0.005}$일 때 최대 죔새는 얼마인가?

㉮ 0.030  ㉯ 0.025
㉰ 0.020  ㉱ 0.005

> 해설 최대 죔새 = 축의 최대 − 구멍의 최소
> = 30.020 − 30.000 = 0.020

**39** 다음 등각 투상도에서 화살표 방향을 정면도로 할 경우 평면도로 올바른 것은?

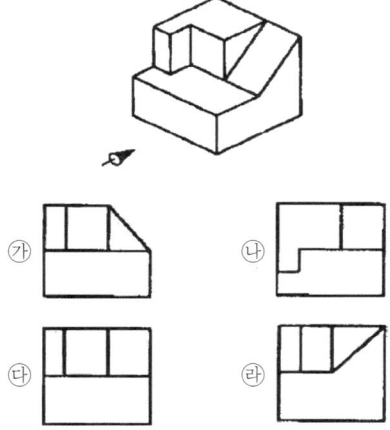

**40** 제3각법으로 그린 투상도의 평면도로 옳은 것은?

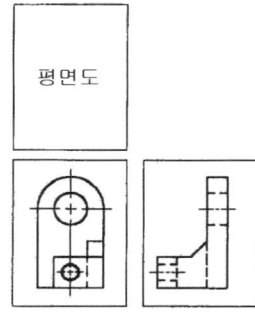

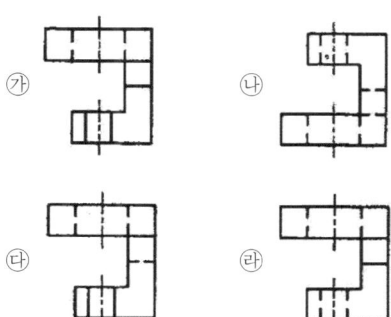

**41** 다음 중 치수 기입 방법으로 맞는 것은?

㉮ 길이의 치수는 원칙적으로 밀리미터의 단위로 기입하고, 단위 기호를 붙인다.
㉯ 각도의 치수는 일반적으로 도, 분, 초, 등의 단위를 기입한다.
㉰ 관련되는 치수는 나누어서 기입한다.
㉱ 가공이나 조립할 때, 기준으로 하는 곳이 있더라도 상관없이 기입한다.

> 해설
> • 길이의 치수는 원칙적으로 밀리미터의 단위로 기입하고, 단위 기호를 안 붙인다.
> • 관련되는 치수는 모아서 기입한다.
> • 가공이나 조립할 때, 기준으로 하는 곳에 기입한다.

**42** 기하 공차의 구분 중 모양 공차의 종류에 속하지 않는 것은?

㉮ 진직도 공차
㉯ 평행도 공차
㉰ 진원도 공차
㉱ 면의 윤곽도 공차

> 해설 모양 공차 : 진직도, 평면도, 진원도, 원통도, 선의 윤곽도, 면의 윤곽도 공차

**43** 다음의 표면 거칠기 기호 중 주조품의 표면 제거 가공을 허락하지 않는 것을 지시하는 기호는?

㉮ 　　㉯

㉰ 　　㉱

　㉮ 제거 가공의 필요 여부를 문제삼지 않는다.
　㉯ 제거 가공을 해서는 안 된다.
　㉱ 제거 가공을 필요로 한다.

**44** 가공 방법의 약호에서 연삭 가공의 기호는?

㉮ L
㉯ D
㉰ G
㉱ M

　L : 선반, D : 드릴, G : 연삭, M : 밀링

**45** 구의 지름을 나타내는 치수 보조 기호는?

㉮ ∅
㉯ C
㉰ S
㉱ R

　S∅ : 구(Sphere)의 지름

**46** 용접부 표면의 형상에서 동일 평면으로 다듬질함을 표시하는 보조 기호는?

㉮ ―　　㉯ ⌒
㉰ ⌣　　㉱ ▱

　― : 동일 평면, ⌒ : 볼록, ⌣ : 오목

**47** 구름 베어링의 호칭 번호가 6204일 때 베어링의 안지름은 얼마인가?

㉮ 62mm　　㉯ 31mm
㉰ 20mm　　㉱ 15mm

　베어링의 안지름 번호(세 번째, 네 번째)는 00 : 10mm, 01 : 12mm, 02 : 15mm, 03 : 17mm 04부터는 ×5

**48** 볼트의 규격 M12 × 80의 설명으로 맞는 것은?

㉮ 미터 나사 호칭 지름이 12mm이다.
㉯ 미터 나사 골지름이 12mm이다.
㉰ 미터 나사 피치가 80mm이다.
㉱ 미터 나사 바깥지름이 80mm이다.

　M12 × 80 : 미터 나사 호칭 지름이 12mm이고 길이가 80mm

**49** 코일 스프링의 도시 방법으로 적합한 것은?

㉮ 모양만을 도시할 때는 스프링의 외형을 가는파선으로 그린다.
㉯ 특별한 단서가 없는 한 모두 오른쪽 감기로 도시한다.
㉰ 중간 부분을 생략할 때는 생략한 부분을 파단선을 이용하여 도시한다.
㉱ 원칙적으로 하중이 걸린 상태에서 도시한다.

　• 모양만을 도시할 때는 스프링의 외형을 굵은 실선으로 그린다.
　• 중간 부분을 생략할 때는 생략한 부분을 가상선으로 도시한다.
　• 원칙적으로 무하중 상태에서 도시한다.

**50** 축에서 도형 내의 특정 부분이 평면 또는 구멍의 일부가 평면임을 나타낼 때의 도시 방법은?

㉮ "평면"이라고 표시한다.
㉯ 가는 파선을 사각형으로 나타낸다.
㉰ 굵은 실선을 대각선으로 나타낸다.
㉱ 가는 실선을 대각선으로 나타낸다.

해설 가는 실선을 대각선으로 나타낸다.

**51** 리벳 이음의 도시 방법에 대한 설명 중 옳은 것은?

㉮ 리벳은 길이 방향으로 절단하여 도시한다.
㉯ 구조물에 쓰이는 리벳은 약도로 표시할 수 있다.
㉰ 얇은 판, 형강 등의 단면은 가는 실선으로 도시한다.
㉱ 리벳의 위치만을 표시할 때는 굵은 실선으로 그린다.

해설 
• 리벳은 길이 방향으로 단면 도시하지 않는다.
• 얇은 판, 형강 등의 단면은 굵은 실선으로 도시한다.
• 리벳의 위치만을 표시할 때는 가는 실선으로 그린다.

**52** 도면에 3/8-16UNC-2A로 표시되어있다. 이에 대한 설명 중 틀린 것은?

㉮ 3/8은 나사의 지름을 표시하는 숫자이다.
㉯ 16은 1인치 내의 나사산의 수를 표시한 것이다.
㉰ UNC는 유니파이 보통 나사를 의미한다.
㉱ 2A는 수량을 의미한다.

해설 2A : 수나사의 등급을 표시함.(B : 암나사의 등급)

**53** 스퍼 기어에서 축 방향에서 본 투상도의 이뿌리원을 나타내는 선은?

㉮ 가는 1점 쇄선
㉯ 가는 실선
㉰ 굵은 실선
㉱ 가는 2점 쇄선

해설 이뿌리원은 가는 실선으로 그리지만, 측면도는 생략해도 좋다.

**54** 배관 기호에서 온도계의 표시 방법으로 바른 것은?

㉮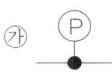
㉯
㉰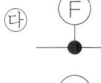
㉱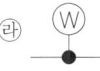

해설 P : 압력계, T : 온도계, F : 유량계

**55** 스프로킷 휠의 도시 방법으로 틀린 것은?

㉮ 바깥지름 – 굵은 실선
㉯ 피치원 – 가는 1점 쇄선
㉰ 이뿌리원 – 가는 1점 쇄선
㉱ 축 직각 단면으로 도시할 때 이뿌리선 – 굵은 실선

해설 이뿌리원은 가는 실선으로 그린다.

**56** 기어의 요목표에 [기준 래크]의 치형, 압력각, 모듈을 기입한다. 여기서 [기준 래크]란 무엇을 뜻하는가?

㉮ 기어 이를 가공할 기계 종류를 지정한 것이다.
㉯ 기어 이를 가공할 때 설치할 곳을 지정한 것이다.
㉰ 기어 이를 가공할 공구를 지정한 것이다.
㉱ 기어 이를 검사할 측정기를 지정한 것이다.

> 해설 기준 래크(공구) : 기어 이를 가공할 공구를 지정한 것이다.

**57** CAD 시스템에서 사용되는 입력 장치의 종류가 아닌 것은?

㉮ 키보드　　㉯ 마우스
㉰ 디지타이저　㉱ 플로터

**58** 3차원 형상을 솔리드 모델링하기 위한 기본 요소를 프리미티브라고 한다. 이 프리미티브가 아닌 것은?

㉮ 박스(box)　　㉯ 실린더(cylinder)
㉰ 원뿔(cone)　 ㉱ 퓨전(fusion)

> 해설 퓨전(fusion)이 아니다.

**59** 마지막 입력 점으로부터 다음 점까지의 거리와 각도를 입력하는 좌표 입력 방법은?

㉮ 절대 좌표 입력
㉯ 상대 좌표 입력
㉰ 상대 극좌표 입력
㉱ 요소 투영점 입력

> 해설 상대 극좌표 : 마지막 입력 점으로부터 다음 점까지의 거리와 각도를 입력

**60** 캐시 메모리(cache memory)에 대한 설명으로 맞는 것은?

㉮ 연산 장치로서 주로 나눗셈에 이용된다.
㉯ 제어 장치로 명령을 해독하는데 주로 사용된다.
㉰ 중앙 처리 장치와 주기억 장치 사이의 속도 차이를 극복하기 위해 사용한다.
㉱ 보조 기억 장치로서 휴대가 가능하다.

> 해설 캐시 메모리(cache memory) : 컴퓨터의 중앙 처리 장치와 주기억 장치 사이의 속도 차이를 극복하기 위해 사용되는 명령이나 데이터를 일시적으로 저장하는 보조 기억 장치

**ANSWER** 2013년 3회

| 01 | ㉰ | 02 | ㉯ | 03 | ㉰ | 04 | ㉮ | 05 | ㉯ |
|---|---|---|---|---|---|---|---|---|---|
| 06 | ㉰ | 07 | ㉱ | 08 | ㉰ | 09 | ㉱ | 10 | ㉰ |
| 11 | ㉱ | 12 | ㉮ | 13 | ㉮ | 14 | ㉱ | 15 | ㉰ |
| 16 | ㉰ | 17 | ㉰ | 18 | ㉰ | 19 | ㉯ | 20 | ㉰ |
| 21 | ㉮ | 22 | ㉰ | 23 | ㉰ | 24 | ㉱ | 25 | ㉱ |
| 26 | ㉮ | 27 | ㉰ | 28 | ㉰ | 29 | ㉰ | 30 | ㉰ |
| 31 | ㉰ | 32 | ㉰ | 33 | ㉰ | 34 | ㉯ | 35 | ㉰ |
| 36 | ㉰ | 37 | ㉰ | 38 | ㉱ | 39 | ㉯ | 40 | ㉱ |
| 41 | ㉯ | 42 | ㉰ | 43 | ㉰ | 44 | ㉯ | 45 | ㉰ |
| 46 | ㉰ | 47 | ㉰ | 48 | ㉰ | 49 | ㉯ | 50 | ㉰ |
| 51 | ㉯ | 52 | ㉰ | 53 | ㉯ | 54 | ㉯ | 55 | ㉰ |
| 56 | ㉰ | 57 | ㉱ | 58 | ㉱ | 59 | ㉰ | 60 | ㉰ |

# 공단 기출문제_2013년 4회

※ 2013년 9월 28일 시행된 기사 제4회 필기시험부터 문제지 답항이 ㉮㉯㉰㉱항에서 ①②③④항으로 변경되었습니다. 이에 수험생 여러분들의 혼동이 없으시기를 바랍니다.

**01** 다음 중 로크웰 경도를 표시하는 기호는?

① HBS
② HS
③ HV
④ HRC

해설: HB : 브리넬 경도, HS : 쇼오 경도, HV : 비커스 경도, HRB와 HRC : 로크웰 경도

**02** 형상 기억 합금의 종류에 해당되지 않는 것은?

① 구리-알루미늄-니켈계 합금
② 니켈-티타늄-구리계 합금
③ 니켈-티타늄계 합금
④ 니켈-크롬-철계 합금

해설: 니켈-티타늄 합금계와 구리계합금(Cu-Zn-Al, Cu-Al-Ni)

**03** 열가소성 수지가 아닌 재료는?

① 멜라민 수지
② 초산비닐 수지
③ 폴리에틸렌 수지
④ 폴리염화비닐 수지

해설: 멜라민 수지는 페놀 수지, 에폭시 수지, 요소 수지 등과 함께 열경화성 수지에 속한다.

**04** 베릴륨 청동 합금에 대한 설명으로 옳지 않는 것은?

① 피로한도, 내열성, 내식성이 우수하다.
② 베어링, 고급 스프링 재료에 이용된다.
③ 구리에 2~3%의 Be를 첨가한 석출 경화성 합금이다.
④ 가공이 쉽게 되고 가격이 싸다.

해설: 구리에 2~3%의 Be를 첨가한 석출 경화성 합금으로 뜨임 시효 경화성이 있고, 피로한도, 내열성, 내식성이 우수하여 베어링, 고급 스프링 재료에 이용 인장 강도 133Kg/mm²

**05** 주철의 성장 원인 중 틀린 것은?

① 펄라이트 조직 중의 $Fe_3C$ 분해에 따른 흑연화
② 페라이트 조직 중의 Si의 산화
③ A1 변태의 반복 과정 중에서 오는 체적변화에 기인되는 미세한 균열의 발생
④ 흡수된 가스의 팽창에 따른 부피의 감소

해설: 흡수된 가스의 팽창에 따른 부피의 증가가 주철의 성장 원인에 해당된다.

**06** Al–Cu–Mg–Mn의 합금으로 시효 경과 처리한 대표적인 알루미늄 합금은?

① 두랄루민  ② Y–합금
③ 코비탈륨  ④ 로우엑스 합금

해설 두랄루민 : Al–Cu–Mg–Mn, Y–합금 : Al–Cu–Mg–Ni

**07** 다이캐스팅용 합금의 성질로서 우선적으로 요구되는 것은?

① 유동성  ② 절삭성
③ 내산성  ④ 내식성

해설 유동성이다.

**08** 스프링에서 스프링 상수(k) 값의 단위로 옳은 것은?

① N  ② N/mm
③ N/mm²  ④ mm

해설 하중/길이이므로 N/mm이다.

**09** 다음 ISO 규격 나사 중에서 미터 보통 나사를 기호로 나타내는 것은?

① Tr  ② R
③ M  ④ S

해설 Tr : 사다리꼴 나사, R : 관용 테이퍼수 나사, S : 미니추어 나사

**10** 분할 핀에 관한 설명이 아닌 것은?

① 테이터 핀의 일종이다.
② 너트의 풀림을 방지하는 데 사용된다.
③ 핀 한쪽 끝이 두 갈래로 되어 있다.
④ 축에 끼워진 부품의 빠짐을 방지하는 데 사용된다.

해설 분할 핀은 테이퍼 핀의 종류가 아니다.

**11** 하중 3000N이 작용할 때, 정사각형 단면에 응력 30N/cm²이 발생했다면 정사각형 단면 한 변의 길이는 몇 mm인가?

① 10  ② 22
③ 100  ④ 200

해설 $\sigma = \dfrac{W}{A}$ 에서 $A = \dfrac{W}{\sigma} = \dfrac{3000}{30} = 100 cm^2$
$A = l^2$ 에서 $l = \sqrt{10000} = 100 mm$

**12** 축 이음 설계 시 고려 사항으로 틀린 것은?

① 충분한 강도가 있을 것
② 진동에 강할 것
③ 비틀림 각의 제한을 받지 않을 것
④ 부식에 강할 것

해설 비틀림 각을 고려해서 설계해야 한다.

**13** 모듈이 m인 표준 스퍼 기어(미터식)에서 총 이 높이는?

① 1.25m  ② 1.5708m
③ 2.25m  ④ 3.2504m

해설 이끝 높이(1m) + 이뿌리 높이(1.25m) = 2.25m

**14** 레디얼 볼 베어링 번호 6200의 안지름은?

① 10mm  ② 12mm
③ 15mm  ④ 17mm

해설 베어링의 안지름 번호(세 번째, 네 번째)는 00 : 10mm, 01 : 12mm, 02 : 15mm, 03 : 17mm, 04부터는 ×5이다.

**15** 3줄 나사, 피치가 4mm 인 수나사를 1/10 회전시키면 축 방향으로 이동하는 거리는 몇 mm인가?

① 0.1  ② 0.4
③ 0.6  ④ 1.2

해설 리드는 1회전당 축방향의 이동 거리로
L(리드) = n(줄수)×p(피치)의 관계식에 의해
L = 3 × 4 × 1/10 = 1.2

**16** 드릴링 머신 1대에 여러 개의 스핀들을 설치하고 1개의 구동축으로 유니버설 조인트를 이용하여 여러 개의 드릴을 동시에 구동시키는 드릴링 머신은?

① 직접 드릴링 머신
② 레이디얼 드릴링 머신
③ 다축 드릴링 머신
④ 다두 드릴링 머신

해설 다축 드릴링 머신 : 1대의 기계에 많은 수의 스핀들이 있어 같은 평면 안에 있는 다수의 구멍을 동시에 가공할 수 있다.

**17** 마이크로미터의 구조에서 부품에 속하지 않는 것은?

① 앤빌  ② 스핀들
③ 슬리브  ④ 스크라이버

해설 마이크로미터의 부품 : 앤빌, 스핀들, 슬리브, 라쳇

**18** 밀링 머신에서 직접 분할법으로 8등분을 하고자 한다. 직접 분할판에서 몇 구멍씩 이동시키면 되는가?

① 3구멍  ② 5구멍
③ 8구멍  ④ 12구멍

해설 밀링 분할법 : 차동, 단식, 직접(2, 3, 4, 6, 8, 12, 24의 약수 가능) 24/8 = 3구멍씩 이동

**19** 연삭 숫돌의 구성 3요소가 아닌 것은?

① 입자  ② 결합제
③ 절삭유  ④ 기공

해설 연삭 숫돌의 구성 요소 : 입자, 기공, 결합제

**20** 바이트의 인선과 자루가 같은 재질로 구성된 바이트는?

① 단체 바이트  ② 클램프 바이트
③ 팁 바이트  ④ 인서트 바이트

해설 단체 바이트로 주로 고속도강이 많다.

**21** 금속으로 만든 작은 덩어리를 가공물 표면에 투사하여 피로강도를 증가시키기 위한 냉간 가공법은?

① 숏 피닝  ② 액체호닝
③ 수퍼피니싱  ④ 버핑

해설 숏 피닝 : 금속으로 만든 작은 덩어리를 가공물 표면에 투사하여 피로 강도를 증가시키기 위한 냉간 가공

**22** 내면 연삭 작업 시 가공물은 고정시키고 연삭숫돌이 회전 운동 및 공전 운동을 동시에 진행하는 연삭 방법은?

① 유성형  ② 보통형
③ 센터리스형  ④ 만능형

해설 유성형 연삭 : 내면 연삭 작업 시 가공물은 고정시키고 연삭 숫돌이 회전 운동 및 공전 운동을 동시에 진행하는 연삭 방법

**23** 선반으로 기어 절삭용 밀링 커터를 제작하려고 할 때 전면 여유각을 가공하기에 가장 적합한 작업은?

① 모방 절삭(copying) 작업
② 릴리빙(relieving) 작업
③ 널링(knurling) 작업
④ 터렛(turret) 작업

해설 릴리빙(relieving) 작업 : 밀링 커터를 제작하려고 할 때 전면 여유각을 가공

**24** 공구와 가공물의 상대 운동이 웜과 웜 기어의 관계로 기어를 절삭할 수 있는 공작 기계는?

① 펠로스 기어 셰이퍼
② 마그 기어 셰이퍼
③ 라이네케르 베벨 기어 셰이퍼
④ 기어 호빙 머신

해설 기어 호빙 머신 : 공구와 가공물의 상대 운동이 웜과 웜 기어의 관계로 기어를 절삭

**25** 여러 가지 종류의 공작 기계에서 할 수 있는 가공을 1대의 기계에서 가능하도록 만든 것은?

① 단능 공작 기계　② 만능 공작 기계
③ 전용 공작 기계　④ 표준 공작 기계

해설 만능 공작 기계 : 여러 가지 종류의 공작 기계에서 할 수 있는 가공을 1대의 기계에서 가능

**26** 모양에 따른 선의 종류에 대한 설명으로 틀린 것은?

① 실선 : 연속적으로 이어진 선
② 파선 : 짧은 선을 일정한 간격으로 나열한 선
③ 1점 쇄선 : 길고 짧은 2종류의 선을 번갈아 나열한 선
④ 2점 쇄선 : 긴 선 2개와 짧은 선 2개를 번갈아 나열한 선

해설 2점 쇄선 : 긴 선과 짧은 선 2개를 서로 규칙적으로 나열한 선

**27** 기준 A에 평행하고 지정길이 100mm에 대하여 0.01mm의 공차값을 지정할 경우 표시 방법으로 옳은 것은?

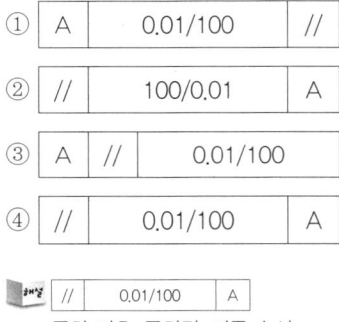

해설 | // | 0.01/100 | A |
공차 기호, 공차값, 기준 순서

**28** 다음 중 구상 흑연 주철품 재질 기호는?

① SC 410　　② GC 300
③ GCD 400 – 18　④ SF 490 A

해설 SC : 주강, GC : 회주철, SF : 단조강

**29** 다음 중 치수 기입의 원칙 설명으로 틀린 것은?

① 설계자의 특별한 요구 사항을 치수와 함께 기입할 수 있다.

② 도면에 나타내는 치수는 특별히 명시하지 않는 한 도시한 대상물의 마무리 치수를 표시한다.
③ 치수는 되도록이면 정면도, 측면도, 평면도에 분산하여 기입한다.
④ 치수는 되도록이면 계산할 필요가 없도록 기입하고 중복되지 않게 기입한다.

해설 치수는 되도록 주 투상도(정면도)에 기입한다.

**30** 그림과 같은 단면도(빗금친 부분)을 무엇이라 하는가?

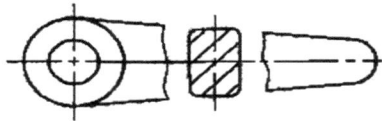

① 회전 도시 단면도
② 부분 단면도
③ 온 단면도
④ 한쪽 단면도

해설 회전 도시 단면도(revolved sectin) : 핸들이나 기어, 벨트 풀리 등의 암, 리브, 훅, 축 구조물의 부재 등의 절단면은 다음에 따라 90° 회전하여 나타낸다.

**31** 반복도형의 피치를 잡은 기준이 되는 선은?

① 가는 실선
② 가는 파선
③ 가는 1점 쇄선
④ 가는 2점 쇄선

해설 그림 기호를 피치선과 중심선(가는 1점 쇄선)과의 교점에 기입한다.

**32** 투상도의 표시 방법에서 보조 투상도에 관한 설명으로 옳은 것은?

① 복잡한 물체를 절단하여 나타낸 투상도
② 경사면부가 있는 물체의 경사면과 맞서는 위치에 그린 투상도
③ 특정 부분의 도형이 작아서 그 부분만을 확대하여 그린 투상도
④ 물체의 홈, 구멍 등 특정 부위만 도시한 투상도

해설 보조 투상도(relevant view) : 대상물의 경사면에 대항하는 위치에 그린 투상도

**33** 다음의 내용과 가장 관련이 있는 가공에 의한 커터의 줄무늬 방향 기호는?

| 가공에 의한 커터의 줄무늬가 기호를 기입한 면의 중심에 대하여 거의 방사 모양 |

① ⊥
② X
③ M
④ R

해설 ⊥ : 가공 줄무늬가 수직, X : 가공 줄무늬가 교차, M : 가공 줄무늬가 무방향 교차

**34** 다음 중에서 '제거 가공을 허용하지 않는다'는 것을 지시하는 기호는?

①   ②

③   ④

해설 ① 제거 가공을 해서는 안되는 것
② 제거 가공을 필요로 함

**35** 제3각법으로 투상한 그림과 같은 도면에서 누락된 평면도에 가장 적합한 것은?

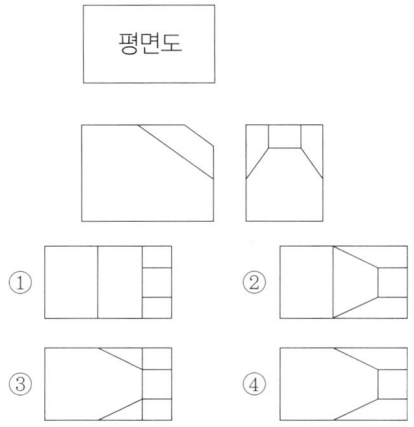

**36** 다음은 3각법으로 정 투상한 도면이다. 등각 투상도로 맞는 것은 어느 것인가?

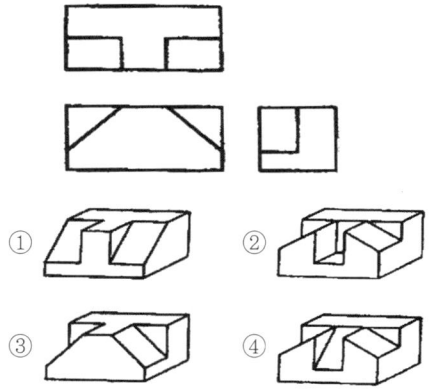

**37** 다음 중 길이 및 허용 한계 기입을 잘못한 것은?

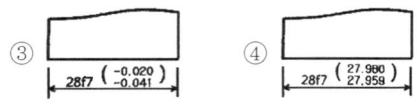

　해설 ②번의 경우는 위치수 공차값은 항상 아래치수 공차값보다 커야 한다.

**38** 표제란에 기입할 사항으로 거리가 먼 것은?

① 도면 번호　　② 도면 명칭
③ 부품 기호　　④ 투상법

　해설 부품 기호, 품명, 재질, 수량, 중량 등은 부품표에 기입

**39** 도면에 나타난 그림의 크기가 치수와 비례하지 않을 때 표시하는 방법 중 틀린 것은?

① 치수 아래쪽에 굵은 실선을 긋는다.
② "비례하지 않음"으로 표시한다.
③ NS로 기입한다.
④ 치수를 (　) 안에 넣는다.
④ 축은 일반적으로 중심선을 수평 방향으로 놓고 그린다.

　해설 치수를 (　) 안에 넣는 것은 참고 치수이다.

**40** 다음 그림을 15H7-m6의 구멍과 축에 중간 끼워 맞춤을 나타낸 것으로 최대 죔새를 A, 최대 틈새를 B라 할 때 옳은 것은?

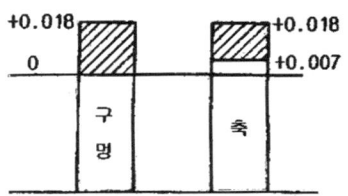

① A=0.018, B=0.011

② A=0.011, B=0.018
③ A=0.018, B=0.025
④ A=0.011, B=0.025

> • 최대 죔새(A) = 0.018 − 0.000 = 0.018
> • 최대 틈새(B) = 0.018 − 0.007 = 0.011

**41** 단면의 표시와 단면도의 해칭에 관한 설명 중 틀린 것은?

① 일반적으로 단면부의 해칭은 생략하여 도시하고 특별한 경우는 예외로 한다.
② 인접한 부품의 단면은 해칭의 각도 또는 간격을 달리하여 구별할 수 있다.
③ 해칭하는 부분에 글자 등을 기입하는 경우, 해칭을 중단할 수 있다.
④ 해칭선의 각도는 일반적으로 주된 중심선에 대하여 45°로 하여 가는 실선으로 등간격으로 그린다.

> 일반적으로 단면부의 해칭은 45°, 등간격으로 도시하고 특별한 경우는 예외로 한다.

**42** 제1각법과 제3각법의 설명 중 틀린 것은?

① 제1각법은 물체를 1상한에 놓고 정투상법으로 나타낸 것이다.
② 제1각법은 눈→투상면→물체의 순서로 나타낸다.
③ 제3각법은 물체를 3상한에 놓고 정투상법으로 나타낸 것이다.
④ 한 도면에 제1각법과 제3각법을 같이 사용해서는 안 된다.

> 제1각법은 눈→물체→투상면의 순서로 나타낸다.

**43** 기하 공차의 기호와 공차의 명칭이 서로 맞는 것은?

① ─ : 진직도 공차  ② ◎ : 위치도 공차
③ ○ : 원통도 공차  ④ ∠ : 동심도 공차

> ◎ : 동심도(동축도) 공차, ⊕ : 위치도 공차

**44** IT 공차 등급에 대한 설명 중 틀린 것은?

① 공차 등급은 IT 기호 뒤에 등급을 표시하는 숫자를 붙여 사용한다.
② 공차역의 위치에 사용하는 알파벳은 모든 알파벳을 사용할 수 있다.
③ 공차역의 위치는 구멍인 경우 알파벳 대문자, 축인 경우 알파벳 소문자를 사용한다.
④ 공차 등급은 IT 01부터 IT 18까지 20등급으로 구분한다.

> 혼동을 피하기 위하여 다음 문자는 사용하지 않는다.
> I, L, O, Q, W, i, l, o, q, w

**45** 컴퓨터 도면 관리 시스템의 일반적인 장점을 잘못 설명한 것은?

① 여러 가지 도면 및 파일의 통합관리체계를 구축 가능하다.
② 반영구적인 저장 매체로 유실 및 훼손의 염려가 없다.
③ 도면의 질과 정확도를 향상시킬 수 있다.
④ 정전 시에도 도면 검색 및 작업을 할 수 있다.

> 정전 시에는 도면 검색 및 작업이 불가능하다.

**46** 일반적으로 스퍼 기어의 요목표에 기입하는 사항이 아닌 것은?

① 치형
② 잇수
③ 피치원 지름
④ 비틀림 각

해설 비틀림 각은 헬리컬 기어 등에 기입한다.

**47** 볼 베어링 6203 ZZ에서 ZZ는 무엇을 나타내는가?

① 실드 기호
② 내부 틈새 기호
③ 등급 기호
④ 안지름 기호

해설 ZZ : 양쪽 실드 붙이   Z : 한쪽 실드 붙이

**48** 다음 중 관의 결합 방식 표시 방법에서 유니언식을 나타내는 것은?

① 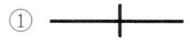   ②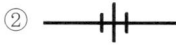
③ 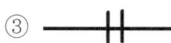   ④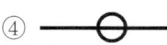

해설 ① 일반, ② 유니언식, ③ 플랜지식, ④ 용접식

**49** 나사용 구멍이 없고 양쪽 둥근 형 평행 키의 호칭으로 옳은 것은?

① P-A 25 × 90
② TG 20 × 12 × 70
③ WA 23 × 16
④ T-C 22 × 12 × 60

해설 P-A 25 × 90

**50** 다음 중 축의 도시 방법에 대한 설명으로 틀린 것은?

① 축은 길이 방향으로 절단하여 단면 도시하지 않는다.
② 긴 축은 중간 부분을 생략해서 그릴 수 있다.
③ 축에 널링을 도시할 때 빗줄인 경우는 축선에 대하여 45°로 엇갈리게 그린다.
④ 축은 일반적으로 중심선을 수평 방향으로 놓고 그린다.

해설 축의 널링(knurling)을 도시할 때 빗줄은 경우는 축선에 대해 30°로 엇갈리게 나타낸다.

**51** 기어의 제도 방법 중 틀린 것은?

① 축 방향에서 본 이끝원은 굵은 실선으로 표시한다.
② 축 방향에서 본 피치원은 가는 1점 쇄선으로 표시한다.
③ 서로 물려 있는 한 쌍의 기어에서 맞물림부의 이끝원은 가는 실선으로 표시한다.
④ 베벨 기어 및 웜 휠의 축 방향에서 본 그림에서 이뿌리원은 생략하는 것이 보통이다.

해설 서로 맞물리는 한 쌍의 스퍼 기어를 도시할 때 측면도의 이끝원은 굵은 실선, 정면도의 단면에서 한 쪽의 이끝원은 은선으로 그린다.

**52** 벨트 풀리의 도시 방법 설명으로 틀린 것은?

① 모양이 대칭형인 벨트 풀리는 그 일부분만을 도시할 수 있다.
② 암은 길이 방향으로 절단하여 그 단면을 도시할 수 있다.

③ 암은 단면형은 도형의 안이나 밖에 회전 단면을 도시할 수 있다.
④ 벨트 풀리의 홈 부분 치수는 해당하는 형별, 호칭지름에 따라 결정된다.

해설 암의 길이 방향으로 절단하여 단면의 도시를 하지 않는다.

**53** 좌 2줄 M50×3-6H는 나사 표시 방법의 보기이다. 리드는 몇 mm인가?

① 3
② 6
③ 9
④ 12

해설 리드는 1회전당 축 방향의 이동 거리로 L(리드) = n(줄수)×p(피치)의 관계식에 의해 L = 2 × 3 = 6[mm]

**54** 다음은 단속 필렛 용접부의 주요 치수를 나타낸 기호이다. 기호에 대한 설명으로 틀린 것은?

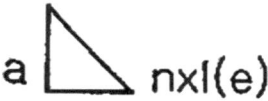

① a : 목 두께
② n : 용접부의 개수
③ l : 목 길이
④ e : 인접한 용접부간의 간격

해설 l : 용접부의 길이(크레이트부 제외) Z : 목 길이

**55** 스프링 제도에 대한 설명으로 맞는 것은?

① 오른쪽 감기로 도시할 때는 "감긴 방향 오른쪽"이라고 반드시 명시해야 한다.
② 하중이 걸린 상태에서 그리는 것을 원칙으로 한다.
③ 하중과 높이 및 처짐과의 관계는 선도 또는 요목표에 나타낸다.
④ 스프링의 종류와 모양만을 도시할 때에는 재료의 중심선만을 가는 실선으로 그린다.

해설
• 왼쪽 감기로 도시할 때는 "감긴 방향 왼쪽"이라고 반드시 명시해야 한다.
• 무하중이 걸린 상태에서 그리는 것을 원칙으로 한다.
• 스프링의 종류와 모양만을 도시할 때에는 재료의 중심선만을 굵은 실선으로 그린다.

**56** 다음 중 육각 볼트의 호칭이다. ③이 의미하는 것은?

① 강도
② 부품 등급
③ 종류
④ 규격 번호

해설 규격 번호 종류 부품 등급 호칭×l 강도 구분 재질

**57** 3차원 물체의 외부 형상뿐만 아니라 중량, 무게 중심, 관성 모멘트 등의 물리적 성질도 제공할 수 있는 형상 모델링은?

① 서피스 모델링
② 와이어 프레임 모델링
③ 솔리드 모델링
④ 곡면 모델링

해설
• 은선 제거가 가능하다.
• 간섭 체크가 용이하다.
• 물리적 성질 등의 계산이 가능하다.
• 형상을 절단하여 단면도 작성이 용이하다.

**58** 중앙 처리 장치(CPU)와 주기억 장치 사이에서 원활한 정보 교환을 위하여 주기억 장치의 정보를 일시적으로 저장하는 고속 기억장치는?

① floppy disk
② CD-ROM
③ cache memory
④ coprocessor

> 캐시 메모리(cache memory) : 컴퓨터의 중앙 처리 장치와 주기억 장치 사이의 속도 차이를 극복하기 위해 사용되는 명령이나 데이터를 일시적으로 저장하는 보조 기억 장치

**59** 그림과 같이 위치를 알 수 없는 점 A에서 점 B로 이동하려고 한다. 어느 좌표계를 사용해야 하는가?

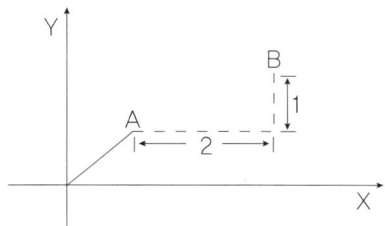

① 상대 좌표
② 절대 좌표
③ 원통 좌표
④ 절대 극좌표

> A에서 B로 이동은 현재A에서 상대 좌표로 이동 @2,1값 입력

**60** CAD 시스템의 입력 장치에 해당하지 않는 것은?

① 키보드(keyboard)
② 마우스(mouse)
③ 디스플레이(display)
④ 라이트 펜(light pen)

> 디스플레이(display)는 출력 장치이다.

| ANSWER | | | | | | | | | | 2013년 4회 |
|---|---|---|---|---|---|---|---|---|---|---|
| 01 | ④ | 02 | ④ | 03 | ① | 04 | ④ | 05 | ④ |
| 06 | ① | 07 | ① | 08 | ② | 09 | ③ | 10 | ① |
| 11 | ③ | 12 | ③ | 13 | ③ | 14 | ① | 15 | ④ |
| 16 | ③ | 17 | ④ | 18 | ① | 19 | ③ | 20 | ① |
| 21 | ① | 22 | ① | 23 | ② | 24 | ④ | 25 | ② |
| 26 | ④ | 27 | ② | 28 | ② | 29 | ③ | 30 | ① |
| 31 | ② | 32 | ② | 33 | ④ | 34 | ③ | 35 | ② |
| 36 | ③ | 37 | ② | 38 | ③ | 39 | ④ | 40 | ① |
| 41 | ① | 42 | ③ | 43 | ① | 44 | ② | 45 | ④ |
| 46 | ④ | 47 | ① | 48 | ② | 49 | ① | 50 | ② |
| 51 | ③ | 52 | ③ | 53 | ② | 54 | ③ | 55 | ③ |
| 56 | ② | 57 | ③ | 58 | ③ | 59 | ① | 60 | ③ |

# 공단 기출문제_2014년 1회

**01** 공구용 합금강을 담금질 및 뜨임 처리하여 개선되는 재질의 특성이 아닌 것은?

① 조직의 균질화
② 경도 조절
③ 가공성 향상
④ 취성 증가

> 목적 : 경도 및 강도 조절, 내부 응력 제거, 인성 개선

**02** 금속 재료를 고온에서 오랜 시간 외력을 걸어놓으면 시간의 경과에 따라 서서히 그 변형이 증가하는 현상은?

① 크리프        ② 스트레스
③ 스트레인      ④ 템퍼링

> 크리프 : 금속 재료를 고온에서 오랜 시간 외력을 걸어놓으면 시간의 경과에 따라 서서히 그 변형이 증가하는 현상

**03** 절삭 공구류에서 초경 합금의 특성이 아닌 것은?

① 경도가 높다.
② 마모성이 좋다.
③ 압축 강도가 높다.
④ 고온 경도가 양호하다.

> 초경 합금 : 금속 탄화물(WC, TiC, TaC) + Co 분말을 가압, 성형 후 800~900℃에서 예비 소결한 뒤 수소기류 중에서 1400~1500℃에서 소결시켜 만든 합금으로 경도, 압축 강도가 높고 고온 경도가 양호하다.

**04** 황동의 연신율이 가장 클 때 아연(Zn)의 함유량은 몇 % 정도인가?

① 30        ② 40
③ 50        ④ 60

> Cu+Zn 30% : 7·3황동(고용체)은 연신율 최대, 가공성을 목적

**05** 구상 흑연 주철을 조직에 따라 분류했을 때 이에 해당되지 않는 것은?

① 마르텐자이트형    ② 페라이트형
③ 펄라이트형        ④ 시멘타이트형

> 페라이트형, 펄라이트형, 시멘타이트형

**06** 주철의 장점이 아닌 것은?

① 압축 강도가 작다.
② 절삭 가공이 쉽다.
③ 주조성이 우수하다.
④ 마찰 저항이 우수하다.

> 주철은 압축 강도가 커서 각종 공작 기계의 몸체로 사용한다.

**07** 합금의 종류 중 고용융점 합금에 해당하는 것은?

① 티탄합금
② 텅스텐합금
③ 마그네슘합금
④ 알루미늄합금

📖 텅스텐 합금 : 텅스텐은 용융점이 3410℃(금속 중 융점이 높다.)이므로 고용융점 합금에 해당된다.

**08** 다음 중 구름 베어링의 특성이 아닌 것은?

① 감쇠력이 작아 충격 흡수력이 작다.
② 축심의 변동이 작다.
③ 표준형 양산품으로 호환성이 높다.
④ 일반적으로 소음이 작다.

📖 일반적으로 소음이 발생된다.

**09** 지름이 50mm 축에 폭이 10mm인 성크 키를 설치했을 때, 일반적으로 전단 하중만을 받을 경우 키가 파손되지 않으려면 키의 길이는 몇 mm인가?

① 25mm
② 75mm
③ 150mm
④ 200mm

📖 L≥1.5d이므로 1.5 × 50 = 75

**10** 인장 응력을 구하는 식으로 옳은 것은?(단, A는 단면적, W는 인장 하중이다.)

① $A \times W$
② $A + W$
③ $\dfrac{A}{W}$
④ $\dfrac{W}{A}$

📖 $\sigma = \dfrac{인장\ 하중}{단면적} = \dfrac{W}{A}$

**11** 롤링 베어링의 내륜이 고정되는 곳은?

① 저널
② 하우징
③ 궤도면
④ 리테이너

📖 저널(Journal) : 베어링의 내륜과 접촉되는 축부분

**12** 기계 재료의 단단한 정도를 측정하는 가장 적합한 시험법은?

① 경도 시험
② 수축 시험
③ 파괴 시험
④ 굽힘 시험

📖 경도 시험(hardness test)은 금속 재료의 단단함 정도를 측정할 때 사용되는 방법으로 제강시 탄소 함유량의 판정 및 부품 재질 검사 등의 목적으로 사용된다.

**13** 자동차와 스티어링 장치, 수치제어 공작기계의 공구대, 이송 장치 등에 사용되는 나사는?

① 둥근 나사
② 볼 나사
③ 유니파이 나사
④ 미터 나사

📖 볼 나사 : 자동차와 스티어링 장치, 수치제어 공작기계의 공구대, 이송 장치 등에 사용한다. 백래시가 없다.

**14** 모듈 5, 잇수가 40인 표준 평기어의 이끝원 지름은 몇 mm인가?

① 200mm
② 210mm
③ 220mm
④ 240mm

📖 바깥지름(D) = m(Z + 2) = 5(40 + 2) = 210

**15** 두 축이 평행하고 거리가 아주 가까울 때 각속도의 변동없이 토크를 전달할 경우 사용되는 커플링은?

① 고정 커플링(fixed coupling)
② 플랙시블 커플링(flexible coupling)
③ 올덤 커플링(Oldham's coupling)
④ 유니버설 커플링(universal coupling)

> 올덤 커플링(Oldham's coupling) : 두 축이 평행하며, 편심되어 있을 때 사용하는 것으로 큰 토크나 고속 회전의 전달에는 적당치 않다.

**16** 다음 중 테이블이 일정한 각도로 선회할 수 있는 구조로 기어 등 복잡한 제품을 가공할 수 있는 것은?

① 플레인 밀링 머신(plain milling machine)
② 만능 밀링 머신(universal milling machine)
③ 생산형 밀링 머신(production milling machine)
④ 플라노 밀링 머신(plano miller)

> 만능 밀링 머신(universal milling machine) : 테이블이 일정한 각도로 선회할 수 있는 구조로 기어 등 복잡한 제품을 가공

**17** 선반 가공에서 회전수를 구하는 공식이 N = 1000V/πD라 할 때 이 공식의 표기가 틀린 것은?

① N = 회전수(r/min = rpm)
② π = 원주율
③ D = 공작물의 반지름(mm)
④ V = 절삭 속도(m/min)

> D = 공작물의 지름(mm)

**18** 드릴링 머신에서 볼트나 너트를 체결하기 곤란한 표면을 평탄하게 가공하여 체결이 잘되도록 하는 것은?

① 리밍            ② 태핑
③ 카운터 싱킹    ④ 스폿 페이싱

> 스폿 페이싱 : 볼트머리가 닿는 면이 경사지거나 평탄하지 않는 곳을 평탄하게 가공

**19** 일반적인 연삭 숫돌 검사 방법의 종류가 아닌 것은?

① 초음파 검사
② 음향 검사
③ 회전 검사
④ 균형 검사

> • 음향 검사 : 나무망치로 두드려서 균열을 검사
> • 회전 검사 : 규정 속도로 3분 정도로 공회전 검사
> • 균형 검사 : 밸런서에 장착하여 균형을 검사

**20** 윤활제의 급유 방법이 아닌 것은?

① 핸드 급유법    ② 적하 급유법
③ 냉각 급유법    ④ 분무 급유법

> • 핸드 급유 : 오일 건 등을 통하여 베어링, 안내면의 윤활부에 연결된 급유구로 급유
> • 적하 급유 : 용기에 담긴 기름을 구멍, 밸브 등을 통하여 일정량씩 필요 부분에 기름을 떨어뜨리며 급유하는 방법으로 마찰면이 넓거나 시동되는 횟수가 많을 때 및 저속, 중속 축에 많이 사용
> • 분무 급유 : 압축 공기를 스프레이로 분무하듯이 급유하며 내면 연삭, 고속 베어링 등에 사용

**21** 절삭 공구에서 구성인선의 발생 순서로 맞는 것은?

① 발생 → 성장 → 탈락 → 분열
② 성장 → 발생 → 탈락 → 분열
③ 발생 → 성장 → 분열 → 탈락
④ 성장 → 탈락 → 발생 → 분열

　해설 발생 → 성장 → 분열 → 탈락의 순서로 구성인선이 발생한다.

**22** 다음 [그림]과 같은 테이퍼를 선반에서 가공하려고 한다. 심압대를 편위시켜 가공하려면 심압대를 몇 mm 이동시켜야 하는가?

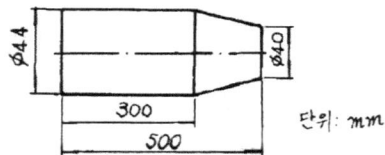

① 5　　② 6
③ 8　　④ 10

　해설 편위량(e)
$= \dfrac{(D-d)L}{2l} = \dfrac{(44-40)500}{2 \times 200} = 5mm$

**23** 기어 절삭기로 가공된 기어의 면을 매끄럽고 정밀하게 다듬질하기 위해 홈붙이 날을 가진 커터로 다듬는 가공 방법은?

① 호빙
② 호닝
③ 기어 세이빙
④ 래핑

　해설 기어 세이빙 : 기어 절삭기로 가공된 기어의 면을 매끄럽고 정밀하게 다듬질하기 위해 홈붙이 날을 가진 커터로 다듬질

**24** 공구 연삭기의 종류에 해당되지 않는 것은?

① 드릴 연삭기
② 바이트 연삭기
③ 초경공구 연삭기
④ 기어 연삭기

　해설 공구 연삭기 : 드릴, 바이트, 초경공구 연삭기이며 기어는 공구가 아니다.

**25** 다음 중 가공물을 양극으로 전해액에 담그고 전기 저항이 적은 구리, 아연을 음극으로 하여 전류를 흘려서 전기에 의한 용해 작용을 이용하여 가공하는 가공법은?

① 전해 연마
② 전해 연삭
③ 전해 가공
④ 전주 가공

　해설 전해 연마 : 가공물을 양극으로 전해액에 담그고 전기 저항이 적은 구리, 아연을 음극으로 하여 전류를 흘려서 전기에 의한 용해 작용을 이용하여 가공

**26** 기하 공차의 종류 중 적용하는 형체가 관련 형체에 속하지 않은 것은?

① 자세 공차
② 모양 공차
③ 위치 공차
④ 흔들림 공차

　해설 단일 형상 : 모양 공차(진직도, 원통도, 진원도, 평면도, 선의 윤곽도, 면의 윤곽도)

**27** 다음은 제3각법으로 그린 정 투상도이다. 입체로도 옳은 것은?

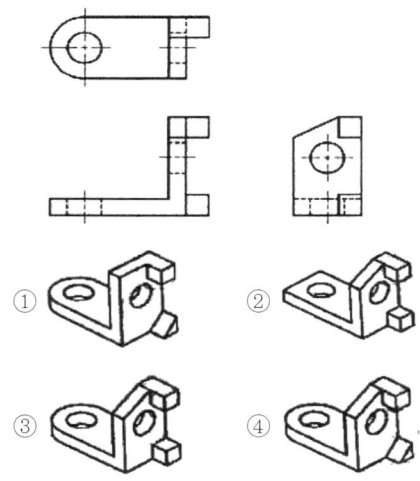

**28** 다음 중 '가는 선 : 굵은 선 : 아주 굵은 선' 굵기의 비율이 옳은 것은?

① 1 : 2 : 4   ② 1 : 3 : 4
③ 1 : 3 : 6   ④ 1 : 4 : 8

📖 굵기에 따라 분류하면 가는 선 1, 굵은 선 2, 아주 굵은 선 4의 비율이다.

**29** 모양 공차를 표기할 때 그림과 같은 공차 기입 틀에 기입하는 내용은?

| A | B |

① A : 공차값, B : 공차의 종류 기호
② A : 공차의 종류 기호, B : 데이텀 문자기호
③ A : 데이텀 문자 기호, B : 공차값
④ A : 공차의 종류 기호, B : 공차값

📖 A : 공차의 종류 기호, B : 공차값

**30** 도면에 사용한 선의 용도 중 특수한 가공을 하는 부분 등 특별한 요구 사항을 적용할 범위를 표시하는 데 쓰이는 선은?

① 가는 1점 쇄선
② 가는 2점 쇄선
③ 굵은 1점 쇄선
④ 굵은 2점 쇄선

📖 굵은 1점 쇄선 : 특수한 가공을 하는 부분 등 특별한 요구 사항을 적용할 범위를 표시

**31** 선의 종류에 따른 용도의 설명으로 틀린 것은?

① 굵은 실선 – 외형선으로 사용한다.
② 가는 실선 – 치수선으로 사용한다.
③ 파선 – 숨은선으로 사용한다.
④ 굵은 1점 쇄선 – 단면의 무게중심선으로 사용한다.

📖 • 굵은 1점 쇄선 : 특수한 가공을 하는 부분 등 특별한 요구 사항을 적용할 범위를 표시
• 가는 2점 쇄선 : 단면의 무게중심선으로 사용

**32** 좌우 또는 상하가 대칭인 물체의 $\frac{1}{4}$을 잘라내고 중심선을 기준으로 외형도와 내부 단면도를 나타내는 단면의 도시방법은?

① 한쪽 단면도
② 부분 단면도
③ 회전 단면도
④ 온 단면도

📖 한쪽 단면도 : 좌우 또는 상하가 대칭인 물체의 1/4을 잘라내고 중심선을 기준으로 외형도와 내부 단면도를 나타내는 단면의 도시

**33** 투상도의 선택 방법에 대한 설명으로 틀린 것은?

① 조립도 등 주로 기능을 나타내는 도면에서는 대상물을 사용하는 상태로 놓고 그린다.
② 부품을 가공하기 위한 도면에서는 가공 공정에서 대상물이 놓인 상태로 그린다.
③ 주 투상도에서는 대상물의 모양이나 기능을 가장 뚜렷하게 나타내는 면을 그린다.
④ 주 투상도를 보충하는 다른 투상도는 명확한 이해를 위해 되도록 많이 그린다.

**34** 그림과 같은 지시 기호에서 "b"에 들어갈 지시 사항으로 옳은 것은?

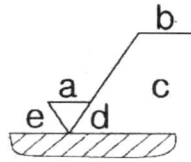

① 가공 방법
② 표면 파상도
③ 줄무늬 방향 기호
④ 컷오프값·평가 길이

🔑 a : 산술평균 거칠기값, b : 가공 방법, c : 컷오프값·평가 길이, d : 줄무늬 방향 기호, e : 가공 여유값

**35** 다음 치수 보조 기호에 관한 내용으로 틀린 것은?

① C : 45°의 모떼기
② D : 판의 두께
③ □ : 정사각형 변의 길이
④ ⌒ : 원호의 길이

🔑 t : 판의 두께

**36** 기준 치수가 30, 최대 허용 치수가 29.9, 최소 허용 치수가 29.8일 때 아래치수 허용차는?

① −0.1
② −0.2
③ +0.1
④ +0.2

🔑 아래치수 허용차 = 최소 허용 치수 − 기준 치수
= 29.8 − 30 = −0.2

**37** 최대 허용 치수와 최소 허용 치수의 차를 무엇이라고 하는가?

① 치수 공차
② 끼워 맞춤
③ 실치수
④ 기준선

🔑 치수 공차=최대 허용 치수−최소 허용 치수

**38** 투상법의 종류 중 정 투상법에 속하는 것은?

① 등각 투상법
② 제3각법
③ 사 투상법
④ 투시도법

🔑 정 투상법 : 제1각법, 제3각법

**39** 가공 방법에 대한 기호가 잘못 짝지어진 것은?

① 용접 : W
② 단조 : F
③ 압연 : E
④ 전조 : RL

🔑 압연 : R(Rolling), 압출 : E(Extruding), 인발 : D(Drawing on Drawbench)

**40** 도면을 마이크로필름에 촬영하거나 복사할 때의 편의를 위하여 도면의 위치 결정에 편리하도록 도면에 표시하는 양식은?

① 재단마크
② 중심마크
③ 도면의 구역
④ 방향마크

> 중심마크 : 도면을 마이크로필름에 촬영하거나 복사할 때의 편의를 위하여 도면의 위치 결정에 편리하도록 도면에 표시

**41** 다음 중 알루미늄 합금주물의 재료 표시 기호는?

① ALBrC1
② ALDC1
③ AC1A
④ PBC2

> • Al-Cu계 합금
> • AC1A이 해당된다.
> • 인장 강도가 크고 절삭성이 좋다.
> • 주조성이 나쁘다.
> • 가선용 부품, 자전거부품, 항공기용 유압부품 등에 사용된다.

**42** 지름과 반지름의 표시 방법에 대한 설명 중 틀린 것은?

① 원 지름의 기호는 ∅로 나타낸다.
② 원 반지름의 기호는 R로 나타낸다.
③ 구의 지름의 치수를 기입할 때는 G∅를 쓴다.
④ 구의 반지름의 치수를 기입할 때는 SR을 쓴다.

> 구의 지름의 치수를 기입할 때는 S∅를 쓴다.

**43** 다음 입체도에서 화살표 방향이 정면일 경우 정 투상도의 평면도로 옳은 것은?

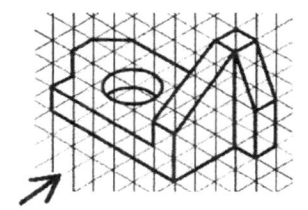

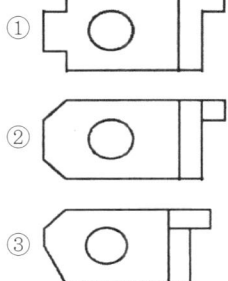

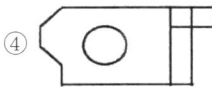

**44** 끼워 맞춤의 표시 방법을 설명한 것 중 틀린 것은?

① ∅20H7 : 지름이 20인 구멍으로 7등급의 IT 공차를 가짐
② ∅20h6 : 지름이 20인 축으로 6등급의 IT 공차를 가짐
③ ∅20H7/g6 : 지름이 20인 H7 구멍과 g6 축이 헐거운 끼워 맞춤으로 결합되어 있음을 나타냄
④ ∅20H7/f6 : 지름이 20인 H7 구멍과 f6 축이 중간 끼워 맞춤으로 결합되어 있음을 나타냄

> ∅20H7/f6 : 헐거운 끼워 맞춤으로 결합

**45** 도면이 구비하여야 할 기본 요건이 아닌 것은?

① 보는 사람이 이해하기 쉬운 도면
② 그린 사람이 임의로 그린 도면
③ 표면 정도, 재질, 가공 방법 등의 정보성을 포함한 도면
④ 대상물의 크기, 모양, 자세, 위치 등의 정보성을 포함한 도면

해설 기술의 각 분야에 걸쳐 정확성, 보편성을 가져야 한다.

**46** 기어의 도시 방법을 나타낸 것 중 틀린 것은?

① 이끝원은 굵은 실선으로 그린다.
② 피치원은 가는 1점 쇄선으로 그린다.
③ 단면으로 표시할 때 이뿌리원은 가는 실선으로 그린다.
④ 잇줄 방향은 보통 3개의 가는 실선으로 그린다.

해설 단면으로 표시할 때 이뿌리원은 굵은 실선으로 그린다.

**47** 평행 키 끝부분의 형식에 대한 설명으로 틀린 것은?

① 끝부분 형식에 대한 지정이 없는 경우는 양쪽 네모형으로 본다.
② 양쪽 둥근형은 기호 A를 사용한다.
③ 양쪽 네모형은 기호 S를 사용한다.
④ 한쪽 둥근형은 기호 C를 사용한다.

해설 양쪽 네모형은 기호 B를 사용한다.

**48** 나사의 제도시 불완전 나사부와 완전 나사부의 경계를 나타내는 선을 그릴 때 사용하는 선의 종류는?

① 굵은 파선    ② 굵은 1점 쇄선
③ 가는 실선    ④ 굵은 실선

해설 굵은 실선 : 나사의 제도시 불완전 나사부와 완전 나사부의 경계를 나타내는 선

**49** 평 벨트 풀리의 도시 방법이 아닌 것은?

① 암의 단면형은 도형의 안이나 밖에 회전 도시 단면도로 도시한다.
② 풀리는 축 직각 방향의 투상을 주 투상도로 도시할 수 있다.
③ 풀리와 같이 대칭인 것은 그 일부만을 도시할 수 있다.
④ 암은 길이 방향으로 절단하여 단면을 도시한다.

해설 암은 길이 방향으로 단면하지 않는다.

**50** 베어링의 안지름 번호를 부여하는 방법 중 틀린 것은?

① 안지름 치수가 1, 2, 3, 4mm인 경우 안지름 번호는 1, 2, 3, 4이다.
② 안지름 치수가 10, 12, 15, 17mm인 경우 안지름 번호는 01, 02, 03, 04이다.
③ 안지름 치수가 20mm 이상 480mm 이하인 경우 5로 나눈 값을 안지름 번호로 사용한다.
④ 안지름 치수가 500mm 이상인 경우 "/안지름 치수"를 안지름 번호로 사용한다.

해설 안지름 치수가 10, 12, 15, 17mm인 경우 안지름 번호는 00, 01, 02, 03이며, 04부터는 x5=20이다.

**51** 아래 그림이 나타내는 용접 이음의 종류는?

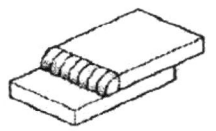

① 모서리 이음   ② 겹치기 이음
③ 맞대기 이음   ④ 플랜지 이음

**52** 축의 도시 방법에 대한 설명으로 틀린 것은?

① 가공 방향을 고려하여 도시하는 것이 좋다.
② 축은 길이 방향으로 절단하여 온 단면도로 표현하지 않는다.
③ 빗줄 널링의 경우에는 축선에 대하여 30°로 엇갈리게 그린다.
④ 긴 축은 중간을 파단하여 짧게 표현하고, 치수 기입은 도면상에 그려진 길이로 나타낸다.

해설 긴 축은 중간을 파단하여 짧게 표현하고, 치수 기입은 실제 길이를 기입한다.

**53** 코일 스프링 도시의 원칙 설명으로 틀린 것은?

① 스프링은 원칙적으로 하중이 걸린 상태로 도시한다.
② 하중과 높이 또는 휨과의 관계를 표시할 필요가 있는 때는 선도 또는 요목표에 표시한다.
③ 특별한 단서가 없는 한 모두 오른쪽 감기로 도시한다.
④ 스프링의 종류와 모양만을 간략도로 도시할 때에는 재료의 중심선만을 굵은 실선으로 그린다.

해설 스프링은 원칙적으로 무하중이 걸린 상태로 도시한다.

**54** 아래 그림은 표준 스퍼 기어 요목표이다. (1), (2)에 들어갈 숫자로 옳은 것은?

| 스퍼 기어 | | |
|---|---|---|
| 기어 치형 | | 표준 |
| 공구 | 치형 | 보통 이 |
| | 모듈 | 2 |
| | 압력각 | 20° |
| 잇수 | | 32 |
| 피치원 지름 | | (1) |
| 전체 이 높이 | | (2) |
| 다듬질 방법 | | 호브 절삭 |
| 정밀도 | | KS B 1405, 5급 |

① (1) : Ø64   (2) 4.5
② (1) : Ø40   (2) 4
③ (1) : Ø40   (2) 4.5
④ (1) : Ø64   (2) 4

해설
• 피치원 지름 = 모듈 × 잇수 = 2 × 32 = 64
• 전체 이 높이 = 2.25 × 모듈 = 2.25 × 2 = 4.5

**55** 다음 관 이음의 그림 기호 중 플랜지식 이음은?

① ─┼─   ② ─╫─
③ ─┤├─   ④ ─┤┘

해설 ① : 일반, ③ : 유니언식, ④ : 나사 박음식 캡 플러그

**56** 인치계 사다리꼴 나사의 나사산 각도는?

① 29°
② 30°
③ 55°
④ 60°

해설
- 인치계 사다리꼴 나사 : TW, 29°
- 미터계 사다리꼴 나사 : TM, 30°

**57** 다음 중 기계설계 CAD에서 사용하는 3차원 모델링 방법이라고 할 수 없는 것은?

① 와이어 프레임 모델링(wire-frame modeling)
② 오브젝트 모델링(object modeling)
③ 솔리드 모델링(solid modeling)
④ 서피스 모델링(surface modeling)

해설 3차원 모델링 방법 : 와이어 프레임 모델링, 서피스 모델링, 솔리드 모델링

**58** 스스로 빛을 내는 자기발광형 디스플레이로서 시야각이 넓고 응답 시간도 빠르며 백라이트가 필요 없기 때문에 두께를 얇게 할 수 있는 디스플레이는?

① TFT-LCD
② 플라즈마 디스플레이
③ OLED
④ 래스터스캔 디스플레이

해설 OLED(Organic Light Emitting Diode) : 유기물에 전기를 가하여 전기에너지를 빛으로 바꾸어 주는 소자를 이용한 디스플레이. 구동 방식에 따라 수동형과 능동형이 있다. 능동형은 고해상도를 구현할 수 있으며 LCD와 비교해 응답 속도가 빠르고 소비전력이 낮으며 더 얇게 만들 수 있다.

**59** CAD로 2차원 평면에서 원을 정의하고자 한다. 다음 중 특정 원을 정의할 수 없는 것은?

① 원의 반지름과 원을 지나는 하나의 접선으로 정의
② 원의 중심점과 반지름으로 정의
③ 원의 중심점과 원을 지나는 하나의 접선으로 정의
④ 원을 지나는 3개의 점으로 정의

해설 원의 반지름과 원을 지나는 두 접선으로 정의

**60** 다음 컴퓨터 장치 중 해당 장치가 잘못 연결된 것은?

① 주기억 장치 : 하드디스크
② 보조 기억 장치 : USB메모리
③ 입력 장치 : 태블릿
④ 출력 장치 : LCD

해설 주기억 장치 : 주기억 장치의 기억 소자는 ROM과 RAM이 있다.

| ANSWER | | | | | | | | | 2014년 1회 |
|---|---|---|---|---|---|---|---|---|---|
| 01 | ④ | 02 | ① | 03 | ② | 04 | ① | 05 | ① |
| 06 | ① | 07 | ② | 08 | ④ | 09 | ② | 10 | ④ |
| 11 | ① | 12 | ① | 13 | ② | 14 | ② | 15 | ③ |
| 16 | ② | 17 | ③ | 18 | ④ | 19 | ① | 20 | ③ |
| 21 | ③ | 22 | ① | 23 | ② | 24 | ④ | 25 | ① |
| 26 | ④ | 27 | ② | 28 | ② | 29 | ④ | 30 | ② |
| 31 | ④ | 32 | ③ | 33 | ② | 34 | ① | 35 | ② |
| 36 | ② | 37 | ① | 38 | ② | 39 | ③ | 40 | ② |
| 41 | ③ | 42 | ③ | 43 | ④ | 44 | ④ | 45 | ② |
| 46 | ③ | 47 | ③ | 48 | ② | 49 | ④ | 50 | ② |
| 51 | ② | 52 | ④ | 53 | ① | 54 | ① | 55 | ② |
| 56 | ① | 57 | ② | 58 | ③ | 59 | ① | 60 | ① |

# 공단 기출문제_2014년 2회

**01** 열처리란 탄소강을 기본으로 하는 철강에서 매우 중요한 작업이다. 열처리의 특성을 잘못 설명한 것은?

① 내부의 응력과 변형을 감소시킨다.
② 표면을 연화시키는 등의 성질을 변화시킨다.
③ 기계적 성질을 향상시킨다.
④ 강의 전기적/자기적 성질을 향상시킨다.

**해설** 열처리의 특성
- 조직을 미세화하고 기계적 특성을 향상. 강을 연화시킨다.
- 내부의 응력과 변형을 감소시킨다.
- 표면을 경화시키는 등의 성질을 변화시킨다.
- 강의 전기적·자기적 성질을 향상시킨다.
- 기계적 성질을 향상시킨다.

**02** 5~20% Zn의 황동으로 강도는 낮으나 전연성이 좋고 황금색에 가까우며 금박대용, 황동단추 등에 사용되는 구리 합금은?

① 톰백　　　　② 문쯔메탈
③ 델터메탈　　④ 주석황동

**해설**
- 톰백 : 구리와 아연의 합금. 구리에 아연을 8~20% 첨가하였으며, 금빛을 띠고 늘어나는 성질이 있다. 금의 모조품이나 금박 대용품을 만드는데 쓴다.
- 문쯔메탈 : 6·4황동으로 아연(Zn)을 40% 함유한 금속

**03** 다음 중 플라스틱 재료로서 동일 중량으로 기계적 강도가 강철보다 강력한 재질은?

① 글라스 섬유
② 폴리카보네이트
③ 나일론
④ FRP

**해설** FRP(섬유 강화 플라스틱) : 경량의 플라스틱을 매트릭스로 하고, 내부에 강화 섬유를 함유하여 기계적 강도가 높다.

**04** 일반 구조용 압연강재의 KS 기호는?

① SS330　　　② SM400A
③ SM45C　　 ④ SNC415

**해설**
- SM400A : 용접구조용 압연강재
- SM45C : 기계구조용 탄소강
- SNC415 : 니켈크롬강

**05** 철과 탄소는 약 6.68% 탄소에서 탄화철이라는 화합물질을 만드는 데 이 탄소강의 표준조직은 무엇인가?

① 펄라이트　　② 오스테나이트
③ 시멘타이트　④ 솔바이트

**해설** 시멘타이트 : 6.68% 탄소에서 탄화철($Fe_3C$)의 화합물질이며 용융점은 1430℃이다.

**06** 비철금속 구리(Cu)가 다른 금속 재료와 비교해 우수한 것 중 틀린 것은?

① 연하고 전연성이 좋아 가공하기 쉽다.
② 전기 및 열전도율이 낮다.
③ 아름다운 색을 띠고 있다.
④ 구리합금은 철강 재료에 비하여 내식성이 좋다.

**해설** 전기 및 열전도율이 우수하다.
Ag – Cu – Au(Pt) – Mg – Zn – Ni – Fe – Pb – Sb

**07** 강의 표면 경화법으로 금속 표면에 탄소(C)를 침입 고용시키는 방법은?

① 질화법  ② 침탄법
③ 화염 경화법  ④ 숏피닝

**해설** 침탄법 : 고체(목탄, 코우크스), 가스(CO, $CO_2$, 메탄, 에탄, 프로판)를 침입 고용시킴. 침탄 깊이 05~2mm

**08** 왕복 운동 기관에서 직선 운동과 회전 운동을 상호 전달할 수 있는 축은?

① 직선 축
② 크랭크 축
③ 중공 축
④ 플렉시블 축

**해설** 크랭크 축 : 내연 기관의 직선 왕복 운동을 회전 운동으로 변환시키는 축

**09** 재료의 안전성을 고려하여 허용할 수 있는 최대 응력을 무엇이라 하는가?

① 주 응력  ② 사용 응력
③ 수직 응력  ④ 허용 응력

**해설**
• 사용 응력 : 기계나 구조물에 실제로 사용하는 응력
• 허용 응력 : 재료를 사용할 때 허용할 수 있는 최대 응력

**10** 스퍼 기어에서 Z는 잇수(개)이고, P가 지름 피치(인치)일 때 피치원 지름(D, mm)을 구하는 공식은?

① $D = \dfrac{PZ}{25.4}$  ② $D = \dfrac{25.4}{PZ}$

③ $D = \dfrac{P}{25.4Z}$  ④ $D = \dfrac{25.4Z}{P}$

**해설** $P = \dfrac{25.4}{m} = \dfrac{25.4Z}{D}$

$\therefore D = \dfrac{25.4Z}{P}$

**11** 큰 토크를 전달시키기 위해 같은 모양의 키 홈을 등 간격으로 파서 축과 보스를 잘 미끄러질 수 있도록 만든 기계 요소는?

① 코터  ② 묻힘 키
③ 스플라인  ④ 테이퍼 키

**해설** 스플라인 : 축의 둘레에 4~20개의 턱을 만들어 큰 회전력을 전달

**12** 스프링의 길이가 100mm인 한 끝을 고정하고, 다른 끝에 무게 40N의 추를 달았더니 스프링의 전체 길이가 120mm로 늘어났을 때 스프링 상수는 몇 N/mm인가?

① 8  ② 4
③ 2  ④ 1

**해설** $k = \dfrac{W}{\delta} = \dfrac{40}{(120 - 100)} = 2$

**13** 다음 벨트 중에서 인장 강도가 대단히 크고 수명이 가장 긴 벨트는?

① 가죽 벨트  ② 강철 벨트
③ 고무 벨트  ④ 섬유 벨트

해설 강철 벨트 : 인장 강도 1300~1500, 가죽 벨트 25~35, 고무 벨트 40~50, 섬유 벨트 46~60N/mm²

**14** 축이음 기계 요소 중 플렉시블 커플링에 속하는 것은?

① 올덤 커플링  ② 셀러 커플링
③ 클램프 커플링  ④ 마찰 원통 커플링

해설 셀러 커플링, 클램프 커플링, 마찰 원통 커플링, 머프 커플링은 원통 커플링에 속한다.

**15** 회전체의 균형을 좋게 하거나 너트를 외부에 돌출시키지 않으려고 할 때 주로 사용하는 너트는?

① 캡 너트
② 둥근 너트
③ 육각 너트
④ 와셔붙이 너트

해설 둥근 너트 : 홈붙이 둥근 너트, 측면 홈붙이 둥근 너트, 구멍붙이 둥근 너트가 있으며 너트를 죄는 데는 특수한 스패너가 필요하다.

**16** NC 공작 기계의 절삭 제어 방식 종류가 아닌 것은?

① 위치 결정 제어  ② 직선 절삭 제어
③ 곡선 절삭 제어  ④ 윤곽 절삭 제어

해설 CNC 공작 기계의 제어 방식은 위치 결정 제어, 직선 절삭 제어, 윤곽 절삭 제어 등이 있다.

**17** 연삭 숫돌 구성의 3요소에 포함되지 않는 것은?

① 입자  ② 결합제
③ 조직  ④ 기공

해설 연삭 숫돌 구성의 3요소 : 입자, 결합제, 기공

**18** 선반 작업의 안전 사항으로 틀린 것은?

① 절삭 공구는 가능한 길게 고정한다.
② 칩의 비산에 대비하여 보안경을 착용한다.
③ 공작물 측정은 정지 후에 한다.
④ 칩은 맨손으로 제거하지 않는다.

해설 절삭 공구는 가능한 짧게 고정한다.

**19** 다음 중 절삭 저항력이 가장 작은 칩의 형태는?

① 열단형칩  ② 전단형칩
③ 균열형칩  ④ 유동형칩

해설 유동형칩 : 인성이 있는 연한 재질, 연속적인 칩이 생기면 가공면이 아름답다.

**20** 수평형 브로칭 머신의 설명과 가장 거리가 먼 것은?

① 직립형에 비해 가공물 고정이 불편하다.
② 기계의 조작이 쉽다.
③ 가동 및 안전성, 기계의 점검 등이 직립형보다 우수하다.
④ 직립형에 비해 설치 면적이 적다.

해설 직립형에 비해 설치 면적이 넓다.

**21** 두께 30mm의 탄소강판에 절삭 속도 20m/min, 드릴의 지름 10mm, 이송 0.2mm/rev로 구멍을 뚫을 때 절삭 소요 시간은 약 몇 분인가?(단, 드릴의 원추 높이는 5.8mm, 구멍은 관통하는 것으로 한다.)

① 0.11
② 0.28
③ 0.75
④ 1.11

해설 $N = \dfrac{1000 \times V}{\pi \times D} = \dfrac{1000 \times 20}{3.14 \times 10} = 637$

$T = \dfrac{30 + 5.8}{637 \times 0.2} = 0.281$ 분

**22** 수직 밀링 머신에서 넓은 평면을 능률적으로 가공하는 데 적합한 커터는?

① 더브테일 커터
② 사이드밀링 커터
③ 정면 커터
④ T 커터

해설
• 더브테일 커터 : 각도면 가공
• 사이드밀링 커터 : 측면 가공
• 정면 커터 : 평면(넓은 면) 가공
• T 커터 : T홈 가공

**23** 미터 나사에서 지름이 14mm, 피치가 2mm의 나사를 태핑하기 위한 드릴 구멍의 지름은 보통 몇 mm로 하는가?

① 16
② 14
③ 12
④ 10

해설
• 드릴 구멍의 지름 = 나사 호칭경 − 피치
• 나사 호칭경 − 피치 = 14 − 2 = 12

**24** 다음 중 비절삭 작업에 속하지 않는 가공법은?

① 단조
② 호빙
③ 압연
④ 주조

해설 호빙 : 호브(커터)공구를 이용하여 기어를 가공하는 공작기계

**25** 와이어 컷 방전 가공에 대한 설명으로 틀린 것은?

① 복잡한 형상의 절단 작업이 가능하다.
② 장시간 동안 무인으로 작동할 수 있다.
③ 경도가 높은 금속도 절단이 가능하다.
④ 방전 후 사용한 와이어는 재사용이 가능하다.

해설 방전 후 사용한 와이어는 재사용이 불가능하다.

**26** 중간 끼워 맞춤에서 구멍과 축의 치수가 아래와 같을 때 최대 죔새는?

| 구멍의 치수 $50^{+0.035}_{0}$ | 축의 치수 $50^{+0.042}_{+0.017}$ |

① 0.033
② 0.008
③ 0.018
④ 0.042

해설 최대 죔새 = 축의 최대 허용 치수 − 구멍의 최소 허용 치수 = 50.042 − 50.000 = 0.042

**27** 제작 도면으로 사용할 도면의 같은 장소에 숫자와 여러 종류의 선이 겹치게 될 때 가장 우선 되는 것은?

① 해칭선
② 치수선
③ 숨은선
④ 숫자

해설 문자와 숫자 – 외형선 – 숨은선 – 절단선 – 중심선 – 무게중심선 순서로 우선한다.

**28** 다음 기하 공차의 종류 중 위치 공차 기호가 아닌 것은?

①    ②

③    ④ ◯

해설 ◯ : 원통도(모양 공차, 단일 형상)

**29** 입체도에서 화살표(↗) 방향을 정면도로 할 때, 제3각법으로 투상한 것 중 옳은 것은?

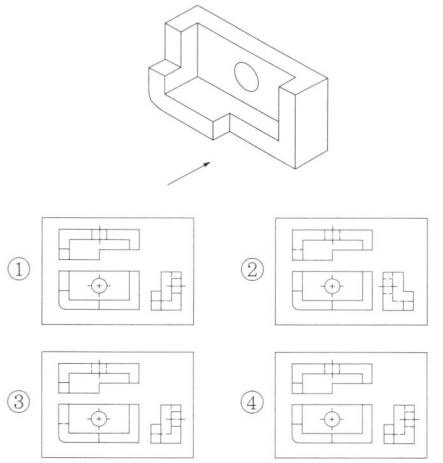

**30** 다음 그림의 면의 지시 기호이다. 그림에서 M은 무엇을 의미하는가?

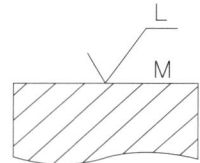

① 밀링 가공    ② 줄무늬 방향
③ 표면 거칠기   ④ 선반 가공

해설 줄무늬 방향 표시 : 무방향 또는 교차를 나타냄

**31** 다음 도면의 양식 중에서 반드시 마련해야 하는 양식은?

① 도면의 구역   ② 중심마크
③ 비교눈금    ④ 재단마크

해설 도면에서 반드시 마련해야 하는 양식 : 윤곽선, 중심마크, 표제란

**32** 다음 그림과 같은 리브 둥글기 반지름이 현저하게 다른 리브를 그릴 때 평면도로 옳은 것은?

R1 〉 R2

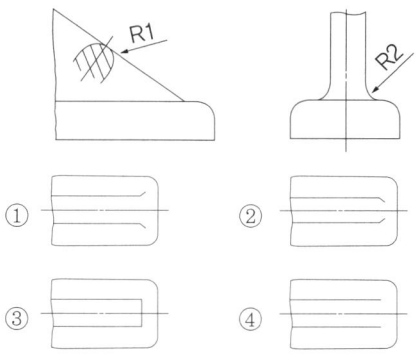

해설 R1 〉 R2 : ②, R1 〈 R2 : ①, R1 = R2 : ③ ④

**33** 산술 평균 거칠기 표시 기호는?

① Ra    ② Rs
③ Rz    ④ Ru

해설 Ra : 산술 평균 거칠기, Ry : 최대 높이 거칠기, Rz : 10점 평균 거칠기

**34** 가상선의 용도에 대한 설명으로 틀린 것은?

① 인접 부분을 참고로 표시하는 데 사용한다.
② 수면, 유면 등의 위치를 표시하는 데 사용한다.
③ 가공 전, 가공 후의 모양을 표시하는 데 사용한다.
④ 도시된 단면의 앞쪽에 있는 부분을 표시하는 데 사용한다.

  수면, 유면 등의 위치를 표시 : 수준면선(가는 실선)

**35** 아래는 KS 제도 통칙에 따른 재료 기호이다. [보기]의 기호에 대한 설명 중 옳은 것을 모두 고르면?

KS D 3752 SM 45C

ㄱ. KS D는 KS 분류 기호 중 금속 부문에 대한 설명이다.
ㄴ. S는 재질을 나타내는 기호로 강을 의미한다.
ㄷ. M은 기계구조용을 의미한다.
ㄹ. 45C는 재료의 최저 인장 강도가 45(kgf/mm²)를 의미한다.

① ㄱ, ㄴ   ② ㄱ, ㄹ
③ ㄱ, ㄴ, ㄷ   ④ ㄴ, ㄷ, ㄹ

  45C는 탄소 함유량을 나타냄(0.4~0.5%C)

**36** 치수 보조 기호의 설명으로 틀린 것은?

① 구의 지름 – SØ
② 구의 반지름 – SR
③ 45° 모따기 – C
④ 이론적으로 정확한 치수 – (15)

  이론적으로 정확한 치수 – ⎕15⎕, (15) : 참고치수

**37** 대상물의 구멍, 홈 등 모양만을 나타내는 것으로 충분한 경우에 그 부분만을 도시하는 그림과 같은 투상도는?

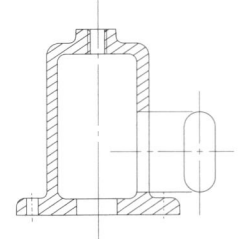

① 회전 투상도
② 국부 투상도
③ 부분 투상도
④ 보조 투상도

  국부 투상도 : 대상물의 구멍, 홈 등 모양만을 나타내는 것으로 충분한 경우에 그 부분만을 도시

**38** 도면에 치수를 기입할 때의 주의 사항으로 틀린 것은?

① 치수는 정면도, 측면도, 평면도에 보기 좋게 골고루 배치한다.
② 외형선, 중심선, 혹은 그 연장선은 치수선으로 사용하지 않는다.
③ 치수는 가능한 한 도형의 오른쪽과 윗쪽에 기입한다.
④ 한 도면 내에서는 같은 크기의 숫자로 치수를 기입한다.

  치수는 주 투상도인 정면도에 나타낸다.

**39** 투상도법에서 원근감을 갖도록 나타내어 건축물 등의 공사 설명용으로 주로 사용하는 투상도법은?

① 등각 투상도
② 투시도
③ 정 투상도
④ 부등각 투상도

해설 투시도 : 원근감을 갖도록 나타내어 건축물 등의 공사 설명용으로 주로 사용

**40** IT 기본 공차의 등급은 모두 몇 등급으로 되어 있는가?

① 10등급
② 18등급
③ 20등급
④ 25등급

해설 01, 0, 1~18급 (20등급)

**41** 아래 도면의 기하 공차가 나타내고 있는 것은?

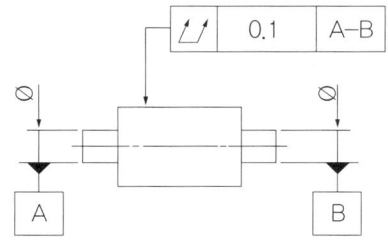

① 원통도
② 진원도
③ 온 흔들림
④ 원주 흔들림

해설 ⚊⚊ : 온 흔들림

**42** 그림과 같은 단면도를 무슨 단면도라 하는가?

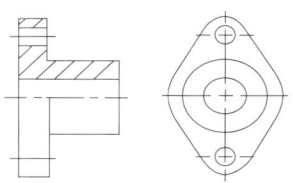

① 회전 도시 단면도
② 부분 단면도
③ 한쪽 단면도
④ 온 단면도

해설 한쪽 단면도 : 물체의 외형도의 절반과 온 단면도의 절반을 조합하여 표시

**43** 다음의 평면도에 해당하는 것은?(단, 제3각법의 경우)

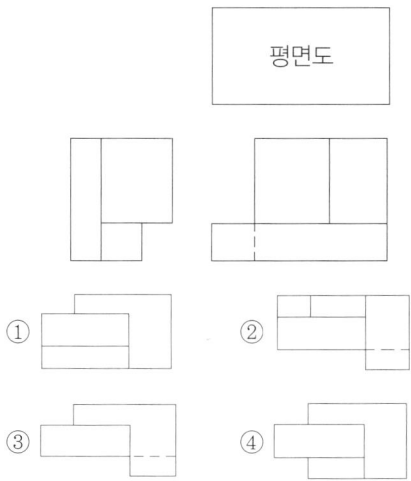

**44** 조립한 상태의 치수 허용 한계값을 나타낸 것으로 틀린 것은?

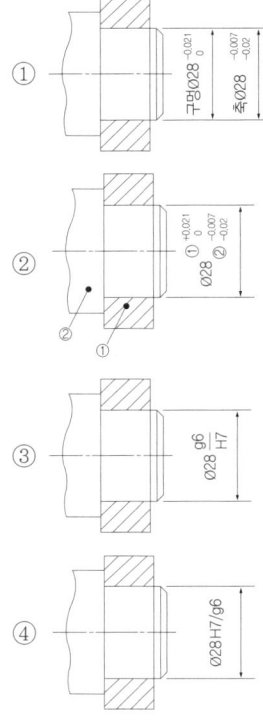

해설 조립 상태에서 치수 허용 한계값을 나타낼 때는 항상 구멍의 허용차가 먼저 나오고 축을 뒤에 나타낸다. 따라서 ③번 항목이 틀림

**45** 도면 관리에서 다른 도면과 구별하고 도면 내용을 직접 보지 않고도 제품의 종류 및 형식 등의 도면 내용을 알 수 있도록 하기 위해 기입하는 것은?

① 도면 번호   ② 도면 척도
③ 도면 양식   ④ 부품 번호

해설 도면 번호 : 기계의 종류, 형식, 조립도, 부품도의 구분, 도면의 크기에 따라 번호를 부여한다.

**46** 기어의 도시 방법으로 옳은 것은?(단, 단면도가 아닌 일반 투상도로 나타낼 때로 가정한다.)

① 잇봉우리원은 가는 실선으로 그린다.
② 피치원을 가는 1점 쇄선으로 그린다.
③ 이골원은 가는 2점 쇄선으로 그린다.
④ 잇줄 방향은 보통 2개의 굵은 실선으로 그린다.

해설 잇봉우리원은 굵은 실선, 피치원을 가는 1점 쇄선, 이골원은 가는 실선, 잇줄 방향은 보통 3개의 가는 실선

**47** [보기]의 설명을 나사 표시 방법으로 옳게 나타낸 것은?

- 왼나사이며 두줄 나사이다.
- 미터 가는 나사로 호칭지름이 50mm, 피치가 2mm이다.
- 수나사 등급이 4h 정밀급 나사이다.

① L 2줄 M50×2-4h
② 왼 2N TM50×2-4h
③ 2N M50×2-4h
④ 왼 2줄 M2×50-4h

해설 L(왼나사, 오른나사는 표시 않음) 2줄(줄수, 한줄은 표시 않음) M50×2 (나사의 종류, 호칭지름×피치)-4h(수나사의 등급)

**48** 평 벨트 풀리의 도시 방법으로 틀린 것은?

① 벨트 풀리는 축직각 방향의 투상을 주투상도로 할 수 있다.
② 암은 길이 방향으로 절단하여 단면을 도시하지 않는다.

③ 대칭형인 벨트 풀리는 생략하지 않고 되도록 전체를 그려야 한다.
④ 암의 테이퍼 부분 치수를 기입할 때 치수보조선은 경사선에 그어서 치수를 나타낼 수 있다.

📖 대칭형인 벨트 풀리는 일부만 도시해도 된다.

**49** 다음 중 플러그 용접 기호는?

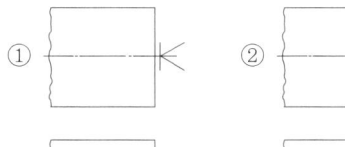

📖 ② : 플러그 용접, ① : 심 용접,
③ : 스폿 용접, ④ : 맞대기 용접

**50** 다음 중 센터 구멍이 필요하지 않은 경우를 나타낸 기호는?

📖 ① : 센터 구멍이 필요하지 않은 경우, ② : 센터 구멍이 필요한 경우

**51** 모듈 m인 한 쌍의 외접 스퍼 기어가 맞물려 있을 때에 각각의 잇수를 $Z_1$, $Z_2$라면 두 기어의 중심 거리를 구하는 계산식은?

① $\dfrac{(Z_1 + Z_2) \times m}{2}$

② $m \times (Z_1 + Z_2)$

③ $\dfrac{m}{2 \times (Z_1 + Z_2)}$

④ $2 \times m \times (Z_1 + Z_2)$

📖 $\dfrac{(Z_1 + Z_2) \times m}{2} = a$

**52** 베어링 호칭 번호가 "7210CDTP5"일 때 이에 대한 설명으로 틀린 것은?

① 베어링 계열 기호는 "72"이다.
② 안지름 번호는 "10"으로 호칭 베어링의 안지름이 50mm이다.
③ 접촉각 기호는 "C"이다.
④ 정밀도 등급은 "DT"이다.

📖 DT : 조합 기호(병렬조합), P5 : 정밀도 등급(5급)

**53** 스프링의 종류 및 모양만을 간략도로 도시하는 경우 표시 방법으로 옳은 것은?

① 재료의 중심선을 굵은 실선으로 그린다.
② 재료의 중심선을 가는 2점 쇄선으로 그린다.
③ 재료의 중심선을 가는 실선으로 그린다.
④ 재료의 중심선을 굵은 1점 쇄선으로 그린다.

📖 재료의 중심선을 굵은 실선으로 그린다.

**54** 배관 제도에서 관의 끝부분이 용접식 캡의 경우를 나타내는 그림 기호는?

📖 ① : 막힌 플랜지, ② : 나사 박음식 캡, ③ : 용접식 캡

**55** 수나사 막대의 양 끝에 나사를 깎은 머리 없는 볼트로서, 한끝은 본체에 박고 다른 끝은 너트로 죌 때 쓰이는 것은?

① 관통 볼트  ② 미니추어 볼트
③ 스터드 볼트  ④ 탭 볼트

> 스터드 볼트(stud bolt) : 수나사 막대의 양 끝에 나사를 깎은 머리 없는 볼트로서, 한끝은 본체에 박고 다른 끝은 너트로 죌 때 사용한다.

**56** 다음 그림은 어떤 기계 요소를 나타낸 것인가?

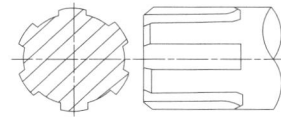

① 원뿔 키  ② 접선 키
③ 세레이션  ④ 스플라인

> 스플라인 : 축과 보스에 사각형 돌기를 만들어서 동력 전달에 사용한다.

**57** 면을 사용하여 은선을 제거시킬 수 있고 또 면의 구분이 가능하므로 가공면을 자동적으로 인식 처리할 수 있어서 NC data에 의한 NC 가공 작업이 가능하나 질량 등의 물리적 성질은 구할 수 없는 모델링 방법은?

① 서피스 모델링
② 솔리드 모델링
③ 시스템 모델링
④ 와이어 프레임 모델링

> 서피스 모델링 : 면을 사용하여 은선을 제거시킬 수 있고 또 면의 구분이 가능하므로 가공면을 자동적으로 인식처리할 수 있어서 NC data에 의한 NC 가공 작업이 가능하나 질량 등의 물리적 성질은 구할 수 없는 모델링

**58** 각 좌표계에서 현재 위치, 즉 출발점을 항상 원점으로 하여 임의의 위치까지의 거리로 나타내는 좌표계 방식은?

① 직교 좌표계  ② 극 좌표계
③ 상대 좌표계  ④ 원통 좌표계

> 상대 좌표계 : 마지막(최종)점에서 시작하는 좌표

**59** 컴퓨터에서 중앙 처리 장치의 구성으로만 짝지어진 것은?

① 출력 장치, 입력 장치
② 제어 장치, 입력 장치
③ 보조 기억 장치, 출력 장치
④ 제어 장치, 연산 장치

> 중앙 처리 장치 : 제어 장치, 연산 장치

**60** 다음 중 입력 장치로 볼 수 없는 것은?

① 터치패드  ② 라이트 펜
③ 3D 프린터  ④ 스캐너

> 3D 프린터는 출력 장치이다.

**ANSWER** 2014년 2회

| 01 | ② | 02 | ① | 03 | ④ | 04 | ① | 05 | ③ |
|----|---|----|---|----|---|----|---|----|---|
| 06 | ② | 07 | ② | 08 | ② | 09 | ④ | 10 | ④ |
| 11 | ③ | 12 | ③ | 13 | ③ | 14 | ① | 15 | ② |
| 16 | ③ | 17 | ③ | 18 | ① | 19 | ④ | 20 | ④ |
| 21 | ② | 22 | ② | 23 | ③ | 24 | ② | 25 | ④ |
| 26 | ④ | 27 | ④ | 28 | ② | 29 | ③ | 30 | ② |
| 31 | ② | 32 | ③ | 33 | ① | 34 | ② | 35 | ③ |
| 36 | ④ | 37 | ② | 38 | ② | 39 | ② | 40 | ③ |
| 41 | ③ | 42 | ③ | 43 | ② | 44 | ③ | 45 | ① |
| 46 | ② | 47 | ① | 48 | ② | 49 | ② | 50 | ① |
| 51 | ① | 52 | ② | 53 | ① | 54 | ③ | 55 | ③ |
| 56 | ④ | 57 | ① | 58 | ③ | 59 | ④ | 60 | ③ |

## 공단 기출문제_2014년 3회

**01** 마텐자이트와 베이나이트의 혼합조직으로 Ms와 Mf점 사이의 염욕에 담금질하여 과냉 오스테나이트의 변태가 완료할 때까지 항온 유지 한 후에 꺼내어 공랭하는 열처리는 무엇인가?

① 오스템퍼(Austemper)
② 마템퍼(Martemper)
③ 마퀜칭(Marquenching)
④ 패턴팅(Patenting)

> 마템퍼 : Ms점 이하의 항온염욕 중에 담금질하여 냉각하면 마텐자이트와 베이나이트 혼합조직이 된다.

**02** 내열용 알루미늄합금 중에 Y합금의 성분은?

① 구리, 납, 아연, 주석
② 구리, 니켈, 망간, 주석
③ 구리, 알루미늄, 납, 아연
④ 구리, 알루미늄, 니켈, 마그네슘

> Y합금은 Al에 Cu(4%)와 Mg(1.8%), Ni이 2%인 Al 합금으로 열팽창 계수가 적어 내연기관 피스톤용으로 이용한다.

**03** 항공기 재료로 가장 적합한 것은 무엇인가?

① 파인 세라믹   ② 복합 조직강
③ 고강도 저합금강   ④ 초두랄루민

> 초두랄루민(Al+Cu+Mg+Mn) : 가볍고 강도가 커서 항공기, 자동차 등에 쓴다.

**04** 초경공구와 비교한 세라믹공구의 장점 중 옳지 않은 것은?

① 고속 절삭 가공성이 우수하다.
② 고온 경도가 높다
③ 내마멸성이 높다.
④ 충격강도가 높다.

> 충격 및 진동에 약하다.

**05** 탄소강에 함유된 5대 원소는?

① 황, 망간, 탄소, 규소, 인
② 탄소, 규소, 인, 망간, 니켈
③ 규소, 탄소, 니켈, 크롬, 인
④ 인, 규소, 황, 망간, 텅스텐

> 탄소(C : 0.02~2.1%), 규소(Si : 0.1~0.35%), 망간(Mn : 0.2~08%), 인(P : 0.06% 이하), 황(S : 0.08~0.35%)

**06** 황이 함유된 탄소강에 적열취성을 감소시키기 위해 첨가하는 원소는?

① 망간   ② 규소
③ 구리   ④ 인

> 망간(Mn) : 황과 화합하여 적열취성을 방지(MnS)

**07** 내열성과 내마모성이 크고 온도가 600℃ 정도까지 열을 주어도 연화되지 않는 특징이 있으며, 대표적인 것으로 텅스텐(18%), 크롬(4%), 바나듐(1%)로 조성된 강은?

① 합금 공구강　　② 다이스강
③ 고속도 공구강　④ 탄소 공구강

> • 고속도 공구강 : 표준형 텅스텐(18%), 크롬(4%), 바나듐(1%)
> • 담금질 온도 : 1250~1300℃
> • 뜨임 온도 : 550~580℃

**08** 나사에 대한 설명으로 틀린 것은?

① 나사산의 모양에 따라 삼각, 사각, 둥근 것 등으로 분류한다.
② 체결용 나사는 기계 부품의 접합 또는 위치 조정에 사용된다.
③ 나사를 1회전하여 축 방향으로 이동한 거리를 "리드"라 한다.
④ 힘을 전달하거나 물체를 움직이게 할 목적으로 사용하는 나사는 주로 삼각 나사이다.

> 힘을 전달하거나 물체를 움직이게 할 목적으로 사용하는 나사는 사각, 사다리꼴, 톱니 나사이고, 삼각 나사는 체결용이다.

**09** 스프링의 용도에 대한 설명 중 틀린 것은?

① 힘의 측정에 사용된다.
② 마찰력 증가에 이용한다.
③ 일정한 압력을 가할 때 사용된다.
④ 에너지를 저축하여 동력원으로 작동시킨다.

> 스프링은 마찰력과 관계없다.

**10** 양쪽 끝 모두 수나사로 되어있으며, 한쪽 끝에 상대 쪽에 암나사를 만들어 미리 반영구적 나사 박음하고, 다른쪽 끝에 너트를 끼워 죄도록 하는 볼트는 무엇인가?

① 스테이 볼트
② 아이 볼트
③ 탭 볼트
④ 스터드 볼트

> 스터드 볼트(stud bolt) : 수나사 막대의 양 끝에 나사를 깎은 머리 없는 볼트로서, 한끝은 본체에 박고 다른 끝은 너트로 죌 때 사용한다.

**11** 길이가 1m이고 지름이 30mm인 둥근 막대에 3000N의 인장 하중을 작용하면 얼마 정도 늘어나는가?(단, 세로탄성계수는 $2.1 \times 10^5$/Nmm²이다.)

① 0.102mm　　② 0.202mm
③ 0.302mm　　④ 0.402mm

> $E = \dfrac{W/A}{\lambda/l} = \dfrac{Wl}{A\lambda}$ 에서 $\lambda = \dfrac{Wl}{AE}$ 가 된다.
>
> $\lambda = \dfrac{3000 \times 1000}{(0.785 \times 30^2) \times (2.1 \times 10^5)} = 0.202$

**12** 하중의 작용 상태에 따른 분류에서 재료의 축선 방향으로 늘어나게 하는 하중은?

① 굽힘 하중　　② 전단 하중
③ 인장 하중　　④ 압축 하중

> • 굽힘(휨) 하중 : 재료를 구부리려는 하중
> • 전단 하중 : 재료를 가로로 자르려는 것 같은 하중
> • 인장 하중 : 늘어나는 하중
> • 압축 하중 : 누르려는 하중

**13** 유니버설 조인트의 허용 축 각도는 몇 도(°) 이내 인가?

① 10°  ② 20°
③ 30°  ④ 60°

>  유니버설 조인트(자재 이음) : 두 축이 같은 평면 내에 있으면서 그 중심선이 서로 각도(30° 이내)를 이루고 교차 연결

**14** 기어의 잇수가 40개고, 피치원의 지름이 320mm일 때 모듈의 값은?

① 4   ② 6
③ 8   ④ 12

>  $PCD(D) = m \times z$ 에서
>  $m = \dfrac{D}{z} = \dfrac{320}{40} = 8$

**15** 깊은 홈 베어링의 호칭 번호가 6208일 때 안지름은 얼마인가?

① 10mm  ② 20mm
③ 30mm  ④ 40mm

>  안지름 번호가 2자리는 00 = 10mm, 01 = 12mm, 02 = 15mm, 03 = 17mm이고 04부터는 곱하기 5를 하여 나타낸 수가 안지름이 된다.
>  ∴ 08 × 5 = 40

**16** 선반에서 사용하는 부속 장치는?

① 방진구   ② 아버
③ 분할대   ④ 스로팅 장치

>  방진구 : 선반 가공품의 길이가 직경의 20배가 넘으면 방진구를 사용(종류 : 이동식 방진구, 고정식 방진구)

**17** 절삭 가공 공작 기계에 속하지 않는 것은?

① 선반
② 밀링 머신
③ 세이퍼
④ 프레스

>  • 절삭 가공 공작기계 : 선반, 밀링 머신, 세이퍼
>  • 소성 가공 기계 : 프레스

**18** 높은 정밀도를 요구하는 가공물, 정밀 기계의 구멍 가공 등에 사용하는 것으로 외부 환경 변화에 따른 영향을 받지 않도록 항온, 항습실에 설치하는 보링 머신은 무엇인가?

① 수평형 보링 머신
② 수직형 보링 머신
③ 지그(Jig) 보링 머신
④ 코어(Core) 보링 머신

>  지그(Jig) 보링 머신 : 높은 정밀도를 요구하는 가공물, 정밀기계의 구멍 가공 등에 사용하는 것으로 외부 환경 변화에 따른 영향을 받지 않도록 항온, 항습실에 설치한다.

**19** 밀링의 부속 장치 중 분할 작업과 비틀림 홈 가공을 할 수 있는 장치는?

① 테이블
② 분할대
③ 슬로팅 장치
④ 랙밀링 장치

>  분할대(Indexing Head) : 기어나 체인휠 등의 원주를 등분하여 분할하거나 비틀림 홈 등을 가공하는 부속장치

**20** 선반 가공에서 사용되는 칩 브레이커에 대한 설명으로 옳은 것은?

① 바이트 날 끝각이다.
② 칩의 절단 장치이다.
③ 바이트 여유각이다.
④ 칩의 한 종류이다.

🔑 칩 브레이커 : 칩의 절단 장치(칩을 짧게 파단)이다.

**21** 다음 머시닝센터 프로그램에서 G99가 의미하는 것은

G90 G99 G73 Z-25, R5, Q3, F80;

① 1회 절삭 깊이
② 초기점 복귀
③ 가공후 R지점 복귀
④ 절대 지령

🔑 G90(절대 지령), G99(고정 사이클 R점 복귀), G73(심공드릴 사이클), Z-25, R5(R점), Q3(1회 절입량), F80;

**22** 외측 마이크로미터 "0"점 조정시 기준이 되는 것은?

① 블록 게이지
② 다이얼 게이지
③ 오토콜리메이터
④ 레이저 측정기

🔑 외측 마이크로미터 "0"점 조정시 기준은 블록 게이지로 측정한다.

**23** 커터의 날 수가 10개, 1날당 이송량 0.14mm, 커터의 회전수는 715rpm으로 연강을 밀링에서 가공할 때 테이블의 이송 속도는 약 몇 mm/min인가?

① 715
② 1000
③ 5100
④ 7150

🔑 테이블의 이송 속도(F) = 한 날당 이송량($f_z$) × 날 수($z$) × 회전수($n$)
= 0.14 × 10 × 715 = 1000[mm/min]

**24** 원통의 내면을 사각 숫돌이 원통형으로 장착된 공구를 회전 및 상하 운동을 시켜 가공하는 정밀입자 공작기계는 무엇 인가?

① 선반
② 슬로터
③ 호닝머신
④ 플레이너

🔑 호닝머신 : 원통의 내면을 사각 숫돌이 원통형으로 장착된 공구를 회전 및 상하 운동을 시켜 가공하는 정밀입자 공작기계

**25** 그림과 같이 일감은 제자리에서 회전하고 숫돌이 회전과 전후 이송을 주어 원통의 외경을 연삭하는 방식은?

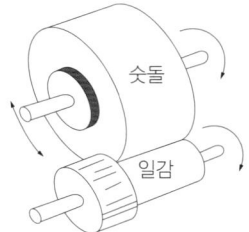

① 연삭 숫돌대 방식
② 플랜지 컷 방식
③ 센터리스 방식
④ 테이블 왕복식

🔑 플랜지 컷 방식 : 공작물의 길이가 숫돌 폭보다 작은 경우에 숫돌에 절입 운동만을 부여하여 연삭

**26** 구멍의 최대 허용 치수가 50.025, 최소 허용 치수가 50.000이고, 축의 최대 허용 치수가 50.050, 최소 허용 치수가 50.034일 때 최소 죔새는 얼마인가?

① 0.009
② 0.050
③ 0.025
④ 0.034

> 최소 죔새 = 축의 최소 허용 치수 - 구멍의 최대 허용 치수
> = 50.034 - 50.025 = 0.009

**27** 선의 종류에서 용도에 의한 명칭과 선의 종류를 바르게 연결한 것은?

① 외형선-굵은 1점 쇄선
② 중심선-가는 2점 쇄선
③ 치수보조선-굵은 실선
④ 지시선-가는 실선

> 외형선 - 굵은 실선, 중심선 - 가는 1점 쇄선, 치수보조선·지시선 - 가는 실선

**28** 치수 공차 및 끼워 맞춤에 관한 용어의 설명으로 옳지 않은 것은?

① 허용 한계 치수 : 형체의 실 치수가 그 사이에 들어가도록 정한, 허용할 수 있는 대소 2개의 극한의 치수
② 기준 치수 : 위치수 허용차 및 아래치수 허용차를 적용하는데 따라 허용 한계치수가 주어지는 기준이 되는 치수
③ 치수 허용차 : 실제 치수와 대응하는 기준 치수와의 대수차

④ 기준선 : 허용 한계 치수 또는 끼워 맞춤을 도시할 때 치수 허용차의 기준이 되는 직선

> 치수차 : 치수(실치수, 허용 한계 치수 등)와 대응하는 기준 치수와의 대수차 즉, (치수)-(기준 치수)

**29** 치수보조선에 대한 설명으로 옳지 않은 것은?

① 필요한 경우에는 치수선에 대하여 적당한 각도로 평행한 치수 보조선을 그을 수 있다.
② 도형을 나타내는 외형선과 치수보조선은 떨어져서는 안 된다.
③ 치수보조선은 치수선을 약간 지날 때까지 연장하여 나타낸다.
④ 가는 실선으로 나타낸다.

> 도형을 나타내는 외형선과 치수보조선은 1~2 떨어져서 기입한다.

**30** 주로 금형으로 생산되는 플라스틱 눈금자와 같은 제품 등에 제거 가공 여부를 묻지 않을 때 사용되는 기호는?

①    ②

> ① 제거 가공을 허락하지 않음을 표시
> ② 제거 가공 여부를 묻지 않을 때 사용
> ③ 제거 가공을 필요로 한다는 것을 지시
> ④ 없음

**31** 다음 그림에서 모떼기가 C2일 때 모떼기의 각도는?

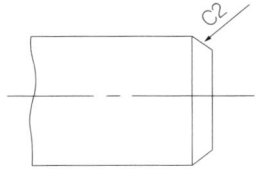

① 15°   ② 30°
③ 45°   ④ 60°

해설 C2 : 45° 모떼기 치수의 치수 수치 앞에 붙인다.

**32** 특수한 가공을 하는 부분 등 특별한 요구 사항을 적용할 수 있는 범위를 표시하는 데 사용하는 선은?

① 굵은 1점 쇄선   ② 가는 2점 쇄선
③ 가는 실선       ④ 굵은 실선

해설 특수지정선(굵은 1점 쇄선) : 특수한 가공을 하는 부분 등 특별한 요구 사항을 적용할 수 있는 범위를 표시하는 데 사용하는 선

**33** 경사면부가 있는 대상물에 대해서 그 대상면의 실형을 도시할 필요가 있는 경우 그림과 같이 투상도를 나타낼 수 있는 데 이 투상도의 명칭은?

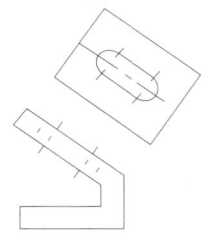

① 부분 투상도   ② 보조 투상도
③ 국부 투상도   ④ 특수 투상도

해설 보조 투상도 : 경사부가 있는 물체는 그 경사면의 실제 모양을 표시할 필요가 있을 때

**34** 다음 중 모양 공차의 종류에 속하지 않는 것은?

① 평면도 공차   ② 원통도 공차
③ 평행도 공차   ④ 면의 윤곽도 공차

해설 • 모양 공차 : 진직도, 평면도, 진원도, 원통도, 선의 윤곽도, 면의 윤곽도
• 자세 공차 : 평행도, 직각도, 경사도

**35** 특별히 연장한 크기가 아닌 일반 A 계열 제도 용지의 세로 : 가로의 비는 얼마인가?(단, 가로가 긴 용지를 기준으로 한다)

① 1 : 1        ② 1 : $\sqrt{2}$
③ 1 : $\sqrt{3}$   ④ 1 : 2

해설 제도 용지의 세로 : 가로의 비는 1 : $\sqrt{2}$

**36** 다음 그림을 제3각법(정면도–화살표 방향)의 투상도로 볼 때 좌측면도로 가장 적합한 것은?

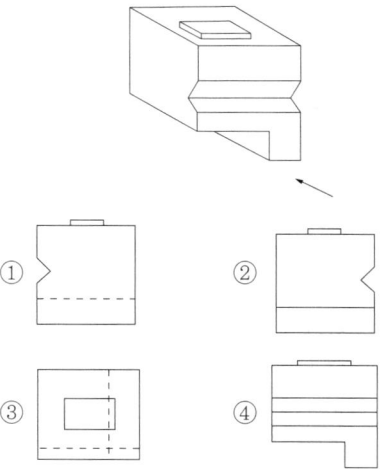

**37** 인쇄, 복사 또는 플로터로 출력된 도면을 규격에서 정한 크기대로 자르기 위해 마련한 도면의 양식은?

① 비교눈금　② 재단마크
③ 윤곽선　④ 도면의 구역 기호

　재단마크(Trimming Mark, Cutting Mark) : 인쇄, 복사 또는 플로터로 출력된 도면을 규격에서 정한 크기대로 자르기 위해 마련

**38** 가공에 의한 커터의 줄무늬 방향이 그림과 같을 때, (가) 부분의 기호는?

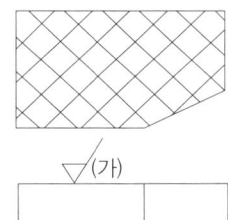

① X　② M
③ R　④ C

　X : 가공에 의한 커터의 줄무늬 방향이 투상면에 경사지고 두 방향이 교차

**39** 다음과 같이 표시된 기하 공차에서 A가 의미하는 것은?

| // | 0.011 | A |

① 공차 종류와 기호
② 데이텀 기호
③ 공차 등급 기호
④ 공차값

　• 공차 종류와 기호 : //
　• 공차값 : 0.011
　• 데이텀 기호 : A

**40** 다음 중 회전 도시 단면도로 나타내기에 가장 부적절한 것은?

① 리브
② 기어의 이
③ 훅
④ 바퀴의 암

　기어의 이 : 치형의 곡선이므로 일반적으로 회전 도시하지 않음.(이끝원은 굵은 실선, 피치원은 가는 1점 쇄선, 이뿌리원 : 가는 실선(단면 : 굵은 실선))

**41** 다음 그림은 어떤 물체를 제3각법 정 투상도로 나타낸 것이다. 입체도로 옳은 것은?

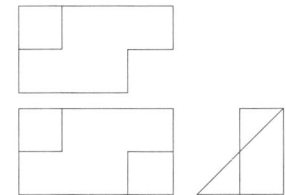

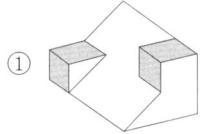
①

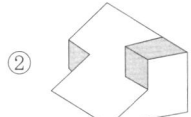
②

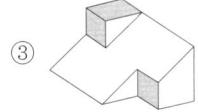
③

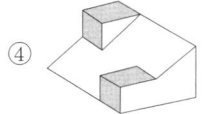
④

**42** 다음과 같은 정면도와 우측면도가 주어졌을 때 평면도로 알맞은 것은?(단, 제3각법의 경우)

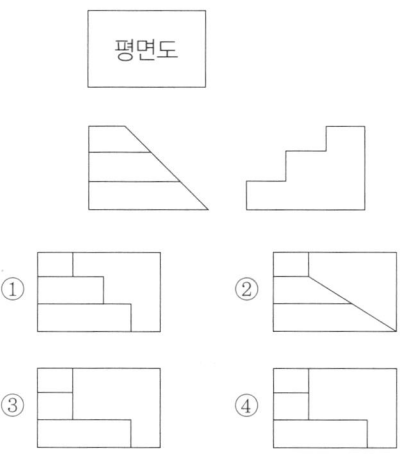

**43** 물체의 모양을 연필만을 사용하여 정 투상도나 회화적 투상으로 나타내는 스케치 방법은?

① 프린트법 ② 본뜨기법
③ 프리핸드법 ④ 사진 촬영법

해설 프리핸드법 : 물체의 모양을 연필만을 사용하여 정 투상도나 회화적 투상으로 나타내는 스케치 방법

**44** 같은 단면의 부분이나 같은 모양이 규칙적으로 나타난 경우는 그림과 같이 중간 부분을 잘라내어 도시할 수 있다. 이와 같은 용도로 사용하는 선의 명칭은?

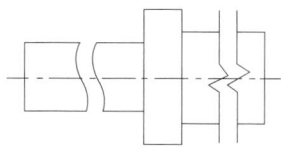

① 절단선 ② 파단선
③ 생략선 ④ 가상선

해설 파단선 : 불규칙한 파형의 가는 실선, 지그재그 선, 8자형의 가는 실선으로 나타냄

**45** 다음 투상도에 표시된 "SR"은 무엇을 의미하는가?

① 원의 반지름 ② 원호의 지름
③ 구의 반지름 ④ 구의 지름

해설 SR : 구의 반지름, SØ : 구의 지름

**46** 유체의 종류와 문자 기호를 연결한 것으로 틀린 것은?

① 공기 – A
② 연료 가스 – G
③ 일반 물 – W
④ 증기 – R

해설 공기–A, 연료 가스–G, 일반 물–W, 증기–V

**47** 롤러 베어링의 안지름 번호가 03일 때 안지름은 몇 mm인가?

① 15 ② 17
③ 3 ④ 12

해설 안지름 번호(한 자리)1~9까지는 안지름도 동일하게 1~9mm를 나타낸다. 또한, 00=10mm, 01=12mm, 02=15mm, 03=17mm이고 04부터는 곱하기 5를 하여 나타낸 수가 안지름이 된다.

**48** 호칭 지름 6mm, 호칭 길이 30mm, 공차 m6인 비경화강 평행 핀의 호칭 방법이 옳게 표현된 것은?

① 평행 핀 – 6×30 – m6 – St
② 평행 핀 – 6×30 – m6 – A1
③ 평행 핀 – 6m6 × 30 – St
④ 평행 핀 – 6m6 × 30 – A1

> 해설 규격 번호 또는 명칭(평행 핀), 종류, 형식, 호칭 지름 공차(6m6) × 호칭 길이(30) – 재료(St)

**49** 나사의 도시에 관한 내용 중 나사 각부를 표시하는 선의 종류가 틀린 것은?

① 수나사의 골 지름과 암나사의 골 지름은 가는 실선으로 그린다.
② 가려서 보이지 않은 나사부는 파선으로 그린다.
③ 완전 나사부와 불완전 나사부의 경계는 가는 실선으로 그린다.
④ 수나사의 바깥지름과 암나사의 안지름은 굵은 실선으로 그린다.

> 해설 완전 나사부와 불완전 나사부의 경계는 굵은 실선으로 그린다.

**50** 스프로킷 휠의 도시법에 대한 설명으로 틀린 것은?

① 바깥지름은 굵은 실선, 피치원은 가는 1점 쇄선으로 도시한다.
② 이뿌리원을 축에 직각인 방향에서 단면 도시할 경우에는 가는 실선으로 도시한다.
③ 이뿌리원은 가는 실선 또는 가는 파선으로 도시하나 기입을 생략해도 좋다.
④ 항목표에는 원칙적으로 톱니의 특성을 나타내는 사항을 기입한다.

> 해설 이뿌리원을 축에 직각인 방향에서 단면 도시할 경우에는 굵은 실선으로 도시한다.

**51** 다양한 형태를 가진 면, 또는 홈에 의하여 회전 운동 또는 왕복 운동을 발생시키는 기구는?

① 캠    ② 스프링
③ 베어링  ④ 링크

> 해설 캠 : 다양한 형태를 가진 면, 또는 홈에 의하여 회전 운동 또는 왕복 운동을 함으로써 주기적인 운동을 발생시키는 기구

**52** 다음 중 운전 중에 두 축을 결합하거나 떼어 놓을 수 있는 것은?

① 플렉시블 커플링
② 플랜지 커플링
③ 유니버설 조인트
④ 맞물림 클러치

> 해설 맞물림 클러치 : 축의 회전을 중지하지 않으면서 회전 토크를 단속하고자 할 때 사용한다.

**53** 스퍼 기어 도시법에서 잇봉우리원을 나타내는 선의 종류는?

① 가는 실선    ② 굵은실선
③ 가는 1점 쇄선  ④ 가는 2점 쇄선

> 해설 잇봉우리원은 굵은 실선, 피치원을 가는 2점 쇄선, 이골원은 가는 실선(단면 안 된 상태), 잇줄 방향은 보통 3개의 가는 실선

**54** 나사의 호칭에 대한 표시 방법 중 틀린 것은?

① 미터 사다리꼴 나사 : R3/4
② 미터 가는 나사 : M8×1
③ 유니파이 가는 나사 : No.8-36UNF
④ 관용 평행 나사 : G1/2

해설 미터 사다리꼴 나사 : Tr24(TM, TW : KS 규격)

**55** 용접부의 기호 도시 방법에 대한 설명 중 잘못된 것은?

① 용접부 도시를 위해서는 일반적으로 실선과 점선의 2개의 기준선을 사용한다.
② 기준선에서 경우에 따라 점선은 나타내지 않을 수도 있다.
③ 기준선은 우선적으로는 도면 아래 모서리에 평행하도록 표시하고, 여의치 않을 경우 수직으로 표시할 수도 있다.
④ 용접부가 접합부의 화살표쪽에 있다면 용접 기호는 기준선의 점선쪽에 표시한다.

해설 용접 접합부가 화살표쪽에 있다면 용접 기호는 기준선에 표시한다.

**56** 다음 스퍼 기어 요목표에서 ㉮의 잇수는?

| 스퍼기어 | |
|---|---|
| 기어 치형 | 표준 |
| 치형 | 보통이 |
| 모듈 | 2 |
| 압력각 | 20° |
| 잇수 | ㉮ |
| 피치원 지름 | Ø100 |
| 다듬질 방법 | 호브 절삭 |

① 5
② 20
③ 40
④ 50

해설 $PCD(D) = m \times z$에서
$m = \dfrac{D}{z} = \dfrac{100}{2} = 50$

**57** 일반적으로 CAD 작업에서 사용되는 좌표계 또는 좌표의 표현 방식과 거리가 먼 것은?

① 원점 좌표
② 절대 좌표
③ 극 좌표
④ 상대 좌표

해설 절대 좌표, 극 좌표, 상대 좌표

**58** 다음 자료의 표현 단위 중 그 크기가 가장 큰 것은?

① bit(비트)
② byte(바이트)
③ record(레코드)
④ field(필드)

해설 bit 〈 byte 〈 word 〈 field 〈 record 〈 file 〈 database

**59** CAD 시스템의 입력 장치로 볼 수 있는 것을 모두 고른 것은?

| ㄱ. 태블릿 | ㄴ. 플로터 |
|---|---|
| ㄷ. 마우스 | ㄹ. 라이트펜 |

① ㄱ, ㄴ
② ㄴ, ㄷ, ㄹ
③ ㄷ, ㄹ
④ ㄱ, ㄷ, ㄹ

해설 입력 장치 : 태블릿, 마우스, 라이트 펜이다.

**60** CAD에서 기하학적 현상을 나타내는 방법 중 선에 의해서만 3차원 형상을 표시하는 방법을 무엇이라고 하는가?

① line drawing modeling
② shaded modeling
③ cure modeling
④ wire-frame modeling

> 해설 wire-frame modeling : 선에 의해서만 3차원 형상을 표시하는 모델링

| ANSWER | | | | | | | | | | 2014년 3회 |
|---|---|---|---|---|---|---|---|---|---|---|
| 01 | ② | 02 | ④ | 03 | ④ | 04 | ④ | 05 | ① |
| 06 | ① | 07 | ③ | 08 | ④ | 09 | ② | 10 | ④ |
| 11 | ② | 12 | ③ | 13 | ③ | 14 | ③ | 15 | ④ |
| 16 | ① | 17 | ④ | 18 | ③ | 19 | ② | 20 | ② |
| 21 | ③ | 22 | ① | 23 | ② | 24 | ③ | 25 | ② |
| 26 | ① | 27 | ④ | 28 | ③ | 29 | ② | 30 | ② |
| 31 | ③ | 32 | ① | 33 | ② | 34 | ③ | 35 | ② |
| 36 | ② | 37 | ② | 38 | ① | 39 | ② | 40 | ② |
| 41 | ③ | 42 | ① | 43 | ③ | 44 | ② | 45 | ③ |
| 46 | ④ | 47 | ② | 48 | ③ | 49 | ③ | 50 | ② |
| 51 | ① | 52 | ④ | 53 | ② | 54 | ① | 55 | ④ |
| 56 | ④ | 57 | ① | 58 | ③ | 59 | ④ | 60 | ④ |

# 공단 기출문제_2014년 4회

**01** 공구 재료의 필요 조건이 아닌 것은?

① 열처리가 쉬울 것
② 내마멸성이 작을 것
③ 강인성이 클 것
④ 고온 경도가 클 것

해설 내마멸성이 커야 한다.

**02** 니켈강을 가공 후 공기 중에 방치하여도 담금질 효과를 나타내는 현상은 무엇인가?

① 질량 효과
② 기경성
③ 시기 균열
④ 가공 경화

해설 담금질 온도에서 대기 속에 방랭(放冷)하는 것만으로도 마텐자이트 조직이 생성되어 단단해지는 성질을 말하며, 니켈, 크롬, 망간 등이 함유된 특수강에서 볼 수 있는 현상이다. 기경성(氣硬性)이라고도 한다.

**03** 구리 4%, 마그네슘 0.5%, 망간 0.5%, 나머지가 알루미늄인 고강도 알루미늄 합금은?

① 실루민
② 두랄루민
③ 라우탈
④ 로우엑스

해설 두랄루민 : 구리 4%, 마그네슘 5%, 망간 0.5%에 나머지가 알루미늄으로 가볍고 강도가 커서 항공기, 자동차 등의 부품 소재에 사용된다.

**04** 주철의 성질을 가장 올바르게 설명한 것은?

① 탄소의 함유량이 2.0% 이하이다.
② 인장 강도가 강에 비하여 크다.
③ 소성 변형이 잘된다.
④ 주조성이 우수하다.

해설 탄소의 함유량이 2.1%~6.67%, 압축 강도가 크다. 취성이 크다. 주조성이 우수하다.

**05** 킬드강에는 어떤 결함이 주로 생기는가?

① 편석증가
② 내부에 기포
③ 외부에 기포
④ 상부 중앙에 수축공

해설 킬드강 : 중앙상부에 큰 수축관이 있어 그 부분에 불순물이 집적된다.

**06** 합금 주철에서 0.2~1.5% 첨가로 흑연화를 방지하고 탄화물을 안정시키는 원소는 무엇인가?

① Cr
② Ti
③ Ni
④ Mo

해설 Cr : 흑연화 방지, 퍼얼라이트 조직을 미세화되고 경도 증가, 내열성, 내식성이 좋다.

**07** 내식용 Al 합금이 아닌 것은?

① 알민(Almin)
② 알드레이(Aldrey)
③ 하이드로날륨(hydronalium)
④ 코비탈륨(cobitalium)

해설 내식용 Al 합금 : 알민(Almin), 알드레이(Aldrey), 하이드로날륨(hydronalium), 알클래드(Alclad)

**08** 볼트와 볼트 구멍 사이에 틈새에 있어 전단 응력과 휨 응력이 동시에 발생하는 현상을 방지하기 위한 가장 올바른 방법은?

① 와셔를 사용한다.
② 로크 너트를 사용한다.
③ 멈춤 나사를 사용한다.
④ 링이나 봉을 끼워 사용한다.

해설 링이나 봉을 끼워 틈새를 제거해서 전단 응력과 휨 응력이 동시에 발생하는 현상을 방지한다.

**09** 웜 기어의 특징으로 가장 거리가 먼 것은?

① 큰 감속비를 얻을 수 있다.
② 중심 거리에 오차가 있을 때는 마멸이 심하다.
③ 소음이 작고 역회전 방지를 할 수 있다.
④ 웜 휠의 정밀 측정이 쉽다.

해설 웜 휠의 정밀측정이 어렵다.

**10** 나사의 용어 중 리드에 대한 설명으로 맞는 것은?

① 1회전시 작용되는 토크
② 1회전시 이동한 거리
③ 나사산과 나사산의 거리
④ 1회전시 원주의 길이

해설 L = n × p에서 1회전 시 이동한 거리

**11** 한 변의 길이가 20mm인 정사각형 단면에 4kN의 압축 하중이 작용할 때 내부에 발생하는 압축 응력은 얼마인가?

① $10N/mm^2$
② $20N/mm^2$
③ $100N/mm^2$
④ $200N/mm^2$

해설 압축 응력 $\sigma = \dfrac{W}{A} = \dfrac{4000}{20 \times 20} = 10$

**12** 축의 설계시 고려해야 할 사항으로 거리가 먼 것은?

① 강도
② 제동 장치
③ 부식
④ 변형

해설 축의 설계시 고려해야 할 사항 : 강도, 부식, 변형

**13** 3줄 나사에서 피치가 2mm일 때 나사를 6회 전시키면 이동하는 거리는 몇 mm인가?

① 6
② 12
③ 18
④ 36

해설 L = n × P이므로 3 × 2 = 6mm
∴ 6회전 했으므로 6 × 6 = 36mm

**14** 사용 기능에 따라 분류한 기계 요소에서 직접전동 기계 요소는?

① 마찰차  ② 로프
③ 체인    ④ 벨트

📖 로프, 체인, 벨트는 전동 매개물로 간접 전동 장치이다.

**15** 볼트의 머리와 중간재 사이 또는 너트와 중간재 사이에 사용하여 충격을 흡수하는 작용을 하는 것은?

① 와셔 스프링    ② 토션바
③ 벌루트 스프링  ④ 코일 스프링

📖 와셔 스프링 : 볼트의 머리와 중간재 사이 또는 너트와 중간재 사이에 사용하여 충격을 흡수한다.

**16** 연삭 가공에서 결합제의 기호 중 틀린 것은?

① 비트리파이드 – V
② 금속결합제 – M
③ 셀락 – E
④ 레지노이드 – R

📖 레지노이드 – B, 고무결합제 – R

**17** 방전 가공에서 가공 전극의 구비 조건으로 틀린 것은?

① 전기 저항이 크다.
② 전극의 소모가 적다.
③ 기계 가공이 용이하다.
④ 가격이 저렴해야 한다.

📖 전기 저항이 적어야 한다.

**18** CNC 기계의 서보기구에서 피드백 회로가 없는 방식은?

① 반폐쇄 회로 방식(semi-closed loop system)
② 폐쇄 회로 방식(closed loop system)
③ 개방 회로 방식(open loop system)
④ 하이브리드 서보 방식(hybrid servo system)

📖 개방 회로 방식(open loop system) : 검출기와 피드백 장치가 없으므로 정밀도가 떨어져 CNC공작기계에서는 사용하지 않는다.

**19** 원통 연삭 작업에서 지름이 300mm인 연삭숫돌로 지름이 200mm인 공작물을 연삭할 때에 숫돌 바퀴의 원주 속도는 1500m/min이다. 이 때 숫돌 바퀴의 회전수는 약 몇 rpm인가?

① 1492
② 1592
③ 1692
④ 1792

📖 $V = \dfrac{\pi \times D \times N}{1000}$

$N = \dfrac{1000 \times V}{\pi \times D} = \dfrac{1000 \times 1500}{3.14 \times 300} = 1592$

**20** 보링 머신에서 이미 뚫은 구멍을 필요한 크기나 정밀한 치수로 넓히는 작업에 사용되는 공구는?

① 면 판    ② 돌리개
③ 방진구   ④ 보링 바

📖 보링 머신에서 사용되는 공구 : 보링 바, 바이트

**21** 호빙 머신으로 가공할 수 없는 기어는?

① 웜 기어
② 스퍼 기어
③ 스파이럴 베벨 기어
④ 헬리컬 기어

해설 호빙 머신 : 웜 기어, 스퍼 기어, 헬리컬 기어

**22** 밀링 머신의 부속 장치가 아닌 것은?

① 아버
② 에이프런
③ 슬로팅 장치
④ 회전 테이블

해설 에이프런(Apron) : 선반의 왕복대 구동력을 받는 자동 이송 장치와 어미 나사의 구동 장치

**23** 선반에서 일감이 1회전 하는 동안, 바이트가 길이 방향으로 이동하는 거리는?

① 회전력
② 주분력
③ 피치
④ 이송

해설 이송 : 선반에서 일감이 1회전 하는 동안, 바이트가 길이 방향으로 이동하는 거리(단위 : mm/rev)

**24** 절삭 저항의 크기를 측정하는 것은?

① 다이얼 게이지(dial gauge)
② 서피스 게이지(surface gauge)
③ 스트레인 게이지(strain gauge)
④ 게이지 블록(gauge block)

해설 스트레인 게이지(strain gauge) : 절삭 저항의 크기를 측정

**25** 진원도 측정법이 아닌 것은?

① 지름법
② 수평법
③ 삼점법
④ 반지름법

해설 진원도 측정법 : 지름법, 삼점법, 반지름법(반경법)

**26** 다음 선의 종류 중 선의 굵기가 다른 것은?

① 해칭선
② 중심선
③ 치수보조선
④ 특수지정선

해설
- 가는 실선 : 해칭선, 중심선(좁은 부분), 치수 보조선
- 굵은 1점 쇄선 : 특수지정선

**27** 다음 중 자세 공차에 속하지 않는 것은?

① //
② ⊥
③ □
④ ∠

해설
- 자세 공차 : 평행도, 직각도, 경사도
- 모양 공차 : 평면도(□)

**28** 치수 보조 기호에서 이론적으로 정확한 치수를 나타내는 것은?

① $\boxed{30}$
② ②
③ 30 (밑줄)
④ (30)

해설 $\boxed{30}$ : 이론적으로 정확한 치수, 30 (밑줄) : 비례하지 않는 치수, (30) : 참고치수

**29** 다음 제3각법으로 나타낸 정 투상도 중 틀린 것은?

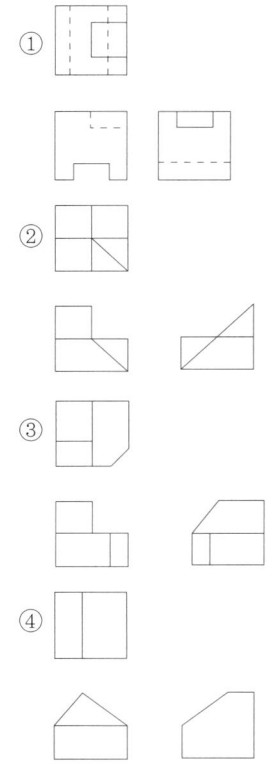

**30** 다음 도면과 같이 치수 25 밑에 그은 선이 의미하는 것은?

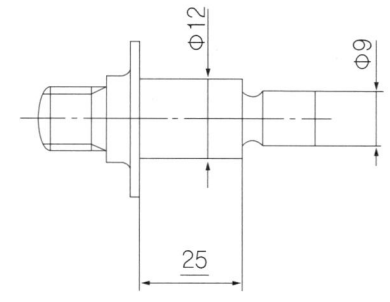

① 다듬질 치수
② 가공 치수
③ 기준 치수
④ 비례하지 않는 치수

해설 25 : 비례하지 않는 치수(도면의 실제 측정 치수가 아님)

**31** 치수 기입의 원칙과 방법에 관한 설명으로 적합하지 않은 것은?

① 치수는 중복 기입을 피한다.
② 치수는 되도록 공정마다 배열을 분리하여 기입한다.
③ 치수는 되도록 계산하여 구할 필요가 없도록 기입한다.
④ 치수는 되도록 정면도, 평면도, 측면도 등에 분산시켜 기입한다.

해설 치수는 되도록 주 투상도(정면도)에 기입한다.

**32** 표면 거칠기 기호 중 제거 가공을 필요로 하는 경우 지시하는 기호로 맞는 것은?

① ∼      ② ▽
③ ∀      ④ ∨

해설 ② 제거 가공을 필요로 한다는 것을 지시
③ 제거 가공을 허락하지 않음을 표시
④ 제거 가공 여부를 묻지 않을 때 사용

**33** 줄무늬 방향의 기호에서 가공에 의한 컷의 줄무늬가 여러 방향으로 교차 또는 무방향을 나타내는 것은?

① M      ② C
③ R      ④ X

해설 M : 줄무늬가 여러 방향으로 교차 또는 무방향

**34** 재료 기호 SM10C에서 10을 올바르게 설명한 것은?

① 탄소강 10번
② 주조풍 1종
③ 인장 강도 10kgf/mm²
④ 탄소 함유량 0.08~0.13%

해설
• S : 재질을 나타내는 기호로 강을 의미
• M : 기계구조용을 의미
• 10C : 탄소 함유량을 나타냄(0.08~0.13%C)

**35** 다음 투상도의 평면도로 가장 적합한 것은?(단, 제3각법으로 도시하였다.)

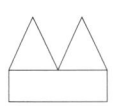
정면도    측면도

① 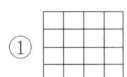   ②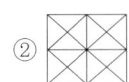

③ 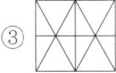   ④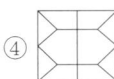

**36** 구멍의 최소 치수가 축의 최대 치수보다 큰 경우이며, 항상 틈새가 생기는 끼워 맞춤으로 직선 운동이나 회전 운동이 필요한 기계 부품의 조립에 적용하는 것은?

① 억지 끼워 맞춤
② 중간 끼워 맞춤
③ 헐거운 끼워 맞춤
④ 구멍기준식 끼워 맞춤

해설 틈새가 생기는 끼워 맞춤은 헐거운 끼워 맞춤이다.

**37** 다음은 제3각법으로 도시한 물체의 투상도이다. 이 투상법에 대한 설명으로 틀린 것은?(단, 화살표 방향은 정면도이다.)

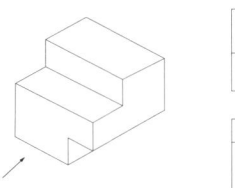 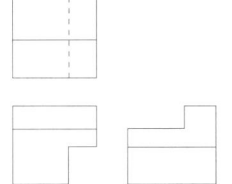

① 눈→투상면→물체의 순서로 놓고 투상한다.
② 평면도는 정면도 위에 배치된다.
③ 물체를 제 1면각에 놓고 투상하는 방법이다.
④ 배면도의 위치는 가장 오른쪽에 배열한다.

해설 눈-투상면-물체는 3각법으로 물체를 제 3면각에 놓고 투상한다.

**38** 도면이 구비해야 할 기본 요건으로 가장 거리가 먼 것은?

① 대상물의 도형과 함께 필요로 하는 구조, 조립 상태, 치수, 가공 방법 등의 정보를 포함하여야 한다.
② 애매한 해석이 생기지 않도록 표현상 명확한 뜻을 가져야 한다.
③ 무역 및 기술의 국제 교류의 입장에서 국제성을 가져야 한다.
④ 제품의 가격 정보를 항상 포함하여야 한다.

해설 제품의 가격 정보는 견적도에 포함하여야 한다.

**39** 길이 치수의 치수 공차 표시 방법으로 틀린 것은?

① $50^{-0.05}_{0}$  ② $50^{+0.05}_{0}$
③ $50^{+0.05}_{+0.02}$  ④ $50\pm0.05$

해설 $50^{-0.05}_{0}$ 공차값은 위치수 허용차가 항상 큰 값이 되어야 하므로 $50^{0}_{-0.05}$ 표기해야 한다.

**40** 구멍의 치수 $\varnothing 50^{+0.025}_{+0.005}$, 축의 치수 $\varnothing 50^{+0.033}_{+0.017}$ 의 끼워 맞춤에서 최대 죔새는?

① 0.008
② 0.028
③ 0.042
④ 0.050

해설 최대 죔새 = 축의 최대 허용 치수 – 구멍의 최소 허용 치수 = 50.033 – 50.005 = 0.028

**41** 그림과 같이 물체를 투상할 때 중심선 또는 절단선을 기준으로 그 앞부분을 잘라내고 남은 뒷부분의 단면 모양을 나타내는 것은?

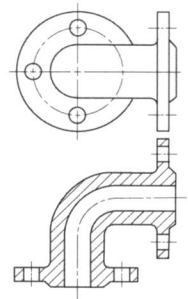

① 한쪽 단면도
② 회전 도시 단면도
③ 온 단면도
④ 조합에 의한 단면도

해설 온 단면도 : 물체를 투상할 때 중심선 또는 절단선을 기준으로 그 앞부분을 잘라내고 남은 뒷부분의 단면으로 나타내는 것

**42** 단면도를 나타낼 때 길이 방향으로 절단하여 도시할 수 있는 것은?

① 볼트
② 기어의 이
③ 바퀴 암
④ 풀리의 보스

해설 풀리의 보스는 길이 방향으로 단면하여 나타낸다.

**43** 기계 제도 도면에 사용되는 척도의 설명이 틀린 것은?

① 한 도면에서 공통적으로 사용되는 척도는 표제란에 기입한다.
② 도면에 그려지는 길이와 대상물의 실제 길이와의 비율로 나타낸다.
③ 척도의 표시는 잘못 볼 염려가 없다고 하여도 반드시 기입하여야 한다.
④ 같은 도면에서 다른 척도를 사용할 때에는 필요에 따라 그림 부근에 기입한다.

해설 척도의 표시는 표제란에 기입하여야 한다.

**44** 구(sphere)를 도시할 때 필요한 최소의 투상도 수는?

① 1개  ② 2개
③ 3개  ④ 4개

해설 구(sphere)를 도시할 때는 1개의 투상도면이면 된다.

**45** 되풀이 되는 도형을 도시할 때 적용하는 가상선의 종류는?

① 가는 2점 쇄선
② 가는 1점 쇄선
③ 가는 실선
④ 가는 파선

　가상선 : 가는 2점 쇄선

**46** 일반적으로 가장 널리 사용되며 축과 보스에 모두 홈을 가공하여 사용하는 키는?

① 접선 키
② 안장 키
③ 묻힘 키
④ 원뿔 키

　묻힘 키(Sunk Key) : 축과 보스에 모두 홈을 가공하여 사용하는 키

**47** 다음 중 복렬 앵귤러 콘택트 고정형 볼 베어링의 도시 기호는?

① 　②
③ 　④

　②번이 복렬 앵귤러 콘택트 고정형 볼 베어링이다.

**48** 미터 보통 나사 M50 × 2의 설명으로 맞는 것은?

① 호칭 지름이 50mm이며, 나사 등급이 2급이다.
② 호칭 지름이 50mm이며, 나사 피치가 2mm이다.
③ 유효 지름이 50mm이며, 나사 등급이 2급이다.
④ 유효 지름이 50mm이며, 나사 피치가 2mm이다.

　M50(미터 나사 호칭 지름) × 2(피치)

**49** 유체를 한 방향으로 흐르게 하기 위해 역류를 방지하는 데 사용되는 체크 밸브의 도시 기호는?

① 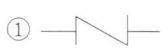　②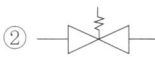
③ 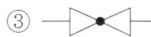　④

　① 체크 밸브, ② 안전 밸브, ③ 글로브 밸브, ④ 게이트 밸브

**50** 다음 중 평 벨트 장치의 도시 방법에 관한 설명으로 틀린 것은?

① 암은 길이 방향으로 절단하여 도시하는 것이 좋다.
② 벨트 풀리와 같이 대칭형인 것은 그 일부만을 도시할 수 있다.
③ 암과 같은 방사형의 것은 회전 도시 단면도로 나타낼 수 있다.
④ 벨트 풀리는 축직각 방향의 투상을 주 투상도로 할 수 있다.

　암은 길이 방향으로 단면되지 않고 회전 도시 단면 한다.

**51** 나사를 도면에 그리는 방법에 대한 설명으로 틀린 것은?

① 나사의 골 밑은 가는 실선으로 나타낸다.
② 나사의 감긴 방향이 오른쪽이면 도면에 별도 표기할 필요가 없다.
③ 수나사와 암나사가 결합되어 있는 나사를 그릴 때에는 암나사 위주로 그린다.
④ 나사의 불완전 나사부는 필요할 경우 중심축선으로부터 경사된 가는 실선으로 표시한다.

> 해설 수나사와 암나사가 결합되어 있는 나사를 그릴 때에는 수나사 위주로 그린다.

**52** 축을 제도할 때 도시 방법의 설명으로 맞는 것은?

① 축에 단이 있는 경우는 치수를 생략한다.
② 축은 길이 방향으로 전체를 단면하여 도시한다.
③ 축 끝에 모떼기는 치수는 생략하고 기호만 기입한다.
④ 단면 모양이 같은 긴 축은 중간을 파단하여 짧게 그릴 수 있다.

> 해설 ① 축에 단이 있는 경우는 치수를 기입
> ② 축은 길이 방향으로 단면 도시하지 않는다.
> ③ 축 끝에 모떼기는 치수를 기입한다.

**53** 기어의 도시 방법에 대한 설명 중 틀린 것은?

① 기어 소재를 제작하는 데 필요한 치수를 기입한다.
② 잇봉우리원은 굵은 실선, 피치원은 가는 1점 쇄선으로 그린다.
③ 헬리컬 기어를 도시할 때 잇줄 방향은 보통 3개의 가는 실선으로 그린다.
④ 맞물리는 한쌍의 기어에서 잇봉우리원은 가는 1점 쇄선으로 그린다.

> 해설 맞물리는 한쌍의 기어에서 잇봉우리원은 굵은 실선으로 그린다.

**54** 다음 중 캠을 평면 캠과 입체 캠으로 구분할 때 입체 캠의 종류로 틀린 것은?

① 원통 캠   ② 삼각 캠
③ 원뿔 캠   ④ 빗판 캠

> 해설 • 평면 캠 : 판 캠, 직동 캠, 정면 캠, 역 캠
> • 입체 캠 : 원통 캠, 원뿔 캠, 구면 캠, 단면 캠, 경사판 캠, 빗판 캠

**55** 모듈 2인 한 쌍의 스퍼 기어가 맞물려 있을 때에 각각의 잇수를 20개와 30개라고 하면, 두 기어의 중심 거리는?

① 20   ② 30
③ 50   ④ 100

> 해설 $a = \dfrac{(Z_1 + Z_2) \times m}{2} = \dfrac{(20 + 30)2}{2} = 50$

**56** 그림과 같이 한쪽 면을 용접하려고 할 때 용접 기호로 옳은 것은?

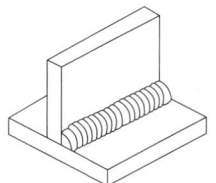

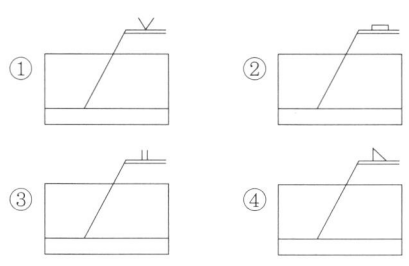

해설 용접 부위가 필렛 용접이므로 ④번이 필렛 용접이다.

**57** 공간상에 구성되어 있는 하나의 점을 표현하는 방법으로서 기준점을 중심으로 2개의 각도 데이터와 1개의 길이 데이터로 해당 점의 좌표를 나타내는 좌표계는?

① 직교 좌표계   ② 상대 좌표계
③ 원통 좌표계   ④ 구면 좌표계

해설 구면 좌표계 : 공간상에 구성되어 있는 하나의 점을 표현하는 방법으로서 기준점을 중심으로 2개의 각도 데이터와 1개의 길이 데이터로 해당 점의 좌표

**58** 일반적으로 CAD에서 사용하는 3차원 형상 모델링이 아닌 것은?

① 솔리드 모델링(solid modeling)
② 시스템 모델링(system modeling)
③ 서피스 모델링(surface modeling)
④ 와이어 프레임 모델링(wire-frame modeling)

해설 솔리드 모델링(solid modeling), 서피스 모델링(surface modeling), 와이어 프레임 모델링(wire frame modeling)

**59** 컴퓨터가 기억하는 정보의 최소 단위는?

① bit      ② record
③ byte     ④ field

해설 bit 〈 byte 〈 word 〈 field 〈 record 〈 file 〈 database

**60** 다음 CAD 시스템에서 사용하는 장치 중 그 성질이 다른 하나는 무엇인가?

① 마우스     ② 트랙 볼
③ 플로터     ④ 라이트 펜

해설
• 입력 장치 : 마우스, 트랙 볼, 라이트 펜
• 출력 장치 : 플로터

**ANSWER** 2014년 4회

| 01 | ② | 02 | ② | 03 | ② | 04 | ④ | 05 | ④ |
| --- | --- | --- | --- | --- | --- | --- | --- | --- | --- |
| 06 | ① | 07 | ④ | 08 | ④ | 09 | ④ | 10 | ② |
| 11 | ① | 12 | ② | 13 | ④ | 14 | ① | 15 | ① |
| 16 | ④ | 17 | ① | 18 | ③ | 19 | ② | 20 | ④ |
| 21 | ③ | 22 | ② | 23 | ④ | 24 | ③ | 25 | ② |
| 26 | ④ | 27 | ② | 28 | ① | 29 | ② | 30 | ④ |
| 31 | ④ | 32 | ② | 33 | ① | 34 | ④ | 35 | ② |
| 36 | ③ | 37 | ② | 38 | ④ | 39 | ① | 40 | ② |
| 41 | ③ | 42 | ④ | 43 | ③ | 44 | ① | 45 | ① |
| 46 | ② | 47 | ④ | 48 | ② | 49 | ① | 50 | ① |
| 51 | ③ | 52 | ④ | 53 | ④ | 54 | ② | 55 | ③ |
| 56 | ④ | 57 | ④ | 58 | ② | 59 | ① | 60 | ③ |

## 공단 기출문제_2015년 1회

**01** 가단 주철의 종류에 해당하지 않는 것은?

① 흑심 가단 주철
② 백심 가단 주철
③ 오스테나이트 가단 주철
④ 펄라이트 가단 주철

해설 가단 주철의 종류 : 흑심 가단 주철, 백심 가단 주철, 펄라이트 가단 주철

**02** 비자성체로서 Cr과 Ni를 함유하며 일반적으로 18-8 스테인리스강이라 부르는 것은?

① 페라이트계 스테인리스강
② 오스테나이트계 스테인리스강
③ 마텐자이트계 스테인리스강
④ 펄라이트계 스테인리스강

해설 페라이트(18Cr)계, 오스테나이트(18Cr-8Ni)계, 마텐자이트(13Cr)계 스테인리스강

**03** 8~12% Sn에 1~2% Zn의 구리합금으로 밸브, 콕, 기어, 베어링, 부시 등에 사용되는 합금은?

① 코르손합금   ② 베릴륨합금
③ 포금       ④ 규소 청동

해설 포금 : 8~12% Sn에 1~2% Zn의 구리합금으로 밸브, 콕, 기어, 베어링, 선박용 프로펠러, 포신, 부시 등에 사용

**04** 주철의 여러 성질을 개선하기 위하여 합금 주철에 첨가하는 특수원소 중 크롬(Cr)이 미치는 영향이 아닌 것은?

① 경도를 증가시킨다.
② 흑연화를 촉진시킨다.
③ 탄화물을 안정시킨다.
④ 내열성과 내식성을 향상시킨다.

해설 흑연화를 촉진시키는 원소는 Ni이고, Cr은 흑연화를 방지한다.

**05** 다이캐스팅 알루미늄 합금으로 요구되는 성질 중 틀린 것은?

① 유동성이 좋을 것
② 금형에 대한 점착성이 좋을 것
③ 열간 취성이 적을 것
④ 응고수축에 대한 용탕 보급성이 좋을 것

해설 금형에 대한 이형성이 좋을 것

**06** 탄소강의 경도를 높이기 위하여 실시하는 열처리는?

① 불림      ② 풀림
③ 담금질    ④ 뜨임

해설
• 불림 : 조직의 표준화
• 풀림 : 내부 응력 제거 및 연화
• 뜨임 : 내부 응력 제거 및 인성 부여

**07** 고용체에서 공간 격자의 종류가 아닌 것은?

① 치환형
② 침입형
③ 규칙 격자형
④ 면심 입방 격자형

해설 공간 격자의 종류 : 치환형, 침입형, 규칙 격자형

**08** 브레이크 드럼에서 브레이크 블록에 수직으로 밀어 붙이는 힘이 1000N이고 마찰 계수가 0.45일 때 드럼의 접선 방향 제동력은 몇 N인가?

① 150
② 250
③ 350
④ 450

해설 $P = uQ = 0.45 \times 1000 = 450$

**09** 지름 $D_1 = 200mm$, $D_2 = 300mm$의 내접 마찰차에서 그 중심 거리는 몇 mm인가?

① 50
② 100
③ 125
④ 250

해설 $\dfrac{D_2 - D_1}{2} = \dfrac{300 - 200}{2} = 50$(내접)

**10** 기어 전동의 특징에 대한 설명으로 가장 거리가 먼 것은?

① 큰 동력을 전달한다.
② 큰 감속을 할 수 있다.
③ 넓은 설치 장소가 필요하다.
④ 소음과 진동이 발생한다.

해설 직접 전동이기 때문에 넓은 설치 장소가 필요치 않다.

**11** 미터 나사에 관한 설명으로 틀린 것은?

① 기호는 M으로 표기한다.
② 나사산의 각도는 55°이다.
③ 나사의 지름 및 피치를 mm로 표시한다.
④ 부품의 결합 및 위치의 조정 등에 사용된다.

해설 나사산의 각도는 60°이다.

**12** 평 벨트의 이음 방법 중 효율이 가장 높은 것은?

① 이음쇠 이음
② 가죽 끈 이음
③ 관자 볼트 이음
④ 접착제 이음

해설 이음쇠 이음(40~70%), 가죽 끈 이음(40~50%), 철사 이음(60%), 접착제 이음(75~90%)

**13** 축 방향으로 인장 하중만을 받는 수나사의 바깥지름(d)과 볼트 재료의 허용 인장 응력($\sigma_a$) 및 인장 하중(W)과의 관계가 옳은 것은?

① $d = \sqrt{\dfrac{2W}{\sigma_a}}$

② $d = \sqrt{\dfrac{3W}{8\sigma_a}}$

③ $d = \sqrt{\dfrac{8W}{3\sigma_a}}$

④ $d = \sqrt{\dfrac{10W}{3\sigma_a}}$

해설
- 축 방향 하중 : $d = \sqrt{\dfrac{2W}{\sigma_a}}$
- 축 방향과 비틀림 하중 : $d = \sqrt{\dfrac{8W}{3\sigma_a}}$

**14** 전단 하중에 대한 설명으로 옳은 것은?

① 재료를 축 방향으로 잡아당기도록 작용하는 하중이다.
② 재료를 축 방향으로 누르도록 작용하는 하중이다.
③ 재료를 가로 방향으로 자르도록 작용하는 하중이다.
④ 재료가 비틀어지도록 작용하는 하중이다.

> 해설 전단 하중 : 재료를 가로 방향으로 자르도록 작용하는 하중

**15** 베어링 호칭 번호가 6205인 레이디얼 볼 베어링의 안지름은?

① 5mm
② 25mm
③ 62mm
④ 205mm

> 해설 안지름 치수가 10, 12, 15, 17mm인 경우 안지름 번호는 00, 01, 02, 03이며, 04부터는 ×5이므로 05 × 5 = 25이다.

**16** 지름이 30mm인 연강을 선반에서 절삭할 때, 주축을 200rpm으로 회전시키면 절삭 속도는 몇 m/min인가?

① 10.54   ② 15.48
③ 18.85   ④ 21.54

> 해설 $V = \dfrac{\pi \times D \times N}{1000} = \dfrac{3.14 \times 30 \times 200}{1000}$
> ≒ 18.85

**17** 여러 개의 절삭 날을 일직선상에 배치한 절삭 공구를 사용하여 1회의 통과로 구멍의 내면을 가공하는 공작 기계는?

① 세이퍼   ② 슬로터
③ 브로칭 머신   ④ 플레이너

> 해설 브로칭 머신 : 여러 개의 절삭 공구를 일직선상에 배치한 절삭 공구를 사용하여 1회의 통과로 구멍의 내면을 가공

**18** 밀링 머신의 일반적인 크기 표시는?

① 밀링 머신의 최고 회전수로 한다.
② 밀링 머신의 높이로 한다.
③ 테이블의 이송 거리로 한다.
④ 깎을 수 있는 공작물의 최대 길이로 한다.

> 해설 테이블의 이송 거리를 No로 표시 : No. 0호 : 150

**19** 정밀 보링 머신의 특성에 대한 설명으로 틀린 것은?

① 고속 회전 및 정밀한 이송 기구를 갖추고 있다.
② 다이아몬드 또는 초경합금 공구를 사용한다.
③ 진직도는 높으나 진원도는 낮다.
④ 실린더나 베어링면 등을 가공한다.

> 해설 구멍을 넓히는 작업이므로 진직도 보다는 진원도의 정밀도가 높다.

**20** 드릴 가공 방법에서 구멍에 암나사를 가공하는 작업은?

① 다이스 작업   ② 탭핑 작업

③ 리밍 작업  ④ 보링 작업
📖 다이스 작업 : 수나사 가공. 탭핑 작업 : 구멍에 암나사를 가공

**21** 연삭 숫돌에 눈 메움이나 무딤 현상이 발생하였을 때 숫돌을 수정하는 작업은?

① 래핑  ② 드레싱
③ 글레이징  ④ 덮개 설치

📖 드레싱 : 연삭 숫돌에 눈 메움이나 무딤 현상이 발생하였을 때 숫돌을 수정하는 작업

**22** 선반 가공에서 가공면의 미끄러짐을 방지하기 위하여 요철 형태로 가공하는 것은?

① 내경 절삭 가공  ② 외경 절삭 가공
③ 널링 가공  ④ 보링 가공

📖 널링 가공 : 선반 가공에서 가공면의 미끄러짐을 방지하기 위하여 요철 형태로 가공

**23** 선반 작업 중에 지켜야 할 안전 사항이 아닌 것은?

① 긴 공작물을 가공할 때는 안전 장치를 설치 후 가공한다.
② 가공물이 긴 경우 심압대로 지지하고 가공한다.
③ 드릴 작업 시 시작과 끝은 이송을 천천히 한다.
④ 전기 배선의 절연 상태를 점검한다.

📖 전기 배선의 절연 상태는 선반 작업 전에 점검해야 하는 사항이다.

**24** 구성인선의 방지 대책 중 틀린 것은?

① 윤활성이 좋은 절삭 유제를 사용한다.
② 공구의 윗면 경 사각을 크게 한다.
③ 절삭 깊이를 크게 한다.
④ 고속으로 절삭한다.

📖 절삭 깊이를 작게 한다.

**25** 전기 도금과는 반대로 일감을 양극으로 하여 전기에 의한 화학적 용해 작용을 이용하고 가공물의 표면을 다듬질하여 광택이 나게 하는 가공법은?

① 기계 연마  ② 전해 연마
③ 초음파 가공  ④ 방전 가공

📖 전해 연마 : 전기 도금과는 반대로 일감을 양극으로 하여 전기에 의한 화학적 용해 작용을 이용하고 가공물의 표면을 다듬질하여 광택이 나게 하는 가공

**26** 다음 도면에서 표현된 단면도로 맞는 것은?

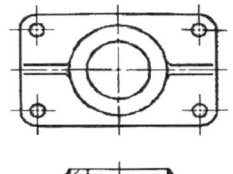
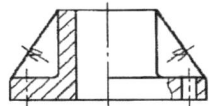

① 전단면도, 한쪽 단면도, 부분 단면도
② 한쪽 단면도, 부분 단면도, 회전 도시 단면도
③ 부분 단면도, 회전 도시 단면도, 계단 단면도
④ 전단면도, 한쪽 단면도, 회전 도시 단면도

📖 한쪽 단면도(물체의 절반은 단면, 절반은 외형을 도시), 부분 단면도(필요한 부분을 파단하여 단면 도시), 회전 도시 단면도(리브, 암 등의 단면)

**27** 정 투상도 제1각법과 제3각법을 비교 설명한 것으로 틀린 것은?

① 3각법에서는 저면도는 정면도의 아래에 나타낸다.
② 1각법은 평면도를 정면도의 바로 아래에 나타낸다.
③ 1각법에서는 정면도 아래에서 본 저면도를 정면도 아래에 나타낸다.
④ 3각법에서 측면도는 오른쪽에서 본 것을 정면도의 아래에 나타낸다.

📖 1각법에서는 정면도 아래에서 본 저면도를 정면도 위에 나타낸다.

**28** 아래 투상도는 제3각법으로 투상한 것이다. 이 물체의 등각 투상도로 맞는 것은?

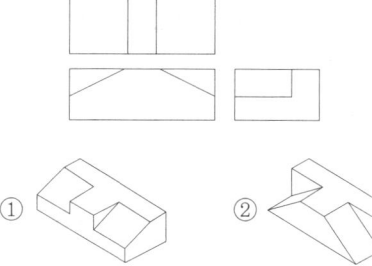

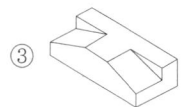  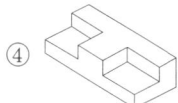

**29** 치수 배치 방법 중 치수 공차가 누적되어도 좋은 경우에 사용하는 방법은?

① 누진 치수 기입법
② 직렬 치수 기입법
③ 병렬 치수 기입법
④ 좌표 치수 기입법

📖 직렬 치수 기입법 : 직렬로 연결된 치수에 주어진 일반 공차가 차례로 누적되어도 좋은 경우에 사용

**30** 여러 각도로 기울여진 면의 치수를 기입할 때 일반적으로 잘못 기입된 치수는?

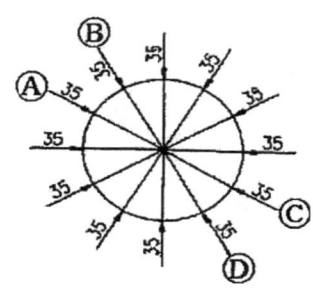

① Ⓐ  ② Ⓑ
③ Ⓒ  ④ Ⓓ

📖 Ⓑ는 치수선 위쪽에 기입

**31** Ø50H7의 구멍에 억지 끼워 맞춤이 되는 축의 끼워 맞춤 공차 기호는?

① Ø50js6
② Ø50f6
③ Ø50g6
④ Ø50p6

📖 Ø50H7의 구멍에 억지 끼워 맞춤이 되는 축의 끼워 맞춤 공차 기호는 Ø50p6이다. Ø50js6은 중간, Ø50f6, Ø50g6은 헐거운 끼워 맞춤에 해당

**32** 대상 면을 지시하는 기호 중 제거 가공을 허락하지 않는 것을 지시하는 것은?

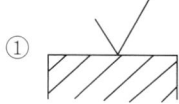  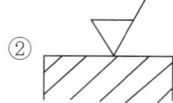

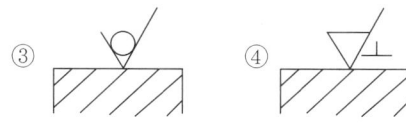

해설 ∇ : 제거 가공을 허락하지 않는다.

**33** 스케치도를 작성할 필요가 없는 경우는?

① 제품 제작을 위해 도면을 복사할 경우
② 도면이 없는 부품을 제작하고자 할 경우
③ 도면이 없는 부품이 파손되어 수리 제작할 경우
④ 현품을 기준으로 개선된 부품을 고안하려 할 경우

해설 스케치도는 동일 부품의 재제작, 파손된 기계부품을 교체하고자 할 때, 또는 현품을 기준으로 개선된 부품을 고안할 때 작성한다.

**34** 기하 공차의 기호 중 진원도를 나타낸 것은?

① ○   ② ◎
③ ⊕   ④ ⌀

해설 ○ : 진원도, ◎ : 동심도, ⊕ : 위치도, ⌀ : 원통도

**35** 도면에 기입된 공차도시에 관한 설명으로 틀린 것은?

① 전체 길이는 200mm이다.
② 공차의 종류는 평행도를 나타낸다.
③ 지정 길이에 대한 허용값은 0.011이다.
④ 전체 길이에 대한 허용값은 0.050이다.

해설 지정 길이는 200mm이다.

**36** 다음 중 억지 끼워 맞춤 또는 중간 끼워 맞춤에서 최대 죔새를 나타내는 것은?

① 구멍의 최대 허용 치수 – 축의 최소 허용 치수
② 구멍의 최대 허용 치수 – 축의 최대 허용 치수
③ 축의 최소 허용 치수 – 구멍의 최대 허용 치수
④ 축의 최대 허용 치수 – 구멍의 최소 허용 치수

해설
• 최대 죔새 = 축의 최대 허용 치수 – 구멍의 최소 허용 치수
• 최소 죔새 = 축의 최소 허용 치수 – 구멍의 최대 허용 치수

**37** 치수 기입의 일반적인 원칙에 대한 설명으로 틀린 것은?

① 치수는 되도록 공정마다 배열을 분리하여 기입할 수 있다.
② 관계된 치수를 명확히 나타내기 위해 치수를 중복하여 나타낼 수 있다.
③ 대상물의 기능, 제작, 조립 등을 고려하여 필요하다고 생각되는 치수를 명료하게 도면에 지시한다.
④ 도면에 나타내는 치수는 특별히 명시하지 않는 한 그 도면에 도시한 대상물의 다듬질 치수를 도시한다.

해설 치수 기입 시 중복 기입을 피한다.

**38** 보조 투상도의 설명 중 가장 옳은 것은?

① 복잡한 물체를 절단하여 그린 투상도
② 그림의 특정 부분만을 확대하여 그린 투상도
③ 물체의 경사면에 대항하는 위치에 그린 투상도
④ 물체의 홈, 구멍 등 투상도의 일부를 나타낸 투상도

　보조 투상도 : 경사부가 있는 물체는 그 경사면의 실제 모양을 표시할 필요가 있을 때 그린 투상도

**39** 가공에 의한 커터의 줄무늬 방향이 다음과 같이 생길 경우 올바른 줄무늬 방향 기호는?

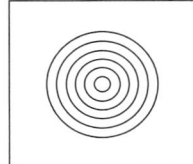

① C
② M
③ R
④ X

　가공에 의한 커터의 줄무늬 방향이 면의 중심에 대략 동심원 모양 : C

**40** 다음 중 물체의 이동 후의 위치를 가상하여 나타내는 선은?

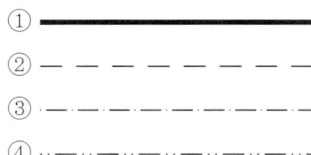

　물체의 가동 부분을 이동 중의 특정한 위치 또는 이동 한계의 위치를 표시할 때는 가는 2점 쇄선을 사용한다.

**41** 2개면이 교차 부분을 표시할 때 "R1=2×R2"인 평면도의 모양으로 가장 적합한 것은?

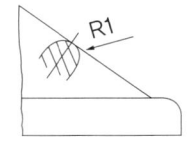 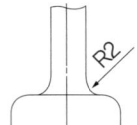

①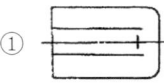

②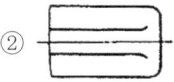

③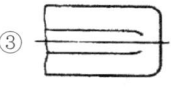

④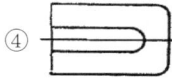

　부등호로 표시하면 R1 〉 R2이므로 ③번, R1 〈 R2는 ②번

**42** 도면의 양식 중에서 반드시 마련해야 하는 사항이 아닌 것은?

① 표제란
② 중심마크
③ 윤곽선
④ 비교눈금

　도면의 양식 중에서 반드시 마련해야 하는 사항 : 표제란, 중심마크, 윤곽선

**43** 입체도에서 정 투상도의 정면도로 옳은 것은?

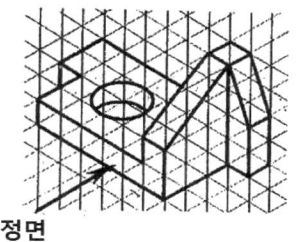

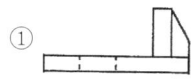

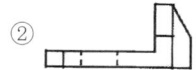

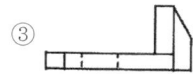

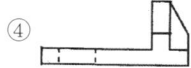

**44** 도면이 구비하여야 할 요건이 아닌 것은?

① 국제성이 있어야 한다.
② 적합성, 보편성을 가져야 한다.
③ 표현상 명확한 뜻을 가져야 한다.
④ 가격, 유통체제 등의 정보를 포함하여야 한다.

해설 가격, 유통체제 등의 정보를 포함되지 않아도 된다.

**45** 파선의 용도 설명으로 맞는 것은?

① 치수를 기입하는 데 사용된다.
② 도형의 중심을 표시하는 데 사용된다.
③ 대상물의 보이지 않는 부분의 모양을 표시한다.
④ 대상물의 일부를 파단한 경계 또는 일부를 떼어낼 경계를 표시한다.

해설 ① 가는 실선, ② 가는 1점 쇄선, ④ 파단선

**46** 축에 빗줄로 널링(knurling)이 있는 부분의 도시 방법으로 가장 올바른 것은?

① 널링부 전체를 축선에 대하여 45°로 엇갈리게 동일한 간격으로 그린다.
② 널링부 일부분만 축선에 대하여 45°로 엇갈리게 동일한 간격으로 그린다.
③ 널링부 전체를 축선에 대하여 30°로 동일한 간격으로 엇갈리게 그린다.
④ 널링부 일부분만 축선에 대하여 30°로 엇갈리게 동일한 간격으로 그린다.

해설 축에 빗줄로 널링(knurling)이 있는 부분의 도시 방법 : 널링부 일부분만 축선에 대하여 30°로 엇갈리게 동일한 간격으로 가는 실선으로 그린다.

**47** 스프로킷 휠의 도시 방법에 대한 설명 중 옳은 것은?

① 스프로킷의 이끝원은 가는 실선으로 그린다.
② 스프로킷의 피치원은 가는 2점 쇄선으로 그린다.
③ 스프로킷의 이뿌리원은 가는 실선으로 그린다.
④ 축의 직각 방향에서 단면을 도시할 때 이뿌리선은 가는 실선으로 그린다.

해설 스프로킷 휠의 도시 방법 : 이끝원은 굵은 실선, 피치원은 가는 1점 쇄선, 축의 직각 방향에서 단면을 도시할 때 이뿌리선은 굵은 실선

**48** 다음 중 평면 캠의 종류가 아닌 것은?

① 판 캠  ② 정면 캠
③ 구형 캠  ④ 직선 운동 캠

- 평면 캠(평면 운동) : 판 캠, 정면 캠, 직선 운동 캠
- 입체 캠(공간 운동) : 구형 캠, 빗판 캠, 원뿔 캠, 원통 캠

**49** 운전 중 결합을 끊을 수 없는 영구적인 축이음을 아래 단어 중에서 모두 고른 것은?

커플링, 유니버설 조인트, 클러치

① 커플링, 유니버설 조인트
② 커플링, 클러치
③ 유니버설 조인트, 클러치
④ 커플링, 유니버설 조인트, 클러치

- 운전 중 결합을 끊을 수 없는 영구적 축 이음 : 커플링, 유니버설 조인트
- 운전 중 단속이 가능한 축이음 : 클러치

**50** 미터 사다리꼴 나사 [Tr 40×7 LH]에서 'LH'가 뜻하는 것은?

① 피치  ② 나사의 등급
③ 리드  ④ 왼나사

- 왼나사의 표시 보기 : Tr 40×7LH, Tr 40×7LH-7H, Tr 40×14(P7)LH, Tr 40×14(P7)LH-7e

**51** 볼트의 골 지름을 제도할 때 사용하는 선의 종류로 옳은 것은?

① 굵은 실선  ② 가는 실선
③ 숨은선  ④ 가는 2점 쇄선

- 볼트, 너트의 골 지름은 가는 실선, 산 지름은 굵은 실선으로 표시

**52** 스퍼 기어 표준 치형에서 맞물림 기어의 피니언 잇수가 16, 기어 잇수가 44일 때 축 중심간 거리로 옳은 것은?(단, 모듈이 5이다.)

① 120mm  ② 150mm
③ 200mm  ④ 300mm

$$\frac{(Z_1 + Z_2) \times m}{2} = a = \frac{(16 + 44) \times 5}{2} = 150$$

**53** 테이퍼 핀 1급 4×30 SM50C의 설명으로 맞는 것은?

① 테이퍼 핀으로 호칭 지름이 4mm, 길이가 30mm, 재료가 SM50C이다.
② 테이퍼 핀으로 최대 지름이 4mm, 길이가 30mm, 재료가 SM50C이다.
③ 테이퍼 핀으로 평균 지름이 4mm, 길이가 30mm, 재료가 SM50C이다.
④ 테이퍼 핀으로 구멍의 지름이 4mm, 길이가 30mm, 재료가 SM50C이다.

- 테이퍼 핀(규격 번호 또는 규격 명칭), 호칭 지름(작은 지름이 4mm) × 길이(30mm), 재료(SM50C), 지정사항

**54** 배관을 도시할 때 관의 접속 상태에서 '접속하고 있을 때 – 분기 상태'를 도시하는 방법으로 옳은 것은?

- 접속하고 있지 않을 때 : ①, ②
- 접속하고 있을 때 - 분기 상태 : ③
- 접속하고 있을 때 - 교차 상태 : ④

**55** 축에 작용하는 하중의 방향이 축 직각 방향과 축 방향에 동시에 작용하는 곳에 가장 적합한 베어링은?

① 니들 롤러 베어링
② 레이디얼 볼 베어링
③ 스러스트 볼 베어링
④ 테이퍼 롤러 베어링

- 축 직각 방향 : 니들 롤러 베어링, 레이디얼 볼 베어링
- 축 방향 : 스러스트 볼 베어링
- 축 직각 방향과 축 방향에 동시에 작용하는 곳 : 테이퍼 롤러 베어링

**56** 다음 그림과 같은 점 용접을 용접 기호로 바르게 나타낸 것은?

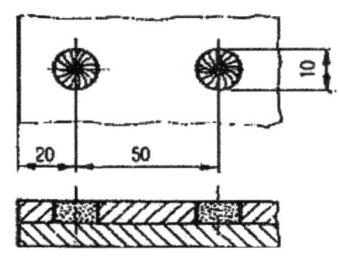

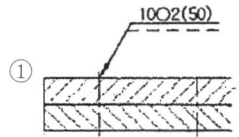

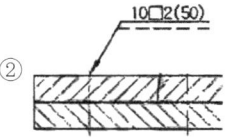

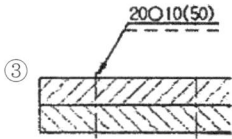

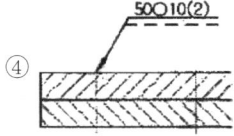

화살표 방향에서 직경Ø10, 용융 점 용접, 용접개소 2곳, 용접 간격은 50mm

**57** 서피스(surface) 모델링에서 곡면을 절단하였을 때 나타나는 요소는?

① 곡선   ② 곡면
③ 점    ④ 면

서피스(surface) 모델링에서 곡면을 절단하면 곡선이 생성된다.

**58** 컴퓨터의 기억 용량 단위인 비트(bit)의 설명으로 틀린 것은?

① binary digit의 약자이다.
② 정보를 나타내는 가장 작은 단위이다.
③ 전기적으로 처리하기가 아주 편리하다.
④ 0과 1을 동시에 나타내는 정보 단위이다.

0(Off) 또는 1(On)을 나타내는 정보 단위이다.

**59** CAD 시스템에서 마지막 입력 점을 기준으로 다음 점까지의 직선 거리와 기준 직교축과 그 직선이 이루는 각도로 입력하는 좌표계는?

① 절대 좌표계    ② 구면 좌표계
③ 원통 좌표계    ④ 상대 극좌표계

> 해설 상대 극좌표계 : 최종점을 기준으로 다음 점까지의 직선 거리와 기준 직교축과 그 직선이 이루는 각도로 입력하는 좌표계. 예 @20〈150

**60** 다음 중 주변 기기를 기능별로 묶어진 것으로, 그 내용이 잘못된 것은?

① 키보드, 마우스, 조이스틱
② 프린터, 플로터, 스캐너
③ 자기디스크, 자기드럼, 자기테이프
④ 라이트 펜, 디지타이저, 테이프리더

> 해설
> • 입력 장치 : 키보드, 마우스, 조이스틱, 스캐너, 라이트 펜, 디지타이저, 테이프리더
> • 출력 장치 : 프린터, 플로터

**ANSWER** 2015년 1회

| 01 | ③ | 02 | ② | 03 | ③ | 04 | ② | 05 | ② |
| 06 | ③ | 07 | ④ | 08 | ④ | 09 | ① | 10 | ③ |
| 11 | ② | 12 | ④ | 13 | ① | 14 | ③ | 15 | ② |
| 16 | ③ | 17 | ③ | 18 | ③ | 19 | ③ | 20 | ② |
| 21 | ② | 22 | ③ | 23 | ④ | 24 | ③ | 25 | ② |
| 26 | ② | 27 | ③ | 28 | ② | 29 | ② | 30 | ② |
| 31 | ④ | 32 | ② | 33 | ① | 34 | ② | 35 | ① |
| 36 | ④ | 37 | ② | 38 | ③ | 39 | ① | 40 | ④ |
| 41 | ③ | 42 | ④ | 43 | ② | 44 | ④ | 45 | ③ |
| 46 | ④ | 47 | ③ | 48 | ③ | 49 | ① | 50 | ④ |
| 51 | ② | 52 | ② | 53 | ① | 54 | ② | 55 | ④ |
| 56 | ① | 57 | ① | 58 | ④ | 59 | ④ | 60 | ② |

# 공단 기출문제_2015년 2회

**01** 열처리 방법 및 목적으로 틀린 것은?

① 불림 – 소재를 일정 온도에 가열 후 공냉시킨다.
② 풀림 – 재질을 단단하고 균일하게 한다.
③ 담금질 – 급냉시켜 재질을 경화시킨다.
④ 뜨임 – 담금질된 것에 인성을 부여한다.

- 불림 : 조직의 표준화
- 풀림 : 내부 응력 제거 및 연화
- 담금질 : 경도 증가
- 뜨임 : 내부 응력 제거 및 인성 부여

**02** 특수강에 포함되는 특수원소의 주요 역할 중 틀린 것은?

① 변태속도의 변화
② 기계적, 물리적 성질의 개선
③ 소성 가공성의 개량
④ 탈산, 탈황의 방지

탈산, 탈황의 방지와는 관계가 없다.

**03** 금속의 결정구조에서 체심입방격자의 금속으로만 이루어진 것은?

① Au, Pb, Ni   ② Zn, Ti, Mg
③ Sb, Ag, Sn   ④ Ba, V, Mo

- 면심입방격자 : Au, Pb, Ni, Ag
- 체심입방격자 : Ba, V, Mo
- 조밀육방격자 : Zn, Ti, Mg

**04** 황동의 합금 원소는 무엇인가?

① Cu – Sn
② Cu – Zn
③ Cu – Al
④ Cu – Ni

- 황동 : Cu(구리) + Zn(아연)
- 청동 : Cu(구리) + Sn(주석)

**05** 초경합금에 대한 설명 중 틀린 것은?

① 경도가 HRC 50 이하로 낮다.
② 고온경도 및 강도가 양호하다.
③ 내마모성과 압축강도가 높다.
④ 사용 목적, 용도에 따라 재질의 종류가 다양하다.

초경합금은 경도가 높다.

**06** 다이캐스팅용 알루미늄(Al)합금이 갖추어야 할 성질로 틀린 것은?

① 유동성이 좋을 것
② 열간취성이 적을 것
③ 금형에 대한 점착성이 좋을 것
④ 응고수축에 대한 용탕 보급성이 좋을 것

금형에 대한 이형성이 좋을 것

**07** 경질이고 내열성이 있는 열경화성 수지로서 전기기구, 기어 및 프로펠러 등에 사용되는 것은?

① 아크릴 수지　② 페놀 수지
③ 스티렌 수지　④ 폴리에틸렌

> • 페놀 수지 : 경질이고 내열성이 있는 열경화성 수지로서 전기기구, 기어 및 프로펠러 등에 사용
> • 열가소성 수지 : 아크릴 수지, 스티렌 수지, 폴리에틸렌

**08** 길이 100cm의 봉이 압축력을 받고 3mm만큼 줄어들었다. 이때, 압축 변형률은 얼마인가?

① 0.001　② 0.003
③ 0005　④ 0.007

> $\epsilon$(변형율) $= \dfrac{l_1 - l_0}{l_0} = \dfrac{\lambda}{l}$
> $= \dfrac{3}{1000} = 0.003$

**09** 각속도(ω, rad/s)를 구하는 식 중 옳은 것은?(단, N : 회전수(rpm), H : 전달 마력(PS)이다.)

① ω=(2πN)/60　② ω=60/(2πN)
③ ω=(2πN)/(60H)　④ ω=(60H)/(2πN)

> ω(rad/s) = (2πN)/60

**10** 국제 단위계(SI)의 기본 단위에 해당되지 않는 것은?

① 길이 : m　② 질량 : kg
③ 광도 : mol　④ 열역학 온도 : K

> 국제 단위계(SI)의 기본 단위
> • 길이 : m　• 질량 : kg
> • 광도 : cd　• 물질량 : mol
> • 시간 : 초　• 전류 : A
> • 열역학 온도 : K

**11** 물체의 일정 부분에 걸쳐 균일하게 분포하여 작용하는 하중은?

① 집중 하중
② 분포 하중
③ 반복 하중
④ 교번 하중

> 분포 하중 : 물체의 일정 부분에 걸쳐 균일하게 분포하여 작용

**12** 볼 나사의 단점이 아닌 것은?

① 자동 체결이 곤란하다.
② 피치를 작게 하는데 한계가 있다.
③ 너트의 크기가 크다.
④ 나사의 효율이 떨어진다.

> NC 공작 기계에 사용되는 정밀 이송 나사로 마찰이 적고, 효율이 좋으며 백래시가 0에 가깝다.

**13** 외접하고 있는 원통 마찰차의 지름이 각각 240mm, 360mm일 때, 마찰차의 중심 거리는 얼마인가?

① 60mm
② 300mm
③ 400mm
④ 600mm

> $\dfrac{D_1 + D_2}{2} = \dfrac{240 + 360}{2} = 300$(외접)

**14** 축을 설계할 때 고려하지 않아도 되는 것은?

① 축의 강도
② 피로 충격
③ 응력 집중의 영향
④ 축의 표면 조도

📖 축을 설계할 때 고려 사항 : 축의 강도, 피로 충격, 응력 집중의 영향

**15** 가장 널리 쓰이는 키(key)로 축과 보스 양쪽에 키홈을 파서 동력을 전달하는 것은?

① 성크 키
② 반달 키
③ 접선 키
④ 원뿔 키

📖 성크 키(묻힘 키) : 가장 널리 쓰이는 키(key)로 축과 보스 양쪽에 키홈을 파서 동력을 전달

**16** 절삭 공구재료 중에서 가장 경도가 높은 재질은?

① 고속도강
② 세라믹
③ 스텔라이트
④ 입방정 질화붕소

📖 입방정 질화붕소 : 다이아몬드(HB 7000)의 2/3배의 경도

**17** 선반에서 단동척에 대한 설명으로 틀린 것은?

① 연동척보다 강력하게 고정한다.
② 무거운 공작물이나 중절삭을 할 수 있다.
③ 불규칙한 공작물의 고정이 가능하다.
④ 3개의 조가 있으므로 원통형 공작물 고정이 쉽다.

📖 4개의 조가 있으므로 불규칙한 공작물 고정이 쉽다.

**18** 기어 절삭에 사용되는 공구가 아닌 것은?

① 랙(rack) 커터
② 호브
③ 피니언 커터
④ 브로치

📖 기어 절삭(창성법) 공구 : 랙(rack) 커터, 호브, 피니언 커터

**19** 지름 30mm인 환봉을 318rpm으로 선반가공할 때, 절삭 속도는 약 몇 m/min인가?

① 30
② 40
③ 50
④ 60

📖 $V = \dfrac{\pi \times D \times N}{1000} = \dfrac{3.14 \times 30 \times 318}{1000} \fallingdotseq 30$

**20** 밀링에서 테이블의 좌우 및 전후 이송을 사용한 윤곽 가공과 간단한 분할 작업도 가능한 부속 장치는?

① 슬로팅 장치
② 분할대
③ 유압 밀링 바이스
④ 회전 테이블 장치

📖 회전 테이블 장치 : 밀링에서 테이블의 좌우 및 전후 이송을 사용한 윤곽 가공과 간단한 분할 작업

**21** 보통 보링 머신을 분류한 것으로 틀린 것은?

① 테이블형
② 플레이너형
③ 플로우형
④ 코어형

📖 보통 보링 머신 : 구조에 따라 테이블형, 플레이너형, 플로우형

**22** 공작물, 미디어(media), 공작액, 콤파운드를 상자 속에 넣고 회전 또는 진동시키면 공작물과 연삭입자가 충돌하여 공작물 표면에 요철을 없애고 매끈한 다듬질 면을 얻는 가공방법은?

① 브로칭
② 배럴 가공
③ 숏피닝
④ 래핑

> 배럴 가공 : 공작물, 미디어(media), 공작액, 콤파운드를 상자 속에 넣고 회전 또는 진동시키면 공작물과 연삭 입자가 충돌하여 공작물 표면에 요철을 없애고 매끈한 다듬질 면을 얻는 가공

**23** 선반 바이트 팁을 사용 중에 절삭날이 무디어지면 날 부분을 새것으로 교환하여 날을 순차로 사용하는 것은?

① 클램프 바이트
② 단체 바이트
③ 경납땜 바이트
④ 용접 바이트

> 클램프 바이트 : 선반 바이트 팁을 사용 중에 절삭날이 무디어지면 날 부분을 새것으로 교환하여 날을 순차로 사용

**24** 센터리스 연삭에서 조정 숫돌의 역할로 옳은 것은?

① 연삭 숫돌의 이송과 회전
② 일감의 고정 기능
③ 일감의 탈착 기능
④ 일감의 회전과 이송

> 조정 숫돌 : 일감의 회전과 이송

**25** 다수의 절삭날을 직렬로 나열된 공구를 가지고 1회 행정으로 공작물의 구멍 내면 혹은 외측 표면을 가공하는 절삭 방법은?

① 호닝
② 래핑
③ 브로칭
④ 액체 호닝

> 브로칭 : 다수의 절삭날을 직렬로 나열된 공구를 가지고 1회 행정으로 공작물의 구멍 내면 혹은 외측 표면을 가공하는 절삭

**26** 다음 중 치수 기입 원칙에 어긋나는 것은?

① 중복된 치수 기입을 피한다.
② 관련되는 치수는 되도록 한곳에 모아서 기입한다.
③ 치수는 되도록 공정마다 배열을 분리하여 기입한다.
④ 치수는 각 투상도에 고르게 분배 되도록 한다.

> 치수는 되도록 주 투상도에 집중한다.

**27** 투상도 표시 방법 설명으로 잘못된 것은?

① 부분 투상도 - 대상물의 구멍, 홈 등과 같이 한 부분의 모양을 도시하는 것으로 충분한 경우에는 그 필요한 부분만을 도시한다.
② 보조 투상도 - 경사부가 있는 물체는 그 경사면의 보이는 부분의 실제 모양을 전체 또는 일부분을 나타낸다.
③ 회전 투상도 - 대상물의 일부분을 회전해서 실제 모양을 나타낸다.
④ 부분 확대도 - 특정한 부분의 도형이 작아서 그 부분을 자세하게 나타낼 수

없거나 치수 기입을 할 수 없을 때에는 그 해당 부분을 확대하여 나타낸다.

🔖 부분 투상도 : 그림의 일부를 도시하는 것으로도 충분한 경우에는, 그 필요한 부분만을 도시한다.

**28** 다음 중 도면 제작에서 원의 지시선 긋기 방법으로 맞는 것은?

① 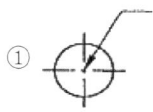　②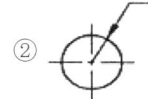

③ 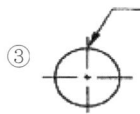　④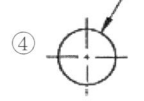

🔖 지시선으로 원의 지름을 기입할 때는 수평에 60° 화살표 방향은 원 중심을 향한다.

**29** 다음은 어느 단면도에 대한 설명인가?

> 상하 또는 좌우 대칭인 물체는 1/4을 떼어 낸 것으로 보고, 기본 중심선을 경계로 하여 1/2은 외형, 1/2은 단면으로 동시에 나타낸다. 이때, 대칭 중심선의 오른쪽 또는 위쪽을 단면으로 하는 것이 좋다.

① 한쪽 단면도　② 부분 단면도
③ 회전 도시 단면도　④ 온 단면도

🔖 한쪽 단면도 : 상하 또는 좌우 대칭인 물체의 1/4을 절단하여 기본 중심선을 경계로 1/2은 외부 모양, 다른 1/2은 내부 모양으로 나타내는 단면도

**30** 다음 중 억지 끼워 맞춤인 것은?

① 구멍- H7, 축- g6
② 구멍- H7, 축- f6
③ 구멍- H7, 축- p6
④ 구멍- H7, 축- e6

🔖 H7의 구멍에 억지 끼워 맞춤이 되는 축의 끼워 맞춤 공차 기호는 p6이다. e6, f6, g6은 헐거운 끼워 맞춤에 해당된다.

**31** 다음 중 2종류 이상의 선이 같은 장소에서 중복될 경우 가장 우선되는 선의 종류는?

① 중심선　② 절단선
③ 치수보조선　④ 무게중심선

🔖 외형선 > 숨은선 > 절단선 > 중심선 > 무게 중심선 > 치수보조선 순이다.

**32** 다음과 같이 지시된 기하 공차의 해석이 맞는 것은?

| ○ | 0.05 | |
| // | 0.02/150 | A |

① 원통도 공차값 0.05mm, 축선은 데이텀, 축직선 A에 직각이고 지정 길이 150mm, 평행도 공차값 0.02mm
② 진원도 공차값 0.05mm, 축선은 데이텀, 축직선 A에 직각이고 전체 길이 150mm, 평행도 공차값 0.02mm
③ 진원도 공차값 0.05mm, 축선은 데이텀, 축직선 A에 평행하고 지정 길이 150mm, 평행도 공차값 0.02mm
④ 원통의 윤곽도 공차값 0.05mm, 축선은 데이텀, 축직선 A에 평행하고 전체 길이 150mm, 평행도 공차값 0.02mm

🔖 • ○ : 진원도 공차값 0.05mm
• // : 축선은 데이텀, 축직선 A에 평행하고 지정 길이 150mm, 평행도 공차값 0.02mm

**33** 다음 중 줄무늬 방향의 기호 설명 중 잘못된 것은?

① X : 가공에 의한 커터의 줄무늬 방향의 기호를 기입한 투상면에 경사지고 두 방향으로 교차
② M : 가공에 의한 커터의 줄무늬 방향의 기호를 기입한 투상면에 평행
③ C : 가공에 의한 커터의 줄무늬 방향의 기호를 기입한 면의 중심에 대하여 대략 동심원 모양
④ R : 가공에 의한 커터의 줄무늬 방향의 기호를 기입한 면의 중심에 대하여 대략 레이디얼 모양

- = : 가공에 의한 커터의 줄무늬 방향의 기호를 기입한 투상면에 평행
- M : 가공에 의한 커터의 줄무늬가 여러 방향으로 교차 또는 무방향

**34** 다음 중 가장 고운 다듬면을 나타내는 것은?

①    ②

③    ④ 25 ∇

- ∇ : 제거 가공을 허락하지 않는다.
- 0.2 ∇ : 0.2a 이내의 거칠기값
- 6.3 ∇ : 6.3a 이내의 거칠기값
- 25 ∇ : 25a 이내의 거칠기값

**35** 다음 중 제3각 투상법에 대한 설명으로 맞는 것은?

① 눈 → 투상면 → 물체
② 눈 → 물체 → 투상면
③ 투상면 → 물체 → 눈
④ 물체 → 눈 → 투상면

눈 → 투상면 → 물체, 정면도 기준 위쪽에 평면도, 아래에 저면도, 우측에 우측면도, 좌측에 좌측면도를 배치

**36** 특수한 가공을 하는 부분 등, 특별히 요구 사항을 적용할 수 있는 범위를 표시하는 데 사용하는 선은?

① 가는 1점 쇄선   ② 가는 2점 쇄선
③ 굵은 1점 쇄선   ④ 아주 굵은 실선

굵은 1점 쇄선 : 특수지정선

**37** 다음 중 인접 부분을 참고로 나타내는 데 사용하는 선은?

① 가는 실선   ② 굵은 1점 쇄선
③ 가는 2점 쇄선   ④ 가는 1점 쇄선

가는 2점 쇄선 : 가상선

**38** 재료 기호 표시의 중간 부분 기호 문자와 제품명이다. 연결이 틀리게 된 것은?

① P : 관
② W : 선
③ F : 단조품
④ S : 일반 구조용 압연재

- P : 판(Plate)
- B : 봉(Bar)
- W : 선(Wire)
- F : 단조품(Forging)
- S : 일반 구조용 압연재

**39** Ø35h6에서 위치수 허용차가 0일 때, 최대 허용 한계 치수 값은?(단, 공차는 0.016이다.)

① Ø34.084  ② Ø35.000
③ Ø35.016  ④ Ø35.084

해설
- 최대 허용 한계 치수 = Ø35.000
- 최소 허용 한계 치수 = Ø34.984

**40** 정 투상 방법에 따라 평면도와 우측면도가 다음과 같다면 정면도에 해당하는 것은?

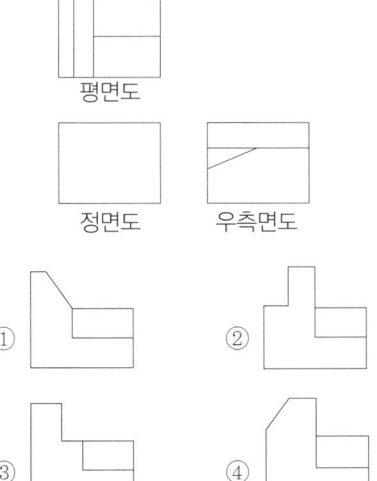

**41** 공차 기호에 의한 끼워 맞춤의 기입이 잘못된 것은?

① 50H7/g6  ② 50H7-g6
③ 50 $\dfrac{H7}{g6}$  ④ 50H7(g6)

해설 조립한 상태에서 치수 기입은 구멍 끼워 맞춤 기호 "/", "-" 다음에 축 끼워 맞춤 기호로 표시한다.

**42** KS의 부문별 분류 기호로 맞지 않는 것은?

① KS A : 기본  ② KS B : 기계
③ KS C : 전기  ④ KS D : 전자

해설 KS D : 금속

**43** 기하 공차의 종류를 나타낸 것 중 틀린 것은?

① 진직도(—)  ② 진원도(○)
③ 평면도(□)  ④ 원주 흔들림(↗)

**44** 도면에서 A3 제도 용지의 크기는?

① 841 × 1189  ② 594 × 841
③ 420 × 594   ④ 297 × 420

해설 A0 = 841 × 1189, A1 = 594 × 841, A2 = 420 × 594, A3 = 297 × 420

**45** 다음의 투상도의 좌측면도에 해당하는 것은?(단, 제3각 투상법으로 표현한다.)

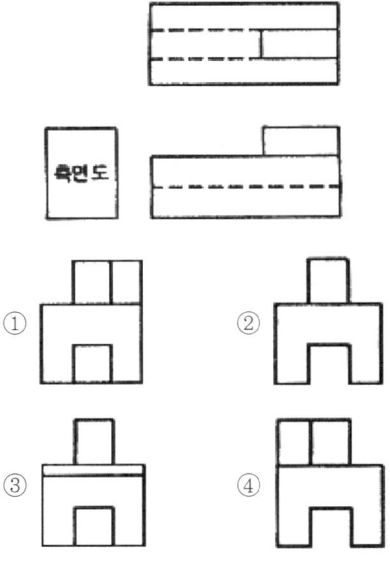

**46** 다음 그림이 나타내는 코일 스프링 간략도의 종류로 알맞은 것은?

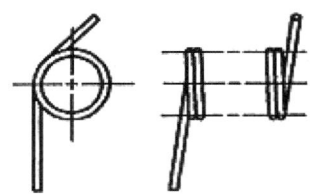

① 벌루트 코일 스프링
② 압축 코일 스프링
③ 비틀림 코일 스프링
④ 인장 코일 스프링

해설 비틀림 코일 스프링

**47** 베어링의 호칭이 "6026"일 때 안지름은 몇 mm인가?

① 26  ② 52
③ 100 ④ 130

해설 안지름 치수가 10, 12, 15, 17mm인 경우 안지름 번호는 00, 01, 02, 03이며, 04부터는 ×5이므로 26 × 5 = 130이다.

**48** 스퍼 기어의 요목표에서 잇수는?

| 스퍼 기어 | | |
|---|---|---|
| 기어 치형 | | 표준 |
| 공구 | 치형 | 보통이 |
| | 모듈 | 2 |
| | 입력각 | 20° |
| 전체 이 높이 | | 4.5 |
| 피치원 지름 | | 40 |
| 잇수 | | ( ? ) |
| 다듬질 방법 | | 호브 절삭 |
| 정밀도 | | KS B ISO 1328-1, 4급 |

① 5   ② 10
③ 15  ④ 20

해설 PCD(D) = m × z에서
$z = \dfrac{D}{m} = \dfrac{40}{2} = 20$

**49** 용접 지시 기호가 나타내는 용접 부위의 형상으로 가장 옳은 것은?

해설 화살표가 지시한 쪽이 V형 용접을 하고 반대편에 비드가 쌓인 형상

**50** 평행 키의 호칭 표기 방법으로 맞는 것은?

① KS B 1311 평행키 10×8×25
② KS B 1311 10×8×25 평행키
③ 평행 키 10×8×25 양 끝 둥금 KS B 1311
④ 평행 키 10×8×25 KS B 1311 양 끝 둥금

해설 규격 번호 종류 및 호칭 치수(B×H) × 길이 끝 모양의 특별 지정 재료
KS B 1311 평행 키 10×8×25

**51** V 벨트의 형별 중 단면의 폭 치수가 가장 큰 것은?

① A형  ② D형
③ E형  ④ M형

해설 V 벨트의 형별 중 단면 : M(가장 적고) < A < B < C < D < E(가장 크다)

**52** 나사면에 증기, 기름 또는 외부로부터의 먼지 등이 유입되는 것을 방지하기 위해 사용하는 너트는?

① 나비 너트  ② 둥근 너트
③ 사각 너트  ④ 캡 너트

해설 캡 너트(Cap Nut) : 나사면에 증기, 기름 또는 외부로부터의 먼지 등이 유입되는 것을 방지하기 위해 사용

**53** 기어제도 시 잇봉우리원에 사용하는 선의 종류는?

① 가는 실선
② 굵은 실선
③ 가는 1점 쇄선
④ 가는 2점 쇄선

해설
• 잇봉우리원 : 굵은 실선
• 이뿌리원 : 가는 실선
• 피치원 : 가는 1점 쇄선

**54** 운전 중 또는 정지 중에 운동을 전달하거나 차단하기에 적절한 축이음은?

① 외접 기어  ② 클러치
③ 올덤 커플링  ④ 유니버설 조인트

해설 클러치 : 운전 중 또는 정지 중에 운동을 전달하거나 차단하기에 적절한 축이음

**55** 관이음 기호 중 유니언 나사 이음 기호는?

① ─╢╟─   ② ─╡
③ ─╂─    ④ ─╫●╫─

해설 ─╢╟─ : 유니언식 결합방식

**56** "왼 2줄 M50×2 6H"로 표시된 나사의 설명으로 틀린 것은?

① 왼 : 나사산의 감는 방향
② 2줄 : 나사산의 줄 수
③ M50×2 : 나사의 호칭지름 및 피치
④ 6H : 수나사의 등급

해설 6H : 암나사의 등급(대문자는 암나사, 소문자는 수나사)

**57** 중앙 처리 장치(CPU)의 구성 요소가 아닌 것은?

① 주기억 장치  ② 파일 저장 장치
③ 논리 연산 장치  ④ 제어 장치

해설 중앙 처리 장치(CPU)의 구성 요소 : 주기억 장치, 논리 연산 장치, 제어 장치

**58** 디스플레이상의 도형을 입력장치와 연동시켜 움직일 때, 도형이 움직이는 상태를 무엇이라고 하는가?

① 드래깅(dragging)
② 트리밍(trimming)
③ 쉐이딩(shading)
④ 주밍(zooming)

해설 드래깅(dragging) : 디스플레이상의 도형을 입력 장치와 연동시켜 움직일 때, 도형이 움직이는 상태

**59** 다음 중 와이어 프레임 모델링(wire-frame modeling)의 특징은?

① 단면도 작성이 불가능하다.
② 은선 제거가 가능하다.
③ 처리 속도가 느리다.
④ 물리적 성질의 계산이 가능하다.

해설
- 단면도 작성이 불가능하다.
- 은선 제거가 불가능하다.
- 처리 속도가 빠르다.
- 물리적 성질의 계산이 불가능하다.

**60** 다음 시스템 중 출력 장치로 틀린 것은?

① 디지타이저(digitizer)
② 플로터(plotter)
③ 프린터(printer)
④ 하드 카피(hard copy)

해설 입력 장치 : 키보드, 마우스, 조이스틱, 스캐너, 라이트 펜, 디지타이저, 테이프리더

**ANSWER** 2015년 2회

| 01 | ② | 02 | ④ | 03 | ④ | 04 | ② | 05 | ① |
|----|---|----|---|----|---|----|---|----|---|
| 06 | ③ | 07 | ② | 08 | ② | 09 | ① | 10 | ③ |
| 11 | ② | 12 | ④ | 13 | ② | 14 | ④ | 15 | ① |
| 16 | ④ | 17 | ④ | 18 | ④ | 19 | ① | 20 | ④ |
| 21 | ④ | 22 | ② | 23 | ① | 24 | ④ | 25 | ③ |
| 26 | ④ | 27 | ① | 28 | ② | 29 | ① | 30 | ③ |
| 31 | ② | 32 | ③ | 33 | ② | 34 | ② | 35 | ① |
| 36 | ③ | 37 | ③ | 38 | ① | 39 | ② | 40 | ① |
| 41 | ④ | 42 | ④ | 43 | ③ | 44 | ④ | 45 | ② |
| 46 | ③ | 47 | ④ | 48 | ④ | 49 | ① | 50 | ① |
| 51 | ③ | 52 | ④ | 53 | ② | 54 | ② | 55 | ① |
| 56 | ④ | 57 | ② | 58 | ① | 59 | ① | 60 | ① |

## 공단 기출문제_2015년 3회

**01** 베어링으로 사용되는 구리계 합금으로 거리가 먼 것은?

① 켈밋(kelmet)
② 연청동(lead bronze)
③ 문쯔메탈(muntz metal)
④ 알루미늄 청동(Al bronze)

> 문쯔메탈(muntz metal) : Zn 40% 내외인 황동으로 열간가공에 적합

**02** 다음 중 알루미늄합금이 아닌 것은?

① Y 합금
② 실루민
③ 톰백(tombac)
④ 로엑스(Lo-Ex) 합금

> 톰백(tombac) : Zn 8~20%의 저아연 합금으로 전연성이 좋고 색이 금과 같으므로 모조금, 장식용, 전기용 밸브 등에 사용

**03** 탄소 공구강의 구비 조건으로 거리가 먼 것은?

① 내마모성이 클 것
② 저온에서의 경도가 클 것
③ 가공 및 열처리성이 양호할 것
④ 강인성 및 내충격성이 우수할 것

> 고온에서의 경도가 클 것

**04** 고속도 공구강 강재의 표준형으로 널리 사용되고 있는 18-4-1형에서 텅스텐 함유량은?

① 1%     ② 4%
③ 18%    ④ 23%

> 고속도 공구강 강재의 표준형18(W)-4(Cr)-1(V)

**05** 열처리의 방법 중 강을 경화시킬 목적으로 실시하는 열처리는?

① 담금질     ② 뜨임
③ 불림       ④ 풀림

> • 불림 : 조직의 표준화
> • 풀림 : 내부 응력 제거 및 연화
> • 담금질 : 경도 증가
> • 뜨임 : 내부 응력 제거 및 인성 부여

**06** 공구용으로 사용되는 비금속 재료로 초내열성 재료, 내마멸성 및 내열성이 높은 세라믹과 강한 금속의 분말을 배열 소결하여 만든 것은?

① 다이아몬드    ② 고속도강
③ 서멧          ④ 석영

> 서멧 : 세라믹과 메탈의 복합어로 공구용으로 사용되는 비금속 재료로 초내열성 재료, 내마멸성 및 내열성이 높은 세라믹과 강한 금속의 분말을 배열 소결

**07** 마우러 조직도에 대한 설명으로 옳은 것은?

① 탄소와 규소량에 따른 주철의 조직 관계를 표시한 것
② 탄소와 흑연량에 따른 주철의 조직 관계를 표시한 것
③ 규소와 망간량에 따른 주철의 조직 관계를 표시한 것
④ 규소와 $Fe_3C$량에 따른 주철의 조직 관계를 표시한 것

해설 탄소와 규소의 양 및 냉각 속도에 따른 주철의 조직 변화관계를 표시한 것

**08** 기어에서 이(tooth)의 간섭을 막는 방법으로 틀린 것은?

① 이의 높이를 높인다.
② 압력각을 증가시킨다.
③ 치형의 이끝면을 깎아낸다.
④ 피니언의 반경 방향의 이뿌리면을 파낸다.

해설 이(tooth)의 간섭 방지 방법
 • 압력각을 증가시킨다.
 • 치형의 이끝면을 깎아낸다.
 • 피니언의 반경 방향의 이뿌리면을 파낸다.

**09** 표점 거리 110mm, 지름 20mm의 인장시편에 최대 하중 50kN이 작용하여 늘어난 길이 $\triangle l$ = 22mm일 때, 연신율은?

① 10%  ② 15%
③ 20%  ④ 25%

해설 $\epsilon$(연신율) = $\dfrac{\Delta l}{l_0} \times 100$
= $\dfrac{22}{110} \times 100 = 20$

**10** 피치 4mm인 3줄 나사를 1회전시켰을 때의 리드는 얼마인가?

① 6mm  ② 12mm
③ 16mm  ④ 18mm

해설 L = 줄수(N) × 피치(P) = 3 × 4 = 12

**11** 볼트 너트의 풀림 방지 방법 중 틀린 것은?

① 로크 너트에 의한 방법
② 스프링 와셔에 의한 방법
③ 플라스틱 플러그에 의한 방법
④ 아이 볼트에 의한 방법

해설 볼트 너트의 풀림 방지 방법 : 로크 너트에 의한 방법, 스프링 와셔에 의한 방법, 플라스틱 플러그에 의한 방법

**12** 전달 마력 30kW, 회전수 200rpm인 전동축에서 토크 T는 약 몇 N·m인가?

① 107  ② 146
③ 1070  ④ 1430

해설 $T = 974000 \dfrac{H_{kW}}{N} (kg \cdot mm)$
= $974 \dfrac{30}{200} \times 9.8 \fallingdotseq 1431$

**13** 원주에 톱니 형상의 이가 달려 있으며 폴(pawl)과 결합하여 한쪽 방향으로 간헐적인 회전 운동을 주고 역회전을 방지하기 위하여 사용되는 것은?

① 래칫 휠
② 플라이 휠
③ 원심 브레이크
④ 자동 하중 브레이크

해설 래칫 휠 : 원주에 톱니 형상의 이가 달려 있으며 폴(pawl)과 결합하여 한쪽 방향으로 간헐적인 회전 운동을 주고 역회전을 방지

**14** 벨트 전동에 관한 설명으로 틀린 것은?

① 벨트 풀리에 벨트를 감는 방식은 크로스벨트 방식과 오픈벨트 방식이 있다.
② 오픈벨트 방식에서는 양 벨트 풀리가 반대 방향으로 회전한다.
③ 벨트가 원동차에 들어가는 측을 인(긴)장측이라 한다.
④ 벨트가 원동차로부터 풀려 나오는 측을 이완측이라 한다.

해설 오픈벨트 방식에서는 양 벨트 풀리의 같은 방향으로 회전한다.

**15** 축에 키(key)홈을 가공하지 않고 사용하는 것은?

① 묻힘(sunk) 키   ② 안장(saddle) 키
③ 반달 키        ④ 스플라인

해설 안장(saddle) 키 : 축에는 키홈을 가공하지 않고, 보스에만 기울기 1/100의 키홈을 만들어 때려 박는다.

**16** 연삭에서 결합도에 따른 경도의 선정 기준 중 결합도가 높은 숫돌(단단한 숫돌)을 사용해야 할 때는?

① 연삭 깊이가 클 때
② 접촉 면적이 작을 때
③ 경도가 큰 가공물을 연삭할 때
④ 숫돌차의 원주 속도가 빠를 때

해설
• 연삭 깊이가 적을 때
• 접촉 면적이 작을 때
• 경도가 작은 가공물을 연삭할 때
• 숫돌차의 원주 속도가 느릴 때

**17** 4개의 조(jaw)가 각각 단독으로 움직이도록 되어 있어 불규칙한 모양의 일감을 고정하는데 편리한 척은?

① 단동척
② 연동척
③ 마그네틱척
④ 콜릿척

해설 단동척 : 4개의 조(jaw)가 각각 단독으로 움직이도록 되어 있어 불규칙한 모양의 일감을 고정

**18** 밀링 머신의 부속 장치가 아닌 것은?

① 아버
② 래크 절삭 장치
③ 회전 테이블
④ 에이프런

해설 에이프런 : 선반에서 에이프런의 하프 너트를 어미 나사에 물리면 나사를 가공할 수 있다.

**19** 다음 중 절삭 속도 20m/min인 드릴의 지름이 10mm일 때, 드릴의 회전수는 몇 rpm 정도인가?

① 550        ② 600
③ 757        ④ 637

해설 $V = \dfrac{\pi DN}{1000}$ 에서 $N = \dfrac{1000V}{\pi D}$

$= \dfrac{1000 \times 20}{3.14 \times 10} = 636.9$

**20** 드릴링 머신 가공의 종류로 틀린 것은?

① 슬로팅　　② 리밍
③ 탭핑　　　④ 스폿 페이싱

> 슬로팅 : 밀링에서 주축의 회전 운동을 직선 왕복 운동으로 변화시키고, 바이트를 사용하여 키홈, 스플라인, 세레이션 가공

**21** 선반에서 척에 고정할 수 없는 대형 공작물 또는 복잡한 형상의 공작물을 고정할 때 사용하는 부속장치는?

① 센터　　　② 면판
③ 바이트　　④ 맨드릴

> 면판(Face Plate) : 척에 고정할 수 없는 대형 공작물 또는 복잡한 형상의 공작물을 고정

**22** 드릴의 구조 중 드릴가공을 할 때 가공물과 접촉에 의한 마찰을 줄이기 위하여 절삭날 면에 부여하는 각은?

① 나선각
② 선단각
③ 경사각
④ 날 여유각

> 날 여유각(Lip clearance) : 가공물과 접촉에 의한 마찰을 줄이기 위하여 절삭날 면에 부여하는 각

**23** 다음 중 와이어 컷 방전 가공에서 일반적으로 전극 재질로 사용하지 않는 것은?

① 동　　　　② 황동
③ 텅스텐　　④ 고속도강

> 와이어 컷 방전 가공에서 전극 재질 : 동, 황동, 텅스텐

**24** 다음 중 고온경도가 높으나 취성이 커서 충격이나 진동에 약한 절삭 공구는?

① 고속도강　　② 탄소 공구강
③ 초경합금　　④ 세라믹

> 세라믹 : 고온경도가 높으나 취성이 커서 충격이나 진동에 약하므로 주의하여 사용해야 한다.

**25** 공작물의 외경 또는 내면 등을 어떤 필요한 형상으로 가공할 때, 많은 절삭날을 갖고 있는 공구를 1회 통과시켜 가공하는 공작 기계는?

① 브로칭 머신
② 밀링 머신
③ 호빙 머신
④ 연삭기

> 브로칭 머신 : 다수의 절삭날을 일직선상에 배치한 공구를 가지고 1회 행정으로 공작물의 구멍 내면 혹은 외측표면을 가공하는 절삭

**26** 다음 기하 공차 종류 중 단독 형체가 아닌 것은?

① 진직도　　② 진원도
③ 경사도　　④ 평면도

> 단독 형체 : 진직도, 진원도, 평면도, 원통도(모양 공차)

**27** 도면에서 구멍의 치수가 "$\varnothing 80^{+0.03}_{-0.02}$"로 기입되어 있다면 치수 공차는?

① 0.01　　② 0.02
③ 0.03　　④ 0.05

> 치수 공차 = 위치수 허용차 − 아래치수 허용차
> = (+0.03) − (−0.02) = 0.05

**28** 구의 반지름을 나타내는 치수 보조 기호는?

① Ø  ② SØ
③ SR  ④ C

해설 Ø : 지름, SØ : 구의 지름, SR : 구의 반지름, C : 45° 모따기

**29** 다음 중 가는 2점 쇄선의 용도로 틀린 것은?

① 인접 부분 참고 표시
② 공구, 지그 등의 위치
③ 가공 전 또는 가공 후의 모양
④ 회전 단면도를 도형 내에 그릴 때의 외형선

해설 회전 단면도를 도형 내에 그릴 때는 가는 실선

**30** 다음 중 끼워 맞춤에서 최대 죔새를 구하는 방법으로 옳은 것은?

① 구멍의 최소 허용 치수 - 축의 최대 허용 치수
② 구멍의 최대 허용 치수 - 축의 최소 허용 치수
③ 축의 최소 허용 치수 - 구멍의 최대 허용 치수
④ 축의 최대 허용 치수 - 구멍의 최소 허용 치수

해설 ① 최소 틈새, ② 최대 틈새, ③ 최소 죔새

**31** 제3각법으로 그린 3면도 투상도 중 틀린 것은?

①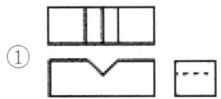

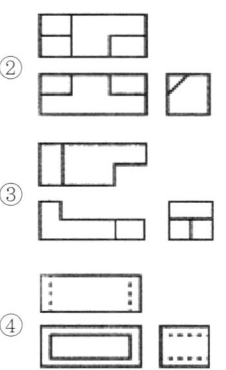

**32** 핸들, 벨트 풀리나 기어 등과 같은 바퀴의 암, 리브 등에서 절단한 단면의 모양을 90° 회전시켜서 투상도의 안에 그릴 때, 알맞은 선의 종류는?

① 가는 실선
② 가는 1점 쇄선
③ 가는 2점 쇄선
④ 굵은 1점 쇄선

해설 회전 도시 단면을 투상도 안에 그릴 때는 가는 실선으로 도시

**33** 다음 중 척도의 기입 방법으로 틀린 것은?

① 척도는 표제란에 기입하는 것이 원칙이다.
② 표제란이 없는 경우에는 부품 번호 또는 상세도의 참조 문자 부근에 기입한다.
③ 한 도면에는 반드시 한 가지 척도만 사용해야 한다.
④ 도형의 크기가 치수와 비례하지 않으면 NS라고 표시한다.

해설 일부 부품도의 척도를 달리 한 경우는 부품 주위에 척도를 명기한다.

**34** 다음 등각 투상도의 화살표 방향이 정면도일 때, 평면도를 올바르게 표시한 것은?(단, 제3각법의 경우에 해당한다.)

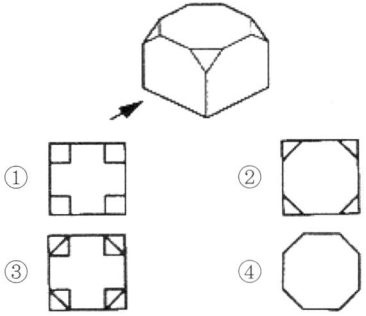

**35** 다음과 같이 다면체를 전개한 방법으로 옳은 것은?

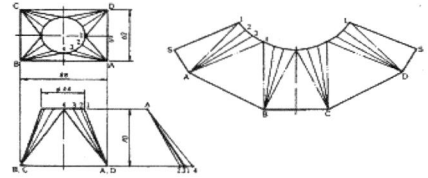

① 삼각형법 전개
② 방사선법 전개
③ 평행선법 전개
④ 사각형법 전개

🔖 삼각형법 전개(상부와 하부의 모양이 다르거나 원뿔의 꼭지점이 없을 때), 방사선법 전개(원뿔, 각뿔), 평행선법 전개(원통, 각통)

**36** 치수 기입에 대한 설명 중 틀린 것은?

① 제작에 필요한 치수를 도면에 기입한다.
② 잘 알 수 있도록 중복하여 기입한다.
③ 가능한 한 주요 투상도에 집중하여 기입한다.
④ 가능한 한 계산하여 구할 필요가 없도록 기입한다.

🔖 치수는 중복 기입을 피한다.

**37** 한국 산업 표준 중 기계 부문에 대한 분류 기호는?

① KS A
② KS B
③ KS C
④ KS D

🔖 KS A(기본), KS B(기계), KS C(전기), KS D(금속)

**38** 다음 중심선 평균 거칠기값 중에서 표면이 가장 매끄러운 상태를 나타내는 것은?

① 0.2a  ② 1.6a
③ 3.2a  ④ 6.3a

🔖 중심선(산술)평균 거칠기값 중에서 표면이 가장 매끄러운 상태 순서 0.2a 〉 1.6a 〉 3.2a 〉 6.3a

**39** 단면도에 관한 내용이다. 올바른 것을 모두 고른 것은?

> ㄱ. 절단면은 중심선에 대하여 45° 경사지게 일정한 간격으로 가는 실선으로 빗금을 긋는다.
> ㄴ. 정면도는 단면도로 그리지 않고, 평면도나 측면도만 절단한 모양으로 그린다.
> ㄷ. 한쪽 단면도는 위아래 또는 왼쪽과 오른쪽이 대칭인 물체의 단면을 나타낼 때 사용한다.
> ㄹ. 단면 부분에는 해칭(hatching)이나 스머징(smudging)을 한다.

① ㄱ, ㄴ　　② ㄴ, ㄷ
③ ㄱ, ㄴ, ㄷ　④ ㄱ, ㄷ, ㄹ

📖 단면은 정면도, 측면도, 평면도, 저면도 등 어디에나 절단하여 표시할 수 있다.

**40** 치수 공차와 끼워 맞춤에서 구멍의 치수가 축의 치수보다 작을 때, 구멍과 축과의 치수의 차를 무엇이라고 하는가?

① 틈새　　② 죔새
③ 공차　　④ 끼워맞춤

📖 죔새 : 구멍의 치수가 축의 치수보다 작을 때

**41** 기계 도면에서 부품란에 재질을 나타내는 기호가 "SS400"으로 기입되어 있다. 기호에서 "400"은 무엇을 나타내는가?

① 무게　　② 탄소 함유량
③ 녹는 온도　④ 최저 인장 강도

📖 최저 인장 강도 : 400

**42** 그림과 같이 경사면부가 있는 대상물에서 그 경사면의 실형을 표시할 필요가 있는 경우에 사용하는 투상도의 명칭은?

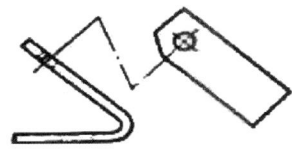

① 부분 투상도　② 보조 투상도
③ 국부 투상도　④ 회전 투상도

📖 보조 투상도 : 경사면의 실형을 표시할 필요가 있는 경우에 사용하는 투상도

**43** 도면의 표제란에 사용되는 제1각법의 기호로 옳은 것은?

①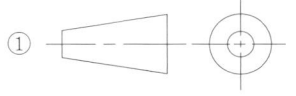

②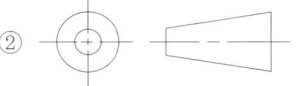

③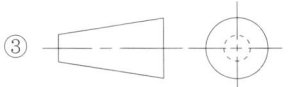

④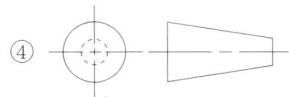

📖 ① : 제1각법, ② : 제3각법

**44** 다음 가공 방법의 약호를 나타낸 것 중 틀린 것은?

① 선반 가공(L)
② 보링 가공(B)
③ 리머 가공(FR)
④ 호닝 가공(GB)

📖 호닝 가공(GH)

**45** 기하 공차의 종류 중 모양 공차에 해당되지 않는 것은?

① 평행도 공차
② 진직도 공차
③ 진원도 공차
④ 평면도 공차

📖 • 모양 공차 : 진직도, 진원도, 평면도, 원통도
　• 자세 공차 : 평행도, 직각도, 경사도

**46** 다음 용접 이음의 용접 기호로 옳은 것은?

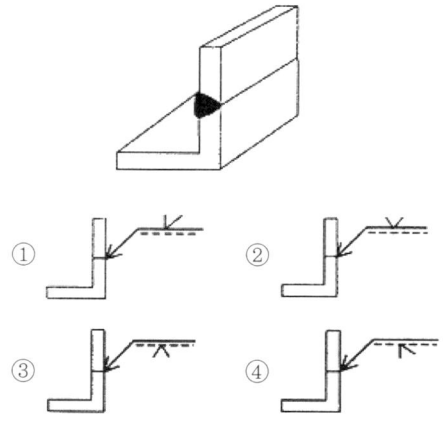

해설 화살표가 지시한 반대쪽에 V형 용접을 하므로 동일선에 V홈 표시를 해야 함

**47** "6208 ZZ"로 표시된 베어링에 결합되는 축의 지름은?

① 10mm
② 20mm
③ 30mm
④ 40mm

해설 안지름 치수가 10, 12, 15, 17mm인 경우 안지름 번호는 00, 01, 02, 03이며, 04부터는 ×5 이므로 08 × 5 = 40이다.

**48** 관용 테이퍼 나사 중 테이퍼 수나사를 표시하는 기호는?

① M  ② Tr
③ R  ④ S

해설
- R : 관용 테이퍼 수나사
- Rc : 관용 테이퍼 암나사
- Rp : 관용 테이퍼 평행 암나사

**49** 헬리컬 기어, 나사 기어, 하이포이드 기어의 잇줄 방향의 표시 방법은?

① 2개의 가는 실선으로 표시
② 2개의 가는 2점 쇄선으로 표시
③ 3개의 가는 실선으로 표시
④ 3개의 굵은 2점 쇄선으로 표시

해설 헬리컬 기어, 나사 기어, 하이포이드 기어의 잇줄 방향의 표시 방법 : 3개의 가는 실선으로 30° 방향으로 도시

**50** 평 벨트 풀리의 도시 방법에 대한 설명 중 틀린 것은?

① 암은 길이 방향으로 절단하여 단면 도시를 한다.
② 벨트 풀리는 축 직각 방향의 투상을 주투상도로 한다.
③ 암의 단면형은 도형의 안이나 밖에 회전 단면을 도시한다.
④ 암의 테이퍼 부분 치수를 기입할 때 치수보조선은 경사선으로 긋는다.

해설 암은 길이 방향으로 절단하여 단면 도시하지 않고, 회전 도시하여 단면한다.

**51** 나사용 구멍이 없는 평행 키의 기호는?

① P
② PS
③ T
④ TG

해설
- ② 나사용 구멍 있는 평행 키, ③ 머리 없는 경사 키, ④ 머리붙이 경사 키

**52** 볼트의 머리가 조립 부분에서 밖으로 나오지 않아야 할 때, 사용하는 볼트는?

① 아이 볼트
② 나비 볼트
③ 기초 볼트
④ 육각 구멍붙이 볼트

> 육각 구멍붙이 볼트 : 볼트의 머리가 조립 부분에서 밖으로 나오지 않아야 할 때 사용하는 볼트

**53** 기어의 종류 중 피치원 지름이 무한대인 기어는?

① 스퍼 기어   ② 래크
③ 피니언     ④ 베벨 기어

> 래크 : 회전 운동을 직선 운동으로 변환하는 기어로, 피치원 지름을 무한대로 한 직선 기어

**54** 보일러 또는 압력 용기에서 실제 사용 압력이 설계된 규정 압력보다 높아졌을 때, 밸브가 열려 사용 압력을 조정하는 장치는?

① 콕
② 체크 밸브
③ 스톱 밸브
④ 안전 밸브

> 안전 밸브(Safety Valve) : 실제 사용 압력이 설계된 규정 압력보다 높아졌을 때, 밸브가 열려 사용 압력을 조정

**55** 축의 끝에 45° 모떼기 치수를 기입하는 방법으로 틀린 것은?

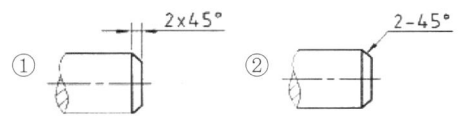

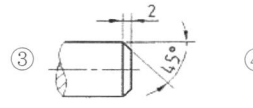 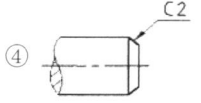

> 2-45°가 아니라 2×45° 표시

**56** 스프링 도시의 일반 사항이 아닌 것은?

① 코일 스프링은 일반적으로 무하중 상태에서 그린다.
② 그림 안에 기입하기 힘든 사항은 일괄하여 요목표에 기입한다.
③ 하중이 걸린 상태에서 그린 경우에는 치수를 기입할 때, 그 때의 하중을 기입한다.
④ 단서가 없는 코일 스프링이나 벌루트 스프링은 모두 왼쪽으로 감은 것을 나타낸다.

> 단서가 없는 코일 스프링이나 벌루트 스프링은 모두 오른쪽으로 감은 것을 나타낸다. 왼쪽으로 감은 경우에는 "감긴 방향 왼쪽"이라고 표시한다.

**57** CAD 시스템에서 점을 정의하기 위해 사용되는 좌표계가 아닌 것은?

① 극 좌표계    ② 원통 좌표계
③ 회전 좌표계   ④ 직교 좌표계

> 회전 좌표계는 없음

**58** 컴퓨터가 데이터를 기억할 때의 최소 단위는 무엇인가?

① bit     ② byte
③ word    ④ block

> bit 〈 byte 〈 word 〈 block

**59** 다음 설명에 가장 적합한 3차원의 기하학적 형상 모델링 방법은?

> - Boolean 연산(합, 차, 적)을 통하여 복잡한 형상표현이 가능하다.
> - 형상을 절단한 단면도 작성이 용이하다.
> - 은선 제거가 가능하고 물리적 성질 등의 계산이 가능하다.
> - 컴퓨터의 메모리량과 데이터 처리가 많아진다.

① 서피스 모델링(surface modeling)
② 솔리드 모델링(solid modeling)
③ 시스템 모델링(system modeling)
④ 와이어 프레임 모델링(wire-frame modeling)

**60** 다음 중 입출력 장치의 연결이 잘못된 것은?

① 입력 장치 - 트랙 볼, 마우스
② 입력 장치 - 키보드, 라이트 펜
③ 출력 장치 - 프린터, COM
④ 출력 장치 - 디지타이저, 플로터

> 해설
> - 입력 장치 : 키보드, 마우스, 조이스틱, 트랙 볼, 스캐너, 라이트 펜, 디지타이저, 테이프리더
> - 출력 장치 : 프린터, 플로터, COM

### ANSWER 2015년 3회

| 01 | ③ | 02 | ③ | 03 | ② | 04 | ③ | 05 | ① |
|---|---|---|---|---|---|---|---|---|---|
| 06 | ③ | 07 | ① | 08 | ① | 09 | ③ | 10 | ② |
| 11 | ④ | 12 | ④ | 13 | ① | 14 | ② | 15 | ④ |
| 16 | ② | 17 | ① | 18 | ④ | 19 | ④ | 20 | ① |
| 21 | ② | 22 | ④ | 23 | ④ | 24 | ④ | 25 | ① |
| 26 | ③ | 27 | ② | 28 | ③ | 29 | ④ | 30 | ④ |
| 31 | ② | 32 | ① | 33 | ④ | 34 | ② | 35 | ① |
| 36 | ② | 37 | ② | 38 | ① | 39 | ④ | 40 | ② |
| 41 | ④ | 42 | ② | 43 | ② | 44 | ① | 45 | ① |
| 46 | ③ | 47 | ④ | 48 | ③ | 49 | ③ | 50 | ① |
| 51 | ① | 52 | ④ | 53 | ② | 54 | ④ | 55 | ② |
| 56 | ④ | 57 | ② | 58 | ① | 59 | ② | 60 | ④ |

# 공단 기출문제_2015년 4회

**01** 탄소 공구강의 단점을 보강하기 위해 Cr, W, Mn, Ni, V 등을 첨가하여 경도, 절삭성, 주조성을 개선한 강은?

① 주조경질합금　② 초경합금
③ 합금 공구강　④ 스테인리스강

　합금공구강(STS, STD) : W, Cr 등을 첨가, 내절삭성, 내마멸성이 좋음

**02** 일반적인 합성수지의 공통된 성질로 가장 거리가 먼 것은?

① 가볍다.
② 착색이 자유롭다.
③ 전기절연성이 좋다.
④ 열에 강하다.

　단단하나 열에 약하다.

**03** 다음 비철 재료 중 비중이 가장 가벼운 것은?

① Cu　② Ni
③ Al　④ Mg

　Cu : 8.96, Ni : 8.85, Al : 2.7, Mg : 1.74

**04** 철-탄소계 상태도에서 공정 주철은?

① 4.3%C　② 2.1%C
③ 1.3%C　④ 0.86%C

　공정 주철 : 4.3%C, 1145℃

**05** 탄소강에 첨가하는 합금원소와 특성과의 관계가 틀린 것은?

① Ni – 인성 증가
② Cr – 내식성 향상
③ Si – 전자기적 특성 개선
④ Mo – 뜨임취성 촉진

　Mo – 뜨임취성 방지, 담금질 깊이 증가

**06** 수기 가공에서 사용하는 줄, 쇠톱날, 정 등의 절삭 가공용 공구에 가장 적합한 금속 재료는?

① 주강　② 스프링강
③ 탄소 공구강　④ 쾌삭강

　탄소공구강 : 수기 가공에서 사용하는 줄, 쇠톱날, 정 등의 절삭 가공용 공구 재질로 사용

**07** 다음 중 청동의 합금 원소는?

① Cu + Fe　② Cu + Sn
③ Cu + Zn　④ Cu + Mg

　• 청동 : Cu(구리) + Sn(주석)
　• 황동 : Cu(구리) + Zn(아연)

**08** 간헐 운동(intermittent motion)을 제공하기 위해서 사용되는 기어는?

① 베벨 기어  ② 헬리컬 기어
③ 웜 기어   ④ 제네바 기어

>해설 제네바 기어 : 간헐 운동(intermittent motion)을 제공하기 위해서 사용되는 기어

**09** 베어링의 호칭 번호가 6308일 때 베어링의 안지름은 몇 mm인가?

① 35  ② 40
③ 45  ④ 50

>해설 안지름 치수가 10, 12, 15, 17mm인 경우 안지름 번호는 00, 01, 02, 03이며, 04부터는 × 5이므로 08 × 5 = 40이다.

**10** 직접 전동 기계 요소인 홈 마찰차에서 홈의 각도(2α)는?

① $2α = 10~20°$
② $2α = 20~30°$
③ $2α = 30~40°$
④ $2α = 40~50°$

>해설 재질은 주로 주철로 만들고, 홈의 각도는 $2α = 30~40°$

**11** 나사의 피치가 일정할 때 리드(lead)가 가장 큰 것은?

① 4줄 나사  ② 3줄 나사
③ 2줄 나사  ④ 1줄 나사

>해설 L = 줄수(N) × 피치(P) 이므로 4줄 나사가 큼

**12** 2kN의 짐을 들어 올리는 데 필요한 볼트의 바깥지름은 몇 mm이상이어야 하는가?(단, 볼트 재료의 허용 인장 응력은 400N/cm²이다.)

① 20.2
② 31.6
③ 36.5
④ 42.2

>해설 $d = \sqrt{\dfrac{2W}{\sigma}} = \sqrt{\dfrac{2 \times 2000}{4}} = 31.62$

**13** 테이퍼 핀의 테이퍼 값과 호칭 지름을 나타내는 부분은?

① 1/100, 큰 부분의 지름
② 1/100, 작은 부분의 지름
③ 1/50, 큰 부분의 지름
④ 1/50, 작은 부분의 지름

>해설
>• 테이퍼 핀의 테이퍼 값 : 1/50
>• 호칭지름 : 작은 부분의 지름

**14** 나사의 기호 표시가 틀린 것은?

① 미터계 사다리꼴 나사 : TM
② 미터계 보통 나사 : M
③ 유니파이 보통 나사 : UNC
④ 유니파이 가는 나사 : UNF

>해설
>• 미터계 사다리꼴 나사 : Tr
>• 미니추어 나사 : S
>• 30도 사다리꼴 나사 : TM(KS 규격)
>• 29도 사다리꼴 나사 : TW(KS 규격)

**15** 원통형 코일의 스프링 지수가 9이고, 코일의 평균 지름이 180mm이면 소선의 지름은 몇 mm인가?

① 9　　　　② 18
③ 20　　　　④ 27

해설 스프링 지수(G) = $\dfrac{\text{코일의 평균 지름(D)}}{\text{소선의 지름(d)}}$

$d = \dfrac{D}{G} = \dfrac{180}{9} = 20$

**16** 원통 외경연삭의 이송 방식에 해당하지 않는 것은?

① 플랜지 컷 방식　② 테이블 왕복식
③ 유성형 방식　　④ 연삭 숫돌대 방식

해설 플랜지 컷 방식, 테이블 왕복식, 연삭 숫돌대 방식

**17** 선반에서 맨드릴의 종류에 속하지 않는 것은?

① 표준 맨드릴
② 팽창식 맨드릴
③ 수축식 맨드릴
④ 조립식 맨드릴

해설 표준 맨드릴, 팽창식 맨드릴, 조립식 맨드릴

**18** 피니언 커터 또는 래크 커터를 왕복 운동시키고 공작물에 회전 운동을 주어 기어를 절삭하는 창성식 기어 절삭 기계는?

① 호빙 머신　　② 기어 연삭
③ 기어 셰이퍼　④ 기어 플래닝

해설 기어 셰이퍼 : 피니언 커터 또는 래크 커터를 왕복 운동시키고 공작물에 회전 운동을 주어 기어를 절삭하는 창성식 기어 절삭 기계

**19** 머시닝센터의 준비 기능에서 X-Y평면 지정 G코드는?

① G17　　② G18
③ G19　　④ G20

해설
- G17 : X-Y평면
- G18 : Z-X평면
- G19 : Y-Z평면
- G20 : Inch 입력

**20** 일반적으로 래핑 작업 시 사용하는 랩제로 거리가 먼 것은?

① 탄화규소
② 산화 알루미나
③ 산화크롬
④ 흑연가루

해설 랩제 : 탄화규소, 산화 알루미나, 산화크롬

**21** 절삭 공구가 회전 운동을 하며 절삭하는 공작기계는?

① 선반　　　② 셰이퍼
③ 밀링 머신　④ 브로칭 머신

해설
- 선반 : 공작물 회전 운동
- 셰이퍼 : 절삭 공구가 급속귀환 운동
- 밀링 머신 : 절삭 공구가 회전 운동
- 브로칭 머신 : 절삭 공구가 1회 직선 운동 가공

**22** 센터리스 연삭기에서 조정숫돌의 기능은?

① 가공물의 회전과 이송
② 가공물의 지지와 이송
③ 가공물의 지지와 조절
④ 가공물의 회전과 지지

해설 조정숫돌 : 가공물의 회전과 이송

**23** 밀링 머신의 부속 장치로 가공물을 필요한 각도로 등분할 수 있는 장치는?

① 슬로팅 장치  ② 래크밀링 장치
③ 분할대      ④ 아버

📖 분할대로 직접 분할법, 단식 분할법, 차동 분할법으로 각등분 작업

**24** 일반적인 보링 머신에서 작업할 수 없는 것은?

① 널링 작업   ② 리밍 작업
③ 탭핑 작업   ④ 드릴링 작업

📖 널링 작업 : 선반에서만 가능한 작업

**25** 선반에서 그림과 같이 테이퍼 가공을 하려 할 때, 필요한 심압대의 편위량은 몇 mm인가?

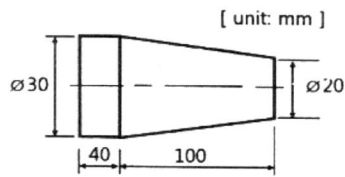

① 4    ② 7
③ 12   ④ 15

📖 $x = \dfrac{(D-d)L}{2l}$

$= \dfrac{(30-20)140}{2 \times 100} = \dfrac{1400}{200} = 7$

**26** 각도의 허용 한계 치수 기입 방법으로 틀린 것은?

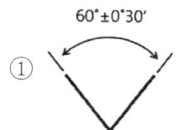  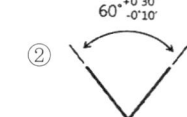

📖 위치수 허용 한계 치수의 값이 커야 한다.

**27** 우리나라의 도면에 사용되는 길이 치수의 기본적인 단위는?

① mm   ② cm
③ m    ④ inch

📖 길이의 치수 문자는 원칙적으로 mm의 단위로 기입하고 단위는 붙이지 않는다.

**28** 그림의 "b" 부분에 들어갈 기하 공차 기호로 가장 옳은 것은?

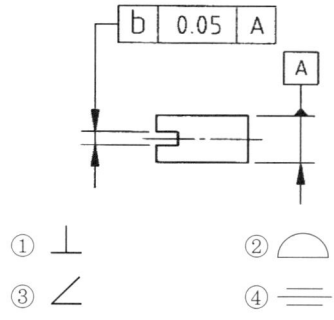

① ⊥   ② ⌒
③ ∠   ④ ═

📖 ④ : 대칭도 공차

**29** 상하 또는 좌우 대칭인 물체의 1/4을 절단하여 기본 중심선을 경계로 1/2은 외부 모양, 다른 1/2은 내부 모양으로 나타내는 단면도는?

① 전 단면도    ② 한쪽 단면도
③ 부분 단면도  ④ 회전 단면도

📖 한쪽 단면도 : 상하 또는 좌우 대칭인 물체의 1/4을 절단하여 기본 중심선을 경계로 1/2은 외부 모양, 다른 1/2은 내부 모양으로 나타내는 단면도

**30** 도면 제작 과정에서 다음과 같은 선들이 같은 장소에 겹치는 경우 가장 우선 시 하여 나타내야 하는 것은?

① 절단선　　② 중심선
③ 숨은선　　④ 치수선

해설 외형선 〉숨은선 〉절단선 〉중심선 〉무게중심선 〉치수보조선 순이다.

**31** 단면을 나타내는 데 대한 설명으로 옳지 않은 것은?

① 동일한 부품의 단면은 떨어져 있어도 해칭의 각도와 간격을 동일하게 나타낸다.
② 두께가 얇은 부분의 단면도는 실제 치수와 관계없이 한 개의 굵은 실선으로 도시할 수 있다.
③ 단면은 필요에 따라 해칭하지 않고 스머징으로 표현할 수 있다.
④ 해칭선은 어떠한 경우에도 중단하지 않고 연결하여 나타내야 한다.

해설 해칭 부위에 문자와 숫자가 있으면 중단하여 해칭한다.

**32** 가공 결과 그림과 같은 줄무늬가 나타났을 때 표면의 결 도시 기호로 옳은 것은?

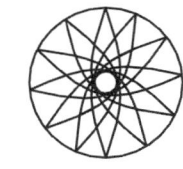

①

②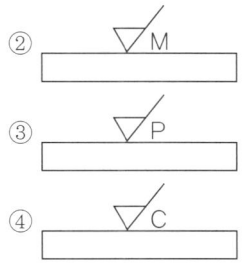

해설 R : 가공에 의한 커터의 줄무늬 방향의 기호를 기입한 면의 중심에 대하여 대략 레이디얼 모양

**33** 그림과 같이 표면의 결 지시 기호에서 각 항목에 대한 설명이 틀린 것은?

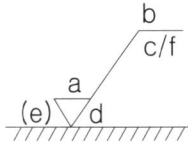

① a : 거칠기값
② c : 가공 여유
③ d : 표면의 줄무늬 방향
④ f : $R_a$가 아닌 다른 거칠기값

해설 c : 컷오프값

**34** 다음 등각 투상도에서 화살표 방향을 정면도로 할 경우 평면도로 가장 옳은 것은?

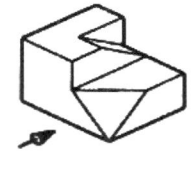

① 　②

③ 　④

**35** 제3각법으로 표시된 다음 정면도와 우측면도에 가장 적합한 평면도는?

① ② ③ ④

**36** 이론적으로 정확한 치수를 나타낼 때 사용하는 기호로 옳은 것은?

① t  ② ( )
③ □  ④ △

🔍 • t : 판의 두께(t3)
　• ( ) : 참고 치수(30)
　• □ : 이론적으로 정확한 치수 150

**37** 아래와 같은 구멍과 축의 끼워 맞춤에서 최대 죔새는?

• 구멍 : 20 H7 = $20^{+0.021}_{0}$
• 축　 : 20 p6 = $20^{+0.035}_{+0.022}$

① 0.035  ② 0.021
③ 0.014  ④ 0.001

🔍 최대 죔새 = 축의 최대 허용 치수 − 구멍의 최소 허용 치수
　= 20.035 − 20.000 = 0.035

**38** 다음 중 국가별 표준 규격 기호가 잘못 표기된 것은?

① 영국 – BS
② 독일 – DIN
③ 프랑스 – ANSI
④ 스위스 – SNV

🔍 미국 : ANSI, 프랑스 : NF

**39** 가는 1점 쇄선으로 표시하지 않는 선은?

① 가상선
② 중심선
③ 기준선
④ 피치선

🔍 가상선 : 가는 2점 쇄선

**40** 제3각법에서 정면도 아래에 배치하는 투상도를 무엇이라 하는가?

① 평면도
② 좌측면도
③ 배면도
④ 저면도

🔍 눈 → 투상면 → 물체. 정면도 기준 위쪽에 평면도, 아래에 저면도, 우측에 우측면도, 좌측에 좌측면도, 제일 오른쪽에는 배면도를 배치

**41** 도면의 척도가 "1 : 2"로 도시되었을 때 척도의 종류는?

① 배척　　　② 축척
③ 현척　　　④ 비례척이 아님

🔍 배척(2 : 1), 축척(1 : 2), 현척(1 : 1), 비례척이 아님(NS)

**42** "가" 부분에 나타날 보조 투상도를 가장 적절하게 나타낸 것은?

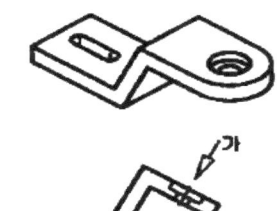

① ② ③ ④

해설 부분 투상도로 정 투상하면 ④가 되어야 한다.

**43** 구멍의 최소 치수가 축의 최대 치수보다 큰 경우로 항상 틈새가 생기는 상태를 말하며, 미끄럼 운동이나 회전 운동이 필요한 부품에 적용하는 끼워 맞춤은?

① 억지 끼워 맞춤  ② 중간 끼워 맞춤
③ 헐거운 끼워 맞춤  ④ 조립 끼워 맞춤

해설 헐거운 끼워 맞춤 : 구멍의 최소 치수가 축의 최대 치수보다 큰 경우로 항상 틈새가 생기는 상태

**44** 재료 기호가 "STS 11"로 명기되었을 때 이 재료의 명칭은?

① 합금 공구강 강재  ② 탄소 공구강 강재
③ 스프링 강재  ④ 탄소 주강품

해설 합금 공구강 강재(STS), 탄소 공구강 강재(STC), 스프링 강재(SPS), 탄소 주강품(SC)

**45** 다음 기하 공차 중 모양 공차에 속하지 않는 것은?

①  ②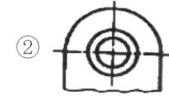
③  ④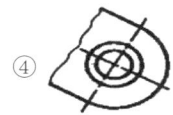

해설 • 모양 공차 : 진직도, 진원도, 평면도, 원통도, 선의 윤곽도, 면의 윤곽도
• 자세 공차 : 평행도, 직각도, 경사도(∠)

**46** 기어의 잇수는 31개, 피치원지름은 62mm인 표준 스퍼기어의 모듈은 얼마인가?

① 1  ② 2
③ 4  ④ 8

해설 $PCD(D) = m \times z$에서
$m = \dfrac{D}{z} = \dfrac{62}{31} = 2$

**47** 나사 표기가 다음과 같이 나타날 때 설명으로 틀린 것은?

$$\text{Tr40} \times \text{14(P7)LH}$$

① 호칭 지름은 40mm이다.
② 피치는 14mm이다.
③ 왼 나사이다.
④ 미터 사다리꼴 나사이다.

해설 리드 : 14, 피치 : 7mm

**48** 그림과 같이 가장자리(edge) 용접을 했을 때 용접 기호로 옳은 것은?

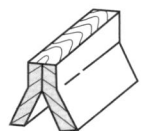

① (급경사면 한쪽면 V형 맞대기 이음 그림)
② (Y형 이음 맞대기 이음 그림)
③ (가장자리 용접 그림)
④ (한쪽면 K형 맞대기 이음 용접 그림)

> - ① : 급경사면 한쪽면 V형 맞대기 이음
> - ② : Y형 이음 맞대기 이음
> - ③ : 가장자리 용접
> - ④ : 한쪽면 K형 맞대기 이음 용접

**49** 다음 중 키의 호칭 방법을 옳게 나타낸 것은?

① (종류 또는 기호) (표준 번호 또는 키 명칭) (호칭 치수)×(길이)
② (표준 번호 또는 키 명칭) (종류 또는 기호) (호칭 치수)×(길이)
③ (종류 또는 기호) (표준 번호 또는 키 명칭) (길이)×(호칭 치수)
④ (표준 번호 또는 키 명칭) (종류 또는 기호) (길이)×(호칭 치수)

> (표준 번호 또는 키 명칭) (종류 또는 기호) (호칭 치수) × (길이) − 끝 모양의 특별 지정, 재료

**50** 배관 작업에서 관과 관을 이을 때 이음 방식이 아닌 것은?

① 나사 이음    ② 플랜지 이음
③ 용접 이음    ④ 클러치 이음

> 클러치 이음 : 운전 중 또는 정지 중에 운동을 전달하거나 차단하기에 적절한 축 이음

**51** 6각 구멍붙이 볼트 M50×2-6g에서 6g가 나타내는 것은?

① 다듬질 정도    ② 나사의 호칭 지름
③ 나사의 등급    ④ 강도 구분

> 6g : 나사의 등급(수나사 6g급)

**52** 압축 하중을 받는 곳에 사용되며, 주로 자동차의 현가장치, 자전거의 안장 등 충격이나 진동 완화용으로 사용되는 스프링은?

① 압축 코일 스프링
② 판 스프링
③ 인장 코일 스프링
④ 비틀림 코일 스프링

> 압축 코일 스프링을 사용한다.

**53** 다음 중 스프로킷 휠의 도시 방법으로 틀린 것은?(단, 축 방향에서 본 경우를 기준으로 한다.)

① 항목표에는 톱니의 특성을 나타내는 사항을 기입한다.
② 바깥지름은 굵은 실선으로 그린다.
③ 피치원은 가는 2점 쇄선으로 그린다.
④ 이뿌리원을 나타내는 선은 생략 가능하다.

> 피치원은 가는 1점 쇄선으로 그린다.

**54** 웜의 제도 시 피치원 도시 방법으로 옳은 것은?

① 가는 1점 쇄선으로 도시한다.
② 가는 파선으로 도시한다.
③ 굵은 실선으로 도시한다.
④ 굵은 1점 쇄선으로 도시한다.

> 웜의 제도
> - 피치원 : 가는 1점 쇄선
> - 이끝원 : 굵은 실선
> - 이뿌리원 : 가는 실선으로 도시

**55** 동력을 전달하거나 작용 하중을 지지하는 기능을 하는 기계요소는?

① 스프링　② 축
③ 키　④ 리벳

　축 : 동력을 전달하거나 작용 하중을 지지하는 기능

**56** 구름 베어링 호칭 번호 "6203 ZZ P6"의 설명 중 틀린 것은?

① 62 : 베어링 계열 번호
② 03 : 안지름 번호
③ ZZ : 실드 기호
④ P6 : 내부 틈새 기호

　• P6 : 정밀도의 등급 6급
　• C3 : 내부 틈새 기호

**57** 정육면체, 실린더 등 기본적인 단순한 입체의 조합으로 복잡한 형상을 표현하는 방법은?

① B-rep 모델링
② CSG 모델링
③ Parametric 모델링
④ 분해 모델링

　CSG 모델링 : 기본 입체의 집합 연산 표현

**58** CAD 시스템에서 기하학적 데이터의 변환에 속하지 않는 것은?

① 이동(translation)
② 회전(rotation)
③ 스케일링(scaling)
④ 리드로잉(redrawing)

　기하학적 데이터의 변환 : 이동(translation), 회전(rotation), 스케일링(scaling)

**59** CAD 시스템에서 출력 장치가 아닌 것은?

① 디스플레이(CRT)　② 스캐너
③ 프린터　④ 플로터

　• 입력 장치 : 키보드, 마우스, 조이스틱, 트랙 볼, 스캐너, 라이트 펜, 디지타이저, 테이프리더
　• 출력 장치 : 프린터, 플로터, COM, 디스플레이(CRT)

**60** CPU(중앙 처리 장치)의 주요 기능으로 거리가 먼 것은?

① 제어 기능　② 연산 기능
③ 대화 기능　④ 기억 기능

　CPU(중앙 처리 장치)의 주요 기능 : 제어 기능, 연산 기능, 기억 기능

| ANSWER | | | | | | | | | 2015년 4회 |
|---|---|---|---|---|---|---|---|---|---|
| 01 | ③ | 02 | ④ | 03 | ④ | 04 | ① | 05 | ④ |
| 06 | ③ | 07 | ② | 08 | ④ | 09 | ② | 10 | ③ |
| 11 | ① | 12 | ③ | 13 | ④ | 14 | ① | 15 | ③ |
| 16 | ③ | 17 | ② | 18 | ③ | 19 | ① | 20 | ④ |
| 21 | ③ | 22 | ① | 23 | ② | 24 | ① | 25 | ② |
| 26 | ③ | 27 | ③ | 28 | ② | 29 | ② | 30 | ② |
| 31 | ④ | 32 | ① | 33 | ② | 34 | ② | 35 | ① |
| 36 | ③ | 37 | ① | 38 | ③ | 39 | ① | 40 | ④ |
| 41 | ② | 42 | ① | 43 | ② | 44 | ① | 45 | ③ |
| 46 | ② | 47 | ② | 48 | ② | 49 | ② | 50 | ④ |
| 51 | ③ | 52 | ① | 53 | ② | 54 | ① | 55 | ② |
| 56 | ④ | 57 | ② | 58 | ④ | 59 | ② | 60 | ③ |

# 공단 기출문제_2016년 1회

**01** Cu와 Pb 합금으로 항공기 및 자동차의 베어링 메탈로 사용되는 것은?

① 양은(nickel silver)
② 켈밋(kelmet)
③ 배빗 메탈(babbit metal)
④ 애드미럴티 포금(admiralty gun metal)

**해설** 켈밋(kelmet) : Cu와 Pb(30~40%) 합금으로 항공기 및 자동차의 베어링 메탈로 사용

**02** 다음 중 표면 경화법의 종류가 아닌 것은?

① 침탄법
② 질화법
③ 고주파 경화법
④ 심냉 처리법

**해설** 표면 경화법의 종류 : 침탄법, 질화법, 고주파 경화법

**03** 금속이 탄성 한계를 초과한 힘을 받고도 파괴되지 않고 늘어나서 소성 변형이 되는 성질은?

① 연성          ② 취성
③ 경도          ④ 강도

**해설** 연성 : 탄성 한계를 초과한 힘을 받고도 파괴되지 않고 늘어나서 소성 변형이 되는 성질

**04** 주철의 특성에 대한 설명으로 틀린 것은?

① 주조성이 우수하다.
② 내마모성이 우수하다.
③ 강보다 인성이 크다.
④ 인장 강도보다 압축강도가 크다.

**해설** 인장 강도, 충격값, 휨강도, 인성은 작으나 압축강도가 크다.

**05** 접착제, 껌, 전기 절연 재료에 이용되는 플라스틱 종류는?

① 폴리초산비닐계
② 셀룰로오스계
③ 아크릴계
④ 불소계

**해설** 폴리초산비닐계 : 접착제, 껌, 전기 절연 재료에 이용되는 플라스틱

**06** 주조용 알루미늄합금이 아닌 것은?

① Al-Cu계
② Al-Si계
③ Al-Zn-Mg계
④ Al-Cu-Si계

**해설** 주조용 알루미늄합금 : Al-Cu계, Al-Si계, Al-Cu-Si계

**07** 주철의 결점인 여리고 약한 인성을 개선하기 위하여 먼저 백주철의 주물을 만들고, 이것을 장시간 열처리하여 탄소의 상태를 분해 또는 소실시켜 인성 또는 연성을 증가시킨 주철은?

① 보통 주철   ② 합금 주철
③ 고급 주철   ④ 가단 주철

　가단 주철 : 주철의 결점인 여리고 약한 인성을 개선하기 위하여 먼저 백주철의 주물을 만들고, 이것을 장시간 열처리하여 탄소의 상태를 분해 또는 소실시켜 인성 또는 연성을 증가시킨 주철(흑심 가단 주철(BMC), 백심 가단 주철(WMC))

**08** 인장 시험에서 시험편의 절단부 단면적이 14mm²이고, 시험 전 시험편의 초기단면적이 20mm²일 때 단면 수축률은?

① 70%   ② 80%
③ 30%   ④ 20%

　$\varepsilon$(단면 수축율) $= \dfrac{A_0 - A_1}{A_0} \times 100$
　　　　　　　　　$= \dfrac{6}{20} \times 100 = 30$

**09** 나사가 축을 중심으로 한 바퀴 회전할 때 축 방향으로 이동한 거리는?

① 피치   ② 리드
③ 리드각   ④ 백래시

　리드(LEAD) : 나사가 축을 중심으로 한 바퀴 회전할 때 축방향으로 이동한 거리
　L(리드) = 줄수 × 피치

**10** 축의 원주에 많은 키를 깎은 것으로 큰 토크를 전달시킬 수 있고, 내구력이 크며 보스와의 중심축을 정확하게 맞출 수 있는 것은?

① 성크 키   ② 반달 키
③ 접선 키   ④ 스플라인

　스플라인 : 축의 원주에 많은 키를 깎은 것으로 큰 토크를 전달시킬 수 있고, 내구력이 크며 보스와의 중심축을 정확하게 맞출 수 있는 키

**11** 교차하는 두 축의 운동을 전달하기 위하여 원추형으로 만든 기어는?

① 스퍼 기어
② 헬리컬 기어
③ 웜 기어
④ 베벨 기어

　베벨 기어 : 교차하는 두 축의 운동을 전달하기 위하여 원추형으로 만든 기어

**12** 다음 중 전동용 기계 요소에 해당하는 것은?

① 볼트와 너트   ② 리벳
③ 체인   ④ 핀

　전동용 기계 요소 : 기어, 풀리, 체인

**13** 롤러 체인에 대한 설명으로 잘못된 것은?

① 롤러 링크와 판 링크를 서로 교대로 하여 연속적으로 연결한 것을 말한다.
② 링크의 수가 짝수이면 간단히 결합되지만, 홀수이면 오프셋 링크를 사용하여 연결한다.
③ 조립 시에는 체인에 초기장력을 가하여 스프로킷 휠과 조립한다.
④ 체인의 링크를 잇는 핀과 핀 사이의 거리를 피치라고 한다.

　조립 시에는 체인의 초기장력과 관계없이 스프로킷 휠과 조립한다.

**14** 나사의 피치와 리드가 같다면 몇 줄 나사에 해당이 되는가?

① 1줄 나사　　② 2줄 나사
③ 3줄 나사　　④ 4줄 나사

> 리드(LEAD) : 나사가 축을 중심으로 한 바퀴 회전할 때 축 방향으로 이동한 거리
> L(리드) = 줄수 × 피치

**15** 압축 코일 스프링에서 코일의 평균 지름이 50mm, 감김수가 10회, 스프링 지수가 5일 때, 스프링 재료의 지름은 약 몇 mm인가?

① 5　　② 10
③ 15　　④ 20

> 스프링 지수(G) = $\dfrac{\text{코일의 평균 지름(D)}}{\text{소선의 지름(d)}}$
>
> $d = \dfrac{D}{G} = \dfrac{50}{5} = 10$

**16** 초경합금의 주요 성분으로 거리가 먼 것은?

① 황　　② 니켈
③ 코발트　　④ 텅스텐

> 초경합금의 주요 성분 : 니켈, 코발트, 텅스텐

**17** 금속선의 전극을 이용하여 NC로 필요한 형상을 가공하는 방법은?

① 전주 가공
② 레이저 가공
③ 전자 빔 가공
④ 와이어 컷 방전 가공

> 와이어 컷 방전 가공 : 금속선의 전극을 이용하여 NC로 필요한 형상을 가공

**18** 이동 방진구의 조(Jaw)는 몇 개 인가?

① 5개　　② 4개
③ 2개　　④ 1개

> • 이동 방진구의 조(Jaw) : 2개, 왕복대 새들에 설치
> • 고정 방진구의 조(Jaw) : 3개, 베드에 설치

**19** 연한 숫돌에 적은 압력으로 가압하면서 가공물에 회전 운동과 이송을 주며, 숫돌을 다듬질할 면에 따라 매우 작고 빠른 진동을 주는 가공법은?

① 래핑　　② 배럴
③ 액체호닝　　④ 슈퍼피니싱

> 슈퍼피니싱 : 연한 숫돌에 적은 압력으로 가압하면서 가공물에 회전 운동과 이송을 주며, 숫돌을 다듬질할 면에 따라 매우 작고 빠른 진동을 주는 가공

**20** 작업대 위에 설치하여 사용하는 소형의 드릴링 머신은?

① 다축 드릴링 머신
② 직립 드릴링 머신
③ 탁상 드릴링 머신
④ 레이디얼 드릴링 머신

> 탁상 드릴링 머신 : 작업대 위에 설치하여 사용하는 소형의 드릴링 머신

**21** 브로칭 머신의 크기는 어떻게 표시하는가?

① 가공 최대 높이
② 브로칭의 최대 폭
③ 브로칭의 최대 길이
④ 최대 인장력, 최대 행정 길이

> 브로칭 머신의 크기 : 최대 인장력, 최대 행정 길이

**22** 선반의 이송 단위 중에서 1회전당 이송량의 단위는?

① mm/s   ② mm/rev
③ mm/min   ④ mm/stroke

📖 mm/rev : 선반의 이송 단위 중에서 1회전당 이송량

**23** 밀링 분할법의 종류에 해당되지 않은 것은?

① 단식 분할법   ② 미분 분할법
③ 직접 분할법   ④ 차등 분할법

📖 밀링 분할법의 종류 : 단식 분할법, 직접 분할법, 차등 분할법

**24** 연삭 숫돌의 결합제 표시 기호와 그 내용이 틀린 것은?

① B : 비닐
② R : 고무
③ S : 실리케이트
④ V : 비트리파이드

📖 비닐 : PVA

**25** 지름 120mm, 길이 340mm인 탄소강 둥근 막대를 초경합금 바이트를 사용하여 절삭속도 150m/min으로 절삭하고자 할 때 회전수는 약 몇 rpm인가?

① 398   ② 498
③ 598   ④ 698

📖 $V = \dfrac{\pi DN}{1000}$ 에서 $N = \dfrac{1000V}{\pi D}$
$= \dfrac{1000 \times 150}{3.14 \times 120} = 397.88 ≒ 398$

**26** 아래 입체도 형상을 아래 배치와 같이 도시할 때 표제란에 기입해야 할 각법 기호로 옳은 것은?

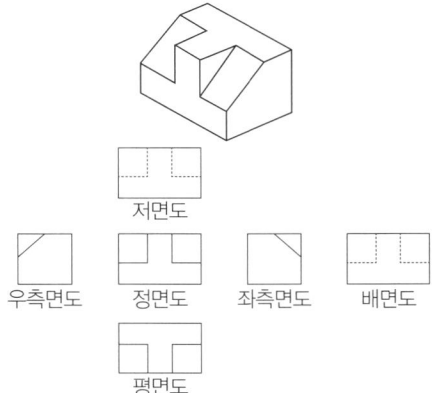

저면도

우측면도   정면도   좌측면도   배면도

평면도

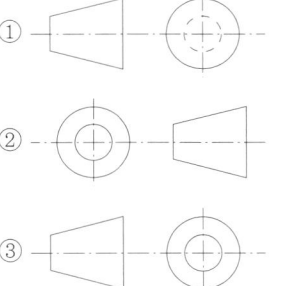

**27** 구멍의 치수가 $\varnothing 30^{+0.025}_{0}$, 축의 치수가 $\varnothing 30^{+0.020}_{-0.005}$일 때 최대 죔새는 얼마인가?

① 0.030   ② 0.025
③ 0.020   ④ 0.005

📖 최대 죔새 = 축의 최대 허용 치수 − 구멍의 최소 허용 치수
= 30.020 − 30.000 = 0.020

**28** 어떤 물체를 제3각법으로 다음과 같이 투상했을 때 평면도로 옳은 것은?

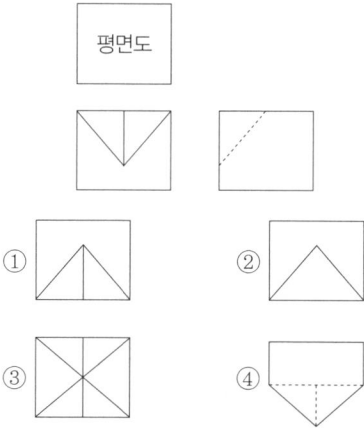

**29** 표면 거칠기 지시 기호의 기입 위치가 잘못된 것은?

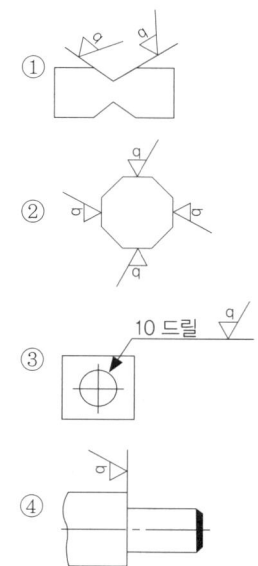

④ 표면 거칠기 지시 기호는 물체의 표면에 나타내야 하는 데 물체 속으로 지시했기 때문에 틀림

**30** 가공 과정에서 줄무늬가 다음과 같이 나타날 때 표면의 줄무늬 방향 지시 기호(*)로 옳은 것은?

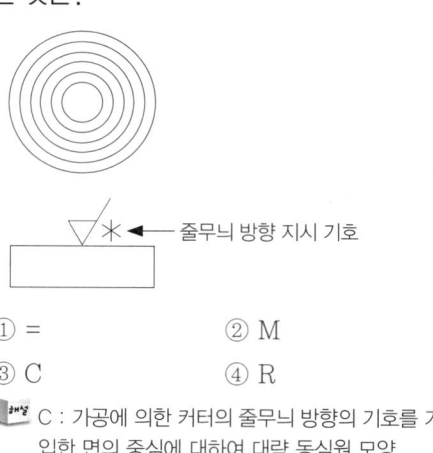

① =         ② M
③ C         ④ R

C : 가공에 의한 커터의 줄무늬 방향의 기호를 기입한 면의 중심에 대하여 대략 동심원 모양

**31** 기계 제도에서 사용하는 선에 대한 설명 중 틀린 것은?

① 숨은선, 외형선, 중심선이 한 장소에 겹칠 경우 그 선은 외형선으로 표시한다.
② 지시선은 가는 실선으로 표시한다.
③ 무게중심선은 굵은 1점 쇄선으로 표시한다.
④ 대상물의 보이는 부분의 모양을 표시할 때는 굵은 실선을 사용한다.

무게중심선은 가는 2점 쇄선으로 표시한다.

**32** 도면 작성 시 가는 2점 쇄선을 사용하는 용도로 틀린 것은?

① 인접한 다른 부품을 참고로 나타낼 때
② 길이가 긴 물체의 생략된 부분의 경계선을 나타낼 때

③ 축 제도 시 키홈 가공에 사용되는 공구의 모양을 나타낼 때
④ 가공 전 또는 후의 모양을 나타낼 때
해설 파단선(불규칙한 파형의 가는 실선 또는 지그재그선): 길이가 긴 물체의 생략된 부분의 경계선을 나타낼 때

**33** 다음 중 공차의 종류와 기호가 잘못 연결된 것은?

① 진원도 공차 − ○
② 경사도 공차 − ∠
③ 직각도 공차 − ⊥
④ 대칭도 공차 − //

해설 대칭도 공차 − ≡, 평행도 공차 − //

**34** 그림에서 나타난 치수선은 어떤 치수를 나타내는가?

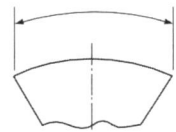

① 변의 길이
② 호의 길이
③ 현의 길이
④ 각도

해설 호의 길이

**35** 치수의 배치 방법 중 개별 치수들을 하나의 열로서 기입하는 방법으로 일반 공차가 차례로 누적되어도 문제없는 경우에 사용하는 치수 배치 방법은?

① 직렬 치수 기입법
② 병렬 치수 기입법
③ 누진 치수 기입법
④ 좌표 치수 기입법

해설 직렬 치수 기입법 : 개별 치수들을 하나의 열로서 기입하는 방법으로 일반 공차가 차례로 누적되어도 문제없는 경우에 사용

**36** 투상도의 선택 방법에 관한 설명으로 옳지 않은 것은?

① 대상물의 모양 및 기능을 가장 명확하게 표시하는 면을 주 투상도로 한다.
② 조립도 등 주로 기능을 표시하는 도면에서는 대상물을 사용하는 상태로 투상도를 그린다.
③ 특별한 이유가 없는 경우는 대상물을 가로길이로 놓은 상태로 그린다.
④ 대상물의 명확한 이해를 위해 주투상도를 보충하는 다른 투상도를 되도록 많이 그린다.

해설 대상물의 명확한 이해를 위해 주 투상도를 보충하는 다른 투상도는 이해가 가능하면 그리지 않는다.

**37** 제도의 목적을 달성하기 위하여 도면이 구비하여야 할 기본 요건이 아닌 것은?

① 면의 표면 거칠기, 재료 선택, 가공 방법 등의 정보
② 도면 작성 방법에 있어서 설계자 임의의 창의성
③ 무역 및 기술의 국제 교류를 위한 국제적 통용성
④ 대상물의 도형, 크기, 모양, 자세, 위치의 정보

해설 기술의 각 분야에 걸쳐 정확성, 보편성을 가져야 한다.

**38** 다음 투상도에서 A-A와 같이 단면했을 때 가장 올바르게 나타낸 단면도는?

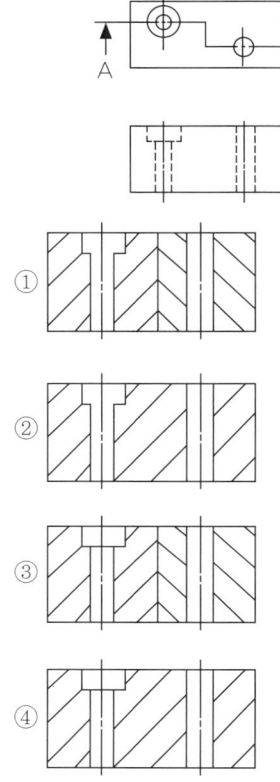

**39** 단면을 나타내는 방법에 대한 설명으로 옳지 않은 것은?

① 단면임을 나타내기 위해 사용하는 해칭선을 동일 부분의 단면인 경우 같은 방식으로 도시되어야 한다.
② 해칭 부위가 넓은 경우 해칭을 할 범위의 외형 부분에 해칭을 제한할 수 있다.
③ 경우에 따라 단면 범위를 매우 굵은 실선으로 강조할 수 있다.
④ 인접하는 얇은 부분의 단면을 나타낼 때는 0.7mm 이상의 간격을 가진 완전한 검은색으로 도시할 수 있다. 단 이 경우 실제 기하학적 형상을 나타내어야 한다.

🔍 인접하는 얇은 부분의 단면을 나타낼 때는 절단면을 검게 칠하거나, 실제치수와 관계없이 극히 굵은 실선으로 표시한다.

**40** 다음 중 재료 기호와 명칭이 틀린 것은?

① SM 20C : 회주철품
② SF 340A : 탄소강 단강품
③ SPPS 420 : 압력배관용 탄소 강관
④ PW-1 : 피아노 선

🔍 SM 20C : 기계구조용 탄소강재, GC200 : 회주철품

**41** 도면의 촬영, 복사 및 도면 접기의 편의를 위한 중심마크의 선 굵기는 몇 mm인가?

① 0.1mm　② 0.3mm
③ 0.7mm　④ 1mm

🔍 중심마크의 선 굵기 : 0.7mm

**42** 최대 허용 치수가 구멍 50.025mm, 축 49.975 mm이며 최소 허용 치수가 구멍 50.000mm, 축 49.950mm일 때 끼워 맞춤의 종류는?

① 헐거운 끼워 맞춤　② 중심 끼워 맞춤
③ 억지 끼워 맞춤　④ 상용 끼워 맞춤

🔍 최대 틈새 = 50.025 − 49.950 = 0.075
최소 틈새 = 50.000 − 49.975 = 0.025
로 항상 틈새이므로 헐거운 끼워 맞춤에 해당

**43** 치수선에서는 치수의 끝을 의미하는 기호로 단말 기호와 기점 기호를 사용하는 데 다음 중 단말 기호에 속하지 않는 것은?

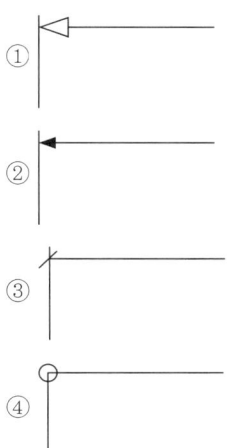

해설 단말 기호 : 화살표, 사선, 검은 둥근 점

**44** 그림에서 ①부와 ②부에 두 개의 베어링을 같은 축선에 조립하고자 한다. 이때 ①부의 데이텀을 기준으로 ②부 기하 공차를 적용하고자 할 때 올바른 기하 공차 기호는?

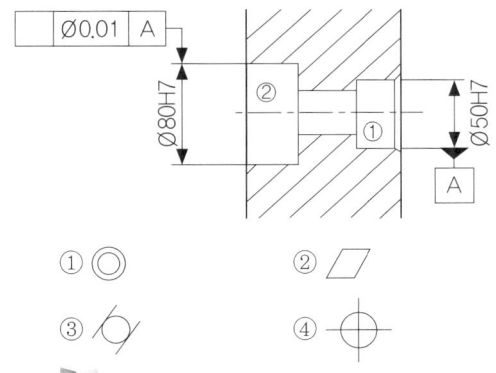

해설 ①부의 데이텀(원형)을 기준으로 ②부(원형)에는 동심도(◎)기하 공차를 적용

**45** 다음과 같이 제3각법으로 그린 정 투상도를 등각 투상도로 바르게 표현한 것은?

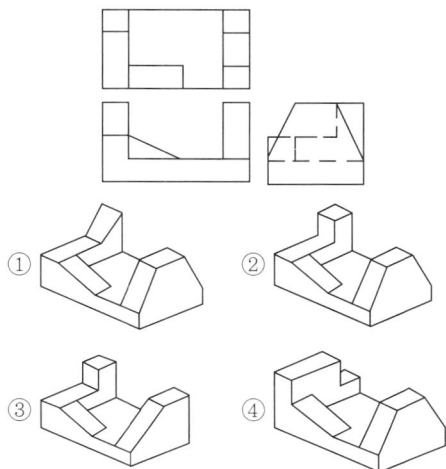

**46** 스프링의 제도에 관한 설명으로 틀린 것은?

① 코일 스프링은 일반적으로 하중이 걸리지 않은 상태로 그린다.
② 코일 스프링에서 특별한 단서가 없으면 오른쪽으로 감은 스프링을 의미한다.
③ 코일 스프링에서 양끝을 제외한 동일 모양 부분의 일부를 생략할 때는 생략하는 부분의 선지름의 중심선을 가는 1점 쇄선으로 나타낸다.
④ 스프링의 종류와 모양만을 간략도로 나타내는 경우에는 스프링 재료의 중심선만을 가는 실선으로 그린다.

해설 스프링의 종류와 모양만을 간략도로 나타내는 경우에는 스프링 재료의 중심선만을 굵은 실선으로 그린다.

**47** 나사 제도에 관한 설명으로 틀린 것은?

① 측면에서 본 그림 및 단면도에서 나사산의 봉우리는 굵은 실선으로 골 밑은 가는 실선으로 그린다.
② 나사의 끝면에서 본 그림에서 나사의 골 밑은 가는 실선으로 그린 원주의 3/4에 가까운 원의 일부로 나타낸다.
③ 숨겨진 나사를 표시할 때는 나사산의 봉우리는 굵은 파선, 골 밑은 가는 파선으로 그린다.
④ 나사부의 길이 경계는 보이는 경우 굵은 실선으로 나타낸다.

　숨겨진 나사를 표시할 때는 나사산의 봉우리와 골 밑은 가는 파선으로 그린다.

**48** 스프로킷 휠의 도시 방법에 대한 설명으로 틀린 것은?

① 축 방향으로 볼 때 바깥지름은 굵은 실선으로 그린다.
② 축 방향으로 볼 때 피치원은 가는 1점 쇄선으로 그린다.
③ 축 방향으로 볼 때 이뿌리원은 가는 2점 쇄선으로 그린다.
④ 축에 직각인 방향에서 본 그림을 단면으로 도시할 때에는 이뿌리의 선은 굵은 실선으로 그린다.

　축 방향으로 볼 때 이뿌리원은 가는 실선으로 그린다.

**49** 그림과 같은 용접부의 용접 지시 기호로 옳은 것은?

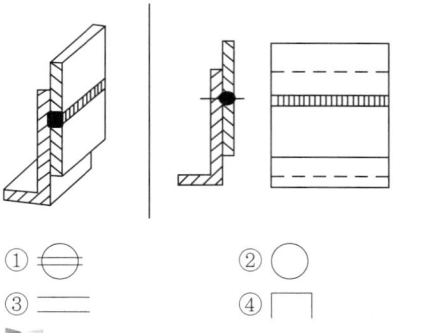

　⊖ : 심 용접, ○ : 점 용접, ⊓ : 플러그 용접

**50** 구름 베어링의 호칭이 "6203 ZZ"인 베어링의 안지름은 몇 mm인가?

① 3
② 15
③ 17
④ 30

　안지름 치수가 10, 12, 15, 17mm인 경우 안지름 번호는 00, 01, 02, 03이므로 03 = 17mm이다.

**51** 다음은 어떤 밸브에 대한 도시 기호인가?

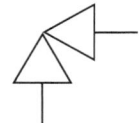

① 글로브 밸브　② 앵글 밸브
③ 체크 밸브　　④ 게이트 밸브

　앵글 밸브

**52** 축의 도시 방법에 대한 설명 중 잘못된 것은?

① 모떼기는 길이 치수와 각도로 나타낼 수 있다.
② 축은 주로 길이 방향으로 단면 도시를 한다.
③ 긴 축은 중간을 파단하여 짧게 그릴 수 있다.
④ 45° 모떼기의 경우 C 로 그 의미를 나타낼 수 있다.

해설 축은 일반적으로 길이 방향으로 절단하지 않는다.

**53** 일반적으로 키의 호칭 방법에 포함되지 않는 것은?

① 키의 종류   ② 길이
③ 인장 강도   ④ 호칭 치수

해설 (표준 번호 또는 키 종류) (종류 또는 기호) (호칭 치수) × (길이) – 끝 모양의 특별 지정, 재료

**54** 나사 표시 기호 중 틀린 것은?

① M : 미터 가는 나사
② R : 관용 테이퍼 암나사
③ E : 전구 나사
④ G : 관용 평행 나사

해설 R : 관용 테이퍼 수나사, Rc : 관용 테이퍼 암나사

**55** 스퍼 기어 제도 시 축방향에서 본 그림에서 이골원은 어느 선으로 나타내는가?

① 가는 실선   ② 가는 파선
③ 가는 1점 쇄선   ④ 가는 2점 쇄선

해설 피치원 : 가는 1점 쇄선, 이끝원 : 굵은 실선, 이뿌리(골)원 : 가는 실선으로 도시

**56** 모듈이 2, 잇수가 30인 표준 스퍼 기어의 이끝원의 지름은 몇 mm인가?

① 56   ② 60
③ 64   ④ 68

해설 $D_o = m \times (z + 2)$에서
    $= 2 \times (30 + 2) = 64$

**57** CAD 시스템에서 원점이 아닌 주어진 시작점을 기준으로 하여 그 점과의 거리로 좌표를 나타내는 방식은?

① 절대 좌표 방식   ② 상대 좌표 방식
③ 직교 좌표 방식   ④ 극 좌표 방식

해설 상대 좌표 방식 : CAD 시스템에서 원점이 아닌 주어진 시작점을 기준으로 하여 그 점과의 거리로 좌표를 나타내는 방식

**58** CAD 작업 시 모델링에 관한 설명 중 틀린 것은?

① 3차원 모델링에는 와이어 프레임, 서피스, 솔리드 모델링이 있다.
② 자동적인 체적 계산을 위해서는 솔리드 모델링보다는 서피스 모델링을 사용하는 것이 좋다.
③ 솔리드 모델링은 와이어 프레임, 서피스 모델링에 비해 높은 데이터 처리 능력이 필요하다.
④ 와이어 프레임 모델링의 경우 디스플레이된 방향에 따라 여러 가지 다른 해석이 나올 수 있다.

해설 자동적인 체적 계산을 위해서는 솔리드 모델링만 가능하다.

**59** 다음 중 CAD 시스템의 출력 장치가 아닌 것은?

① Plotter
② Printer
③ Keyboard
④ TFT-LCD

> CAD 시스템의 입력 장치 : Keyboard

**60** 컴퓨터에서 CPU와 주기억 장치 간의 데이터 접근 속도 차이를 극복하기 위해 사용하는 고속의 기억 장치는?

① cache memory
② associative memory
③ destructive memory
④ nonvolatile memory

> cache memory : 컴퓨터에서 CPU와 주기억 장치 간의 데이터 접근 속도 차이를 극복하기 위해 사용하는 고속의 기억 장치

**ANSWER** 2016년 1회

| 01 | ② | 02 | ④ | 03 | ① | 04 | ③ | 05 | ① |
|---|---|---|---|---|---|---|---|---|---|
| 06 | ③ | 07 | ④ | 08 | ③ | 09 | ② | 10 | ④ |
| 11 | ④ | 12 | ③ | 13 | ③ | 14 | ① | 15 | ② |
| 16 | ① | 17 | ④ | 18 | ③ | 19 | ④ | 20 | ③ |
| 21 | ④ | 22 | ② | 23 | ② | 24 | ① | 25 | ① |
| 26 | ③ | 27 | ③ | 28 | ① | 29 | ④ | 30 | ③ |
| 31 | ① | 32 | ③ | 33 | ④ | 34 | ② | 35 | ① |
| 36 | ④ | 37 | ③ | 38 | ③ | 39 | ④ | 40 | ① |
| 41 | ③ | 42 | ① | 43 | ④ | 44 | ① | 45 | ② |
| 46 | ④ | 47 | ③ | 48 | ③ | 49 | ① | 50 | ① |
| 51 | ② | 52 | ② | 53 | ③ | 54 | ② | 55 | ① |
| 56 | ③ | 57 | ② | 58 | ② | 59 | ③ | 60 | ① |

# 공단 기출문제_2016년 2회

**01** 다음 중 표면을 경화시키기 위한 열처리 방법이 아닌 것은?

① 풀림
② 침탄법
③ 질화법
④ 고주파 경화법

해설 표면 경화법의 종류 : 침탄법, 질화법, 고주파 경화법

**02** 강재의 크기에 따라 표면이 급랭되어 경화하기 쉬우나 중심부에 갈수록 냉각속도가 늦어져 경화량이 적어지는 현상은?

① 경화능      ② 잔류 응력
③ 질량 효과   ④ 노치 효과

해설 질량 효과 : 강재의 크기에 따라 표면이 급랭되어 경화하기 쉬우나 중심부에 갈수록 냉각속도가 늦어져 경화량이 적어지는 현상

**03** 소결 초경합금 공구강을 구성하는 탄화물이 아닌 것은?

① WC     ② TiC
③ TaC    ④ TMo

해설 소결 초경합금 공구강을 구성하는 탄화물 : WC, TiC, TaC

**04** 다음 중 합금 공구강의 KS 재료 기호는?

① SKH    ② SPS
③ STS    ④ GC

해설 SKH : 고속도강, SPS : 스프링강, STS : 합금공구강, GC : 회주철품

**05** 구리에 니켈 40~50% 정도를 함유하는 합금으로서 통신기, 전열선 등의 전기 저항 재료로 이용되는 것은?

① 인바
② 엔린바
③ 콘스탄탄
④ 모넬메탈

해설 콘스탄탄 : 구리에 니켈 40~50% 정도를 함유하는 합금으로서 통신기, 전열선 등의 전기 저항 재료로 이용

**06** 구리에 아연이 5~20% 첨가되어 전연성이 좋고 색깔이 아름다워 장식품에 많이 쓰이는 황동은?

① 포금       ② 톰백
③ 문쯔메탈   ④ 7·3 황동

해설 톰백 : 구리에 아연이 5~20% 첨가되어 전연성이 좋고 색깔이 아름다워 장식품에 많이 쓰이는 황동

**07** Fe-C 상태도에서 온도가 낮은 것부터 일어나는 순서가 옳은 것은?

① 포정점 → $A_2$변태점 → 공석점 → 공정점
② 공석점 → $A_2$변태점 → 공정점 → 포정점
③ 공석점 → 공정점 → $A_2$변태점 → 포정점
④ 공석점 → 공정점 → $A_2$변태점 → 포정점

> 해설 Fe-C 상태도에서 온도가 낮은 것부터 일어나는 순서 : 공석점(723) → $A_2$변태점(768) → 공정점(1130) → 포정점(1490)

**08** 다음 중 축 중심에 직각 방향으로 하중이 작용하는 베어링을 말하는 것은?

① 레이디얼 베어링(radial bearing)
② 스러스트 베어링(thrust bearing)
③ 원뿔 베어링(cone bearing)
④ 피벗 베어링(pivot bearing)

> 해설 레이디얼 베어링(radial bearing) : 축 중심에 직각 방향으로 하중이 작용하는 베어링

**09** 리베팅이 끝난 뒤에 리벳머리의 주위 또는 강판의 가장자리를 정으로 때려 그 부분을 밀착시켜 틈을 없애는 작업은?

① 시밍          ② 코킹
③ 커플링        ④ 해머링

> 해설 코킹 : 리베팅이 끝난 뒤에 리벳머리의 주위 또는 강판의 가장자리를 정으로 때려 그 부분을 밀착시켜 틈을 없애는 작업

**10** 나사에서 리드(lead)의 정의를 가장 옳게 설명한 것은?

① 나사가 1회전 했을 때 축 방향으로 이동한 거리
② 나사가 1회전 했을 때 나사산상의 1점이 이동한 원주거리
③ 암나사가 2회전 했을 때 축 방향으로 이동한 거리
④ 나사가 1회전 했을 때 나사산상의 1점이 이동한 원주각

> 해설 리드(lead) : 나사가 1회전 했을 때 축 방향으로 이동한 거리

**11** 다음 중 자동 하중 브레이크에 속하지 않는 것은?

① 원추 브레이크    ② 웜 브레이크
③ 캠 브레이크      ④ 원심 브레이크

> 해설 자동 하중 브레이크 : 웜 브레이크, 캠 브레이크, 원심 브레이크, 나사 브레이크

**12** 외부 이물질이 나사의 접촉면 사이의 틈새나 볼트의 구멍으로 흘러나오는 것을 방지할 필요가 있을 때 사용하는 너트는?

① 홈붙이 너트      ② 플랜지 너트
③ 슬리브 너트      ④ 캡 너트

> 해설 캡 너트 : 외부 이물질이 나사의 접촉면 사이의 틈새나 볼트의 구멍으로 흘러나오는 것을 방지할 필요가 있을 때 사용

**13** 모듈이 2이고 잇수가 각각 36, 74개인 두 기어가 맞물려 있을 때 축간 거리는 약 몇 mm인가?

① 100mm      ② 110mm
③ 120mm      ④ 130mm

> 해설 $a = \dfrac{m(Z_1 + Z_2)}{2} = \dfrac{2(36 + 74)}{2} = 110$

**14** 축에 작용하는 비틀림 토크가 2.5kN이고 축의 허용 전단 응력이 49MPa일 때 축 지름은 약 몇 mm 이상이어야 하는가?

① 2.4  ② 3.6
③ 4.8  ④ 6.4

해설 $d = \sqrt[3]{\dfrac{5.1T}{\tau}}$
$= \sqrt[3]{\dfrac{5.1 \times 2500}{49}} = 6.38 ≒ 64$

**15** 다음 중 하중의 크기 및 방향이 주기적으로 변화하는 하중으로서 양진하중을 말하는 것은?

① 집중 하중
② 분포 하중
③ 교번 하중
④ 반복 하중

해설 교번 하중 : 하중의 크기 및 방향이 주기적으로 변화하는 하중으로서 양진 하중

**16** 고속 회전 및 정밀한 이송 기구를 갖추고 있어 정밀도가 높고 표면 거칠기가 우수한 실린더나 커넥팅 로드 등을 가공하며, 진원도 및 진직도가 높은 제품을 가공하기에 가장 적합한 보링 머신은?

① 수직 보링 머신
② 수평 보링 머신
③ 정밀 보링 머신
④ 코어 보링 머신

해설 정밀 보링 머신 : 고속 회전 및 정밀한 이송 기구를 갖추고 있어 정밀도가 높고 표면 거칠기가 우수한 실린더나 커넥팅 로드 등을 가공하며, 진원도 및 진직도가 높은 제품을 가공

**17** 구성인선의 생성 과정 순서가 옳은 것은?

① 발생 → 성장 → 분열 → 탈락
② 분열 → 탈락 → 발생 → 성장
③ 성장 → 분열 → 탈락 → 발생
④ 탈락 → 발생 → 성장 → 분열

해설 구성인선의 생성 과정 순서 : 발생 → 성장 → 분열 → 탈락

**18** 래크형 공구를 사용하여 절삭하는 것으로 필요한 관계 운동은 변환 기어에 연결된 나사봉으로 조절하는 것은?

① 호빙 머신
② 마그 기어 셰이퍼
③ 베벨 기어 절삭기
④ 펠로스 기어 셰이퍼

해설 마그 기어 셰이퍼 : 래크형 공구를 사용하여 절삭하는 것으로 필요한 관계 운동은 변환 기어에 연결된 나사봉으로 조절

**19** 윤활제의 급유 방법에서 작업자가 급유 위치에 급유하는 방법은?

① 컵 급유법
② 분무 급유법
③ 충진 급유법
④ 핸드 급유법

해설 핸드 급유법 : 작업자가 급유 위치에 급유

**20** 수나사를 가공하는 공구는?

① 정  ② 탭
③ 다이스  ④ 스크레이퍼

해설 수나사 가공 : 다이스, 암나사 가공 : 탭

**21** 선반에서 절삭 저항의 분력 중 탄소강을 가공할 때 가장 큰 절삭 저항은?

① 배분력
② 주분력
③ 횡분력
④ 이송분력

📖 주분력 : 탄소강을 가공할 때 가장 큰 절삭 저항
주분력 〉 배분력 〉 이송분력

**22** 구멍이 있는 원통형 소재의 외경을 선반으로 가공할 때 사용하는 부속 장치는?

① 면판　　　　② 돌리개
③ 맨드릴　　　④ 방진구

📖 맨드릴(심봉) : 구멍이 있는 원통형 소재의 외경을 선반으로 가공(동심원 가공)할 때 사용

**23** 브로칭 머신으로 가공할 수 없는 것은?

① 스플라인 홈
② 베어링용 볼
③ 다각형의 구멍
④ 둥근 구멍 안의 키 홈

📖 브로칭 머신으로 가공 : 스플라인 홈, 다각형의 구멍, 둥근 구멍 안의 키 홈

**24** 밀링에서 절삭 속도 20m/min, 커터 지름 50mm, 날수 12개, 1날당 이송을 0.2mm로 할 때 1분간 테이블 이송량은 약 몇 mm인가?

① 120　　　　② 220
③ 306　　　　④ 404

📖 테이블의 이송 속도(F) = 한 날당 이송량($f_z$) × 날수(z) × 회전수(n)에서
$n = \dfrac{1000 \times 20}{3.14 \times 50} = 127.4$
$F = 0.2 \times 12 \times 127.4 ≒ 306[mm/min]$

**25** 아래 숫돌 바퀴 표시 방법에서 60이 나타내는 것은?

```
WA   60   K   5   V
```

① 입도　　　　② 조직
③ 결합도　　　④ 숫돌 입자

📖 WA(숫돌 입자) 60(입도) K(결합도) 5(조직) V(결합제) 순이다.

**26** 그림과 같이 표면의 결 도시 기호가 지시되었을 때 표면의 줄무늬 방향은?

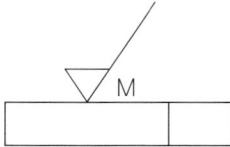

① 가공으로 생긴 선이 거의 동심원
② 가공으로 생긴 선이 여러 방향
③ 가공으로 생긴 선이 방향이 없거나 돌출됨
④ 가공으로 생긴 선이 투상면에 직각

📖 M : 가공에 의한 커터의 줄무늬가 여러 방향으로 교차 또는 무방향

**27** 다음 중 도면에 기입되는 치수에 대한 설명으로 옳은 것은?

① 재료 치수는 재료를 구입하는 데 필요

한 치수로 잘림 여유나 다듬질 여유가 포함되어 있지 않다.
② 소재 치수는 주물 공장이나 단조 공장에서 만들어진 그대로의 치수를 말하며 가공할 여유가 없는 치수이다.
③ 마무리 치수는 가공 여유를 포함하지 않은 치수로 가공 후 최종으로 검사할 완성된 제품의 치수를 말한다.
④ 도면에 기입되는 치수는 특별히 명시하지 않는 한 소재 치수를 기입한다.

> 해설 도면에 표시하는 치수는 특별히 명시하지 않는 한 그 도면에 도시한 대상물의 다듬질 치수를 표시한다.

**28** 다음 도면의 제도 방법에 관한 설명 중 옳은 것은?

① 도면에는 어떠한 경우에도 단위를 표시할 수 없다.
② 척도를 기입할 때 A : B로 표기하며, A는 물체의 실제 크기, B는 도면에 그려지는 크기를 표시한다.
③ 축척, 배척으로 제도했더라도 도면의 치수는 실제치수를 기입해야 한다.
④ 각도 표시는 항상 도, 분, 초(°, ′, ″) 단위로 나타내야 한다.

> 해설
> • 길이의 치수 수치는 원칙적으로 mm의 단위로 기입하고 단위 기호는 붙이지 않는다.
> • 척도를 기입할 때 A:B로 표기하며, A는 도면에 그려지는 크기, B는 물체의 실제 크기를 표시한다.
> • 각도의 치수 수치는 일반적으로 도의 단위로 기입하고, 필요한 경우에는 분 및 초를 병용할 수 있다. 표시할 때에는 오른쪽 위에 도, 분, 초(°, ′, ″)를 기입한다.

**29** 얇은 부분의 단면 표시를 하는 데 사용하는 선은?

① 아주 굵은 실선
② 불규칙한 파형의 가는 실선
③ 굵은 1점 쇄선
④ 가는 파선

> 해설 얇은 부분의 단면 표시를 하는 데 사용하는 선 : 아주 굵은 실선

**30** 다음 중 치수와 같이 사용하는 기호가 아닌 것은?

① SØ   ② SR
③ ⊠    ④ □

> 해설 ⊠ : 평면일 때 가는 실선으로 대각선으로 표시

**31** 기계 제도의 표준 규격화의 의미로 옳지 않은 것은?

① 제품의 호환성 확보
② 생산성 향상
③ 품질 향상
④ 제품 원가 상승

> 해설 제품 원가 상승하고는 관계없음

**32** 핸들이나 암, 리브, 축 등의 절단면을 90° 회전시켜서 나타내는 단면도는?

① 부분 단면도
② 회전 도시 단면도
③ 계단 단면도
④ 조합에 의한 단면도

> 해설 회전 도시 단면도 : 핸들이나 암, 리브, 축 등의 절단면을 90° 회전시켜서 나타내는 단면도

**33** 다음 기하 공차의 기호 중 위치도 공차를 나타내는 것은?

①    ②

③ ⌖   ④ ⊗

해설 ① ↗ : 원주 흔들림 공차
②  : 온 흔들림 공차
③ ⌖ : 위치도

**34** 다음 그림의 치수 기입에 대한 설명으로 틀린 것은?

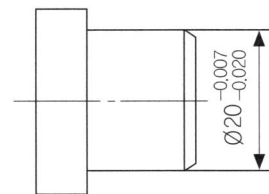

① 기준 치수는 지름 20이다.
② 공차는 0.013이다.
③ 최대 허용 치수는 19.93이다.
④ 최소 허용 치수는 19.98이다.

해설 최대 허용 치수는 19.993

**35** 그림에서 나타난 정면도와 평면도에 적합한 좌측면도는?

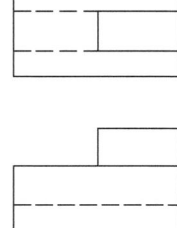

①   ②

③   ④

**36** 제도 표시를 단순화하기 위해 공차 표시가 없는 선형 치수에 대해 일반 공차를 4개의 등급으로 나타낼 수 있다. 이 중 공차 등급이 "거침"에 해당하는 호칭 기호는?

① c   ② f
③ m   ④ v

해설 f : 정밀, m : 중간, c : 거침, v : 매우 거침

**37** 표면 거칠기 지시 기호가 옳지 않은 것은?

①   ②
③   ④

 : 제거 가공 유무상관 없음.
: 제거 가공을 허락하지 않는다.
: 제거 가공을 필요로 한다.

**38** 다음 기호가 나타내는 각법은?

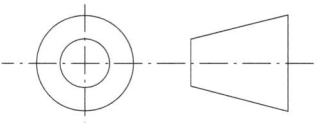

① 제1각법   ② 제2각법
③ 제3각법   ④ 제4각법

해설 제3각법의 기호

**39** 다음과 같이 도면에 기입된 기하 공차에서 0.011 이 뜻하는 것은?

| // | 0.011 | A |
|---|---|---|
|  | 0.05/200 |  |

① 기준 길이에 대한 공차 값
② 전체 길이에 대한 공차 값
③ 전체 길이 공차 값에서 기준 길이 공차 값을 뺀 값
④ 누진치수 공차 값

기준 길이에 대한 공차 값 : 0.05, 전체 길이에 대한 공차 값 : 0.011

**40** 다음 중 다이캐스팅용 알루미늄 합금 재료 기호는?

① AC1B
② ZDC1
③ ALDC3
④ MGC1

ALDC3 : 다이캐스팅용 알루미늄 합금재료 기호

**41** 구멍 Ø55H7, 축 Ø55g6인 끼워 맞춤에서 최대 틈새는 몇 $\mu m$인가?(단, 기준 치수 Ø55 에 대하여 H7의 위치수 허용차는 +0.030, 아래치수는 허용차는 0이고, g6의 위치수 허용차는 −0.010, 아래치수 허용차는 −0.029 이다.)

① 40$\mu m$   ② 59$\mu m$
③ 29$\mu m$   ④ 10$\mu m$

최대 틈새 = 구멍의 최대 허용 치수 − 축의 최소 허용 치수
= 55.030 − 54.971 = 0.059

**42** 투상도를 나타내는 방법에 대한 설명으로 옳지 않은 것은?

① 형상의 이해를 위해 주 투상도를 보충하는 보조 투상도를 되도록 많이 사용한다.
② 주 투상도에는 대상물의 모양, 기능을 가장 명확하게 표시하는 면을 그린다.
③ 특별한 이유가 없는 경우 주 투상도는 가로 길이로 놓은 상태로 그린다.
④ 서로 관련되는 그림의 배치는 되도록 숨은선을 쓰지 않는다.

형상의 이해를 위해 주 투상도를 보충하는 보조 투상도를 되도록 적게 사용한다.

**43** 제3각법으로 투상한 그림과 같은 정면도와 우측면도에 적합한 평면도는?

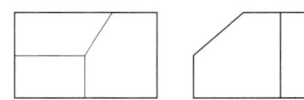

①

②

③

④

**44** 도면 작성 시 선이 한 장소에 겹쳐서 그려야 할 경우 나타내야 할 우선순위로 옳은 것은?

① 외형선 > 숨은선 > 중심선 > 무게중심선 > 치수선
② 외형선 > 중심선 > 무게중심선 > 치수선 > 숨은선
③ 중심선 > 무게중심선 > 치수선 > 외형선 > 숨은선
④ 중심선 > 치수선 > 외형선 > 숨은선 > 무게중심선

> 외형선 > 숨은선 > 절단선 > 중심선 > 무게중심선 > 치수선

**45** 가는 1점 쇄선으로 끝부분 및 방향이 변하는 부분을 굵게 한 선의 용도에 의한 명칭은?

① 파단선
② 절단선
③ 가상선
④ 특수지시선

> 절단선 : 가는 1점 쇄선으로 끝부분 및 방향이 변하는 부분을 굵게 한 선

**46** 미터 보통 나사에서 수나사의 호칭 지름은 무엇을 기준으로 하는가?

① 유효 지름
② 골지름
③ 바깥 지름
④ 피치원 지름

> 미터 보통 나사에서 수나사의 호칭 지름 : 바깥 지름

**47** 스프로킷 휠의 도시 방법에서 단면으로 도시할 때 이뿌리원은 어떤 선으로 표시하는가?

① 가는 1점 쇄선
② 가는 실선
③ 가는 2점 쇄선
④ 굵은 실선

> 스프로킷 휠의 도시 방법에서 단면으로 도시할 때 이뿌리원은 굵은 실선으로 도시

**48** 평행 핀의 호칭이 다음과 같이 나타났을 때 이 핀의 호칭 지름은 몇 mm인가?

KS B ISO 2338 − 8 m6 × 30 − A1

① 1mm
② 6mm
③ 8mm
④ 30mm

> 규격 번호 또는 명칭(평행 핀), 종류, 형식, 호칭 지름 공차(8 m6) × 호칭 길이(30) − 재료(St)

**49** 구름 베어링의 호칭 기호가 다음과 같이 나타날 때 이 베어링의 안지름은 몇 mm인가?

6026 P6

① 26  ② 60
③ 130  ④ 300

> 안지름 치수가 10, 12, 15, 17mm인 경우 안지름 번호는 00, 01, 02, 03이며, 04부터는 × 5이므로 26 × 5 = 130이다.

**50** 용접 기호에서 그림과 같은 표시가 있을 때 그 의미는?

① 현장 용접
② 일주 용접
③ 매끄럽게 처리한 용접
④ 이면판재 사용한 용접

▶ : 현장 용접

**51** 스퍼 기어의 도시법에 관한 설명으로 옳은 것은?

① 피치원은 가는 실선으로 그린다.
② 잇봉우리원은 가는 실선으로 그린다.
③ 축에 직각인 방향에서 본 그림을 단면으로 도시할 때 이골의 선은 가는 실선으로 표시한다.
④ 축 방향에서 본 이골원은 가는 실선으로 표시한다.

• 피치원은 가는 1점 쇄선으로 그린다.
• 잇봉우리원은 굵은 실선으로 그린다.
• 축에 직각인 방향에서 본 그림을 단면으로 도시할 때 이골의 선은 굵은 실선으로 표시한다.

**52** 나사의 도시 방법에 관한 설명 중 틀린 것은?

① 수나사와 암나사의 골 밑을 표시하는 선은 가는 실선으로 그린다.
② 완전 나사부와 불완전 나사부의 경계선은 가는 실선으로 그린다.
③ 불완전 나사부는 기능상 필요한 경우 혹은 치수 지시를 하기 위해 필요한 경우 경사된 가는 실선으로 표시한다.
④ 수나사와 암나사의 측면도시에서 각각의 골지름은 가는 실선으로 약 3/4에 거의 같은 원의 일부로 그린다.

완전 나사부와 불완전 나사부의 경계선은 굵은 실선으로 그린다.

**53** 그림에서 도시된 기호는 무엇을 나타낸 것인가?

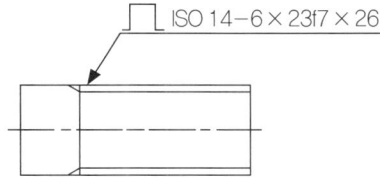

① 사다리꼴 나사
② 스플라인
③ 사각 나사
④ 세레이션

스플라인 호칭법 : 기호, 규격 – 잇수(N) × 호칭지름(d) × 큰지름(D)

**54** 다음에 설명하는 캠은?

- 원동절의 회전 운동을 종동절의 직선 운동으로 바꾼다.
- 내연 기관의 흡배기 밸브를 개폐하는 데 많이 사용한다.

① 판 캠          ② 원통 캠
③ 구면 캠        ④ 경사판 캠

**55** 표준 스퍼 기어에서 모듈이 4이고, 피치원 지름이 160mm일 때, 기어의 잇수는?

① 20  ② 30
③ 40  ④ 50

해설 $PCD(D) = m \times z$ 에서
$z = \dfrac{D}{m} = \dfrac{160}{4} = 40$

**56** 다음 중 파이프의 끝 부분을 표시하는 그림 기호가 아닌 것은?

①
②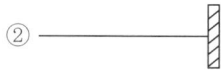
③
④

해설 ① 막힌 플랜지, ③ 용접식 캡, ④ 나사 박음식 캡 및 플러그

**57** CAD 시스템의 기본적인 하드웨어 구성으로 거리가 먼 것은?

① 입력 장치  ② 중앙 처리 장치
③ 통신 장치  ④ 출력 장치

해설 CAD 시스템의 기본적인 하드웨어 구성 : 입력 장치, 중앙 처리 장치, 출력 장치

**58** 컴퓨터의 처리 속도 단위 중 ps(피코 초)란?

① $10^{-3}$초  ② $10^{-6}$초
③ $10^{-9}$초  ④ $10^{-12}$초

해설 ms : $10^{-3}$초, μs : $10^{-6}$초, ns : $10^{-9}$초, ps : $10^{-12}$초

**59** 다른 모델링과 비교하여 와이어 프레임 모델링의 일반적인 특징을 설명한 것 중 틀린 것은?

① 데이터의 구조가 간단하다.
② 처리 속도가 느리다.
③ 숨은선을 제거할 수 없다.
④ 체적 등의 물리적 성질을 계산하기가 용이하지 않다.

해설 처리 속도가 빠르다.

**60** 좌표 방식 중 원점이 아닌 현재 위치, 즉 출발점을 기준으로 하여 해당 위치까지의 거리로 그 좌표를 나타내는 방식은?

① 절대 좌표 방식  ② 상대 좌표 방식
③ 직교 좌표 방식  ④ 원통 좌표 방식

해설 상대 좌표 방식 : CAD 시스템에서 원점이 아닌 주어진 시작점을 기준으로 하여 그 점과의 거리로 좌표를 나타내는 방식

**ANSWER** 2016년 2회

| 01 | ① | 02 | ③ | 03 | ④ | 04 | ③ | 05 | ③ |
| --- | --- | --- | --- | --- | --- | --- | --- | --- | --- |
| 06 | ② | 07 | ② | 08 | ① | 09 | ② | 10 | ① |
| 11 | ① | 12 | ④ | 13 | ① | 14 | ④ | 15 | ③ |
| 16 | ③ | 17 | ① | 18 | ② | 19 | ④ | 20 | ③ |
| 21 | ② | 22 | ③ | 23 | ① | 24 | ③ | 25 | ① |
| 26 | ② | 27 | ③ | 28 | ③ | 29 | ③ | 30 | ② |
| 31 | ④ | 32 | ③ | 33 | ① | 34 | ③ | 35 | ④ |
| 36 | ① | 37 | ② | 38 | ① | 39 | ② | 40 | ③ |
| 41 | ② | 42 | ① | 43 | ① | 44 | ① | 45 | ② |
| 46 | ③ | 47 | ④ | 48 | ③ | 49 | ③ | 50 | ① |
| 51 | ④ | 52 | ③ | 53 | ② | 54 | ① | 55 | ③ |
| 56 | ② | 57 | ③ | 58 | ④ | 59 | ② | 60 | ② |

# 공단 기출문제_2016년 3회

**01** 6·4 황동에 철 1~2%를 첨가함으로써 강도와 내식성이 향상되어 광산 기계, 선박용 기계, 화학 기계 등에 사용되는 특수 황동은?

① 쾌삭메탈
② 델타메탈
③ 네이벌 황동
④ 애드머럴티 황동

해설 델타메탈 : 6·4 황동에 철 1~2%를 첨가함으로써 강도와 내식성이 향상되어 광산 기계, 선박용 기계, 화학 기계 등에 사용

**02** 냉간 가공된 황동제품들이 공기 중의 암모니아 및 염류로 인하여 입간부식에 의한 균열이 생기는 것은?

① 저장 균열    ② 냉간 균열
③ 자연 균열    ④ 열간 균열

해설 자연 균열 : 냉간 가공된 황동제품들이 공기 중의 암모니아 및 염류로 인하여 입간부식에 의한 균열이 생기는 것

**03** 탄소강에 함유된 원소 중 백점이나 헤어 크랙의 원인이 되는 원소는?

① 황        ② 인
③ 수소      ④ 구리

해설 수소(H) : 탄소강에 함유된 원소 중 백점이나 헤어크랙의 원인

**04** 절삭 공구로 사용되는 재료가 아닌 것은?

① 페놀
② 서멧
③ 세라믹
④ 초경합금

해설 페놀 수지 : 경질이고 내열성이 있는 열경화성 수지로서 전기기구, 기어 및 프로펠러 등에 사용

**05** 상온이나 고온에서 단조성이 좋아지므로 고온가공이 용이하며 강도를 요하는 부분에 사용하는 황동은?

① 톰백        ② 6·4황동
③ 7·3황동     ④ 함석황동

해설 6·4황동 : 상온이나 고온에서 단조성이 좋아지므로 고온가공이 용이하며 강도를 요하는 부분에 사용

**06** 철강의 열처리 목적으로 틀린 것은?

① 내부의 응력과 변형을 증가시킨다.
② 강도, 연성, 내마모성 등을 향상시킨다.
③ 표면을 경화시키는 등의 성질을 변화시킨다.
④ 조직을 미세화하고 기계적 특성을 향상시킨다.

해설 내부의 응력과 변형을 감소할 목적으로 열처리

**07** 탄소강에 함유되는 원소 중 강도, 연신율, 충격치를 감소시키며 적열취성의 원인이 되는 것은?

① Mn　　② Si
③ P　　　④ S

> S(황) : 탄소강에 함유되는 원소 중 강도, 연신율, 충격치를 감소시키며 적열취성의 원인

**08** 미끄럼 베어링 윤활 방법이 아닌 것은?

① 적하 급유법　② 패드 급유법
③ 오일링 급유법　④ 충격 급유법

> 미끄럼 베어링 윤활 방법 : 적하 급유법, 패드 급유법, 오일링 급유법

**09** 일반 스퍼 기어와 비교한 헬리컬 기어의 특징에 대한 설명으로 틀린 것은?

① 임의의 비틀림 각을 선택할 수 있어서 축 중심 거리의 조절이 용이하다.
② 물림 길이가 길고 물림률이 크다.
③ 최소 잇수가 적어서 회전비를 크게 할 수가 있다.
④ 추력이 발생하지 않아서 진동과 소음이 적다.

> 추력이 발생하며 선접촉이므로 진동이나 소음이 발생하기 쉽다.

**10** 체인 전동의 일반적인 특징으로 거리가 먼 것은?

① 속도비가 일정하다.
② 유지 및 보수가 용이하다.
③ 내열, 내유, 내습성이 강하다.
④ 진동과 소음이 없다.

> 고속 전동에서는 진동과 소음이 생기기 쉽다.

**11** 8kN의 인장 하중을 받는 정사각봉의 단면에 발생하는 인장 응력이 5MPa이다. 이 정사각봉의 한 변의 길이는 약 몇 mm인가?

① 40　　② 60
③ 80　　④ 100

> 인장 응력 $\sigma = \dfrac{W}{A}$ 에서
> $A = \dfrac{W}{\sigma} = \dfrac{8000}{5} = 1600$
> $L = \sqrt{1600} = 40$

**12** 회전체의 균형을 좋게 하거나 너트를 외부에 돌출시키지 않으려고 할 때 주로 사용하는 너트는?

① 캡 너트　　② 둥근 너트
③ 육각 너트　④ 와셔붙이 너트

> 둥근 너트 : 회전체의 균형을 좋게 하거나 너트를 외부에 돌출시키지 않으려고 할 때 주로 사용

**13** 핀(pin)의 종류에 대한 설명으로 틀린 것은?

① 테이퍼 핀은 보통 1/50 정도의 테이퍼를 가지며, 축에 보스를 고정시킬 때 사용할 수 있다.
② 평행 핀은 분해·조립하는 부품의 맞춤면의 관계 위치를 일정하게 할 필요가 있을 때 주로 사용된다.
③ 분할 핀은 한쪽 끝이 2가닥으로 갈라진 핀으로 축에 끼워진 부품이 빠지는 것을 막는데 사용할 수 있다.

④ 스프링 핀은 2개의 봉을 연결하기 위해 구멍에 수직으로 핀을 끼워 2개의 봉이 상대 각운동을 할 수 있도록 연결한 것이다.

> 해설 스프링 핀은 세로 방향으로 갈라져 있으므로 바깥지름보다 작은 구멍에 끼워 넣고, 스프링 작용을 할 수 있도록 하여 기계부품을 결합한다.

**14** 기계의 운동에너지를 흡수하여 운동 속도를 감속 또는 정지시키는 장치는?

① 기어　　　　② 커플링
③ 마찰차　　　④ 브레이크

> 해설 브레이크 : 기계의 운동에너지를 흡수하여 운동 속도를 감속 또는 정지시키는 장치

**15** 한쪽은 오른나사, 다른 한쪽은 왼나사로 되어 양끝을 서로 당기거나 밀거나 할 때 사용하는 기계요소는?

① 아이 볼트
② 세트 스크류
③ 플레이트 너트
④ 턴 버클

> 해설 턴 버클 : 한쪽은 오른나사, 다른 한쪽은 왼나사로 되어 양끝을 서로 당기거나 밀거나 할 때 사용

**16** 가공할 구멍이 매우 클 때, 구멍 전체를 절삭하지 않고 내부에는 심재가 남도록 환형의 홈으로 가공하는 방식으로 판재에 큰 구멍을 가공하거나 포신 등의 가공에 적합한 보링 머신은?

① 보통 보링 머신　　② 수직 보링 머신
③ 지그 보링 머신　　④ 코어 보링 머신

> 해설 코어 보링 머신 : 가공할 구멍이 매우 클 때, 구멍 전체를 절삭하지 않고 내부에는 심재가 남도록 환형의 홈으로 가공하는 방식으로 판재에 큰 구멍을 가공하거나 포신 등의 가공에 적합

**17** 그림과 같은 환봉의 테이퍼를 선반에서 복식 공구대를 회전시켜 가공하려 할 때 공구대를 회전시켜야 할 각도는?(단, 각도는 아래 표를 참고한다.)

| tanθ | 0.052 | 0.104 | 0.208 | 0.416 |
|---|---|---|---|---|
| 각도 | 3° | 5°5′ | 11°45′ | 23°35′ |

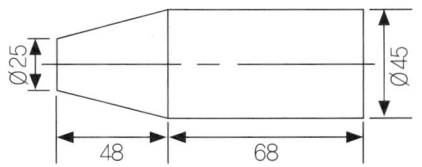

① 3°
② 5°5′
③ 11°45′
④ 23°35′

> 해설 $\tan\theta = \dfrac{D-d}{2l} = \dfrac{45-25}{2\times 48} = \dfrac{20}{96} = 0.2083$
> $= 11.766° ≒ 11°45′$

**18** 전해 연마의 특징에 대한 설명으로 틀린 것은?

① 가공면에 방향성이 없다.
② 복잡한 형상의 제품은 가공할 수 없다.
③ 가공 변질층이 없고 평활한 가공면을 얻을 수 있다.
④ 연질의 알루미늄, 구리 등도 쉽게 광택면을 가공할 수 있다.

> 해설 복잡한 형상의 제품은 가공할 수 있다.

**19** CNC 선반에서 휴지 기능(G04)에 관한 설명으로 틀린 것은?

① 휴지 기능은 홈 가공에서 많이 사용한다.
② 휴지 기능은 진원도를 향상시킬 수 있다.
③ 휴지 기능은 깨끗한 표면을 가공할 수 있다.
④ 휴지 기능은 정밀한 나사를 가공할 수 있다.

해설 홈 가공이나 드릴작업 등에서 간헐이송으로 칩을 절단하거나, 목표점에 도달한 후 즉시 후퇴할 때 생기는 이송량 만큼의 단차를 제거함으로써 진원도 향상 및 깨끗한 표면을 얻기 위해 사용

**20** 금형 부품과 같은 복잡한 형상을 고정밀도로 가공할 수 있는 연삭기는?

① 성형 연삭기　② 평면 연삭기
③ 센터리스 연삭기　④ 만능 공구 연삭기

해설 성형 연삭기 : 금형 부품과 같은 복잡한 형상을 고정밀도로 가공

**21** 그림과 같이 테이퍼를 가공할 때 심압대의 편위량은 몇 mm인가?

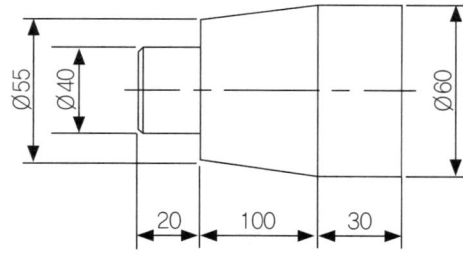

① 3.0　② 3.25
③ 3.75　④ 5.25

해설 $x = \dfrac{(D-d)L}{2l} = \dfrac{(60-55)150}{2 \times 100} = \dfrac{750}{200} = 3.75$

**22** 마이크로미터의 구조에서 구성 부품에 속하지 않는 것은?

① 앤빌　② 스핀들
③ 슬리브　④ 스크라이버

해설 마이크로미터의 구성 부품 : 앤빌, 스핀들, 슬리브, 래치 스톱, 프레임

**23** 윤활의 목적과 가장 거리가 먼 것은?

① 냉각 작용　② 방청 작용
③ 청정 작용　④ 용해 작용

해설 윤활의 목적 : 냉각 작용, 방청 작용, 청정 작용

**24** 기어 절삭기로 가공된 기어의 면을 매끄럽고 정밀하게 다듬질하는 가공은?

① 래핑
② 호닝
③ 폴리싱
④ 기어 셰이빙

해설 기어 셰이빙 : 기어 절삭기로 가공된 기어의 면을 매끄럽고 정밀하게 다듬질하는 가공

**25** 밀링 가공에서 분할대를 이용하여 원주면을 등분하려고 한다. 직접 분할법에서 직접 분할판의 구멍수는?

① 12개　② 24개
③ 30개　④ 36개

해설 직접 분할법 : 24개의 구멍(24, 12, 8, 6, 4, 3, 2는 직접 분할)

**26** 제품의 표면 거칠기를 나타낼 때 표면 조직의 파라미터를 "평가된 프로파일의 산술 평균 높이"로 사용하고자 한다면 그 기호로 옳은 것은?

① Rt  ② Rq
③ Rz  ④ Ra

> 해설 Ra : 산술 평균 거칠기

**27** 다음은 어떤 물체를 제3각법으로 투상한 것이다. 이 물체의 등각 투상도로 가장 적합한 것은?

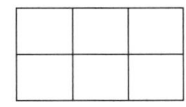

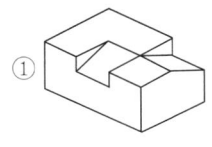
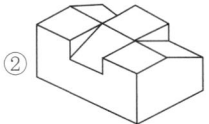
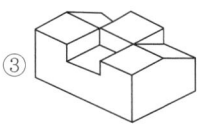

**28** 가는 실선으로만 사용하지 않는 선은?

① 지시선  ② 절단선
③ 해칭선  ④ 치수선

> 해설 절단선 : 가는 1점 쇄선으로 끝부분 및 방향이 변하는 부분을 굵게 한 선

**29** 재료의 기호와 명칭이 맞는 것은?

① STC : 기계 구조용 탄소 강재
② STKM : 용접 구조용 압연 강재
③ SPHD : 탄소 공구 강재
④ SS : 일반 구조용 압연 강재

> 해설
> • STC : 탄소공구강 강재
> • STKM : 기계구조용 탄소강 강관
> • SPHD : 열간압연강판

**30** 도면이 구비하여야 할 구비 조건이 아닌 것은?

① 무역 및 기술의 국제적인 통용성
② 제도자의 독창적인 제도법에 대한 창의성
③ 면의 표면, 재료, 가공 방법 등의 정보성
④ 대상물의 도형, 크기, 모양, 자세, 위치 등의 정보성

> 해설 기술의 각 분야에 걸쳐 정확성, 보편성을 가져야 한다.

**31** 투상도를 표시하는 방법에 관한 설명으로 가장 옳지 않은 것은?

① 조립도 등 주로 기능을 나타내는 도면에서는 대상물을 사용하는 상태로 표시한다.
② 물체의 중요한 면은 가급적 투상면에 평행하거나 수직이 되도록 표시한다.
③ 물품의 형상이나 기능을 가장 명료하게 나타내는 면을 주 투상도가 아닌 보조 투상도로 선정한다.

④ 가공을 위한 도면은 가공량이 많은 공정을 기준으로 가공할 때 놓여진 상태와 같은 방향으로 표시한다.

📖 물품의 형상이나 기능을 가장 명료하게 나타내는 면을 주 투상도로 선정한다.

**32** 다음 내용이 설명하는 투상법은?

> 투사선이 평행하게 물체를 지나 투상면에 수직으로 닿고 투상된 물체가 투상면에 나란하기 때문에 어떤 물체의 형상도 정확하게 표현할 수 있다.
> 이 투상법에는 1각법과 3각법이 속한다.

① 투시 투상법　② 등각 투상법
③ 사 투상법　　④ 정 투상법

📖 정 투상법에 대한 설명이다.

**33** 아래 그림과 같은 치수 기입 방법은?

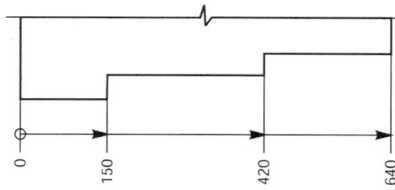

① 직렬 치수 기입 방법
② 병렬 치수 기입 방법
③ 누진 치수 기입 방법
④ 복잡 치수 기입 방법

📖 누진 치수 기입 방법에 해당

**34** 기계 관련 부품도에서 Ø80H7/g6로 표기된 것의 설명으로 틀린 것은?

① 구멍 기준식 끼워 맞춤이다.

② 구멍의 끼워 맞춤 공차는 H7이다.
③ 축의 끼워 맞춤 공차는 g6이다.
④ 억지 끼워 맞춤이다.

📖 헐거운 끼워 맞춤이다. 틈새가 생김

**35** 그림에서 기하 공차 기호로 기입할 수 없는 것은?

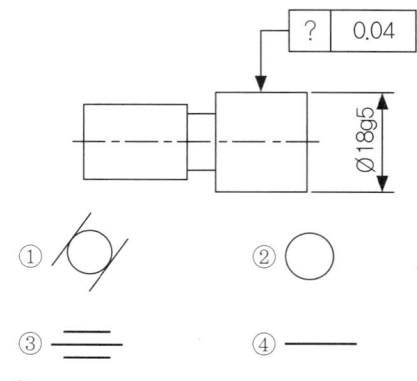

📖 ═ : 대칭도는 제외

**36** 모떼기를 나타내는 치수 보조 기호는?

① R　　② SR
③ t　　④ C

📖 C : 45° 모떼기 치수의 치수 수치 앞에 붙인다.

**37** KS 규격에서 규정하고 있는 단면도의 종류가 아닌 것은?

① 온 단면도
② 한쪽 단면도
③ 부분 단면도
④ 복각 단면도

📖 규격에 복각 단면도는 규정되지 않음

**38** 제3각법으로 그린 투상도에서 우측면도로 옳은 것은?

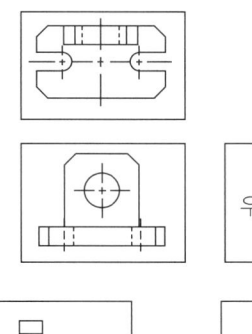

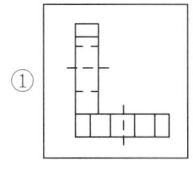
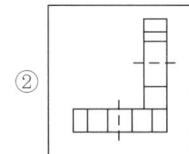
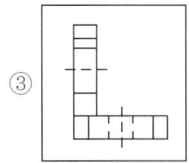
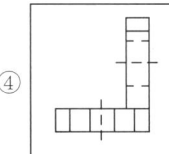

**39** 열처리, 도금 등 특별한 요구 사항을 적용할 수 있는 범위를 표시하는 데 사용하는 특수 지정선은?

① 굵은 실선　② 가는 실선
③ 굵은 파선　④ 굵은 1점 쇄선

> 해설  굵은 1점 쇄선(특수지정선) : 열처리, 도금 등 특별한 요구 사항을 적용할 수 있는 범위를 표시하는 데 사용

**40** 도면에서 구멍의 치수가 Ø50$^{+0.05}_{-0.02}$ 로 기입되어 있다면 치수 공차는?

① 0.02　② 0.03
③ 0.05　④ 0.07

> 해설  치수 공차 = 윗치수허용차 − 아래치수허용차
> = (+0.05) − (−0.02) = 0.07

**41** 도면 관리에 필요한 사항과 도면 내용에 관한 중요한 사항이 기입되어 있는 도면 양식으로 도명이나 도면 번호와 같은 정보가 있는 것은?

① 재단마크　② 표제란
③ 비교눈금　④ 중심마크

> 해설  표제란 : 도면 관리에 필요한 사항과 도면 내용에 관한 중요한 사항이 기입되어 있는 도면 양식으로 도명이나 도면 번호와 같은 정보가 들어 있다.

**42** 기하 공차의 종류와 기호 설명이 잘못된 것은?

① ▱ : 평면도 공차

② ○ : 원통도 공차

③ ⊕ : 위치도 공차

④ ⊥ : 직각도 공차

> 해설  ○ : 진원도 공차, ⌭ : 원통도 공차

**43** 다음 면의 지시 기호 표시에서 제거 가공을 허락하지 않는 것을 지시하는 기호는?

① 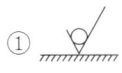　②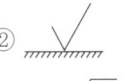

③ 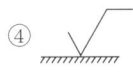　④ 

> 해설  ∀ : 제거 가공 유무상관 없음.
> ∀ : 제거 가공을 허락하지 않는다.
> ∀ : 제거 가공을 필요로 한다.

**44** 도면을 작성할 때 쓰이는 문자의 크기를 나타내는 기준은?

① 문자의 폭  ② 문자의 높이
③ 문자의 굵기  ④ 문자의 경사도

해설 문자의 크기는 문자의 높이로 나타낸다.

**45** 다음 중 억지 끼워 맞춤에 속하는 것은?

① H8/e8  ② H7/t6
③ H8/f8  ④ H6/k6

해설
• 헐거운 끼워 맞춤 : H8/e8, H8/f8
• 중간 끼워 맞춤 : H6/k6
• 억지 끼워 맞춤 : H7/t6

**46** 축을 제도하는 방법에 관한 설명으로 틀린 것은?

① 긴 축은 단축하여 그릴 수 있으나 길이는 실제 길이를 기입한다.
② 축은 일반적으로 길이 방향으로 절단하여 단면을 표시한다.
③ 구석 라운드 가공부는 필요에 따라 호 가대하여 기입할 수 있다.
④ 필요에 따라 부분 단면은 가능하다.

해설 축은 일반적으로 길이 방향으로 절단하여 단면을 표시하지 않는다.

**47** 관의 결합 방식 표시에서 유니언식을 나타내는 것은?

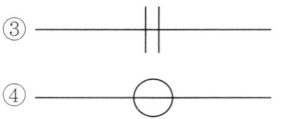

해설 ① 일반 이음, ② 유니언식, ③ 플랜지식

**48** 스퍼 기어의 도시 방법에 대한 설명으로 틀린 것은?

① 축에 직각인 방향으로 본 투상도를 주 투상도로 할 수 있다.
② 잇봉우리원은 굵은 실선으로 그린다.
③ 피치원은 가는 1점 쇄선으로 그린다.
④ 축 방향으로 본 투상도에서 이골원은 굵은 실선으로 그린다.

해설 축 방향으로 본 투상도에서 이골원은 가는 실선으로 그린다.

**49** 다음 중 베어링의 안지름이 17mm인 베어링은?

① 6303
② 32307K
③ 6317
④ 607U

해설 안지름 치수가 10, 12, 15, 17mm인 경우 안지름 번호는 00, 01, 02, 03이며, 04부터는 ×5이므로 6303 : 17, 32307K : 35, 6317 : 85, 607U : 7

**50** 스프로킷 휠의 피치원을 표시하는 선의 종류는?

① 굵은 실선  ② 가는 실선
③ 가는 1점 쇄선  ④ 가는 2점 쇄선

해설 피치원은 가는 1점 쇄선으로 도시

**51** 키의 호칭이 다음과 같이 나타날 때 설명으로 틀린 것은?

> KS B 1311 PS–B 25×14×90

① 키에 관련한 규격은 KS B 1311에 따른다.
② 평행 키로서 나사용 구멍이 있다.
③ 키의 끝부가 양쪽 둥근형이다.
④ 키의 높이는 14mm이다.

(표준 번호 또는 키 종류) (PS: 나사 구멍 없음, –B : 양쪽네모형) (호칭 치수) × (길이) – 끝 모양의 특별 지정, 재료

**52** 나사의 제도 방법을 바르게 설명한 것은?

① 수나사와 암나사의 골 밑은 굵은 실선으로 그린다.
② 완전 나사부와 불완전 나사부의 경계는 가는 실선으로 그린다.
③ 나사 끝면에서 본 그림에서 나사의 골 밑은 가는 실선으로 원주의 3/4에 가까운 원의 일부로 그린다.
④ 수나사와 암나사가 결합되었을 때의 단면은 암나사가 수나사를 가린 형태로 그린다.

• 수나사와 암나사의 골 밑은 가는 설선으로 그린다.
• 완전 나사부와 불완전 나사부의 경계는 굵은 실선으로 그린다.
• 수나사와 암나사가 결합되었을 때의 단면은 수나사를 기준으로 그린다.

**53** 스프링 제도에서 스프링 종류와 모양만을 도시하는 경우 스프링 재료의 중심선은 어느 선으로 나타내야 하는가?

① 굵은 실선   ② 가는 1점 쇄선
③ 굵은 파선   ④ 가는 실선

굵은 실선 : 스프링 제도에서 스프링 종류와 모양만을 도시하는 경우 스프링 재료의 중심선

**54** 다음 표준 스퍼 기어에 대한 요목표에서 전체 이 높이는 몇 mm인가?

| 스퍼기어 | | |
|---|---|---|
| 기어 치형 | | 표준 |
| 공구 | 치형 | 보통 이 |
| | 모듈 | 2 |
| | 입력각 | 20° |
| 잇수 | | 31 |
| 피치원 지름 | | 82 |
| 전체 이 높이 | | |
| 다듬질 방법 | | 호브 절삭 |
| 정밀도 | | KS B 1405, 5급 |

① 4        ② 4.5
③ 5        ④ 5.5

전체 이 높이 = 모듈 × 2.25
            = 2 × 2.25 = 4.5

**55** ISO 규격에 있는 관용 테이퍼 나사로 테이퍼 수나사를 표시하는 기호는?

① R        ② Rc
③ PS       ④ Tr

R : 관용테이퍼수나사, Rc : 관용테이퍼암나사

**56** 전체 둘레 현장 용접을 나타내는 보조 기호는?

해설 ③ : 전체 둘레 현장 용접

**57** CAD 시스템에서 도면상 임의의 점을 입력할 때 변하지 않는 원점(0,0)을 기준으로 정한 좌표계는?

① 상대 좌표계  ② 상승 좌표계
③ 증분 좌표계  ④ 절대 좌표계

해설 절대 좌표계 : CAD 시스템에서 도면상 임의의 점을 입력할 때 변하지 않는 원점(0,0)을 기준으로 정한 좌표계

**58** 컴퓨터 입력 장치의 한 종류로 직사각형의 판에 사용자가 손에 잡고 움직일 수 있는 펜 모양의 스타일러스 혹은 버튼이 달린 라인 커서 장치의 2가지 부분으로 구성되며 펜이나 커서의 움직임에 대한 좌표 정보를 읽어서 컴퓨터에 나타내는 장치는?

① 디지타이저(digitizer)
② 광학 마크 판독기(OMR)
③ 음극선관(CRT)
④ 플로터(plotter)

해설 디지타이저(digitizer) : 입력 장치의 한 종류로 직사각형의 판에 사용자가 손에 잡고 움직일 수 있는 펜 모양의 스타일러스 혹은 버튼이 달린 라인 커서 장치의 2가지 부분으로 구성되며 펜이나 커서의 움직임에 대한 좌표 정보를 읽어서 컴퓨터에 나타내는 장치

**59** 데이터를 표현하는 최소 단위를 무엇이라고 하는가?

① byte  ② bit
③ word  ④ file

해설 bit : 데이터를 표현하는 최소 단위

**60** 다음이 설명하는 3차원 모델링 방식은?

- 간섭 체크를 할 수 있다.
- 질량 등의 물리적 특성 계산이 가능하다.

① 와이어 프레임 모델링
② 서피스 모델링
③ 솔리드 모델링
④ DATA 모델링

해설 솔리드 모델링
• 간섭 체크를 할 수 있다.
• 질량 등의 물리적 특성 계산이 가능하다.

| ANSWER | | | | | | | | | | 2016년 3회 |
|---|---|---|---|---|---|---|---|---|---|---|
| 01 | ② | 02 | ③ | 03 | ③ | 04 | ① | 05 | ② |
| 06 | ① | 07 | ④ | 08 | ④ | 09 | ④ | 10 | ④ |
| 11 | ① | 12 | ② | 13 | ④ | 14 | ④ | 15 | ④ |
| 16 | ④ | 17 | ④ | 18 | ④ | 19 | ④ | 20 | ① |
| 21 | ④ | 22 | ④ | 23 | ④ | 24 | ④ | 25 | ② |
| 26 | ④ | 27 | ② | 28 | ② | 29 | ④ | 30 | ② |
| 31 | ④ | 32 | ④ | 33 | ④ | 34 | ④ | 35 | ③ |
| 36 | ④ | 37 | ④ | 38 | ④ | 39 | ④ | 40 | ④ |
| 41 | ② | 42 | ④ | 43 | ① | 44 | ② | 45 | ② |
| 46 | ② | 47 | ④ | 48 | ④ | 49 | ① | 50 | ③ |
| 51 | ③ | 52 | ④ | 53 | ① | 54 | ④ | 55 | ① |
| 56 | ③ | 57 | ④ | 58 | ① | 59 | ② | 60 | ③ |

# 제3장
# CBT 대비 적중모의고사

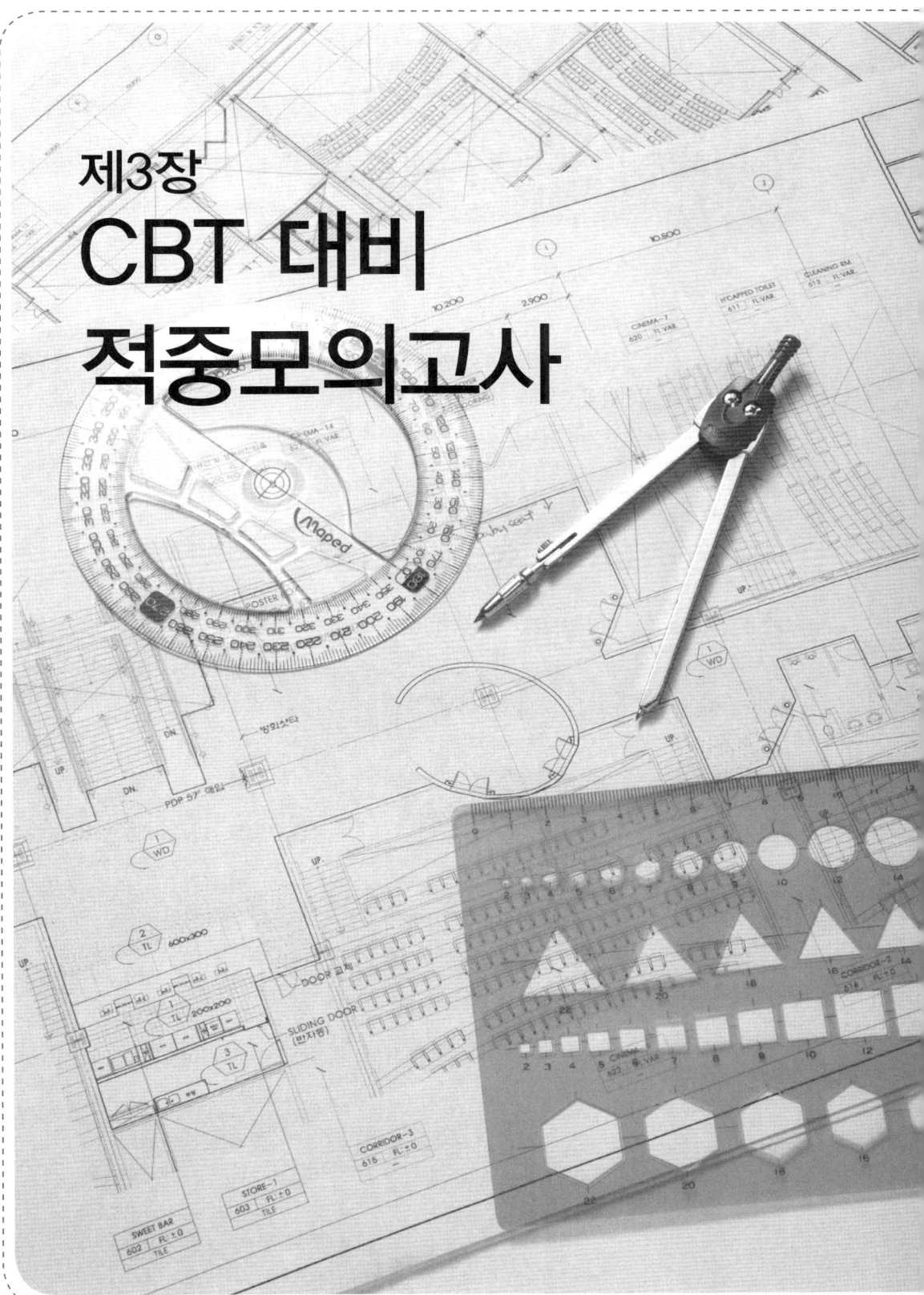

# CBT 대비 적중모의고사_ 제1회

**01** 축과 보스의 둘레에 4개에서 수십 개의 턱을 만들어 회전력의 전달과 동시에 보스를 축 방향으로 이동시킬 필요가 있을 때 사용되는 것은?

① 반달 키
② 접선 키
③ 원뿔 키
④ 스플라인

**02** 강의 표면 경화법에 해당하지 않는 것은?

① 질화법
② 침탄법
③ 항온 풀림
④ 시멘테이션

> • 항온 풀림은 강의 조직 개선 및 재질의 연화를 목적으로 하는 것으로 표면 경화법이 아니다.
> • 시멘테이션 : 표면에 Cr, Al, Si, B를 침투시키는 것(순서대로 크로마이징, 칼로라이징, 실리콘라이징, 브로나이징)

**03** 주조성이 좋으며 열처리에 의하여 기계적 성질을 개량할 수 있는 라우탈(Lautal)의 대표적인 합금은?

① Al-Cu계 합금
② Al-Si계 합금
③ Al-Cu-Si계 합금
④ Al-Mg-Si계 합금

> 주조용 알루미늄합금 : 실루민, 하이드로날륨, Y합금, 라우탈

**04** 재료를 상온에서 다른 형상으로 변형시킨 후 원래 모양으로 회복되는 온도로 가열하면 원래 모양으로 돌아오는 합금은?

① 제진 합금
② 형상 기억 합금
③ 비정질 합금
④ 초전도 합금

> • 제진 합금 : 진동을 억제하는 특성이 있다.
> • 비정질 합금 : 결정 구조를 가지지 않으므로 자기적 성질이 대단히 우수하다.
> • 초전도 합금 : 극저온에서 냉각하였을 때 전기 저항이 0이 된다.

**05** 두 축이 나란하지도 교차하지도 않는 기어는?

① 베벨 기어
② 헬리컬 기어
③ 스퍼 기어
④ 하이포이드 기어

> 베벨 기어는 직각으로 만날 때, 헬리컬 기어와 스퍼 기어는 평행일 때 사용된다.

**06** 오스테나이트계 18-8 형 스테인리스강의 성분은?

① 크롬 18%, 니켈 8%
② 니켈 18%, 크롬 8%
③ 티탄 18%, 니켈 8%
④ 크롬 18%, 티탄 8%

- 스테인리스강(STS) : 강에 Cr, Ni 등을 첨가하여 녹이 잘 슬지 않음
- 18-8스테인리스강 : 18% 크롬, 8% 니켈 함유

**07** 철강재 스프링 재료가 갖추어야 할 조건이 아닌 것은?

① 가공하기 쉬운 재료이어야 한다.
② 높은 응력에 견딜 수 있고, 영구변형이 적어야 한다.
③ 부식에 강해야 한다.
④ 피로강도와 파괴인성치가 낮아야 한다.

피로강도는 무한반복하중에 대하여 파괴되지 않는 강도로, 스프링재료는 피로강도와 파괴인성치가 높아야 한다.

**08** 강판 또는 형강 등을 영구적으로 결합하는 데 사용되는 것은?

① 핀          ② 키
③ 용접        ④ 볼트와 너트

용접은 영구적으로 결합하는 데 사용한다.

**09** 단조용 알루미늄 합금으로 Al – Cu – Mg – Mn계 합금이며 기계적 성질이 우수하여 항공기, 차량부품 등에 많이 쓰이는 재료는?

① Y 합금
② 실루민
③ 두랄루민
④ 켈멧합금

두랄루민 : Al+Cu+Mg+Mn의 합금 고온에서 물에 급랭하여 시효 경화시킨 것. 가벼워서 항공기나 자동차 등에 사용된다.

**10** V 벨트 전동의 특징에 대한 설명으로 틀린 것은?

① 평 벨트보다 잘 벗겨진다.
② 이음매가 없어 운전이 정숙하다.
③ 평 벨트보다 비교적 작은 장력으로 큰 회전력을 전달할 수 있다.
④ 지름이 작은 풀리에도 사용할 수 있다.

풀리에 V홈이 있으므로 잘 벗겨지지 않는다.

**11** 보통 주철의 특징이 아닌 것은?

① 주조가 쉽고 가격이 저렴하다.
② 고온에서 기계적 성질이 우수하다.
③ 압축 강도가 크다.
④ 경도가 높다.

주철은 고온에서 기계적 성질이 떨어진다.

**12** 물체가 변형에 견디지 못하고 파괴되는 성질로 인성에 반대되는 성질은?

① 탄성        ② 전성
③ 소성        ④ 취성

취성 : 잘 깨지고 부서지는 성질. 인성의 반대

**13** 지름 4cm의 연강봉에 5000N의 인장력이 걸려 있을 때 재료에 생기는 응력은?

① 410N/cm²    ② 498N/cm²
③ 300N/cm²    ④ 398N/cm²

$$\sigma = \frac{W}{A} = \frac{5000}{\frac{\pi}{4} \times 4^2} = \frac{5000}{3.14 \times 4} = 398 N/cm^2$$

**14** 2개의 기계 요소가 점접촉으로 이루어지는 것은?

① 실린더와 피스톤
② 볼트와 너트
③ 스퍼 기어
④ 볼 베어링

> 볼 베어링은 점접촉으로 마찰을 최소화한다.

**15** 그림과 같이 접속된 스프링에 100N의 하중이 작용할 때 처짐량은 약 몇 mm인가?(단, 스프링 상수 $K_1$은 10N/mm, $K_2$는 50N/mm이다.)

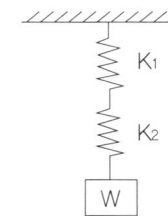

① 1.7　　② 12
③ 15　　④ 18

> 2개의 스프링이 직렬로 연결되어 있을 때 합성스프링 상수 K는 다음과 같다.
> $$\frac{1}{K} = \frac{1}{K_1} + \frac{1}{K_2} = \frac{1}{10} + \frac{1}{50} = \frac{6}{50}$$
> $$K = \frac{50}{6}$$
> 하중을 W, 처짐량을 X라 하면, W = K·X이므로
> $$X = \frac{W}{K} = 100 \times \frac{6}{50} = 12mm$$

**16** 밀링 분할법에서 단식 분할이 가능한 등분 수는?

① 60등분　　② 61등분
③ 63등분　　④ 67등분

> 60등분을 하려면 $n = \frac{40}{60} = \frac{2}{3}$
> 즉, 분할대의 핸들을 $\frac{2}{3}$씩 돌려야 하므로 브라운 샤프형 15구멍짜리를 10구멍씩 회전시켜 절삭하면 가능하다.

**17** 선반의 점검을 일반점검과 정기점검으로 나눌 때 다음 중 일반점검 사항이 아닌 것은?

① 각종 레버는 정 위치에 있으며, 이송핸들의 조작이 원활한가?
② 선반 설치의 수평은 양호한가?
③ 이송축 및 리드 스크루 축에는 이상이 없는가?
④ 브레이크의 기능은 양호한가?

> 기계작동과 관련된 모든 사항은 일반점검(수시점검)을 하며, 설치와 관련된 사항은 정기점검을 통해 이루어진다.

**18** 드릴링 머신에서 볼트나 너트를 체결하기 곤란한 표면을 평탄하게 가공하여 체결이 잘되도록 하는 가공법은?

① 리밍　　② 태핑
③ 카운터 싱킹　　④ 스폿 페이싱

> 스폿 페이싱 : 볼트, 너트 등이 닿는 부분을 깎아서 자리를 만드는 작업

**19** 여러 개의 스핀들에 각종 공구를 꽂아 가공공정 순서에 따라 연속 작업을 할 수 있는 드릴링 머신은?

① 레디얼 드릴링 머신
② 탁상 드릴링 머신
③ 직립 드릴링 머신
④ 다두 드릴링 머신

해설 다두(多頭) 드릴링 머신 : 여러 가지 공구를 꽂아 드릴가공, 리머작업, 탭가공 등을 순차적, 능률적으로 할 수 있다.

**20** 선반에서 세로 이송용 핸들의 눈금이 100 등분되어 있다. 핸들을 1회전하면 리드가 4mm가 될 때 Ø72의 연강봉재를 Ø70mm로 가공하려면 핸들을 몇 눈금 돌려야 하는가?

① 12.5
② 25
③ 50
④ 120

해설 Ø72를 Ø70으로 가공하려면 반경 방향으로 1mm를 가공해야 하므로 핸들을 $\frac{1}{2}$ 회전해야 한다. 따라서, $\frac{100}{4}$ = 25 눈금을 돌려야 한다.

**21** 가죽제 안전화의 구비 조건으로 틀린 것은?

① 가능한 가벼울 것
② 착용감이 좋고 작업이 쉬울 것
③ 잘 구부러지고 신축성이 있을 것
④ 크기에 관계없고 선심에 발가락이 닿을 것

해설 발가락이 신발의 앞쪽(선심)에 닿으면 불편해서 사용을 못한다.

**22** 각도 측정기가 아닌 것은?

① 사인바
② 수준기
③ 오토콜리메이터
④ 외경 마이크로미터

해설 외경 마이크로미터는 길이 측정기이다.

**23** 게이지 블록을 다듬질 가공할 때 가장 적합한 방법은?

① 버핑
② 호닝
③ 래핑
④ 슈퍼피니싱

해설 래핑 : 랩이라고 하는 공구와 담금질된 강의 일감 사이에 랩제를 넣고 상대운동을 시켜 매끈한 다듬면을 얻는 방법. 각종 게이지, 렌즈, 프리즘 등의 정밀 다듬질에 사용

**24** 센터, 척 등을 사용하지 않고 가공물 표면을 조정하는 조정숫돌과 지지대를 이용하여 가공물을 연삭하는 기계는?

① 드릴 연삭기
② 바이트 연삭기
③ 만능공구 연삭기
④ 센터리스 연삭기

해설 센터리스 연삭기 : 센터나 척을 사용하지 않고 일감의 원통면을 연삭하는 기계로 가늘고 긴 일감을 지지하는 데 센터를 사용하지 않는다.

**25** 측정기의 눈금과 눈의 위치가 같지 않은 데서 생기는 측정 오차(誤差)를 무엇이라 하는가?

① 샘플링 오차
② 계기 오차
③ 우연 오차
④ 시차(視差)

해설 시차(視差) : 눈의 위치와 눈금의 위치가 다른 데서 나타나는 오차

**26** IT 기본 공차는 몇 등급으로 구분 되는가?

① 12
② 15
③ 18
④ 20

해설 IT 기본 공차는 IT 01급, 0급, 1급, 2급부터 IT 18급까지 20등급으로 구분한다.

**27** 제도에 대한 설명으로 적합하지 않은 것은?

① 제도자의 창의력을 발휘하여 주관적인 투상법을 사용할 수 있다.
② 설계자의 의도를 제작자에게 명료하게 전달하는 정보 전달 수단으로 사용된다.
③ 기술의 국제 교류가 이루어짐에 따라 도면에도 국제규격을 적용하게 되었다.
④ 우리나라에서는 제도의 기본적이며 공통적인 사항을 제도통칙 KS A에 규정하고 있다.

해설 제도자는 약속된 규격에 따라 도면을 작성하여야 하므로 주관적인 투상법을 사용할 수 없다.

**28** 제작도면을 그릴 때 서로 겹치는 경우 가장 우선적으로 나타내야 하는 것은?

① 중심선   ② 절단선
③ 숫자와 기호   ④ 치수보조선

해설 도면에 선이나 치수가 겹치는 경우 가장 우선적인 것은 치수와 기호이며 다음은 외형선, 숨은선 순이다.

**29** 정 투상도에서 제1각법을 나타내는 그림 기호는?

①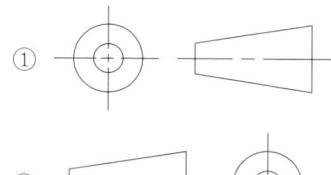

②

③

④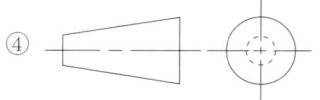

해설 ①항은 3각법, ②항은 제1각법을 나타내는 기호이다.

**30** 기하 공차 기호의 기입에서 선 또는 면의 어느 한정된 범위에만 공차 값을 적용할 때 한정 범위를 나타내는 선의 종류는?

① 가는 1점 쇄선   ② 굵은 1점 쇄선
③ 굵은 실선   ④ 가는 파선

해설 특수 지정선 : 굵은 1점 쇄선을 사용하며 특수한 가공을 하는 부분 등 특별한 요구 사항을 적용할 범위를 나타내는 선

**31** 주조, 압연, 단조 등으로 생산되어 제거 가공을 하지 않은 상태로 그대로 두고자 할 때 사용하는 지시기호는?

① 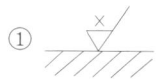   ②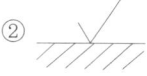

③    ④

해설 ② 절삭 등 제거 가공의 필요 여부를 문제 삼지 않는다. ③ 제거 가공을 해서는 안 된다. ④ 제거 가공을 필요로 한다.

**32** 다음의 기하 공차는 무엇을 뜻하는가?

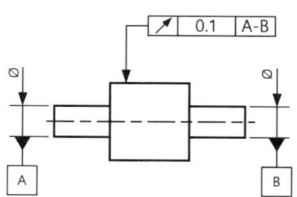

① 원주 흔들림
② 진직도
③ 대칭도
④ 원통도

**33** 치수선과 치수보조선에 대한 설명으로 틀린 것은?

① 치수선과 치수보조선은 가는 실선을 사용한다.
② 치수보조선은 치수를 기입하는 형상에 대해 평행하게 그린다.
③ 외형선, 중심선, 기준선 및 이들의 연장선을 치수선으로 사용하지 않는다.
④ 치수보조선과 치수선의 교차는 피해야 하나 불가피한 경우에는 끊김 없이 그린다.

> 해설 치수보조선은 지시하는 치수의 끝에 해당하는 도형상의 점 또는 선의 중심을 지나 치수선에 직각으로 긋고 치수선을 약간 넘도록 연장한다.

**34** 다음 도면은 3각법에 의한 정면도와 평면도이다. 우측면도를 완성한 것은?

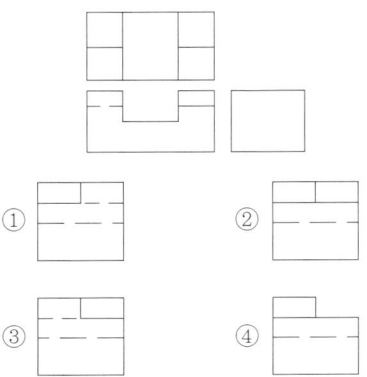

**35** 기계제도에서 가는 실선으로 나타내는 것이 아닌 것은?

① 치수선            ② 회전단면선
③ 해칭선            ④ 외형선

> 해설
> • 굵은 실선 : 외형선
> • 가는 실선 : 치수선, 치수보조선, 지시선, 회전단면선, 중심선, 수준면선
> • 가는 일점쇄선 : 중심선, 기준선, 피치선
> • 굵은 파선 : 숨은선

**36** 스케치할 때 치수 측정 용구가 아닌 것은?

① 버니어 캘리퍼스
② 서피스 게이지
③ 피치 게이지
④ 깊이 게이지

> 해설 서피스 게이지 : 가공물의 중심을 잡거나 정반 위에서 가공물을 이동시켜 평행선을 그을 때 또는 평행면의 검사용으로 사용된다. 주로 금긋기용으로 사용

**37** 지름, 반지름 치수 기입에 대하여 설명한 것으로 틀린 것은?

① 원형의 그림에 지름의 치수를 기입할 때 기호 Ø는 생략할 수 있다.
② 원호는 반지름이 클 경우 중심을 옮겨, 치수선을 꺾어 표시해도 된다.
③ 원호의 중심위치를 표시할 필요가 있을 때는 ×자 또는 0로 표시한다.
④ 반지름을 표시하는 치수는 R기호를 치수 앞에 붙여서 기입한다.

> 해설 원의 중심 위치는 중심선(가는 1점 쇄선)의 교차점으로 나타낸다.

**38** 단면의 무게 중심을 연결한 선을 표시하는 데 사용되는 선은?

① 굵은 실선   ② 가는 1점 쇄선
③ 가는 2점 쇄선   ④ 가는 파선

해설 가상선과 무게중심선은 가는 2점 쇄선을 사용한다.

**39** 다음 그림에 대한 설명으로 옳은 것은?

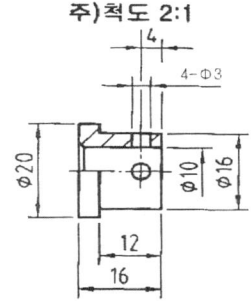

① 실제 제품을 1/2로 줄여서 그린 도면이다.
② 실제 제품을 2배로 확대해서 그린 도면이다.
③ 치수는 실제 크기를 1/2로 줄여서 기입한 것이다.
④ 치수는 실제 크기를 2배로 늘려서 기입한 것이다.

해설 배척으로 그린 도면으로 실제 크기보다 2배 확대하여 그렸으며 치수는 실제치수를 기입한다.

**40** 다음 Ø100H7/g6의 끼워 맞춤 상태에서 최대틈새는 얼마인가?(단, 100에서 H7의 IT 공차값 = 35㎛, g6의 IT 공차값 = 22㎛, Ø100의 g축의 기초가 되는 치수 허용차 값 = −12㎛이다. )

① 0.025   ② 0.045
③ 0.057   ④ 0.069

해설 최대틈새 = 구멍의 최대 허용 치수 − 축의 최소 허용 치수
- 구멍의 최대 허용 치수 = 100 + 0.035 = 100.035
- 축의 최소 허용 치수 = 100 − 0.012 − 0.022 = 99.966

따라서, 최대틈새 = 100.035 − 99.966 = 0.069

**41** 그림과 같이 도형내의 절단한 곳에 겹쳐서 가는 실선으로 나타내는데 사용된 단면도법은?

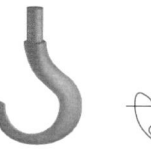 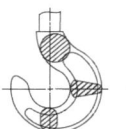 

① 부분 단면도
② 회전 도시 단면도
③ 한쪽 단면도
④ 온 단면도

해설 회전 도시 단면도 : 핸들이나 바퀴의 암 및 리브, 훅 등의 절단면을 90° 회전하여 도시한다.

**42** 다음 등각 투상도에서 화살표 방향을 정면도로 할 경우 평면도로 옳은 것은?

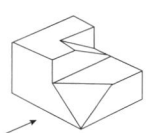

①    ②
③    ④

**43** 길이 치수에서 중요 부위 치수 공차를 기입할 경우 적합하지 않은 것은?

①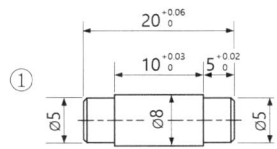
②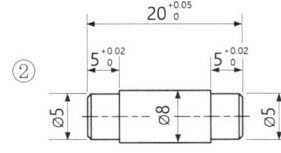
③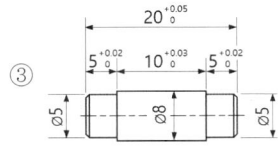
④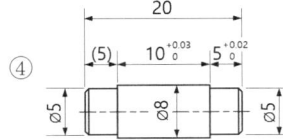

③항과 같이 기입할 경우 공차 누적에 의해 전체 길이의 치수 정밀도를 맞출 수 없게 된다.

**44** 그림과 같이 부품의 일부를 도시하는 것으로 충분한 경우 그 필요 부분만을 도시하는 투상도는?

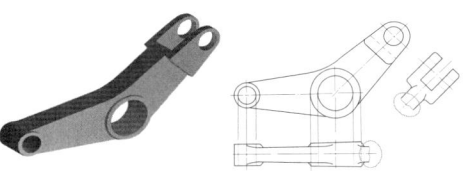

① 회전 투상도  ② 부분 투상도
③ 국부 투상도  ④ 부분 확대도

부분 투상도 : 그림의 일부를 도시한 것으로 충분한 경우 그 필요 부분만을 나타내는 투상도

**45** 도면에서 표면 상태를 줄무늬 방향의 기호로 표시할 경우 R은 무엇을 뜻하는가?

① 가공에 의한 커터의 줄무늬 방향이 투상면에 평행
② 가공에 의한 커터의 줄무늬 방향이 레이디얼 모양
③ 가공에 의한 커터의 줄무늬 방향이 동심원 모양
④ 가공에 의한 줄무늬 방향이 경사지고 두 방향으로 교차

①항 : =
②항 : R
③항 : C
④항 : X

**46** 다음은 볼트의 호칭을 나타낸 것이다. 옳게 연결한 것은?

> 6각 볼트 A M12×80 - 8.8

① A : 나사의 형식
② M12 : 나사의 종류
③ 80 : 호칭 길이
④ 8.8 : 나사부의 길이

- 6각볼트 : 볼트의 종류
- A : 등급
- M : 나사의 종류
- 12 : 나사의 호칭 지름
- 80 : 나사의 호칭 길이
- 8.8 : 나사의 강도

**47** 코일 스프링의 도시 방법으로 맞는 것은?

① 특별한 단서가 없는 한 모두 왼쪽 감기로 도시한다.
② 종류와 모양만을 도시할 때는 스프링 재료의 중심선을 굵은 실선으로 그린다.
③ 스프링은 원칙적으로 하중이 걸린 상태로 그린다.
④ 스프링의 중간 부분을 생략할 때는 안지름과 바깥지름을 가는 실선으로 그린다.

- 코일 스프링은 특별한 단서가 없으면 오른쪽 감기이다.
- 스프링은 원칙적으로 무하중인 상태로 그린다.
- 중간 부분을 생략할 때는 가는 1점 쇄선 또는 가는 2점 쇄선으로 그린다.

**48** 축을 도시할 때의 설명으로 맞는 것은?

① 축은 조립 방향을 고려하여 중심축을 수직 방향으로 놓고 도시한다.
② 축은 길이 방향으로 절단하여 온 단면도로 도시한다.
③ 축의 끝에는 모양을 좋게 하기 위해 모따기를 하지 않는다.
④ 단면 모양이 같은 긴축은 중간 부분을 생략하여 짧게 도시할 수 있다.

- 축은 가공 방향을 고려하여 수직 방향으로 놓고 도시한다.
- 축은 길이 방향으로 단면 도시하지 않는다.
- 축의 끝에는 원활한 삽입을 등을 위해 모따기 할 수 있다.

**49** 다음과 같은 배관 설비도면에서 체크 밸브를 나타내는 기호는?

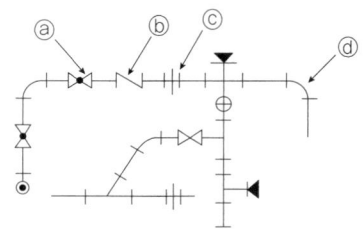

① ⓐ        ② ⓑ
③ ⓒ        ④ ⓓ

- ⓐ 글로브 밸브    • ⓑ 체크 밸브
- ⓒ 유니언 이음    • ⓓ 엘보

**50** 기어의 이(tooth) 크기를 나타내는 방법으로 옳은 것은?

① 모듈
② 중심 거리
③ 압력각
④ 치형

기어의 크기를 나타내는 것은 모듈, 직경피치, 원주피치이며 기어의 이 크기를 나타내는 것은 모듈이다. 보통 모듈은 피치원에서 이끝까지의 거리를 말한다.

**51** 구름 베어링의 호칭 번호가 6205일 때 베어링의 안지름은?

① 5mm      ② 20mm
③ 25mm     ④ 62mm

내경 번호가 05이므로 5 × 5 = 25

**52** 웜의 제도시 이뿌리원 도시 방법으로 옳은 것은?

① 가는 실선으로 도시한다.
② 파선으로 도시한다.
③ 굵은 실선으로 도시한다.
④ 굵은 1점 쇄선으로 도시한다.

📖 웜뿐만 아니라 모든 기어의 이뿌리원은 가는 실선으로 도시한다.

**53** 벨트 풀리를 도시하는 방법으로 틀린 것은?

① 방사형 암은 암의 중심을 수평 또는 수직 중심선까지 회전하여 도시한다.
② V 벨트 풀리의 홈부분 치수는 호칭 지름에 관계없이 일정하다.
③ 암의 단면도시는 도형 안이나 밖에 회전단면으로 도시한다.
④ 벨트 풀리는 축 직각 방향의 투상을 정면도로 한다.

📖 V 벨트는 40°로 일정하며 풀리의 홈 부분은 호칭 지름에 따라 34°, 36°, 38°가 있다.

**54** 용접 이음 중 맞대기 이음은 어느 것인가?

① 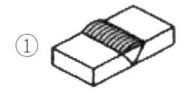　②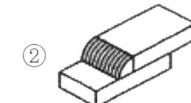

③ 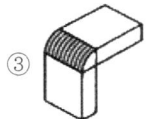　④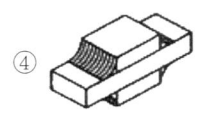

📖 ① 맞대기 이음　② 겹치기 이음
　　③ 모서리 이음　④ 양면 덮개판 이음

**55** 일반적으로 테이퍼 핀의 테이퍼 값은?

① 1/20
② 1/30
③ 1/40
④ 1/50

📖 Taper Pin의 테이퍼 값은 1/50이다.

**56** 유니파이 나사에서 호칭 치수 3/8인치, 1인치 사이에 16산의 보통 나사가 있다. 표시 방법으로 옳은 것은?

① 8/3-16 UNC
② 3/8-16 UNF
③ 3/8-16 UNC
④ 8/3-16 UNF

📖 UNC는 유니파이 보통 나사, UNF는 유니파이 가는 나사이다.

**57** 일반적인 CAD 시스템에서 A, B, C에 알맞은 것은?

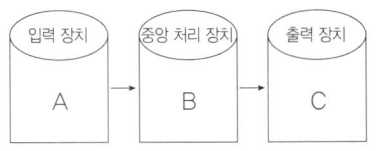

① A : 키보드, B : 플로터, C : 연산 장치
② A : 마우스 B : 제어 장치, C : 플로터
③ A : 그래픽 터미널, B : 보조 기억 장치, C : 프린터
④ A : 라이트 펜, B : 플로터, C : 태블릿

📖 중앙 처리 장치에는 연산 장치, 기억 장치, 제어 장치가 있다.

### 58 일반적인 3차원 기하학적 형상 모델링의 종류가 아닌 것은?

① 데이터 모델링
② 서피스 모델링
③ 와이어 프레임 모델링
④ 솔리드 모델링

> **해설** 3차원 기하학적 형상 모델링
> • 와이어 프레임 모델링
> • 서피스 모델링
> • 솔리드 모델링

### 59 다음 중 CAD시스템의 입력장치가 아닌 것은?

① 라이트 펜(light pen)
② 그래픽 디스플레이(graphic display)
③ 마우스(mouse)
④ 트랙 볼(track ball)

> **해설** 그래픽 디스플레이는 모니터로 화상출력장치에 속한다.

### 60 일반적인 CAD시스템에서 사용되는 좌표계의 종류가 아닌 것은?

① 극 좌표계
② 원통 좌표계
③ 회전 좌표계
④ 직교 좌표계

> **해설** CAD시스템의 좌표계
> • 직교 좌표계
> • 극 좌표계
> • 원통 좌표계
> • 구면 좌표계

**ANSWER** 적중모의고사 1회

| 01 | ④ | 02 | ③ | 03 | ③ | 04 | ② | 05 | ④ |
| --- | --- | --- | --- | --- | --- | --- | --- | --- | --- |
| 06 | ① | 07 | ④ | 08 | ③ | 09 | ③ | 10 | ① |
| 11 | ② | 12 | ④ | 13 | ④ | 14 | ④ | 15 | ④ |
| 16 | ① | 17 | ② | 18 | ④ | 19 | ④ | 20 | ② |
| 21 | ④ | 22 | ④ | 23 | ③ | 24 | ④ | 25 | ④ |
| 26 | ④ | 27 | ② | 28 | ② | 29 | ② | 30 | ② |
| 31 | ③ | 32 | ① | 33 | ② | 34 | ① | 35 | ② |
| 36 | ② | 37 | ② | 38 | ③ | 39 | ② | 40 | ④ |
| 41 | ② | 42 | ③ | 43 | ② | 44 | ② | 45 | ② |
| 46 | ② | 47 | ② | 48 | ④ | 49 | ② | 50 | ① |
| 51 | ③ | 52 | ① | 53 | ② | 54 | ① | 55 | ④ |
| 56 | ③ | 57 | ② | 58 | ① | 59 | ② | 60 | ③ |

# CBT 대비 적중모의고사_ 제2회

**01** 에너지 흡수 능력이 크고, 스프링 작용 외에 구조용 부재기능을 겸하고 있으며, 재료 가공이 용이하여 자동차 현가용으로 많이 사용하는 스프링은?

① 공기 스프링
② 겹판 스프링
③ 코일 스프링
④ 태엽 스프링

**02** 자동차용 신소재인 파인세라믹스(fine ceramics)에 대한 설명 중 틀린 것은?

① 가볍다.
② 강도가 강하다.
③ 내화학성이 우수하다.
④ 내마모성 및 내열성이 우수하다.

> 파인세라믹스 : 뉴세라믹스라고도 한다. 원자간 결합력이 강하기 때문에 열팽창 계수가 작고 급열·급랭에 견딜 수 있으며 고온에도 강하다. 질화규소를 주체로 한 세라믹스는 고온에서도 뛰어난 기계적 특성을 지녀 자동차 엔진이나 가스터빈 등으로 이용. 세라믹의 특성상 강도는 떨어진다.

**03** 증기나 기름 등이 누출되는 것을 방지하는 부위 또는 외부로부터 먼지 등의 오염물 침입을 막는 데 주로 사용하는 너트는?

① 캡 너트(cap nut)
② 와셔붙이 너트(washer based nut)
③ 둥근 너트(circular nut)
④ 육각 너트(hexagon nut)

**04** 에너지를 소멸하고 충격, 진동 등의 진폭을 경감시키기 위해 사용하는 장치는?

① 차음재          ② 로프(rope)
③ 댐퍼(damper)   ④ 스프링(spring)

> • 댐퍼 : 진동에너지를 흡수하는 장치
> • 범퍼 : 충격을 완화하는 장치

**05** 나사의 피치가 일정할 때 리드(lead)가 가장 큰 것은?

① 4줄 나사      ② 3줄 나사
③ 2줄 나사      ④ 1줄 나사

> 리드 : 나사가 한 바퀴 돌 때 앞으로 전진한 거리
> $L = np = $ 줄수 × 피치

**06** 베어링의 재료가 구비할 성질이 아닌 것은?

① 가공이 쉬울 것
② 부식에 강할 것
③ 충격 하중에 강할 것
④ 피로 강도가 작을 것

> 베어링 재료는 피로 강도가 커야 한다.

**07** 항온 열처리 방법에 포함되지 않는 것은?

① 오스템퍼  ② 시안화법
③ 마퀜칭    ④ 마템퍼

> 항온 열처리 : 강을 가열 후 냉각시킬 때 냉각도 중 일정한 온도에서 열처리하는 방법 ① 오스템퍼, ② 마템퍼, ③ 마퀜칭

**08** 주조시 주형에 냉금을 삽입하여 주물 표면을 급냉시킴으로 백선화하고 경도를 증가시킨 내마모성 주철은?

① 보통 주철  ② 고급 주철
③ 합금 주철  ④ 칠드 주철

> • 보통 주철 : 회주철을 말하며 페라이트 조직
> • 고급 주철 : 인장 강도 25kg/m² 이상의 주철, 펄라이트 조직
> • 칠드 주철 : 용융 상태에서 금형에 주입하며 표면을 급랭에 의해 경화시킨 백주철로 만든 것

**09** 가스 질화법으로 강의 표면을 경화하고자 할 때 질화 효과를 크게 하는 원소는?

① 코발트   ② 니켈
③ 마그네슘 ④ 알루미늄

> • 질화법 : 암모니아(NH₃) 가스 분위기에서 가열하여 표면을 경화하는 법. Al은 질화 효과를 크게 한다.
> • 질화용 강 : Al, Cr, Mo이 함유된 강

**10** 묻힘 키(sunk key)에 관한 설명으로 틀린 것은?

① 기울기가 없는 평행 성크 키도 있다.
② 머리 달린 경사 키도 성크 키의 일종이다.
③ 축과 보스의 양쪽에 모두 키 홈을 파서 토크를 전달시킨다.
④ 대개 윗면에 1/5정도의 기울기를 가지고 있는 수가 많다.

> 키의 테이퍼 값은 1/100이다.

**11** 단면적이 20mm²인 어떤 봉에 100kgf의 인장하중이 작용할 때 발생하는 응력은?

① 2kgf/mm²
② 5kgf/mm²
③ 20kgf/mm²
④ 50kgf/mm²

> 인장 하중
> $\sigma = \dfrac{P(하중)}{A(단면적)} = \dfrac{100}{20} = 5(kgf/mm^2)$

**12** 접촉면의 압력을 p, 속도를 v, 마찰 계수가 μ일 때 브레이크 용량(brake capacity)을 표시하는 것은?

① $\mu p v$           ② $\dfrac{1}{\mu p v}$
③ $\dfrac{p v}{\mu}$  ④ $\dfrac{p v}{\mu}$

> 블록 브레이크 용량 : $Q = \mu p v$

**13** 내열강에서 내열성, 내마모성, 내식성 등을 증가시키기 위해 첨가되는 대표적인 원소는?

① 크롬(Cr)   ② 니켈(Ni)
③ 티탄(Ti)   ④ 망간(Mn)

> 내열강(Si-Cr강) : 고온에서 기계적 화학적으로 안정하여 내면 기관의 밸브에 사용. Cr은 경도, 인장 강도, 내열성, 내식성, 내마멸성을 증가시킨다.

**14** 나사산과 골이 같은 반지름의 원호로 이은 모양이 둥글게 되어 있는 나사는?

① 볼 나사  ② 톱니 나사
③ 너클 나사  ④ 사다리꼴 나사

> 둥근 나사 : 너클 나사라고도 하며 나사산과 골이 다 같이 둥글기 때문에 먼지, 모래가 끼기 쉬운 전구, 호스 연결부 등에 사용한다.

**15** 탄소강 중 함유되어 헤어 크랙(hair crack)이나 백점을 발생하게 하는 원소는?

① 규소(Si)  ② 망간(Mn)
③ 인(P)  ④ 수소(H)

> 헤어 크랙 : $H_2$의 영향으로 금속 내부에 머리카락 같은 균열이 발생하는 현상

**16** 일감에 회전 절삭 운동을 주어 가공하는 공작기계는?

① 선반  ② 드릴링 머신
③ 밀링 머신  ④ 보링 머신

> 선반은 주축에 척을 이용하여 일감을 고정하고 회전시켜 가공한다. 드릴링, 밀링, 보링은 공구가 회전을 하여 가공한다.

**17** 다음 윤활제 중 비산 및 유출되지 않고, 급유횟수가 적고 경제적이며, 사용 온도 범위가 넓고, 장시간 사용에 적합한 것은?

① 극압 유  ② 그리스
③ 기계 유  ④ 스핀들 유

> 그리스 윤활 : 비산이나 유출이 되지 않아 급유횟수가 적고 경제적이며, 사용 온도 범위가 넓고 장시간 사용에 적합하고 양호한 윤활 효과가 있다.

**18** 선반 가공에서 테이퍼 절삭 시 복식 공구대의 선회값은 얼마인가?

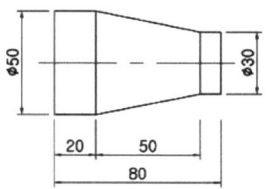

① 3
② 2
③ 0.5
④ 0.2

> 복식 공구대를 회전시키는 방법
> 선회 각도 $\tan\theta = \dfrac{D-d}{2l} = \dfrac{50-30}{2 \times 50} = 0.2$
> 
> 심압대를 편위시키는 방법
> 편위량
> $e = \dfrac{L(D-d)}{2l} = \dfrac{80(50-30)}{2 \times 50} = 16\,(mm)$

**19** 길이가 짧은 가공물을 절삭하기 편리하며, 베드의 길이가 짧고, 심압대가 없는 경우가 많은 선반은?

① 터릿 선반
② 릴리빙 선반
③ 정면 선반
④ 보통 선반

> - 터릿 선반 : 소형 제품의 대량 생산을 주목적으로 터릿이라는 선회공구대가 있다.
> - 릴리빙 선반 : 밀링커터나 호브 등의 여유각을 절삭할 때 사용
> - 정면 선반 : 지름이 크고 길이가 짧은 공작물 가공

**20** 선반에서 절삭 속도가 20m/min로 지름 30mm의 연강을 가공할 때, 스핀들의 회전수는 몇 rpm 정도인가?

① 132 ② 477
③ 212 ④ 666

📖 절삭 속도
$V = \dfrac{\pi dN}{1000}$ 에서
$N = \dfrac{1000V}{\pi D} = \dfrac{1000 \times 20}{3.14 \times 30} = 212\,(rpm)$

**21** 버니어 캘리퍼스(vernier callipers)에서 어미자의 한 눈금이 1mm이고, 아들자의 눈금 19mm를 20등분한 경우 최소 측정치는 몇 mm 인가?

① 0.01mm ② 0.02mm
③ 0.05mm ④ 0.1mm

📖 최소눈금 계산식 (S : 어미자 눈금, N : 등분수)
$C = \dfrac{S}{N} = \dfrac{1}{20} = 0.05\,(mm)$

**22** 그림에서 더브테일 Ø10 핀을 이용하여 측정할 때 M의 길이는 약 얼마인가?

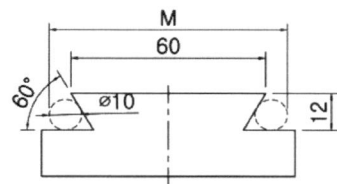

① 45.36mm ② 60.65mm
③ 73.46mm ④ 94.56mm

📖 블록 더브테일 공식 이용
$\cot 60 = \dfrac{1}{\tan 60} = 0.58$
$B = A - 2H\cot\alpha = 60 - 2 \times 12 \times 0.58$
$\quad = 46.08\,(mm)$
$M = B + d(1 + \cot\dfrac{\alpha}{2})$
$\quad = 46.08 + 10(1 + \dfrac{1}{\tan 30}) = 73.46\,(mm)$

**23** 절삭 가공을 위하여 기계를 운전하기 전에 점검하여야 할 사항으로 틀린 것은?

① 기계 작동면의 급유 상태
② 백래시와 공작 정밀도 검사
③ 볼트, 너트 등의 풀림 상태
④ 안전 장치와 동력 전달 장치의 작동 상태

📖 • 백래시와 공작 정밀도 검사는 절삭 가공 후에 한다.
• 백래시 : 기어와 기어 또는 나사와 나사같이 작업 중에 뒤로 밀리는 현상

**24** 밀링 절삭 조건 중 테이블의 이송 속도를 구하는 식은?(단, f는 테이블의 이송 속도, fz는 커터의 절삭날 1개마다의 이송, z는 커터의 날수, n은 회전수이다.)

① $f = \dfrac{40}{z}$ ② $f = \dfrac{z \times n}{60 \times 102}$
③ $f = f_z \times z \times n$ ④ $f = \dfrac{1000z}{\pi n}$

📖 밀링 테이블의 이송 속도
$f = f_z \times z \times n$

**25** 래핑(lapping)의 장점에 해당되지 않는 것은?

① 정밀도가 높은 제품을 가공할 수 있다.
② 가공면은 윤활성 및 내마모성이 좋다.

③ 작업이 용이하고 먼지가 적다.
④ 가공면이 매끈한 거울면을 얻을 수 있다.

> 래핑 : 공작물의 표면에 연마제를 치고 정밀하게 다듬는 작업. 정밀 연마 작업을 하기 때문에 먼지가 많이 난다.

**26** 아래와 같은 구멍과 축의 끼워 맞춤에서 최대 틈새는?

- 구멍 : ∅45H7 = ∅45 $^{+0.025}_{0}$
- 축 : ∅45K6 = ∅45 $^{+0.025}_{+0.002}$

① 0.018  ② 0.023
③ 0.050  ④ 0.027

> 최대 틈새는 구멍이 가장 크고 축이 가장 작을 때의 조건으로,
> 최대 틈새 = 구멍의 최대 허용 치수 − 축의 최소 허용 치수 = 45.025 − 45.002 = 0.023

**27** 다음 투상 방법 설명 중 틀린 것은?

① 경사면부가 있는 대상물에서 그 경사면의 실형을 표시할 때에는 보조 투상도로 나타낸다.
② 그림의 일부를 도시하는 것으로 충분한 경우에는 부분 투상도로서 나타낸다.
③ 대상물의 구멍, 홈 등 한 부분만의 모양을 도시하는 것으로 충분한 경우에는 그 필요한 부분만을 회전 투상도로서 나타낸다.
④ 특정 부분의 도형이 작은 이유로 그 부분의 상세한 도시나 치수 기입을 할 수 없을 때에는 부분 확대도로 나타낸다.

> 국부 투상도 : 대상물의 구멍, 홈 등의 한 부분만의 모양을 표시하는 투상

**28** 다음 중 끼워 맞춤에서 치수 기입 방법으로 틀린 것은?

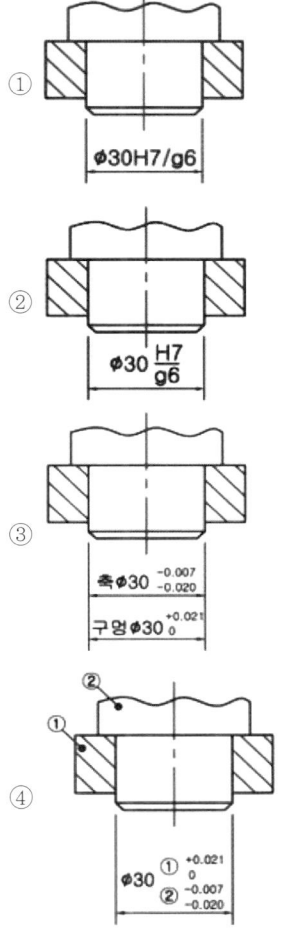

> 구멍과 축이 조립된 상태에서 함께 치수를 기입할 경우 구멍 치수를 앞에 기입하거나 위에 쓴다.

**29** 다음 중 스l케치도를 작성하는 방법이 아닌 것은?

① 프리핸드법  ② 방사선법
③ 본뜨기법    ④ 프린트법

해설 스케치도 방법
① 프리핸드법, ② 본뜨기법(모양뜨기), ③ 프린트법, ④ 사진법

**30** 가공에 사용하는 공구나 지그 등의 위치를 참고로 도시할 경우에 사용되는 선은?

① 굵은 파선
② 가는 2점 쇄선
③ 가는 파선
④ 굵은 1점 쇄선

해설 가상선 : 가는 2점 쇄선을 이용하여 인접하는 부분 또는 공구, 지그 등을 참고로 표시하는 선

**31** 다음과 같이 원뿔을 경사지게 자른 경우의 전개 형태로 올바른 것은?

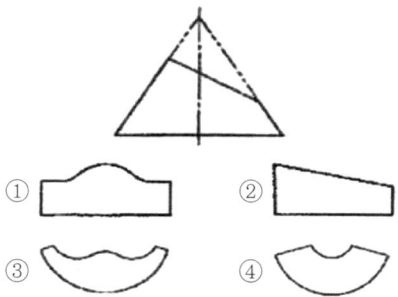

**32** 치수 기입 원칙 중 맞지 않는 것은?

① 치수는 되도록 주투상도에 집중한다.
② 치수는 가능한 중복 기입을 한다.
③ 관련되는 치수는 되도록 한 곳에 모아서 기입한다.
④ 치수와 함께 특별한 제작 요구사항을 기입할 수 있다.

해설 치수는 중복 기입을 피해야 한다.

**33** 한국 산업 표준 중 기계 부문에 대한 분류 기호는?

① KS A
② KS B
③ KS C
④ KS D

해설 KS A : 기본, KS B : 기계, KS C : 전기, KS D : 금속

**34** 줄무늬 방향의 기호에서 가공에 의한 커터의 줄무늬가 여러 방향으로 교차될 때 나타내는 기호는?

① R
② C
③ F
④ M

해설 R : 레이디얼 모양, C : 동심원 모양, M : 여러 방향으로 교차 또는 무 방향

**35** 길이가 50mm인 축을 도면에 5:1 척도로 그릴 때 기입되는 치수로 옳은 것은?

① 10
② 250
③ 50
④ 100

해설 척도와 상관없이 치수는 그대로 기입하며 그림이 축소 또는 확대된다.

**36** 리브(rib), 암(arm) 등의 회전 도시 단면을 도형 내의 절단한 곳에 겹쳐서 나타낼 때 사용하는 선은?

① 굵은 실선
② 굵은 1점 쇄선
③ 가는 파선
④ 가는 실선

해설 도형 내에 회전 단면을 한 경우는 가는 실선을 사용하며 밖에 도시할 경우는 굵은 실선을 사용한다.

**37** 축의 끼워 맞춤에 사용되는 IT 공차의 급수에 해당하는 것은?

① IT 01 ~ IT 4
② IT 01 ~ IT 5
③ IT 5 ~ IT 9
④ IT 9 ~ IT 10

> • 축 끼워 맞춤에 사용하는 IT 공차 등급 : IT 5급 ~9급
> • 구멍 끼워 맞춤에 사용하는 IT 공차 등급 : IT 6급~10급

**38** 다음 치수 보조 기호 표시 중 의미가 잘못 표시된 것은?

① SØ : 구의 지름
② SR : 구의 반지름
③ C : 45° 모떼기
④ (20) : 완성 치수 20

> 괄호 안의 치수는 참고 치수를 나타낸다.

**39** 주로 금형으로 생산되는 플라스틱 눈금자와 같은 제품 등에 제거 가공 여부를 묻지 않을 때 사용되는 기호는?

①    ②
③    ④

> ① 제거 가공의 필요 여부를 문제 삼지 않는다.
> ② 제거 가공을 해서는 안 된다.
> ③ 제거 가공을 필요로 한다.

**40** 다음은 어떤 물체를 제3각법으로 투상하여 정면도와 우측면도를 나타낸 것이다. 평면도로 옳은 것은?

평면도

① 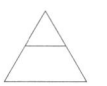   ②
③ 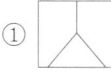   ④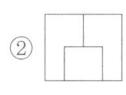

**41** 기하 공차의 기호 연결이 옳은 것은?

① 진원도 : ◎   ② 원통도 : ○
③ 위치도 : ⊕   ④ 진직도 : ⊥

> ◎ : 동심도, ○ : 진원도, ⊥ : 직각도

**42** 다음은 제3각법으로 투상한 투상도이다. 입체도로 알맞은 것은?(단, 화살표 방향이 정면도이다.)

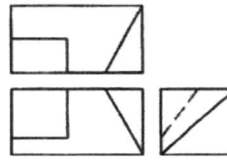

① 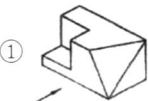   ②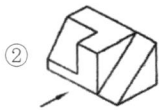
③    ④

**43** 한국 산업 표준에서 정한 도면에 사용하는 선 굵기의 기준이 아닌 것은?

① 0.18mm  ② 0.35mm
③ 0.75mm  ④ 1mm

　해설　선 굵기의 기준은 0.18, 0.25, 0.35, 0.5, 0.7, 1mm로 하며 0.75은 가능한 사용하지 않는다.

**44** 다음 등각 투상도에서 화살표 방향을 정면도로 할 경우 평면도로 올바른 것은?

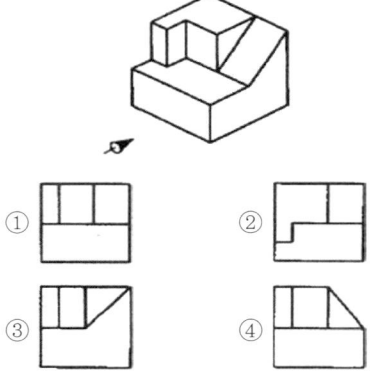

**45** 다음 공차 기입의 표시 방법 중 복수의 데이텀(datum)을 표시하는 방법으로 올바른 것은?

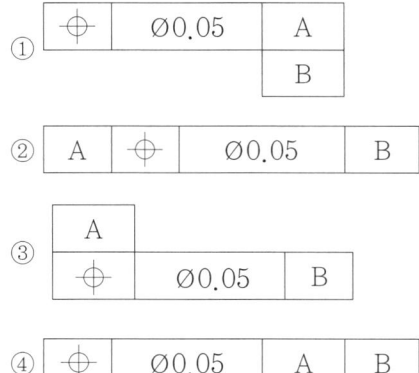

　해설　복수 데이텀을 쓸 경우 데이텀을 순서에 따라 나란히 쓴다.

**46** 기어의 도시 방법에 대한 설명으로 틀린 것은?

① 기어의 도면에는 주로 기어 소재를 제작하는 데 필요한 치수만을 기입한다.
② 피치원 지름을 기입할 때에는 치수 앞에 PCR(Pitch Circle Radius)이라 기입한다.
③ 요목표의 위치는 도시된 기어와 가까운 곳에 정한다.
④ 요목표에는 치형, 모듈, 압력각 등 이의 가공에 필요한 사항을 기입한다.

　해설　지름 : 기어의 피치원지름은 치수 앞에 PCD를 기입한다.

**47** 리벳 이음의 제도에 관한 설명으로 바른 것은?

① 리벳은 길이 방향으로 절단하여 표시하지 않는다.
② 얇은 판, 형강 등 얇은 것의 단면은 가는 실선으로 그린다.
③ 형판 또는 형강의 치수는 "호칭 지름× 길이×재료"로 표시한다.
④ 리벳의 위치만을 표시할 때에는 원 모두를 굵게 그린다.

　해설　② 얇은 것은 단면을 굵은 실선 하나로 도시한다.
③ 형강의 치수 기입법 : 형상 높이 × 넓이 × 두께 – 길이
④ 리벳의 위치만 표시할 경우는 중심선만으로 나타낼 수 있다.

**48** 유체를 한 방향으로만 흐르게 하여 역류를 방지하는 구조의 밸브는?

① 안전 밸브
② 스톱 밸브
③ 슬루스 밸브
④ 체크 밸브

📖 체크 밸브 : 유체를 한 방향으로만 흐르게하여 역류를 방지하는 구조

**49** 다음 중 벨트 풀리의 도시 방법으로 틀린 것은?

① 벨트 풀리는 축 직각 방향의 투상을 주투상도로 할 수 있다.
② 벨트 풀리는 대칭형이므로 그 일부분만을 나타낼 수 있다.
③ 암은 길이 방향으로 절단하여 도시하지 않는다.
④ 암의 단면형은 도형의 안이나 밖에 부분 단면으로 나타낸다.

📖 암의 단면형은 회전 단면으로 나타낸다.

**50** 나사의 도시 방법에서 가는 실선으로 그려야 하는 것은?

① 완전 나사부와 불완전 나사부의 경계선
② 수나사 및 암나사의 골
③ 암나사의 안지름
④ 수나사의 바깥지름

📖 수나사 및 암나사의 골은 가는 실선으로 나타낸다.

**51** 축의 도시 방법 중 바르게 설명한 것은?

① 긴 축은 중간을 파단하여 짧게 그릴 수 있으며 치수는 실제의 길이를 기입한다.
② 축 끝의 모따기는 각도와 폭을 기입하되 60°모따기인 경우에 한하여 치수 앞에 "C"를 기입한다.
③ 둥근 축이나 구멍 등의 일부 면이 평면임을 나타낼 경우에는 굵은 실선의 대각선을 그어 표시한다.
④ 축에 있는 널링(knurling)의 도시는 빗줄인 경우 축선에 대하여 45°로 엇갈리게 그린다.

📖 ② 45°모따기인 경우만 C기호를 사용한다.
③ 평면을 표시할 경우 가는 실선의 대각선을 이용한다.
④ 널링은 축선에 대하여 30°로 엇갈리게 그린다.

**52** 다음 스프링에 관한 제도 설명 중 틀린 것은?

① 코일 스프링에서 코일 부분의 중간 부분을 생략하는 경우에는 생략하는 부분의 선 지름의 중심선을 가는 1점 쇄선으로 나타낸다.
② 하중 또는 처짐 등을 표시할 필요가 있을 때에는 선도 또는 항목표로 나타낸다.
③ 도면에서 특별한 지시가 없는 한 모두 오른쪽 감기로 도시한다.
④ 벌루트 스프링은 원칙적으로 하중이 가해진 상태에서 그리는 것을 원칙으로 한다.

📖 대부분의 스프링은 무하중 상태에서 도시하며 겹판 스프링의 경우 하중이 가해진 상태(상용 하중)로 도시한다.

**53** 미터 사다리꼴 나사의 호칭 지름 40mm, 피치 7, 수나사 등급이 7e인 경우 옳게 표시한 방법은?

① TM40 × 7 − 7e
② TW40 × 7 − 7e
③ Tr40 × 7 − 7e
④ TS40 × 7 − 7e

🔍 미터사다리꼴 나사의 기호 : Tr

**54** 주어진 베어링 호칭에 대한 안지름 치수가 틀린 것은?

① 6312 → 안지름 치수 60mm
② 6300 → 안지름 치수 10mm
③ 6302 → 안지름 치수 15mm
④ 6317 → 안지름 치수 17mm

🔍 세 번째, 네 번째 숫자가 안지름 번호이며 00=10mm, 01=12mm, 02=15mm, 03=17mm 04부터는 곱하기 5를 한다.

**55** 스퍼 기어에서 피치원의 지름이 160mm이고, 잇수가 40일 때 모듈(module)은?

① 2
② 4
③ 6
④ 8

🔍 PCD = m(모듈) × Z(잇수)에서
모듈 = 160/40 = 4

**56** 다음 그림은 용접부의 기호 표시 방법이다. (가)와 (나)에 대한 설명으로 틀린 것은?

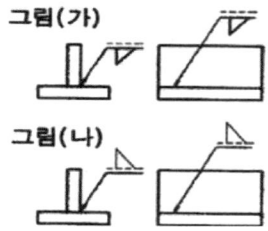

① 그림 (가)의 실제 모양이다.(한쪽 용접)

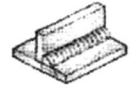

② 그림 (나)의 실제 모양이다.(양쪽 용접)

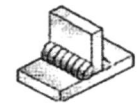

③ 그림 (가)는 화살표 쪽을 용접하라는 뜻이다.
④ 그림 (나)는 화살표 반대쪽을 용접하라는 뜻이다.

🔍 필렛 용접을 나타낸 것으로 실선에 기호가 있으면 화살표 쪽을 용접하는 것이고, 숨은선에 기호가 있으면 화살표의 반대쪽을 용접하라는 뜻이다. ② 항은 한쪽 용접이다.

**57** CAD 시스템에서 마지막 점에서 다음 점까지의 각도와 거리를 입력하여 선긋기를 하는 입력 방법은?

① 절대 직교 좌표 입력 방법
② 상대 직교 좌표 입력 방법
③ 절대 원통 좌표 입력 방법
④ 상대 극 좌표 입력 방법

🔍 각도와 거리를 입력하여 나타내는 방법을 극 좌표 입력이라 한다.

**58** 다음 입출력 장치의 연결이 잘못된 것은?

① 입력 장치 – 키보드, 라이트 펜
② 출력 장치 – 프린터, COM
③ 입력 장치 – 트랙 볼, 태블릿
④ 출력 장치 – 디지타이저, 플로터

**해설** 디지타이저는 입력 장치이다.

**59** 컴퓨터에서 CPU와 주변 기기 간의 속도 차이를 극복하기 위하여 두 장치 사이에 존재하는 보조 기억 장치는?

① cache memory
② associative memory
③ destructive memory
④ nonvolatile memory

**해설** Cache Memory : 컴퓨터의 중앙 프로세서가 빨리 처리할 수 있도록 자주 사용되는 명령이나 데이터를 일시적으로 저장하는 보조 기억 장치

**60** CAD 시스템을 이용한 3차원 모델링 중 체적, 무게 중심, 관성 모멘트 등의 물리적 성질을 구할 수 있는 것은?

① 와이어 프레임 모델링
② 서피스 모델링
③ 솔리드 모델링
④ 시스템 모델링

**해설** 솔리드 모델링은 관성 모멘트 등의 물리적 성질을 구할 수 있다.

### ANSWER 적중모의고사 2회

| 01 | ② | 02 | ② | 03 | ① | 04 | ③ | 05 | ① |
|----|---|----|---|----|---|----|---|----|---|
| 06 | ④ | 07 | ② | 08 | ④ | 09 | ④ | 10 | ④ |
| 11 | ② | 12 | ① | 13 | ① | 14 | ③ | 15 | ④ |
| 16 | ① | 17 | ② | 18 | ④ | 19 | ③ | 20 | ③ |
| 21 | ③ | 22 | ③ | 23 | ② | 24 | ③ | 25 | ③ |
| 26 | ③ | 27 | ③ | 28 | ③ | 29 | ② | 30 | ② |
| 31 | ③ | 32 | ③ | 33 | ③ | 34 | ③ | 35 | ③ |
| 36 | ④ | 37 | ③ | 38 | ④ | 39 | ① | 40 | ① |
| 41 | ③ | 42 | ③ | 43 | ③ | 44 | ② | 45 | ④ |
| 46 | ② | 47 | ① | 48 | ③ | 49 | ④ | 50 | ② |
| 51 | ① | 52 | ④ | 53 | ③ | 54 | ④ | 55 | ② |
| 56 | ② | 57 | ④ | 58 | ④ | 59 | ① | 60 | ③ |

# CBT 대비 적중모의고사_ 제3회

**01** 가장 널리 쓰이는 키(key)로 축과 보스 양쪽에 모두 키홈을 파서 동력을 전달하는 것은?

① 성크 키   ② 반달 키
③ 접선 키   ④ 원뿔 키

**02** 스프링을 사용하는 목적으로 볼 수 없는 것은?

① 힘 축적   ② 진동 흡수
③ 동력 전달   ④ 충격의 완화

**03** 구리에 아연을 5~20%를 첨가한 것으로 색깔이 아름답고 장식품에 많이 쓰이는 황동은?

① 톰백   ② 포금
③ 문쯔메탈   ④ 커머셜 브론즈

해설
- 톰백 : 구리에 8~20% 아연(Zn) 합금, 금대용, 장식품에 사용
- 포금 : 구리에 10% 주석(Sn)합금, 유연성, 내식, 내수압서 우수
- 문쯔메탈 : 6·4황동을 말하며 구리에 아연 40%의 합금

**04** 제동 장치를 작동부분의 구조에 따라 분류할 때 이에 해당되지 않는 것은?

① 유압 브레이크
② 밴드 브레이크
③ 디스크 브레이크
④ 블록 브레이크

해설 브레이크의 작동 부분 구조에 따른 종류 : 띠(밴드) 브레이크, 블록 브레이크, 디스크 브레이크, 전자 브레이크

**05** 기준 랙 공구의 기준 피치선이 기어의 기준 피치원에 접하지 않는 기어는?

① 웜 기어
② 표준 기어
③ 전위 기어
④ 베벨 기어

해설
- 전위 기어 : 기준 랙의 기준 피치 선이 기어의 기준 피치원과 접하지 않도록 하여 제작한 기어
- 전위 기어의 용도
  - 중심 거리를 변화시키려고 할 때
  - 언더컷을 피하려고 할 때
  - 이의 강도를 개선하려고 할 때

**06** 길이가 50mm인 표준 시험편으로 인장 시험하여 늘어난 길이가 65mm이었다. 이 시험편의 연신율은?

① 20%   ② 25%
③ 30%   ④ 35%

해설 연신율
$$e = \frac{l' - l}{l} = \frac{65 - 50}{50} \times 100 = 30\%$$

**07** 순수 비중이 2.7인 이 금속은 주조가 쉽고 가벼울 뿐만 아니라 대기 중에서 내식력이 강하고 전기와 열의 양도체로 다른 금속과 합금하여 쓰이는 것은?

① 구리(Cu)  ② 알루미늄(Al)
③ 마그네슘(Mg)  ④ 텅스텐(W)

> 구리 비중(8.9), 알루미늄 비중(2.7), 마그네슘 비중(1.7), 텅스텐 비중(19.3)

**08** 유체의 유량이 30m³/s이고, 평균 속도가 1.5m/s일 때 관의 안지름은 약 몇 mm인가?

① 2059  ② 3089
③ 4119  ④ 5045

> 유량공식
> 유량 $Q = AV = \dfrac{\pi d^2}{4} \times V$ 에서
> $d = \sqrt{\dfrac{4Q}{\pi V}} = \sqrt{\dfrac{4 \times 30}{3.14 \times 1.5}} = 5.047(m)$
> $= 5,047 mm$

**09** 금속 재료 중 주석, 아연, 납, 안티몬의 합금으로 주성분인 주석과 구리, 안티몬을 함유한 것으로 베빗메탈이라고도 하는 것은?

① 켈밋  ② 합성수지
③ 트리메탈  ④ 화이트메탈

> 화이트메탈의 종류
> • 주석계 화이트메탈 : 베빗메탈(Sn+Sb+Cu)
> • 납계 화이트메탈 : 앤티프릭션메탈(Pb+Sn+Sb)

**10** 탄소강의 성질을 설명한 것 중 옳지 않은 것은?

① 소량의 구리를 첨가하면 내식성이 좋아진다.
② 인장 강도와 경도는 공석점 부근에서 최대가 된다.
③ 탄소강의 내식성은 탄소량이 감소할수록 증가한다.
④ 표준 상태에서는 탄소가 많을수록 강도나 경도가 증가한다.

> • 탄소강의 탄소가 많을수록 변하는 성질
>  – 강도 경도가 커진다.(공석점에서 최대)
>  – 인성과, 전성, 충격값이 감소
>  – 용융점 낮아지고, 비중도 작아진다.
>  – 담금질 효과가 커진다.
>  – 가공 변형이 어렵고 냉간 가공이 안 된다.
> • 내식성은 부식에 잘 견디는 성질을 의미하며 탄소량과는 무관하다.

**11** 스테인리스강의 종류에 해당되지 않는 것은?

① 페라이트계 스테인리스강
② 펄라이트계 스테인리스강
③ 마텐자이트계 스테인리스강
④ 오스테나이트계 스테인리스강

> • 스테인리스강 : 강 중에 니켈이나 크롬을 첨가해 주면 내식성이 좋아지며 대기중, 수중, 산 등에 잘 견디는 성질을 가지게 된다.
>  – 13형 스테인리스강(크롬 13%), 페라이트계
>  – 18-8형 스테인리스강(18%Cr+8%Ni)
> • 펄라이트계 스테인리스강은 없다.

**12** 수나사의 크기는 무엇을 기준으로 표시하는가?

① 유효 지름
② 수나사의 안지름
③ 수나사의 바깥지름
④ 수나사의 골지름

> 수나사의 크기는 수나사의 바깥지름으로 나타내며, 암나사의 호칭지름은 암나사에 맞는 수나사의 바깥지름으로 나타낸다.

**13** 평 벨트를 벨트 풀리에 걸 때 벨트와 벨트 풀리의 접촉각을 크게 하기위해 이완측에 설치하는 것은?

① 림
② 단차
③ 균형 추
④ 긴장 풀리

> 해설 긴장 풀리(벨트 타이트너) : 벨트와 풀리의 접촉각을 크게 하기 위해 이완측에 설치한다.

**14** 주철의 일반적 설명으로 틀린 것은?

① 강에 비하여 취성이 작고 강도가 비교적 높다.
② 주철은 파면상으로 분류하면 회주철, 백주철, 반주철로 구분할 수 있다.
③ 주철 중 탄소의 흑연화를 위해서는 탄소량 및 규소의 함량이 중요하다.
④ 고온에서 소성 변형이 곤란하나 주조성이 우수하여 복잡한 형상을 쉽게 생산할 수 있다.

> 해설 강에 비하여 잘 깨지는 취성이 크며 강도도 떨어진다.

**15** 신소재인 초전도 재료의 초전도 상태에 대한 설명으로 옳은 것은?

① 상온에서 자화시켜 강한 자기장을 얻을 수 있는 금속이다.
② 알루미나가 주가 되는 재료로 높은 온도에서 잘 견디어 낸다.
③ 비금속의 무기 재료(classical ceramics)를 고온에서 소결처리하여 만든 것이다.
④ 어떤 종류의 순금속이나 합금을 극저온으로 냉각하면 특정 온도에서 갑자기 전기 저항이 영(0)이 된다.

> 해설 초전도 현상 : 어떤 종류의 금속이나 합금을 절대 0°C 가까이까지 냉각하였을 때, 전기 저항이 갑자기 소멸하여 전류가 아무런 장애 없이 흐르는 현상을 말한다. 초전도 현상이 나타나는 온도를 임계온도라 한다.

**16** 어미자의 눈금이 0.5mm이며, 아들자의 눈금이 12mm를 25등분한 버니어 캘리퍼스의 최소 측정값은?

① 0.01mm
② 0.02mm
③ 0.05mm
④ 0.025mm

> 해설 최소눈금
> $\dfrac{\text{어미자의 눈금}}{\text{등분수}} = \dfrac{0.5}{25} = 0.02$

**17** 3차원 측정기의 분류에서 몸체 구조에 따른 형태에 속하지 않는 것은?

① 이동 브리지형(moving bridge type)
② 캔틸레버형(cantilever type)
③ 컬럼형(column type)
④ 캘리퍼스형(calipers type)

> 해설 3차원 측정기의 몸체 구조에 따른 분류
> • 이동 브리지형
> • 캔틸레버형
> • 컬럼형

**18** 연삭 숫돌에 눈메움이나 무딤 현상이 발생하였을 때 숫돌을 수정하는 작업은?

① 래핑
② 드래싱
③ 글레이징
④ 덮개 설치

해설
- 눈메움, 로딩 : 숫돌입자의 표면이나 기공에 칩이 끼여 연삭성이 나빠지는 현상
- 무딤, 글레이징 : 결합도가 너무 높아 입자가 탈락하지 않고 숫돌 표면이 매끈해지는 현상
- 드레싱 : 숫돌 표면을 깎아 예리한 날을 가진 입자를 표면에 나타나게 하는 작업
- 트루잉 : 숫돌이 편마모나 모양이 변한 경우 숫돌 전체를 정확한 모양으로 수정하는 작업

**19** 절삭 공구 재료의 구비 조건에 해당되지 않는 것은?

① 취성이 클 것
② 원하는 형태로 쉽게 만들 수 있을 것
③ 피절삭재료 보다는 굳고 인성이 있을 것
④ 절삭 가공 중에 온도가 높아져도 경도가 쉽게 저하되지 않을 것

해설 취성이 크면 잘 깨지므로 구비 조건이 아니다.

**20** 선반 가공 시 회전수가 일정할 때 가공물의 지름에 따른 절삭 속도는?

① 가공물의 지름과 절삭 속도는 관계없다.
② 가공물의 지름이 커질수록 절삭 속도는 빨라진다.
③ 가공물의 지름이 커질수록 절삭 속도는 느려진다.
④ 가공물의 지름이 적어질수록 절삭속도는 빨라진다.

해설 절삭 속도 $V = \dfrac{\pi DN}{1000}$에서 회전수(N)가 일정할 때 지름(D)이 커지면 절삭 속도는 빨라진다.

**21** 각봉상의 세립자로 만든 공구를 공작물에 스프링 또는 유압으로 접촉시키고 회전 운동과 동시에 왕복 운동을 주어 매끈하고 정밀하게 가공하는 기계는?

① 호닝 머신
② 래핑 머신
③ 평면 연삭기
④ 배럴 머신

해설 호닝 : 직사각형 단면의 긴 숫돌을 지지봉의 끝에 방사 방향으로 붙여 놓은 혼을 구멍에 넣고 회전 운동이나 축 방향의 운동을 동시에 시켜가며 구멍의 내면을 정밀 다듬질하는 가공

**22** 공작 기계 중 커터는 회전하고 공작물이 이송되며 절삭하는 것은?

① 선반
② 밀링
③ 드릴
④ 슬로터

해설
- 선반 : 공작물이 회전하고 공구가 이송한다.
- 드릴 : 공작물은 고정되어 있으며 공구가 회전하며 이송한다.
- 슬로터 : 공작물은 고정되어 있으며 공구가 직선 운동을 한다.

**23** 밀링 가공에서 하향 절삭에 비교한 상향 절삭의 장점에 해당되는 것은?

① 가공면이 깨끗하다.
② 커터의 마모가 적다.
③ 공작물의 고정이 간단하다.
④ 이송 기구의 백래시가 제거된다.

해설 상향 절삭
- 기계에 무리가 없으며 날이 부러질 염려가 없다.
- 백래시가 자연히 제거된다.
- 가공면이 거친 단점이 있다.

**24** 작업복 착용에 따른 안전 사항으로 틀린 것은?

① 신체에 맞고 가벼워야 한다.
② 실밥이 터지거나 풀린 것은 즉시 꿰매도록 한다.
③ 작업복 스타일은 착용자의 연령, 직종에 관계없다.
④ 더운 계절이나 고온 작업 시 작업복을 벗지 않는다.

해설 작업복은 직종에 따라 스타일을 달리 할 수 있다.

**25** 선반 위에서 테이퍼를 측정하여 그림과 같은 측정 결과를 얻었을 때 테이퍼량은 얼마인가?

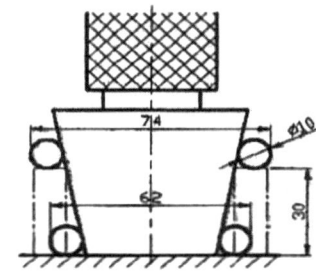

① $\dfrac{1}{2}$　　② $\dfrac{1}{2.5}$
③ $\dfrac{1}{5}$　　④ $\dfrac{1}{7.5}$

해설 테이퍼 게이지의 한쪽 기울기($\alpha$)
$$\tan\alpha = \frac{M_2 - M_1}{2H} = \frac{74 - 62}{2 \times 30} = 0.2$$
테이퍼량은 한쪽 기울기의 2배로 0.2×2, 즉 $\dfrac{1}{2.5}$

**26** 치수 기입 시 사용되는 보조 기호와 설명이 일치하지 않는 것은?

① □ : 정사각형의 변
② R : 반지름
③ Ø : 지름
④ C : 구의 지름

해설 구의 지름 : SØ

**27** 스케치도를 그리는 방법으로 올바르지 않은 것은?

① 스케치할 물체의 특징을 파악하여 주투상도를 결정한다.
② 스케치도에는 주 투상도만 그리고 치수, 재질, 가공법 등은 기입하지 않는다.
③ 부품 표면에 광명단 또는 스탬프 잉크를 칠한 다음 용지에 찍어 실제 형상으로 모양을 뜨는 방법도 있다.
④ 실제 부품을 용지 위에 올려놓고 본을 뜨는 방법도 있다.

해설 스케치도 일반 제도와 똑같이 제도 양식에 준하여 도면을 작성한다. 다만 제도용구를 사용하지 않고 그린다.

**28** 치수 공차의 기입법 중 Ø25E8 구멍의 공차역은?(단, IT8급의 기본공차는 0.033mm이고, 25에 대한 E구멍의 기초가 되는 치수 허용차는 0.040mm이다.)

① Ø25 $^{+0.073}_{+0.040}$　　② Ø25 $^{+0.040}_{+0.033}$
③ Ø25 $^{+0.073}_{+0.033}$　　④ Ø25 $^{+0.073}_{+0.007}$

해설 기초가 되는 치수 허용차는 아래치수 허용차(0.040)를 의미하며 위치수 허용차는 아래치수 허용차+기본 공차이다.
즉, 0.040 + 0.033 = 0.073

**29** 다음 중 길이 방향으로 절단하여 도시하여도 좋은 것은?

① 축   ② 볼트
③ 키   ④ 보스

해설 축, 볼트, 키와 같은 기계 요소는 길이 방향으로 절단하여 도시하지 않는다.

**30** 제도 용지의 크기가 297×420mm일 때 도면 크기의 호칭으로 옳은 것은?

① A2   ② A3
③ A4   ④ A5

해설 제도용지
- A3 : 297×420
- A2 : 420×594

**31** 최대 허용 한계 치수에서 기준 치수를 뺀 값을 무엇이라 하는가?

① 아래치수 허용차
② 위치수 허용차
③ 실치수
④ 치수 공차

해설
- 위치수 허용차 = 최대 허용 한계 치수 − 기준치수
- 아래치수 허용차 = 최소 허용 한계 치수 − 기준치수
- 치수 공차 = 최대허용 한계 치수 − 최소 허용 한계치수

**32** 기하 공차의 구분 중 모양 공차의 종류에 해당하는 것은?

① ⌒   ② ∥
③ ⊥   ④ ⌖

해설
- 모양 공차 : 진직도, 평면도, 진원도, 원통도, 선의 윤곽도, 면의 윤곽도
- 자세 공차 : 평면도, 직각도, 경사도
- 위치 공차 : 위치도, 동심도, 대칭도
- 흔들림 공차 : 원주흔들림, 온 흔들림공차

**33** 아래 투상도는 어떤 물체를 보고 제3각법으로 투상한 것이다. 이 물체의 등각 투상도로 맞는 것은?

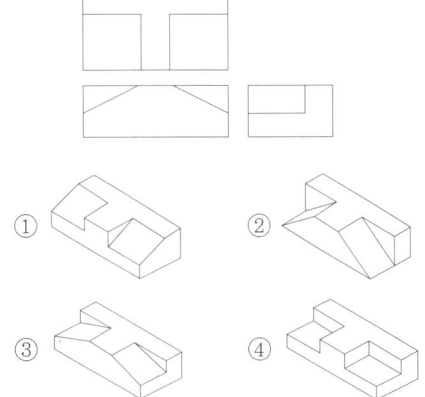

**34** 도면에서 2종류 이상의 선이 같은 장소에서 중복될 경우 선의 우선순위로 옳은 것은?

① 숨은선→외형선→절단선→중심선→무게중심선→치수보조선
② 외형선→숨은선→절단선→중심선→무게중심선→치수보조선
③ 중심선→외형선→숨은선→절단선→무게중심선→치수보조선
④ 무게중심선→치수보조선→외형선→숨은선→절단선→중심선

해설 외형선 〉 숨은선 〉 절단선 〉 중심선 〉 무게중심선 〉 치수보조선

**35** 가공에 의한 커터의 줄무늬 방향이 그림과 같을 때, (가)의 기호는?

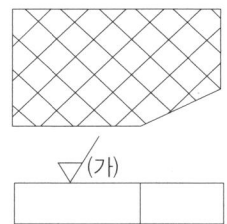

① C  ② M
③ R  ④ X

> • X : 줄무늬 방향이 투상면에 경사지고 두 방향으로 교차
> • C : 면의 중심에 대하여 대략 동심원 모양

**36** 다음 중 가상선으로 나타내지 않는 것은?

① 물품의 보이지 않는 부분의 모양을 표시하는 경우
② 이동하는 부분의 운동 범위를 표시하는 경우
③ 가공 후의 모양을 표시하는 경우
④ 물품의 인접 부분을 참고로 표시하는 경우

> 물품의 보이지 않는 부분의 모양을 표시하는 선은 숨은선이다.

**37** 다음 치수 기입 방법에 대한 설명으로 틀린 것은?

① 치수의 단위는 mm이고 단위 기호는 붙이지 않는다.
② cm나 m를 사용할 필요가 있을 경우는 반드시 cm나 m 등의 기호를 기입하여야 한다.
③ 한 도면 안에서의 치수는 같은 크기로 기입한다.
④ 치수 숫자의 단위수가 많은 경우에는 3단위마다 숫자 사이를 조금 띄우고 콤마를 사용한다.

> 치수 숫자의 단위수가 많은 경우는 3단위마다 숫자를 조금 띄우며 콤마를 사용하지 않는다. 콤마를 사용하면 소수점으로 오해할 수 있기 때문에 사용하지 않는다.

**38** 다음 투상도의 설명으로 틀린 것은?

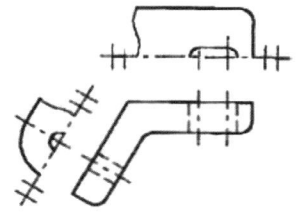

① 경사면을 보조 투상도로 나타낸 도면이다.
② 평면도의 일부를 생략한 도면이다.
③ 좌측면도를 회전 투상도로 나타낸 도면이다.
④ 대칭 기호를 사용해 한쪽을 생략한 도면이다.

> 회전 투상도는 사용하지 않았다.

**39** 끼워 맞춤 기호의 기입에 대한 설명으로 옳은 것은?

① 끼워 맞춤 방식에 의한 치수 허용차는 기준 치수 다음에 끼워 맞춤 종류의 기호 및 등급을 기입하여 표시한다.
② IT 공차에서 구멍은 알파벳의 소문자로 축은 대문자로 표시한다.

③ 같은 호칭 치수에 대하여 구멍 및 축에 끼워 맞춤 종류의 기호를 치수선 위에 기입한다.
④ 구멍 또는 축의 전체 길이에 걸쳐 조립되지 않을 경우에는 부분 이외에도 공차를 주도록 한다.

해설
• IT 공차에서 구멍은 알파벳 대문자로 축은 소문자로 표기한다.
• 조립과 관계 없고 공차가 필요 없는 부분에는 공차를 넣을 필요가 없다.

**40** 회전 도시 단면도에 대한 설명 중 틀린 것은?

① 암, 리브 등의 절단면은 90° 회전하여 표시한다.
② 절단한 곳의 전후를 끊어서 그 사이에 그릴 수 있다.
③ 도형내 절단한 곳에 겹쳐서 그릴 때는 가는 1점 쇄선을 사용하여 그린다.
④ 절단선의 연장선 위에 그릴 수 있다.

해설 회전 단면도를 도형 내 절단한 곳에 겹쳐서 그릴 때는 가는 실선을 사용하며 도형의 밖에 그릴 때는 굵은 실선을 사용한다.

**41** 다음은 어떤 물체를 제3각법으로 투상하여 정면도와 우측면도를 나타낸 것이다. 평면도로 옳은 것은?

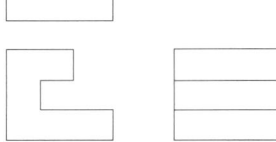

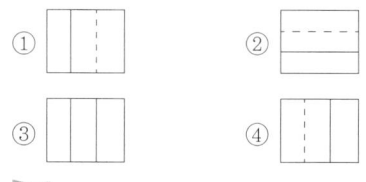

해설 ④항이 평면도이다.

**42** 등각 투상도에 대한 설명으로 틀린 것은?

① 원근감을 느낄 수 있도록 하나의 시점과 물체의 각점을 방사선으로 이어서 그린다.
② 정면, 평면, 측면을 하나의 투상도에서 동시에 볼 수 있다.
③ 직육면체에서 직각으로 만나는 3개의 모서리는 120°를 이룬다.
④ 한 축이 수직일 때에는 나머지 두 축은 수평선과 30°를 이룬다.

해설 ①항의 설명은 건축 조감도에서 많이 사용하는 투시도법을 설명한 것이다.

**43** 기하 공차 표기에서 그림과 같이 수치에 사각형 테두리를 씌운 것은 무엇을 나타내는 것인가?

52

① 데이텀
② 돌출 공차역
③ 이론적으로 정확한 치수
④ 최대 실체 공차 방식

해설 치수에 사각테두리를 사용한 것은 이론적으로 정확한 치수를 의미한다.

**44** KS 규격 중 기계 부문에 해당되는 분류 기호는?

① KS A　　② KS B
③ KS C　　④ KS D

📖 KS 부문별 기호
KS A : 기본, KS B : 기계, KS C : 전기, KS D : 금속

**45** 표면 거칠기의 표시 방법 중 제거 가공을 필요로 하는 경우 지시하는 기호로 옳은 것은?

① ∨　　② ∇
③ ∀　　④ √

📖 ① : 절삭 등 제거 가공의 필요 여부를 문제 삼지 않는다.
② : 제거 가공을 필요로 한다.
③ : 제거 가공을 해서는 안 된다.

**46** 축의 도시 방법을 설명한 것 중 틀린 것은?

① 축은 길이 방향으로 절단하여 온단면을 하여 그린다.
② 단면 모양이 같은 긴 축은 중간을 파단하여 짧게 그릴 수 있다.
③ 축의 끝은 모따기를 하고 모따기 치수를 기입한다.
④ 축의 키홈 부분의 표시는 부분 단면도로 나타낸다.

📖 축은 길이 방향으로 절단하여 단면 표시하지 않는다.

**47** 다음 중 나사의 표시 방법으로 틀린 것은?

① 나사산의 감긴 방향이 오른 나사인 경우에는 표시하지 않는다.
② 나사산의 줄 수는 한줄 나사인 경우에는 표시하지 않는다.
③ 암나사와 수나사의 등급을 동시에 나타낼 필요가 있을 경우는 암나사의 등급, 수나사의 등급 순서로 그 사이에 사선(/)을 넣는다.
④ 나사의 등급은 생략하면 안 된다.

📖 미터 나사는 1, 2, 3등급으로 나뉘며 나사의 등급은 생략하여 표기해도 된다.

**48** 용접부 표면 또는 용접부 형상의 보조 기호 중 영구적인 이면 판재(backing strip) 사용을 표시하는 기호는?

① —　　② ⌣
③ MR　　④ M

📖 ① : 평면(동일한 면으로 마감처리)
② : 끝단부를 매끄럽게 함
③ : 제거 가능한 이면 판재 사용
④ : 영구적인 이면 판재를 사용

**49** 다음은 냉동관 이음하기의 일부분이다. 도면에서 체크 밸브는?

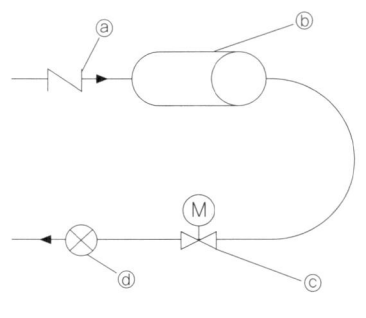

① ⓐ　　② ⓑ
③ ⓒ　　④ ⓓ

📖 ① : 체크 밸브, ② : 탱크, ③ : 게이트 밸브, ④ : 팽창 밸브

**50** 베어링 기호 NA4916V의 설명 중 틀린 것은?

① NA : 니들 베어링
② 49 : 치수계열
③ 16 : 안지름 번호
④ V : 접촉각 기호

- 접촉각 기호 : C
- 리테이너 기호 : V

**51** 주철재 V 벨트 폴리의 홈부분 각도가 아닌 것은?

① 34°   ② 36°
③ 38°   ④ 40°

- V 벨트의 단면각이 40°이기 때문에 쐐기 작용을 하는 홈 부분은 이보다 작아야 한다.

**52** 보기의 그림은 어떤 키(key)를 나타낸 것인가?

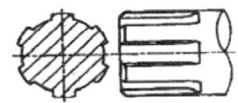

① 묻힘 키   ② 접선 키
③ 세레이션   ④ 스플라인

- 스플라인 : 축의 둘레에 4~20개의 턱을 만들어 큰 회전력을 전달할 경우 사용
- 세레이션 : 축에 작은 삼각형의 이를 만들어 축과 보스를 고정시킨 것

**53** 스퍼 기어 제도 시 요목표에 기입되지 않는 것은?

① 입력각   ② 모듈
③ 잇수     ④ 비틀림각

- 비틀림각은 헬리컬 기어에서 필요하다.

**54** 다음 중 스프링 제도에 대한 설명으로 틀린 것은?

① 코일 스프링은 원칙적으로 하중이 걸린 상태에서 그린다.
② 겹판 스프링은 원칙적으로 스프링 판이 수평한 상태에서 그린다.
③ 그림에 단서가 없는 코일 스프링은 오른쪽으로 감긴 것을 표시한다.
④ 코일 스프링이 왼쪽으로 감긴 경우는 "감긴방향 왼쪽"이라고 표시한다.

- 스프링은 원칙적으로 무하중 상태에서 그리며 겹판 스프링의 경우 하중이 걸린 상태에서 그린다.

**55** 스퍼 기어의 도시법에서 피치원을 나타내는 선의 종류는?

① 가는 실선
② 가는 1점 쇄선
③ 가는 2점 쇄선
④ 굵은 실선

- 피치원은 가는 1점 쇄선으로 그린다.

**56** 다음과 같이 표시된 너트의 호칭 중에서 형식을 나타내는 것은?

```
KS B 1012 6각 너트 스타일1 B M12-8
MFZnl I-C
```

① 스타일1   ② B
③ M12      ④ 8

- ① 볼트의 호칭 : |종류||등급||나사분의 호칭||X 길이| (보기) 6각 볼트 A M12×80
- ② 너트의 호칭 : |종류||형식||등급||나사분의 호칭| (보기) 6각너트1 A M12

**57** 일반적인 CAD 시스템에서 사용되는 좌표계가 아닌 것은?

① 직교 좌표계
② 타원 좌표계
③ 극 좌표계
④ 구면 좌표계

해설 CAD 시스템에서 타원 좌표계는 사용하지 않는다.

**58** 컴퓨터의 중앙 처리 장치(CPU)의 기능과 관계가 먼 것은?

① 입출력 기능  ② 제어 기능
③ 연산 기능    ④ 기억 기능

해설 중앙 처리 장치는 제어, 연산, 기억기능이 있다.

**59** 컬러 디스플레이(color display)에서 표현할 수 있는 색은 3가지 색의 혼합비에 이해 정해지는데, 그 3가지 색에 해당하는 것은?

① 빨강, 노랑, 파랑
② 빨강, 파랑, 초록
③ 검정, 파랑, 노랑
④ 빨강, 노랑, 초록

해설 컬러 디스플레이(RGB) : Red, Green, Blue

**60** CAD 시스템을 이용하여 제품에 대한 기하학적 모델링 후 체적, 무게중심, 관성모멘트 등의 물리적 성질을 알아보려고 한다면 필요한 모델링은?

① 와이어 프레임 모델링
② 서피스 모델링
③ 솔리드 모델링
④ 시스템 모델링

해설 솔리드 모델링은 물리적 특성 계산이 가능하다.

**ANSWER** 적중모의고사 3회

| 01 | ① | 02 | ③ | 03 | ① | 04 | ① | 05 | ③ |
| --- | --- | --- | --- | --- | --- | --- | --- | --- | --- |
| 06 | ③ | 07 | ② | 08 | ④ | 09 | ④ | 10 | ③ |
| 11 | ② | 12 | ③ | 13 | ④ | 14 | ① | 15 | ④ |
| 16 | ② | 17 | ④ | 18 | ② | 19 | ① | 20 | ② |
| 21 | ① | 22 | ② | 23 | ④ | 24 | ③ | 25 | ② |
| 26 | ④ | 27 | ② | 28 | ② | 29 | ④ | 30 | ② |
| 31 | ② | 32 | ③ | 33 | ③ | 34 | ① | 35 | ④ |
| 36 | ① | 37 | ④ | 38 | ③ | 39 | ① | 40 | ③ |
| 41 | ④ | 42 | ① | 43 | ③ | 44 | ② | 45 | ② |
| 46 | ① | 47 | ④ | 48 | ④ | 49 | ① | 50 | ② |
| 51 | ④ | 52 | ④ | 53 | ④ | 54 | ① | 55 | ② |
| 56 | ① | 57 | ② | 58 | ① | 59 | ② | 60 | ③ |

# CBT 대비 적중모의고사_ 제4회

**01** 산화물계 세라믹의 주재료는?

① $SiO_2$   ② SiC
③ TiC     ④ TiN

 세라믹의 산화물계 주재료는 산화규소($SiO_2$)이다. 그 밖에 질화물계, 탄화물계가 있다.

**02** 고강도 알루미늄 합금강으로 항공기용 재료 등에 사용되는 것은?

① 두랄루민   ② 인바
③ 콘스탄탄   ④ 서멧

두랄루민(Al + Cu + Mg + Mn) : 가볍고 강도가 커서 항공기 자동차 등에 쓴다.

**03** 브레이크 재료 중 마찰 계수가 가장 큰 것은?

① 주철      ② 석면직물
③ 청동      ④ 황동

브레이크 재료의 마찰 계수
- 주철 : 0.1~0.2
- 석면 직물 : 035~0.6
- 청동 : 0.1~0.2
- 황동 : 0.1~0.3

**04** 18-8계 스테인리스강의 설명으로 틀린 것은?

① 오스테나이트계 스테인리스강이라고도 하며 담금질로써 경화되지 않는다.
② 내식, 내산성이 우수하며, 상온 가공하면 경화되어 다소 자성을 갖게 된다.
③ 가공된 제품은 수중 또는 유중 담금질하여 해수용 펌프 및 밸브 등의 재료로 많이 사용한다.
④ 가공성 및 용접성과 내식성이 좋다.

18-8계 스테인리스강 : 18%(Cr) + 8%(Ni) 응력 제거 처리를 위해 800~900℃로 2~4시간 유지 후 공랭 또는 노냉한다. 담금질이 안 된다.

**05** 황동에 첨가하면 강도와 연신율은 감소하나 절삭성을 좋게 하는 것은?

① 납
② 알루미늄
③ 주석
④ 철

쾌삭황동 : 황동(Cu+Zn)에 납(Pb)을 1.5~3% 첨가하면 강도와 연신율은 감소하나 절삭성은 좋아진다.

**06** 피치원 지름 165mm이고 잇수 55인 표준 평 기어의 모듈은?

① 2   ② 3
③ 4   ④ 6

$m = \dfrac{PCD}{Z} = \dfrac{165}{55} = 3$

**07** 연신율이 20%이고, 파괴되기 직전의 늘어난 시편의 전체 길이가 30cm일 때, 이 시편의 본래의 길이는?

① 20cm
② 25cm
③ 30cm
④ 35cm

해설 연신율 = $\dfrac{L' - L}{L} \times 100$ 이므로

$20 = \dfrac{30 - L}{L} \times 100$

$20L = 3000 - 100L$

$120L = 3000$

$L = \dfrac{3000}{120} = 25$

**08** 나사에서 리드(L), 피치(P), 나사줄 수(n)와의 관계식으로 바르게 나타낸 것은?

① L = P
② L = 2P
③ L = nP
④ L = n

해설 나사의 리드 : 나사를 한 바퀴 돌릴 때 진행거리
$L = n \times P$

**09** 축에는 키홈을 가공하지 않고 보스에만 테이퍼 키홈을 만들어서 홈 속에 키를 끼우는 것은?

① 묻힘 키(성크 키)
② 새들 키(안장 키)
③ 반달 키
④ 둥근 키

해설 안장 키 : 말 등에 안장을 올린 것과 같이 키를 설치. 보스에만 키홈을 파고 축에는 키홈이 없음. 큰 힘 전달 불가함

**10** 외부로부터 작용하는 힘이 재료를 구부려 휘어지게 하는 형태의 하중은?

① 인장 하중
② 압축 하중
③ 전단 하중
④ 굽힘 하중

해설 굽힘 하중 : 재료를 구부려 휘어지게 하는 하중

**11** 주조성이 우수한 백선 주물을 만들고, 열처리하여 강인한 조직으로 단조를 가능하게 한 주철은?

① 가단 주철
② 칠드 주철
③ 구상 흑연 주철
④ 보통 주철

해설 가단 주철 : 백주철을 풀림 처리하여 인성 또는 연성을 부여한 주철로 단조가 가능하다.

**12** 짝(pair)을 선짝과 면짝으로 구분할 때 선짝의 예에 속하는 것은?

① 선반의 베드와 왕복대
② 축과 미끄럼 베어링
③ 암나사와 수나사
④ 한 쌍의 맞물리는 기어

해설 ①, ②, ③항은 면과 면이 만나는 면짝이며, 맞물린 기어는 선과 선이 만나는 선짝이다.

**13** 강을 Ms점과 Mf 점 사이에서 항온 유지 후 꺼내어 공기 중에서 냉각하여 마텐자이트와 베이나이트의 혼합 조직으로 만드는 열처리는?

① 풀림
② 담금질
③ 침탄법
④ 마템퍼

해설 마템퍼 : Ms점 이하의 항온염욕 중에 담금질하여 냉각하면 마텐자이트와 베이나이트 혼합 조직이 된다.

**14** 스프링 상수의 단위로 옳은 것은?

① N·mm ② N/mm
③ N·mm² ④ N/mm²

해설 스프링 상수
$K = \dfrac{하중(N)}{변형량(mm)} = (N/mm)$

**15** 강자성체에 속하지 않는 성분은?

① Co ② Fe
③ Ni ④ Sb

해설 강자성체(철, 니, 코) : 철(Fe), 니켈(Ni), 코발트(Co)

**16** 선반에서 나사 가공 작업을 할 때 주의 사항으로 틀린 것은?

① 완성용 나사 가공 바이트의 윗면 경사각은 가능한 한 크게 준다.
② 바이트의 각도는 센터 게이지에 맞추어 정확히 연삭한다.
③ 바이트 팁의 중심선이 나사 축에 수직이 되도록 고정한다.
④ 바이트 끝의 높이는 공작물의 중심선과 일치하도록 고정한다.

해설 나사가공 바이트의 윗면 경사각은 가능한 작게 준다.

**17** 비교 측정에 사용하는 측정기가 아닌 것은?

① 버니어 캘리퍼스
② 다이얼 테스트 인디케이터
③ 다이얼 게이지
④ 지침 측이기

해설 비교 측정 : 표준으로 만든 표준 게이지와 측정물을 비교 측정하는 방법 - 다이얼 게이지, 미니미터, 옴니미터, 공기마이크로미터 등

**18** 숫돌 입자가 작은 숫돌로 일감을 가볍게 누르면서 진동을 주어 접촉시키면서 고정 밀도의 표면으로 일감을 다듬질하는 가공법은?

① 호닝 ② 래핑
③ 브로칭 ④ 슈퍼피니싱

**19** CNC공작 기계의 가공 프로그램의 기호와 그 의미가 잘못 연결된 것은?

① M : 보조기능
② T : 공구 기능
③ S : 절삭 기능
④ F : 이송 기능

해설 S : 주축 기능, 주축에 회전 속도를 지령하는 기능이다.

**20** 숫돌의 입자가 탈락되지 않고 마모에 의해서 납작하게 둔화된 무딤(glazing)의 원인과 거리가 먼 것은?

① 연삭 숫돌의 결합도가 필요 이상으로 높다.
② 숫돌 입자가 가늘고 조직이 치밀하다.
③ 연삭 숫돌의 원주속도가 너무 빠르다.
④ 숫돌 재료가 공작물 재료에 부적합하다.

해설 ②의 경우는 눈메움(loading)의 원인이 된다.

**21** 방전 가공에서 가공액의 역할이 아닌 것은?

① 가공열을 냉각시킨다.
② 가공칩의 제거 작용을 한다.
③ 가공 부분에 변질층을 제거한다.
④ 방전할 때 생기는 용융금속을 비산시킨다.

> 방전 가공 : 아크방전에 의한 열작용과 가공액의 기화폭발작용으로 일감을 미소량씩 용해하여 용융 소모시켜 가공용 전극의 형상에 따라 가공하는 방법

**22** 현장에서 매일 기계설비를 가동하기 전 또는 가동 중에는 물론이고 작업의 종료시에 행하는 점검은?

① 일상 점검
② 특별 점검
③ 정기 점검
④ 월간 점검

> 현장에서 매일 수시로 하는 점검을 일상 점검이라 한다.

**23** 만능 공구 연삭기에서 지름 50mm의 밀링 커터를 연삭할 때, 5°의 여유각을 갖기 위한 편심거리는 약 몇 mm인가?(단, sin5° = 0.0871로 계산한다.)

① 2.2mm
② 4.4mm
③ 8.7mm
④ 17.4mm

> 편심 거리는 중심에서 시작하므로 반지름으로 계산한다.
> $\sin 5° = \dfrac{\text{편심 거리}}{\text{커터의 지름}} = \dfrac{x}{25} = 0.0871$에서
> x는 약 2.2mm이다.

**24** 밀링 머신에서 테이블의 이송 속도(f)를 나타내는 식으로 맞는 것은?(단, f : 테이블의 이송 속도(mm/min), fz : 커터의 날 당 이송량(mm/날), Z : 커터의 날 수, n : 커터의 분당 회전수(rpm)이다.)

① $f = fz \cdot Z \cdot n$
② $f = \dfrac{n}{fz \cdot Z}$
③ $f = \dfrac{fz \cdot Z}{n}$
④ $f = \dfrac{fz \cdot Z \cdot n}{1000}$

> 1분간 테이블 이송량
> $f = f_z \times Z \times n$
> $= f_z \times Z \times \dfrac{1000v}{\pi d} (mm/\min)$

**25** 고속, 고온 절삭에서 높은 경도를 유지하며, WC, TiC, TaC 분말에 Co를 첨가하고 소결시켜 만들어 진동이나 충격을 받으면 깨지기 쉬운 특성을 가진 공구재료는?

① 주조합금
② 고속도강
③ 합금 공구강
④ 소결 초경합금

> WC, TiC, TaC 등의 분말에 Co분말을 결합제조하여 혼합한 다음 금형에 넣어 가압성형, 소결시키는 분말야금법

**26** 다음 투상도의 평면도로 알맞은 것은?(제3각법의 경우)

정면도

측면도

①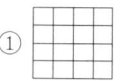
②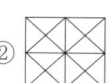
③
④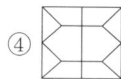

**27** 다음 그림에서 면의 지시기호에 대한 각 지시사항의 기입 위치 중 e에 해당되는 것은?

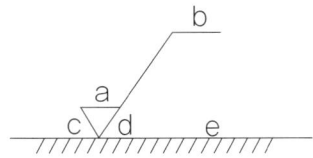

① 컷 오프값
② 기준길이
③ 다듬질 여유
④ 표면 파상도

> • a : 산술 평균 거칠기값
> • b : 가공 방법
> • c : 가공 여유값
> • d : 줄무늬 방향의 기호
> • e : 표면 파상도

**28** 원을 등각 투상법으로 투상하면 어떻게 나타나는가?

① 진원
② 타원
③ 마름모
④ 직사각형

**29** 기하 공차 중 원통도 공차를 나타내는 기호는?

① ⌀   ② ◯
③ ◎   ④ ⊕

**30** 도면에 Ø100$^{+0.015}_{-0.005}$로 표시된 것의 공차는 얼마인가?

① 0.005   ② 0.015
③ 0.010   ④ 0.020

> 치수 공차 = 최대 허용 치수 − 최소 허용 치수
> = 0.015 − (−0.005) = 0.020

**31** 두 가지의 데이텀 형태에 의해서 설정하는 공통 데이텀을 지시하기 위한 도시 방법으로 옳게 표현된 것은?

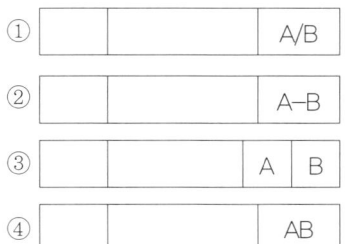

**32** IT 기본 공차에서 주로 축의 끼워 맞춤 공차에 적용되는 공차의 등급은?

① IT 01 ~ IT 5
② IT 6 ~ IT 10
③ IT 10 ~ IT 18
④ IT 5 ~ IT 9

> 축의 끼워 맞춤 공차는 IT 5급~IT 9급을 사용하며, 구멍의 끼워 맞춤 공차는 IT 6급~IT 10급을 사용한다.

**33** 단면도를 나타낼 때 긴 쪽 방향으로 절단하여 도시할 수 있는 것은?

① 볼트, 너트, 와셔
② 축, 핀, 리브
③ 리벳, 강구, 키
④ 기어의 보스

> 기어의 이는 길이 방향으로 단면하여 나타내지 않지만 보스는 단면하여 나타낸다.

**34** 다음 치수 기입의 원칙을 설명한 것 중 틀린 것은?

① 특별히 명시하지 않는 한 도시한 대상물의 마무리 치수를 기입한다.
② 서로 관련되는 치수는 되도록 분산하여 기입한다.
③ 기능상 필요한 경우 치수의 허용 한계를 기입한다.
④ 참고치수에 대해서는 수치에 괄호를 붙여 기입한다.

해설 서로 관련된 치수는 되도록 한곳에 모아서 기입한다.

**35** 재료 기호 [ GC200 ]이 나타내는 명칭은?

① 황동 주물
② 회주철품
③ 주강
④ 탄소강

해설 GC는 Gray Iron Casting의 약자이다. 200 : 최저 인장 강도(N/mm²)

**36** 다음 중 단면 도시 방법에 대한 설명으로 틀린 것은?

① 단면 부분을 확실하게 표시하기 위하여 보통 해칭을 한다.
② 해칭을 하지 않아도 단면이라는 것을 알 수 있을 때에는 해칭을 생략해도 된다.
③ 같은 절단면 위에 나타나는 같은 부품의 단면은 해칭선의 간격을 달리한다.
④ 단면은 필요로 하는 부분만을 파단하여 표시할 수 있다.

해설 같은 부품의 단면은 해칭선의 간격이나 방향을 같이 해야 한다.

**37** 우선적으로 사용하는 배척의 종류가 아닌 것은?

① 50 : 1
② 25 : 1
③ 5 : 1
④ 2 : 1

해설 배척이란 실제보다 크게 그리는 것이며, 우선적으로 사용하는 배척의 종류에는 2:1, 5:1, 10:1, 20:1, 50:1이 있다.

**38** 투상도 선택 방법에 맞지 않는 것은?

① 도면을 보는 사람이 알기 쉽게 선택한다.
② 제작공정을 쉽게 파악할 수 있도록 한다.
③ 제도자 위주로 선택하여 그릴 수 있도록 한다.
④ 가공자가 가공과 측정하기 용이하도록 선택한다.

해설 투상도는 제도자 위주로 선택하는 것이 아니라 가공자의 입장을 고려하여 그려야 한다.

**39** 다음 그림에서 모떼기가 C2일 때 모떼기의 각도는?

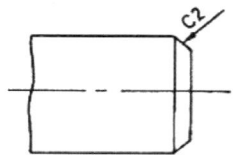

① 15°
② 30°
③ 45°
④ 60°

해설 치수 보조 기호 C는 45° 모따기인 경우에만 사용한다.

**40** 다음 제3각법으로 나타낸 정 투상도를 입체도로 바르게 나타낸 것은?

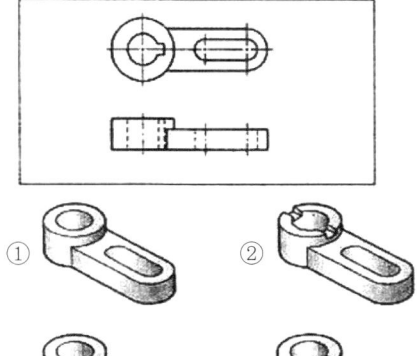

해설 평면도의 키홈 모양을 보고 찾는다.

**41** 대상 면을 지시하는 기호 중 제거 가공을 허락하지 않는 것을 지시하는 것은?

 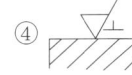

해설 ① 제거 가공의 필요 여부를 문제삼지 않는다.
② 제거 가공을 필요로 한다.
③ 제거 가공을 해서는 안 된다.

**42** 일반적인 도면의 검사에서 주의할 사항으로 가장 거리가 먼 것은?

① 공차 및 끼워 맞춤, 가공기호, 재료선택
② 투상법, 척도, 치수 기입
③ 요목표 작성, 표제란, 지시사항
④ 도면 보관 방법

해설 도면 보관 방법은 도면의 검사가 끝난 후에 해도 된다.

**43** 다음 중에서 가는 실선으로만 사용하지 않는 선은?

① 지시선　　② 절단선
③ 해칭선　　④ 치수선

해설 절단선은 가는 1점 쇄선과 방향이 바뀌는 부분을 굵게 한 굵은 실선의 조합으로 되어 있다.

**44** 다음 끼워 맞춤을 표시한 것 중 옳지 못한 것은?

① 20H7 − g6　　② 20H7/g6
③ $20\dfrac{H7}{g6}$　　④ 20g6H7

해설 구멍을 나타내는 대문자 기호를 앞에 쓰도록 하며 ④항은 형식이 잘못되었다.

**45** 다음 중 완성된 도면에서 서로 겹치는 경우 가장 우선적으로 나타내야 하는 것은?

① 절단선　　② 숨은선
③ 치수　　④ 중심선

해설 선의 우선순위 : 외형선 〉 숨은선 〉 절단선 〉 중심선 〉 무게중심선 〉 치수보조선

**46** 기어의 제작상 중요한 치형, 모듈, 압력각, 피치원 지름등 기타 필요한 사항들을 기록한 것을 무엇이라 하는가?

① 주서　　② 표제란
③ 부품란　　④ 요목표

해설 요목표 : 기어나 스프링 등 치수로 표현하기 힘든 제작상의 중요 사항을 표로 만든 것

**47** 코일 스프링에서 양 끝을 제외한 동일 모양 부분의 일부를 생략하는 경우 생략되는 부분의 선지름의 중심선을 나타내는 선은?

① 가는 실선　　② 가는 1점 쇄선
③ 굵은 실선　　④ 은선

해설 코일 스프링의 생략도를 그릴 경우 선지름의 중심선은 가는 1점 쇄선으로 나타낸다.

**48** 관의 접속 표시를 나타낸 것이다. 관이 접속되어 있을 때의 상태를 도시한 것은?

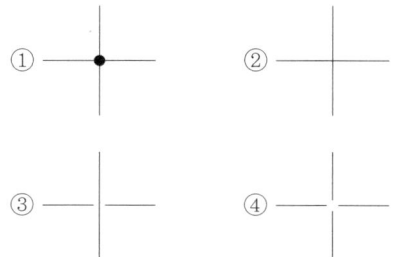

**49** 구름 베어링의 호칭 번호가 "6202"이면 베어링의 안지름은?

① 5mm　　② 10mm
③ 12mm　　④ 15mm

해설 셋째, 넷째 자리가 베어링 번호 00 = 10mm, 01 = 12mm, 02 = 15mm, 03 = 17mm, 04부터는 곱하기 5를 한다.

**50** 나사 제도에서 완전 나사부와 불완전 나사부의 경계선을 나타내는 선은?

① 가는 실선　　② 파선
③ 가는 1점 쇄선　　④ 굵은 실선

해설 완전 나사부와 불완전 나사부의 경계선은 굵은 실선으로 도시한다.

**51** 주철제 V 벨트 풀리는 호칭 지름에 따라 홈의 각도를 달리하는 데, 홈의 각도로 사용되지 않는 것은?

① 34°
② 36°
③ 38°
④ 40°

해설 벨트의 각이 40°이기 때문에 마찰작용을 위해 이보다 적어야 한다.

**52** 용접부 표면의 형상에서 동일 평면으로 다듬질함을 표시하는 보조 기호는?

① ─　　② ⌢
③ ⌣　　④ ⌄

해설 ① 평면, ② 볼록형, ③ 오목형, ④ 토우를 매끄럽게 함.

**53** 축의 도시 방법에 대한 설명으로 옳은 것은?

① 축은 길이 방향으로 단면 도시를 할 수 있다.
② 축 끝의 모따기는 폭의 치수만 기입한다.
③ 긴 축은 중간을 파단하여 짧게 그릴 수 없다.
④ 널링을 도시할 때 빗줄인 경우 축선에 대하여 30°로 엇갈리게 그린다.

해설 축은 길이 방향으로 단면 도시하지 않는다. 모따기는 폭과 각도를 나타낼 수 있다. 긴 축은 중간을 파단하여 짧게 그릴 수 있다.

**54** 다음 그림은 어떤 키(key)를 나타낸 것인가?

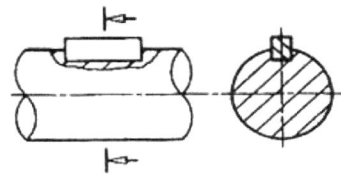

① 묻힘 키  ② 안장 키
③ 접선 키  ④ 원뿔 키

**55** 스퍼 기어의 제도에서 피치원 지름은 어느 선으로 나타내는가?

① 가는 1점 쇄선
② 가는 2점 쇄선
③ 가는 실선
④ 굵은 실선

해설 스퍼 기어의 피치원은 가는 1점 쇄선으로 그린다.

**56** 나사산의 모양에 따른 나사의 종류에서 삼각나사에 해당하지 않는 것은?

① 미터 나사  ② 유니파이 나사
③ 관용 나사  ④ 톱니 나사

**57** 서피스 모델링(surface modeling)의 특징으로 거리가 먼 것은?

① NC가공 정보를 얻을 수 있다.
② 은선 제거가 불가능하다.
③ 물리적 성질 계산이 곤란하다.
④ 복잡한 형상 표현이 가능하다.

해설 은선 제거가 가능하며 와이어 프레임 모델링은 은선제거가 불가능하다.

**58** 다음 중 CAD 시스템의 출력 장치가 아닌 것은?

① 플로터  ② 프린트
③ 모니터  ④ 라이트 펜

해설 라이트 펜은 입력 장치이다.

**59** 일반적으로 CAD 시스템 좌표계로 사용하지 않는 것은?

① 직교 좌표계  ② 극 좌표계
③ 원통 좌표계  ④ 기계 좌표계

해설 기계 좌표계는 CNC공작기계에서 사용한다.

**60** 컴퓨터에서 중앙 처리 장치의 구성으로만 짝지어진 것은?

① 출력 장치, 입력 장치
② 제어 장치, 입력 장치
③ 보조 기억 장치, 출력 장치
④ 제어 장치, 연산 장치

해설 중앙 처리 장치 : 제어 장치, 연산 장치, 기억 장치

| ANSWER | | | | | | | | | 적중모의고사 4회 |
|---|---|---|---|---|---|---|---|---|---|
| 01 | ① | 02 | ① | 03 | ② | 04 | ③ | 05 | ① |
| 06 | ② | 07 | ② | 08 | ③ | 09 | ② | 10 | ④ |
| 11 | ① | 12 | ④ | 13 | ④ | 14 | ② | 15 | ① |
| 16 | ① | 17 | ④ | 18 | ④ | 19 | ③ | 20 | ② |
| 21 | ③ | 22 | ④ | 23 | ① | 24 | ① | 25 | ④ |
| 26 | ② | 27 | ② | 28 | ② | 29 | ① | 30 | ② |
| 31 | ② | 32 | ② | 33 | ② | 34 | ② | 35 | ② |
| 36 | ③ | 37 | ② | 38 | ③ | 39 | ③ | 40 | ④ |
| 41 | ③ | 42 | ④ | 43 | ② | 44 | ① | 45 | ③ |
| 46 | ② | 47 | ② | 48 | ② | 49 | ② | 50 | ② |
| 51 | ④ | 52 | ④ | 53 | ② | 54 | ① | 55 | ① |
| 56 | ④ | 57 | ② | 58 | ④ | 59 | ④ | 60 | ④ |

# CBT 대비 적중모의고사_ 제5회

**01** 다음 중 가장 큰 하중이 걸리는 데 사용되는 키(key)는?

① 새들 키　② 묻힘 키
③ 둥근 키　④ 평 키

**02** 순간적으로 짧은 시간에 작용하는 하중은?

① 정 하중　② 교번 하중
③ 충격 하중　④ 분포 하중

해설 충격 하중 : 순간적으로 짧은 시간에 작용하는 하중

**03** 복식 블록 브레이크의 설명 중 틀린 것은?

① 큰 회전력의 제동에 적당하다.
② 브레이크 드럼을 양쪽에서 누른다.
③ 축에 구부림이 작용하지 않는다.
④ 축의 역전 방지 기구로 사용된다.

해설 3블록 브레이크는 제동 장치이며, 역전 방지 기구는 아니다.

**04** TTT 곡선도에서 TTT가 의미하는 것 중 틀린 것은?

① 시간(Time)
② 뜨임(Tempering)
③ 온도(Temperature)
④ 변태(Transformation)

해설 강을 오스테나이트 상태에서 임의의 점 이하의 항온까지 급랭하여 이 온도에 그대로 항온을 유지했을 때 일어나는 변태를 항온 변태라 하고 이 항온 변태 및 조직의 변화를 시간에 대하여 나타낸 것을 항온 변태 곡선(TTTcurve)이라 한다.

**05** 레이디얼 볼 베어링의 안지름이 20mm인 것은?

① 6204　② 6201
③ 6200　④ 6310

해설 베어링 번호 셋째, 넷째 자리가 안지름(내경)번호이다.
00 = 10mm, 01 = 12mm, 02 = 15mm, 03 = 17mm, 이후에는 곱하기 5를 한다. 04×5 = 20mm

**06** 알루미늄과 양은의 차이점은?

① 알루미늄은 단일 원소이고 양은은 구리-아연-니켈의 합금이다.
② 알루미늄은 단일 원소이고 양은은 구리-주석-니켈의 합금이다.
③ 알루미늄은 구리-아연-니켈의 합금이고 양은은 단일 원소이다.
④ 알루미늄은 구리-주석-니켈의 합금이고 양은은 단일 원소이다.

해설
• 알루미늄(Al) : 비중 2.7, 융점 : 660℃.
• 양은 : 구리에 니켈을 16~20%와 아연 15~35%를 첨가한 구리 합금

**07** 철강재 스프링 재료가 갖추어야 할 조건이 아닌 것은?

① 가공하기 쉬운 재료이어야 한다.
② 높은 응력에 견딜 수 있고, 영구변형이 적어야 한다.
③ 피로강도와 파괴인성치가 낮아야 한다.
④ 부식에 강해야 한다.

해설 피로강도 : 무한 반복 하중에 대하여 파괴되지 않는 강도. 스프링 재료는 피로강도와 파괴인성치가 높아야 한다.

**08** 벨트 전동에 관한 설명으로 틀린 것은?

① 벨트풀리에 벨트를 감는 방식은 크로스벨트 방식과 오픈벨트 방식이 있다.
② 오픈벨트 방식에서는 양 벨트 풀리가 반대 방향으로 회전한다.
③ 벨트가 원동차에 들어가는 축을 인(긴)장측이라 한다.
④ 벨트가 원동차로부터 풀려 나오는 측을 이완측이라 한다.

해설
• 오픈벨트(바로걸기) : 양 벨트풀리가 같은 방향으로 회전한다.
• 크로스벨트(엇걸기) : 양 벨트풀리가 반대 방향으로 회전한다.

**09** 모듈이 3이고, 잇수가 각각 30과 60인 한 쌍의 표준 평기어의 중심 거리는?

① 114mm  ② 126mm
③ 135mm  ④ 148mm

해설
• 피치원 지름
$D_1 = M \times Z_1 = 3 \times 30 = 90$
$D_2 = M \times Z_2 = 3 \times 60 = 180$
• 두 기어의 중심거리
$C = \dfrac{D_1 + D_2}{2} = \dfrac{90 + 180}{2} = 135$

**10** 열경화성 수지에서 높은 전기 절연성이 있어 전기부품 재료를 많이 쓰고 있는 베크라이트(bakelite)라고 불리는 수지는?

① 요소 수지
② 페놀 수지
③ 멜라민 수지
④ 에폭시 수지

해설 페놀류와 알데히드를 축합 중합하여 만든 수지를 통틀어 이르는 말. 단단하고 불에 잘 타지 않으며 전기 및 열에 대한 절연성이 좋다. 성형품, 전기부품, 접착제 따위를 만드는 데 쓴다.

**11** 탄소공구강의 구비 조건이 아닌 것은?

① 내마모성이 클 것
② 내충격성이 우수할 것
③ 열처리성이 양호할 것
④ 상온 및 고온경도가 작을 것

해설 공구강은 상온 및 고온에서 높은 경도를 유지해야 한다.

**12** 표면 경도를 필요로 하는 부분만을 급랭하여 경화시키고 내부는 본래의 연한 조직으로 남게 하는 주철은?

① 칠드 주철
② 가단 주철
③ 구상 흑연 주철
④ 내열 주철

해설 칠드 주철 : 용융 상태에서 금형에 주입하여 표면을 급랭에 의해 경화시킨 백주철

**13** 18-4-1형의 고속도강에서 18-4-1에 해당하는 원소로 맞는 것은?

① W-Cr-Co  ② W-Ni-V
③ W-Cr-V  ④ W-Si-Co

🔍 표준 고속도강 : 텅스텐(W)18%, 크롬(Cr)4%, 바나듐(V)1%

**14** 재료의 인장 시험에서 시험편의 표점 거리가 50mm이고, 인장 시험 후 파괴 시작점의 표점 거리가 55mm이었을 때 재료의 연신율은 몇 % 인가?

① 5  ② 10
③ 50  ④ 55

🔍 연신율
$$e = \frac{l' - l}{l} \times 100 = \frac{55 - 50}{50} \times 100 = 10\%$$

**15** 구리(Cu)에 관한 내용으로 틀린 것은?

① 비중이 1.7이다.
② 용융점이 1083℃ 정도이다.
③ 비자성으로 내식성이 철강보다 우수하다.
④ 전기 및 열의 양도체이다.

🔍 구리의 비중은 8.90이다.

**16** 단식 분할법으로 원주를 10등분하려면 분할 크랭크를 몇 회전씩 돌리면 되는가?(단, 웜 휠의 잇수는 40개이다.)

① 4회전  ② 8회전
③ 10회전  ④ 40회전

🔍 분할 크랭크 회전수
$$n = \frac{40}{일감의\ 등분수} = \frac{40}{10} = 4(회전)$$

**17** 선반의 점검을 일반 점검과 정기 점검으로 나눌 때 다음 중 일반 점검 사항이 아닌 것은?

① 각종 레버는 정 위치에 있으며, 이송핸들의 조작이 원활한가?
② 선반 설치의 수평은 양호한가?
③ 이송축 및 리드 스크루 축에는 이상이 없는가?
④ 브레이크의 기능은 양호한가?

🔍 기계 작동과 관련된 모든 사항은 일반 점검(수시 점검)을 하며 설치와 관련된 사항은 정기 점검한다.

**18** 드릴 작업에서 구멍을 뚫는 데 걸리는 시간 T(min)를 구할 경우 옳은 계산식은?(단, t는 구멍 깊이(mm), h는 드릴끝 원뿔 높이(mm), v는 절삭 속도(m/min), f는 드릴의 이송(mm/rev), D : 드릴의 지름(mm)이다.)

① $T = \dfrac{t + h}{1000vf}$

② $T = \dfrac{1000v}{\pi D(t + h)}$

③ $T = \dfrac{\pi D(t + h)}{1000vf}$

④ $T = \dfrac{\pi D(t + h)}{f}$

🔍 드릴의 작업 시간 계산식
$$T = \frac{\pi D(t + h)}{1000vh}$$

**19** 선반에서 고정식 방진구를 설치하는 부분으로 맞는 것은?

① 공구대　　② 베드
③ 왕복대　　④ 심압대

　방진구란 지름이 작고 긴 공작물(지름의 20배 이상)이 가공 중 휨과 진동을 방지해 주는 도구로서 베드 위에 고정하는 고정식 방진구와 왕복대에 고정되어 왕복대와 함께 이동하는 이동식 방진구가 있다.

**20** 미세하고 비교적 연한 숫돌 입자를 사용하여 일감의 표면에 낮은 압력으로 접촉시키면서 매끈하고 고정 밀도의 표면으로 일감을 다듬는 가공 방법은?

① 브로칭 가공　　② 슈퍼피니싱 가공
③ 래핑 가공　　　④ 액체호닝 가공

　슈퍼피니싱 : 미세하고 비교적 연한 숫돌 입자를 사용하여 일감의 표면에 낮은 압력으로 접촉시키면서 매끈하고 고정밀도의 표면으로 일감을 다듬는 가공

**21** 게이지 블록의 표준조합 선택 및 치수의 조립 시 고려하여야 할 사항으로 거리가 먼 것은?

① 게이지 블록의 윤곽 판독 방식
② 소수점 아래 첫째자리 숫자가 5보다 큰 경우에는 5를 뺀 나머지 숫자부터 선택
③ 조합의 개수를 최소로 할 것
④ 정해진 치수를 고를 때는 맨 끝자리부터 고를 것

　블록 게이지 : 기준 게이지의 대표적인 것으로 면과 면, 선과 선 사이의 길이의 기준을 정하는 데 사용하는 게이지. 윤곽 판독과는 거리가 멀다.

**22** 드릴링 머신에서 가공할 수 없는 작업은?

① 보링 가공
② 리머 가공
③ 수나사 가공
④ 카운터 싱킹 가공

　수나사 가공은 선반에서 할 수 있다.

**23** 윤활제의 구비 조건으로 틀린 것은?

① 양호한 유성을 가진 것으로 카본 생성이 적어야 한다.
② 금속의 부식이 없어야 한다.
③ 온도 변화에 따른 점도 변화가 커야 한다.
④ 열이나 산성에 강해야 한다.

　윤활제는 온도의 변화에 따른 점도 변화가 작아야 한다.

**24** 그림과 같이 Ø24mm 드릴로 두께 50mm의 SM25C 강판에 구멍 가공을 할 때 최소 이송거리는?

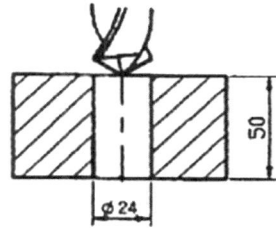

① 42mm　　② 50mm
③ 58mm　　④ 66mm

　드릴이 완전히 관통하기 위한 최소 이동 거리는 일감의 두께에 드릴지름 1/3을 더한 이송을 해야 한다.

$$50 + \left(\frac{24}{3}\right) = 58mm$$

**25** 길이를 측정하고 직각삼각형의 삼각함수를 이용한 계산에 의하여 임의각의 측정 또는 임의각을 만드는 측정기는?

① 사인바
② 높이 게이지
③ 깊이 게이지
④ 공기 마이크로미터

> 사인바 : 기준으로 삼는 여러 가지 각도를 만들거나 각도를 측정하는 공구. 45° 이하의 각도 측정에 사용

**26** 다음 그림에서 표시된 기하 공차 기호는?

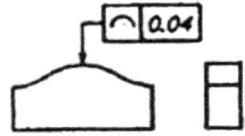

① 선의 윤곽도
② 면의 윤곽도
③ 원통도
④ 위치도

> 선의 윤곽도

**27** 다음의 등각 투상도에서 화살표 방향을 정면도로 하여 제3각법으로 투상하였을 때 맞는 것은?

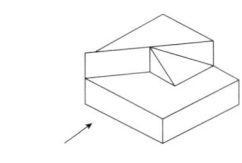

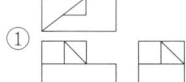

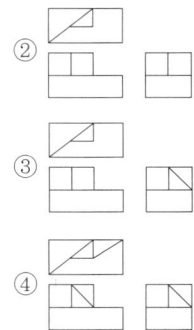

**28** 도면에서 다음과 같은 기하 공차 기호에 알맞은 설명은?

| // | 0.01/100 | A |

① 평면도가 평면 A에 대하여 지정 길이 0.01mm에 대하여 100mm의 허용값을 가지는 것을 말한다.
② 평면도가 직선 A에 대하여 지정 길이 100mm에 대하여 0.01mm의 허용값을 가지는 것을 말한다.
③ 평행도가 기준 A에 대하여 지정 길이 0.01mm에 대한 100mm의 허용값을 가지는 것을 말한다.
④ 평행도가 기준 A에 대하여 지정 길이 100mm에 대한 0.01mm의 허용값을 가지는 것을 말한다.

> 기준 A에 대한 평행도가 지정 길이 100mm에 대하여 0.01mm의 허용값을 가지는 것

**29** 정사각형 변의 길이를 나타내는 기호는?

① □    ② ∅
③ C    ④ ∨

**30** 다음 그림과 같은 Ø50H7-r6 끼워 맞춤에서 최소 죔새는 얼마인가?

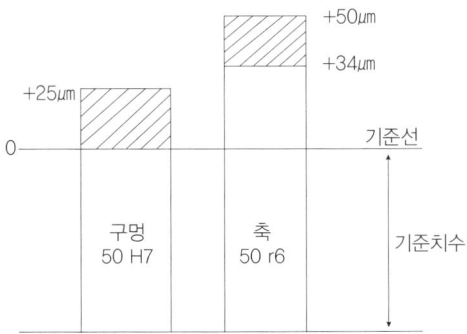

① 0.009  ② 0.025
③ 0.034  ④ 0.05

해설 구멍 50H7 = 50
축 50r6 = 축이 항상 큰 억지 끼워 맞춤 상태이다.
최소 죔새 = 축의 최소 허용 치수 − 구멍의 최대 허용 치수 = 50.034 − 50.025 = 0.009

**31** 도면에 마련하는 양식 중에서 마이크로필름 등으로 촬영하거나 복사 및 철할 때의 편의를 위하여 마련하는 것은?

① 윤곽선  ② 표제란
③ 중심마크  ④ 비교눈금

해설 도면에 반드시 기입해야할 양식은 윤곽선, 표제란, 중심마크이며 비교눈금은 축소, 확대 도면의 편의를 위해 사용한다.

**32** 도형의 표시 방법으로 적합하지 않는 것은?

① 가능한 한 자연, 안정, 사용의 상태로 표시한다.
② 물품의 주요 면이 가능한 한 투상면에 수직 또는 수평하게 한다.
③ 물품의 형상이나 기능을 가장 명료하게 나타내는 면을 평면도로 선정한다.
④ 서로 관련되는 도면의 배열을 가능한 한 숨은선을 사용하지 않도록 한다.

해설 물품의 형상이나 기능을 가장 명료하게 나타내는 면을 정면도로 선정한다.

**33** 부품도에서 일부분만 부분적으로 열처리를 하도록 지시해야 한다. 이 때 열처리 범위를 나타내기 위해 사용하는 특수 지정선은?

① 굵은 1점 쇄선
② 파선
③ 가는 1점 쇄선
④ 가는 실선

해설 굵은 1점 쇄선 : 특수한 가공부분 및 열처리 부위 표시 등에 사용

**34** 다음 중 도면에서 2종류 이상의 선이 같은 곳에서 겹치는 경우 최우선하여 그리는 선은?

① 외형선
② 절단선
③ 중심선
④ 치수 보조선

해설 선의 우선 순위
외형선 〉 숨은선 〉 절단선 〉 중심선 〉 무게중심선 〉 치수보조선

**35** 다음 어떤 물체를 제3각법으로 투상하여 평면도와 우측면도를 나타낸 것이다. 정면도로 옳은 것은?

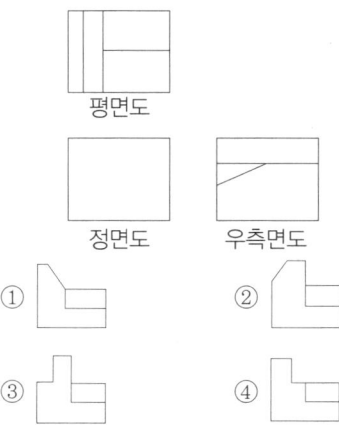

해설 평면도와 우측면도의 투상선을 연결하여 보면 ① 항이 정답이다.

**36** 기계 제도에서 가는 실선으로 나타내는 것이 아닌 것은?

① 치수선
② 회전 단면선
③ 외형선
④ 해칭선

해설 외형선은 굵은 실선으로 나타낸다.

**37** 그림과 같이 기입된 표면 지시 기호의 설명으로 옳은 것은?

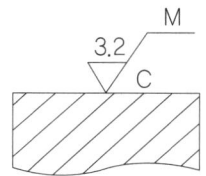

① 연삭 가공을 하고 가공 무늬는 동심원이 되게 한다.
② 밀링 가공을 하고 가공 무늬는 동심원이 되게 한다.
③ 연삭 가공을 하고 가공 무늬는 방사상이 되게 한다.
④ 밀링 가공을 하고 가공 무늬는 방사상이 되게 한다.

해설
• M : 밀링 가공
• C : 가공 무늬가 동심원 모양
• G : 연삭 가공
• R : 가공 무늬가 방사상 모양

**38** IT 기본 공차는 치수 공차와 끼워 맞춤에 있어서 정해진 모든 치수 공차를 의미하는 것으로 국제표준화기구(ISO) 공차 방식에 따라 분류한다. 구멍 끼워 맞춤에 해당되는 공차의 등급범위는?

① IT 3 ~ IT 5
② IT 6 ~ IT 10
③ IT 11 ~ IT 14
④ IT 16 ~ IT 18

해설 끼워 맞춤 공차
• 구멍은 IT6급~10급
• 축은 IT5급~9급

**39** 한국 산업 표준(KS)에서 기계 부문을 나타내는 분류 기호는?

① KS A
② KS B
③ KS C
④ KS D

해설 KS A: 기본, KS D: 기계, KS C: 전기, KS D: 금속

**40** 재료의 표시에서 SM35C에서 35C가 나타내는 뜻은?

① 인장 강도  ② 재료의 종별
③ 탄소 함유량  ④ 규격명

> 일반기계구조용 탄소강이며 35는 0.30~0.40% 탄소함유량을 나타낸다.

**41** Ø70H7에서 70mm IT7급의 기본 공차 값은 30㎛이고 아래치수 허용차는 0일 때 다음 중 틀린 것은?

① 위치수 허용차는 30㎛이다.
② 최대 허용 치수는 Ø70.030mm이다.
③ 최소 허용 치수는 Ø70.000mm이다.
④ 기준 치수는 69.970mm이다.

> 70 : 기준 치수는 70mm이다.

**42** 각도 치수가 잘못 기입된 것은?

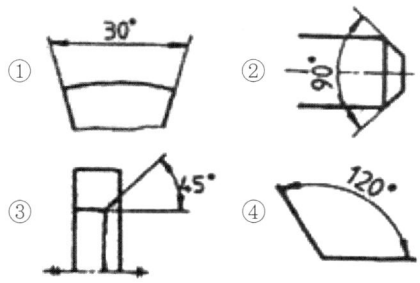

**43** 회전 도시 단면도를 설명한 것으로 가장 올바른 것은?

① 도형 내의 절단한 곳에 겹쳐서 90° 회전시켜 도시한다.
② 물체의 1/4을 절단하여 1/2은 단면, 1/2은 외형을 동시에 도시한다.
③ 물체의 반을 절단하여 투상면 전체를 단면으로 도시한다.
④ 외형도에서 필요한 일부분만 단면으로 도시한다.

> 회전 도시 단면도 : 암, 리브, 축, 훅 등의 일부를 90° 회전하여 나타냄
> ②항은 한쪽 단면도(반 단면도)에 대한 설명
> ③항은 전 단면도(온 단면도)에 대한 설명
> ④항은 부분 단면도에 대한 설명

**44** 치수 기입의 요소가 아닌 것은?

① 치수선  ② 치수보조선
③ 치수숫자  ④ 해칭선

> 치수 기입 요소
> ① 치수선, ② 치수보조선, ③ 화살표, ④ 치수

**45** 다음 그림과 같이 정면은 정투상도의 정면도와 같고 옆면 모서리를 수평선과 임의 각도로 하여 그린 투상도는?

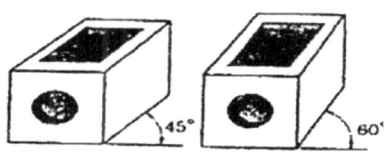

① 등각 투상도
② 부등각 투상도
③ 사투상도
④ 투시 투상도

> • 등각 투상도 : 세 축이 투상면 위에서 120°의 등각이 되도록 나타낸 것
> • 부등각 투상도 : 등각 투상과 비슷하지만 각을 서로 다르게 하여 나타낸 것
> • 사투상도 : 한 화면을 중점적으로 정확하게 나타내며 경사시켜 투상하는 것

**46** 표준 스퍼 기어의 모듈이 2이고 기어의 잇수가 32일 때 바깥지름은?

① 64mm
② 68mm
③ 72mm
④ 76mm

📖 바깥지름 D = m(Z + 2) = 2(32 + 2) = 68

**47** 평 벨트 풀리의 도시 방법에 관한 설명 중 틀린 것은?

① 벨트 풀리는 축직각 방향의 투상을 주 투상도로 한다.
② 벨트 풀리와 같이 모양이 대칭형인 것은 그 일부분만을 도시한다.
③ 암은 길이 방향으로 절단하여 단면을 도시한다.
④ 암의 단면형은 도형의 안이나 밖에 회전단면을 도시한다.

📖 암이나 리브는 길이 방향으로 절단하여 단면 도시하지 않으며 90° 회전하여 단면하는 회전 도시 단면법을 사용한다.

**48** 구름 베어링의 호칭 번호 "608C2P6"에서 C2가 나타내는 것은?

① 베어링 계열 번호
② 안지름 번호
③ 접촉각 기호
④ 내부 틈새 기호

📖 베어링 호칭 기호 순서 : 베어링 계열 번호 – 안지름번호 – 틈새 기호 – 등급 기호
• C2 : 내부 틈새 기호
• P6 : 등급 기호

**49** 〈보기〉의 설명을 나사표시 방법으로 옳게 나타낸 것은?

• 왼나사이며 두줄 나사이다.
• 미터 가는 나사로 호칭지름이 50mm, 피치가 2mm이다.
• 수나사 등급이 4h 정밀급 나사이다.

① 왼 2줄 M50×2-4h
② 우 2줄 M50×2-4h
③ 오른 2줄 M50×2-4h
④ 좌 2줄 M50×2-4h

📖 왼 2줄 M50×2-4h

**50** 스퍼 기어의 피치원을 나타낼 때 사용하는 선은?

① 굵은 실선
② 가는 실선
③ 가는 1점 쇄선
④ 가는 2점 쇄선

📖 스퍼 기어의 피치원은 가는 1점 쇄선을 사용한다.

**51** 나사의 도시 방법에 대한 내용 중 틀린 것은?

① 암나사의 안지름은 가는 실선으로 그린다.
② 수나사의 바깥지름은 굵은 실선으로 그린다.
③ 완전 나사부와 불완전 나사부의 경계선은 굵은 실선으로 그린다.
④ 불완전 나사부의 골을 나타내는 선은 경사진 가는 실선으로 그린다.

📖 암나사의 안지름은 굵은 실선으로 도시한다.

## 52
다음 그림은 파이프 도시 중 유체의 종류기호를 나타낸 것이다. 이 파이프에는 어떤 유체가 흐르는가?

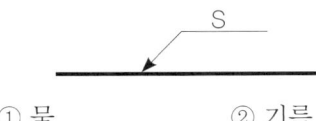

① 물　　② 기름
③ 가스　　④ 증기

해설 W : 물, O : 기름, G : 가스, S : 증기(수증기 포함)
증기를 V라고도 하는데 KS규격 개정으로 S로 통합

## 53
코일 스프링의 제도 방법으로 틀린 것은?

① 원칙적으로 하중 상태로 그린다.
② 특별한 단서가 없는 한 모두 오른쪽 감기로 도시한다.
③ 코일 부분의 중간을 생략할 때에는 가는 2점 쇄선으로 표시한다.
④ 스프링의 종류와 모양만을 도시할 때에는 재료의 중심선만을 굵은 실선으로 그린다.

해설 스프링은 원칙적으로 무하중 상태에서 그리며 겹판스프링의 경우 하중이 걸린 상태에서 그린다.

## 54
축의 도시 방법으로 올바른 것은?

① 축은 길이 방향으로 단면 도시를 한다.
② 긴 축은 중간을 파단하여 그릴 수 없다.
③ 축 끝에는 모떼기를 할 수 있다.
④ 중심선을 수직 방향으로 놓고 축을 길게 세워 놓은 상태로 도시한다.

해설 ① 축은 길이 방향으로 단면 도시하지 않는다.
② 긴 축은 중간을 파단하여 짧게 그릴 수 있다.
④ 축은 수평으로 눕혀 그린다.

## 55
다음 그림과 같은 반달 키의 호칭 치수 표시 방법으로 맞는 것은?

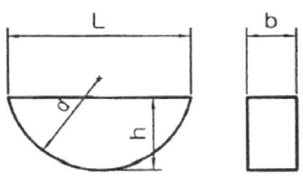

① b × d　　② b × L
③ b × h　　④ h × L

해설 반달 키의 호칭 치수 : 두께(b) × 반경(d)

## 56
다음 그림과 같이 용접하고자 한다. 올바른 도시 방법은?

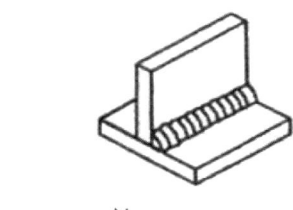

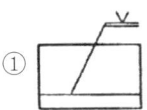
①

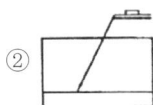
②

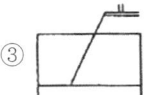
③

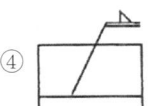
④

해설 화살표 방향의 필렛 용접을 나타낸 것이다.

**57** 컴퓨터의 처리 속도 단위 중 가장 빠른 시간 단위는?

① 밀리 초(ms)  ② 마이크로 초(μs)
③ 나노 초(ns)  ④ 피코 초(ps)

해설
- 미리초(ms) : $10^{-3}$
- 마이크로초(μs) : $10^{-6}$
- 나노초(ns) : $10^{-9}$
- 피코초(ps) : $10^{-12}$

**58** 다음 설명에 해당하는 3차원 모델링에 해당하는 것은?

- 데이터의 구조가 간단하다.
- 처리 속도가 빠르다.
- 단면도 작성이 불가능하다.
- 은선 제거가 불가능하다.

① 와이어 프레임 모델링
② 서피스 모델링
③ 솔리드 모델링
④ 시스템 모델링

해설 와이어 프레임 모델링은 선으로만 표현되기 때문에 단면도 작성이나 은선 제거가 불가능하다.

**59** 다음 중 CAD 시스템의 입력 장치가 아닌 것은?

① 라이트 펜(light pen)
② 마우스(mouse)
③ 트랙 볼(track ball)
④ 그래픽 디스플레이(graphic display)

해설 그래픽 디스플레이는 모니터로 화상 출력 장치에 속한다.

**60** 일반적인 CAD 시스템에서 사용되는 좌표계의 종류가 아닌 것은?

① 극 좌표계
② 원통 좌표계
③ 회전 좌표계
④ 직교 좌표계

해설 CAD 시스템에서 회전 좌표계는 사용하지 않는다.

**ANSWER** 적중모의고사 5회

| 01 | ② | 02 | ③ | 03 | ④ | 04 | ② | 05 | ① |
| --- | --- | --- | --- | --- | --- | --- | --- | --- | --- |
| 06 | ① | 07 | ③ | 08 | ② | 09 | ③ | 10 | ② |
| 11 | ④ | 12 | ① | 13 | ③ | 14 | ② | 15 | ① |
| 16 | ① | 17 | ② | 18 | ③ | 19 | ② | 20 | ② |
| 21 | ① | 22 | ③ | 23 | ③ | 24 | ③ | 25 | ① |
| 26 | ① | 27 | ③ | 28 | ③ | 29 | ① | 30 | ① |
| 31 | ③ | 32 | ③ | 33 | ① | 34 | ① | 35 | ① |
| 36 | ③ | 37 | ③ | 38 | ② | 39 | ② | 40 | ③ |
| 41 | ④ | 42 | ① | 43 | ① | 44 | ④ | 45 | ③ |
| 46 | ② | 47 | ③ | 48 | ④ | 49 | ① | 50 | ③ |
| 51 | ① | 52 | ④ | 53 | ① | 54 | ③ | 55 | ① |
| 56 | ④ | 57 | ④ | 58 | ① | 59 | ④ | 60 | ③ |